MY YEARS WITH GENERAL MOTORS

我在通用的日子
《全新修訂版》

艾弗雷德・史隆 著　孫曉君 譯

目次

引言 008

PART ONE 組織、財務、產品與管理的起源

01　重大的機遇（一） 016
02　重大的機遇（二） 032
03　組織概念的萌芽 056
04　產品策略及其起源 072
05　「銅冷」發動機的研發 086
06　穩定 108
07　委員會的協調 112
08　財務控制的發展 128
09　汽車市場的轉型 156
10　制訂政策 178
11　財務成長歷程 198

PART
TWO 演進、國際控管、勞資關係、改革與發展

12	汽車的發展史	222
13	年度車型推出歷程	240
14	技術部門	250
15	外觀的變革	266
16	分銷和經銷商營利模式	282
17	通用汽車金融服務公司	304
18	海外公司的拓展	314
19	非汽車產業：柴油電力機關車、家電和航空	338
20	對國防的貢獻	370
21	人事和勞工關係	384
22	激勵性報酬	400
23	管理，它如何起作用	422
24	改革與發展	428
附錄	通用汽車組織圖（1963）	

本書脈絡 | 引言

> 在我看來：分權制度、財務控制以及對經營的理解這三項因素，是通用汽車經營的基礎架構。

我曾承諾在本書中對通用汽車的成長歷史進行完整的紀錄，關於這個世界上最大的民營工業企業可以說的事情太多了。通用汽車的歷史涵蓋了整個20世紀，遍及了地球上的很多地區——無論這個地區是否有道路能夠抵達。它還包括大量的當代工程技術發展史。無論是雪佛蘭（Chevrolet）、龐帝克（Pontiac）、奧斯摩比（Oldsmobile）、或是別克（Buick）、凱迪拉克（Cadillac）、吉姆西卡車和長途客車（GMC Truck & Couch）等品牌在市場中的地位，以及占美國和加拿大當前乘用車和卡車生產量約50%的製造能力，奠定了通用汽車的價值存在。

1962年，我們在美國和加拿大之外的海外業務：英國的佛賀（Vauxhall）、德國的歐普（Opel）、澳洲的通用汽車——霍頓（GM Holden），以及我們在阿根廷和巴西的製造廠的乘用車和卡車產量占自由世界總產量的十分之一。通用汽車還生產了大量的動力機關車（火車頭）、柴油機、燃氣渦輪機以及家用產品，這些產品在全世界總產量中也占有一席之地。由於通用汽車的主要業務是汽車產品（大概占當前民用業務的90%）所以本書的大部分內容是對這個領域的描述。但是，我也會在後面留出篇幅來專門探討非汽車領域以及通用汽車在戰爭和國防等領域所扮演的角色。

我在汽車及相關領域工作超過65年，其中在通用汽車45年的印象是構成本書的基礎。然而，本書所涵括的歷史之長，話題本身的範圍之寬，以及人類記憶的侷限，使得我在個人印象基礎之上構築本書的同時，還需要參照相關的歷史紀錄。

同樣地，我還經常求助於我同事們的記憶。為了讓這些紛雜的記憶能夠突顯重點，我將構思集中在一些在我看來對通用汽車的演化史影響最大的因素上。總的說來，就是**通用汽車分權制度的起源和發展、相應的財務控制，以及在激烈競爭的汽車市場中，通用汽車以自己的方式所表現出對經營這一概念的理解**。在我看來，這三項因素構成了通用汽車企業經營的基礎。

以歷史層面來看，我描述了從工業天才杜蘭特(William C. Durant)1908年創業至今（甚至更早的一些事件），這段通用汽車的整個歷史。但是，我主要集中於1920年後的這段時間，我將通用的這段時期稱為現代公司(Morden Corporation)，更準確地說，由1923到1946年間，我先是作為總裁，然後成為董事會主席，並且一直都擔任著執行長(CEO)的職務。在這段期間，公司形成了一些基本的特色——一些現在仍然具備的特色。我也對1921年以前的公司進行了描述，從這些描述中可以看出我們在準備建設現代公司時的工作基礎。

以自傳層面來看，我也描述了我在這一產業的早期活動，以及1918年偶然進入通用汽車的經歷。通用汽車以及凱悅滾珠軸承公司(Hyatt Roller Bearing Company)——在成為聯合汽車公司(United Motors Corporation)的一分子，並繼而成為通用汽車的一分子之前，我是那裡的負責人和合夥人——幾乎是我的商業生涯中唯一的興趣。加入通用汽車公司之後，我一直都是大股東，在很長的一段時期內我都是公司最大的個人持股人之一，大概擁有1%的普通股。這一股份所代表的財富現在已經成為以我的名字命名的慈善基金，並進而支持醫療及其他領域的教育和研發工作。因此，從股東的角度討論問題自然是再適合我不過了。通常我總是站在股東的立場，尤其是在諸如代表董事會以及它的委員會和討論股息紅利的時候。然而，我同時還會從我們稱之為「執行長」團隊的角度去考慮問題。管理已經成了我的技能，在我擔任執行長的時候，儘管在很多場合我都需要為政策的提出而擔負

個人責任，但是無論一項政策如何產生，它們都必須得到委員會的認可和批准才能夠執行 這一點已經成了通用汽車既定的原則。換句話說，**通用汽車採用的是由才華橫溢的個人構成的團隊管理模式**。因此，我經常說「我們」，而不是「我」；有時當我說「我」的時候，其實說的是「我們」。

在記錄通用汽車的發展過程時，有幾項因素必須作為背景特別加以說明：除了在美國這個國家之外，很難想像通用汽車能夠存在於其他地方——因美國積極主動、富於創業精神的民情，它的科學技術、商業及工業訣竅等資源，它遼闊的道路以及市場的發展空間，它的變動、靈活以及大規模生產，它在本世紀工業的飛速發展，以及廣義上來說的自由制度，和從狹義上說的自由競爭企業精神。**在通用汽車的發展歷程中，適應美國汽車市場這一獨一無二的特點是非常關鍵而且非常複雜的致勝因素之一**。反過來說，如果我們也在汽車產業為美國風格做出了貢獻的話，那麼這只能歸因於雙方的互動。

舉例來說，在美國汽車產業中的生存之道，就是去贏得每年新車買家的好感。其中一種方法就是**年度新車型的競爭**，這是每個企業都必須重視的市場刺激工作，否則必然滅亡，這種機制也是敦促通用汽車去滿足這一需求的動力，是通用汽車的活力；與通用汽車及汽車產業發展相關的很多事情，最後都可以歸因於對年度新車型的理解——它的起源、演變以及相關的車型升級等等。和早年的福特汽車相比，通用汽車在其中扮演了重要的角色。

汽車代表了當代最偉大的工業機遇之一，這一點我不會忘記。

通用汽車非常幸運地趕上了這個年代。正是基於這一構思，本書的前兩章回顧了通用汽車的早期歷史。進而，汽車的出現將通用汽車和內燃機的發展緊密連繫起來，從而使得我們能夠順理成章地參與將這種動力來源應用到一系列需要能源的地方的工作，比如：飛機、火車等需求的工作中。

通用汽車成長的歷程，基本上就是以內燃機驅動的交通工具大規模生產的歷程。我對通用汽車及它能夠產生的績效非常熱心，這一點不足為奇。但是，我認為通用汽車抓住了它的歷史機遇以滿足從內部的股東、員工到外部的客戶的各種需求這一推論，非常客觀。

　　然而，作為最大的民營企業——1962年，通用汽車擁有100萬以上的股東、約60萬員工、92億美元的資產、146億美元的銷售收入，以及1962年14.6億美元的利潤——通用汽車聲名顯赫。

　　但大型企業也因此而很容易成為政治的目標。我很高興能夠遇上關於規模的問題，因為在我看來，一家有競爭力的企業的規模是這家企業優異績效的結果；當需要為廣大的國內外市場提供大量諸如汽車和機關車這類產品時，大規模的企業才合適。不要忘記，這些產品的價格相對非常昂貴，即使是一家「小」汽車生產商也會躋身美國工業百強之列。

　　我相信**成長，或者說努力去成長，對企業的健全發展至關重要，人為或刻意的停止成長只會讓企業窒息**。美國工業界曾經發生過這樣的例子，在汽車產業以及其他一些產業，成長的結果就是出現了很多大規模的企業，現在它們已經成了我們這個社會的標誌。在美國，我們用「大」的方式去做事。我一直相信規劃要做得大，但是我總是在事後發現我們原本的規劃還不夠大。不過我確實沒有預料到通用汽車的規模會變得這麼大，並且也不曾將如此大的規模作為我事先制訂的目標。我只是認為我們應該積極地開展工作，而不應該受到任何框架的限制。因此，我認為發展所提供的舞臺是沒有天花板的。

　　成長和發展是相互連繫的，在有競爭的經濟形勢下，任何企業都不能夠停滯不前。各種各樣的障礙、衝突和問題不斷出現，人們的視野不斷開闊，激發了更多的想像力並促進了產業的發展。然而，成功有時也會帶來自滿，在這種情況下，競爭的生存壓力——它也是經濟成長的最大動力——的作用就會逐漸降低。對變革的惰性導致冒險精神

逐漸喪失。當這種情況發生時，就會導致與科技潮流失之交臂，或是無法掌握變動的消費者需求，未能充分準備地面對更加激烈、更加殘酷的競爭，並最終導致停滯成長，甚至是倒退。創業容易守成難，在任何一個產業，保持永恆的成功或者維持一個卓越的高標準，永遠都比獲取卓越的成功或領袖地位要難。這是每個產業的領先企業都必須面對的最大挑戰，這也是未來通用汽車所必須面對的挑戰。

在這裡必須要釐清一點：我不認為規模是一個障礙。對我來說，它只是一個管理問題；這一點，我的構思圍繞著一個在理論和實際上都非常複雜的概念。用極簡化的方式來說，這個概念就是分權。**通用汽車的組織模式——在政策上統一，在管理上分權——不僅在通用汽車內部效果良好，而且也成為美國大多數產業中的一種標準**。這一概念與提供適度的財務獎勵手段相結合，就構成了組織政策的基石。

我們管理的關鍵部分就是以務實的方式進行經營判斷。當然，**經營判斷的最後環節必然是依賴直覺。但是，還是存在著一些方法提高經營戰略或決策制訂過程邏輯的規範**。但是，經營判斷是以發現和認識不斷發展的各種科技、市場及其他因素為基礎，而這無疑是一項龐大的工作。由於當代技術的高速發展，使得持續探索這些變動因素成為當代工業的一大特點。這看起來似乎是很顯而易見，但是一些產業中主要競爭地位的變動，其實或多或少和某些人一成不變的思想有關。

但是，僅僅依靠組織結構設計仍然無法保證有效管理。負責組織管理及權力分派的人比組織本身更為重要，他們需要在分權制和中央集權制，甚至是一言堂之間找到平衡。**從精神到實際行動上都奉行分權管理，這是通用汽車長壽的根本**。在這一點上，通用汽車是一個社團這種說法應該是很恰當的。公司內部彌漫著客觀、快樂的氣氛。通用汽車的最大長處之一，就是它從最初設計的時候就定位於一個客觀的公司，這一點和許多湮沒在歷史長河裡的個人主觀至上的企業形成了鮮明的對比。

但我要說的是，我的經驗告訴我，在組織形式這個問題上並沒有一種簡單的處理方式。個人性格的角色同樣非常重要，以致於有時有必要圍繞一個或幾個人而建立一個組織或一個部門，而不是將這些人削足適履地配合組織中的職位。在我對於我們早期工程師團隊的發展過程的記憶裡就曾發生過這樣的事情，儘管可以對公司的某些部門進行改造以適應某些人，但是這種事情一定要嚴格控制，因為這一過程中會碰到很多限制。正如我前面提及的，為了組織的健康，必須儘量減少從主觀角度來辦事的情況。

如果我在本書中表達過某種意識形態，或者是暗示過，那麼我想這個意識形態就是我相信**競爭是一種信仰的較量，是一種進步的途徑，是一種生活方式**。我們應該瞭解，競爭可能以多種面貌出現：比如，在組織模式上，通用汽車的分權管理一直在和其他企業進行競爭；在長期的商業營運上，通用汽車的產品升級戰略一直在和其他企業進行競爭；當然，在日常經營活動上也存在著大量的競爭。

另一方面，老亨利・福特 (elder Henry Ford) 堅信中央集權制的管理模式和長期不變的車型能夠帶來競爭優勢。這種**基本政策層面上的競爭有時更具有決定性**。我們長期以來一直在注重發展這一思想的指導下前進，這一點在我們未來的投資計畫中得到了充分的體現。由於相信生活標準將不斷提高，所以我們不是為特定的少數人，而是為全體消費者提供產品。在現代市場形成期，在對生活標準持續提高這一問題重要性的理解上，我們和其他企業涇渭分明。

本書中所揭示關於通用汽車的故事是平日裡難得一見的。它的故事以董事會為中心擴展到生產部門，包括日常管理、執行團隊、政策委員會、生產線和職員組織，以及生產部門之間的互動。換句話說，本書描述了局部對整體以及整體對局部的相互影響。因此我的主題不是生產部門內部，而是我們稱之為通用汽車的這一群星薈萃的整體。

本書分為兩大部分。第一部分是對通用汽車發展主線整體且連續

的描述，包括公司在組織、財務和產品等領域基本管理理念的起源和發展。第二部分由若干個獨立的章節組成，分別講述設計、分銷（Distribution）、海外業務、戰爭及國防產品、激勵、公司部門結構及其他內容。儘管如此，我仍然無法做到面面俱到。對我來說，完整地回顧通用汽車這段超過半個世紀的歷史，幾乎是一件不可能完成的任務。我只是從我個人經歷的角度出發選擇了一些故事——我認為所有人都會這樣做的——來講述，並且做好了接受人們評判的準備。

　　本書的寫作方式是從邏輯的角度敘述經營的故事，並且在敘述的過程中結合觀念和歷史的回顧。本書的結構，尤其是第一部分中的章節順序源於對汽車工業中管理邏輯的思考。當然，還有其他組織方式可供選擇，比如心理的、社會的、主觀的等等。

　　之所以最終選擇了這種組織方式，是因為只有這種方式才能夠在本書有限的篇幅內，組織起如此繁多而複雜的材料。它還可以清晰地從工作的觀點清楚描述工作的內容。而且，以這種方式來描述通用汽車也是非常合適的，因為通用汽車經營戰略的一個特點就是在追逐工作目標的時候儘量有意識地保持客觀的立場。

　　我適度地強調了很多過去做過的工作——當時許多長遠、基本的政策首先被確定下來。然而，在後來經年累月的營運中，我認識到必須持續進行創造性的新工作，而這些新內容通常是透過對以往政策的精煉和修訂而獲得的。如同我經常提到，**變革通常也意味著挑戰，而從容應對變革的能力則是優質管理的表現**。為了通用的成長和繁榮，我們也必須對產品、需求以及外部壓力在各方面意義深遠的變革中做出回應。實際上，通用汽車當前的管理團隊正在謹慎地處理他們這個時代特有的問題。

PART ONE

第一章 重大的機遇（一）

在20世紀初，那個汽車及其工業被低估的年代，一群能力卓越的管理人，相繼帶領通用一步步擴增其事業版圖。

1908 年發生了兩件對汽車工業的發展影響極為深遠的事件：首先是威廉・杜蘭特 (William Durant) 以他的別克汽車公司 (Buick Motor Company) 為基礎組建了通用汽車公司（也就是現在通用汽車有限公司的前身）；以及亨利・福特 (Henry Ford) 發布了 T 型車 (Model T)。

這兩件事情都不僅僅代表著一個公司或者是它的汽車，還代表著不同的觀點和經營哲學。在以後的漫長日子裡，歷史見證了這兩種哲學在汽車工業中的領袖地位。福特先生的哲學首先占據上風，並將其優勢地位延續了 19 年──也就是 T 型車的時代──這為他帶來了不朽的聲譽。隨之而來的則是杜蘭特先生開拓性工作開始獲得應有的認可。杜蘭特先生的哲學萌芽於 T 型車的時代，並在該時代過去之後才得以實現，不是由他本人，而是由其他人，其中包括我。

相信沒有人比杜蘭特和福特更明白，那個時候擺在汽車工業面前的重大機遇了。在那個馬車的時代，大多數人，尤其是在銀行家的眼裡，汽車只是一種機器；它的產品定價太高以致於無人問津，它的機械故障率永遠居高不下，而適合汽車行走的公路又是那麼少。然而在 1908 年整個美國汽車工業僅僅製造了 6 萬 5000 台「機器」的背景下，杜蘭特正在熱切地盼望著年產 100 萬輛汽車的時代的到來──他也因此被認為是魯莽觀念的推動者；福特則早已經在 T 型車中發現了將這一預言變為現實的途徑。1914 年，美國汽車工業已經達到年產 50 萬輛汽車，1916 年，僅僅福特就生產了超過於 50 萬台的 T 型車；到了 1920 年代，處於巔峰的福特年產超過 200 萬輛汽車。在完成了它的歷史使命之後，T 型車所

經歷的衰落成了這個故事的關鍵。

杜蘭特和福特都有著非同尋常的願景、勇氣、想像力和遠見。在汽車年產量只不過是現在幾天的產量的時候,他們都敢於將一切押在汽車工業的未來上而豪賭一場。他們都建立了龐大而持久的產品線,而且這些產品的名稱都已經成為美國語言中的一部分。他們都創建了龐大而持久的機構;他們屬於我稱為個人風格實業家的那一代人,也就是說,**他們是將自己的性格、天分作為一種主觀因素灌輸至他們的企業之中,而不是從方法和目標上講求管理的規律。他們兩人的組織方式截然相反,福特是一個極端的集權主義者,而杜蘭特則是一個極端的分權主義者;在產品和進入市場方式方面,他們也涇渭分明。**

福特以生產線來裝配汽車、以降低成本來製造低價汽車的方式極具革命意義,因而成為工業時代最偉大的貢獻。他以不斷降低的價格提供同一型號車輛的基本概念是當時的市場(尤其是農村市場)所期望的。然而,隨著時間的流逝,杜蘭特關注的汽車多樣性——儘管當時他沒有闡述清楚——的感覺,和汽車工業發展的潮流靠得越來越近。現在,每個主要的美國汽車生產商都在提供多種型號的汽車。

杜蘭特則是一位有著致命缺陷的偉人——他善於創造,但卻不善於管理。在他倒下之前超過四分之一世紀的日子裡,他先後在馬車和汽車等許多領域取得了輝煌的創新成果。他因為自己獨到的見解而創建通用汽車,卻未能帶領通用汽車起飛,也未能演好他自己的角色。他在通用汽車的草創時期成為美國工業歷史上的悲劇之一。

大部分的人都不知道,在這個世紀之交的時候,杜蘭特,這位白手起家的楷模,其實是當時在美國擁有領先地位的貨車、馬車生產商,他於1904年進入並重組了正在下滑的別克汽車公司,並於1908年成為領先美國其他公司的汽車供應商。1908年,杜蘭特生產了8487輛別克車;相較之下,福特當年的產量為6181輛,而凱迪拉克則是2380輛。

杜蘭特於1908年9月16日組建了通用汽車公司;10月1日,他將

別克導入通用汽車，然後奧爾茲（Olds）也在 11 月 12 日加入，接著在 1909 年，奧克蘭德（Oakland）和凱迪拉克也加入了通用家族。

這些公司都保留了它們原來的法人資格和獨立運作的實體，而通用汽車則成為控股公司，也就是由眾多獨立營運的衛星公司環繞著的中央機構。在杜蘭特的領導下，透過以股票交易為主的多種手段，1908 至 1910 年間通用汽車共吸納了約 25 家公司；其中 11 家是汽車公司、2 家是電燈公司，其他都是零部件製造企業。在這 11 家汽車公司中，只有 4 家在演變中得到了保留，它們分別是別克、奧爾茲（現為奧斯摩比 Oldsmobile）、奧克蘭德（現為龐帝克 Pontiac）和凱迪拉克——它們最初都是獨立的公司，現在成為了通用的部門；其他 7 家早期的汽車公司都是影子公司，以工程設計為主，幾乎沒有工廠及生產能力。

那個時期，合併不同組織通常涉及到「股份稀釋（stockwatering）」和一些相關操作，這種金融煉金術有時會將水變成金子。我懷疑在通用汽車公司組建的過程中是否也發生了這種情形，因為別克在成為通用汽車的基石之前是一家盈利非常好的企業。1906 年別克公司從 200 萬美元的銷售額中賺取了 40 萬美元的利潤；在 1907 年的經濟恐慌期間別克完成了 420 萬美元的銷售額，利潤達 110 萬美元；1908 年的預計產量為 750 萬美元，預計利潤 170 萬美元——其成長和盈利性都完美無缺。

然而，杜蘭特的興趣在於通過產品線的延伸和整合而合併。在生產方式上，他的行為已經超越了他所處的時代。

杜蘭特的做法不同於早期大多數的汽車生產商，他們大多依靠零部件製造商提供的零部件來組裝汽車；而杜蘭特領導下的別克已經實現了很多零部件的內部製造，而且他預期能夠從這種生產方式中獲得更大的經濟效益。在 1908 年末能實現的別克與麥克斯布理斯寇公司（Maxwell-Briscoe Motor）合併案的計畫書中，就曾對採購、銷售及集合生產所帶來的預計效益進行了說明。該計畫書中曾提到別克公司位於弗林特市的 1 家工廠「地處 10 家獨立工廠之間，這 10 家工廠分別製造車身、車軸、彈簧、輪子以及鑄件等」，並指出可以在這 10 家工廠中選擇兼併物

件。因此，與通常大家印象中股票市場投機分子的形象不同，杜蘭特在專業方面的表現其實稱得上是個玩家。我不能說他在將自己的經濟哲學付諸實施上能夠達到非常精確的程度，但是，在那個大量汽車公司起伏興衰的年代，杜蘭特顯得是那麼的卓爾不凡。從杜蘭特創建通用汽車的經驗與教訓中，我看到了三種共存的模式。

第一種模式就是**以多樣化的車型來滿足市場上不同經濟水準和多種品位的需求**。這在別克、奧爾茲、奧克蘭德、凱迪拉克，以及後來的雪佛蘭上面得到了充分的體現。

第二種模式就是**多元化，力圖涵蓋汽車設計的各種未來趨勢，盡可能追求高平均收益**，而不是押寶在可能全面成功或徹底失敗的專案。通用汽車夭折的成員中，比如卡特卡汽車（Cartercar），它採用摩擦驅動，當時曾認為這種驅動方式會成為滑動齒輪傳動方式的潛在競爭者；埃爾摩製造公司（Elmore Manufacturing），是由一家自行車製造公司發展起來的，由於當時認為可能存在相應的市場需求，它研製了由兩輛自行車組成的機動車。還有很多其他的隨機併購，這裡我僅列出名字：馬奎特汽車公司（Marquette Motor）、厄文汽車公司（Ewing Automobile）、藍道夫汽車公司（Randolph Motor Car）、韋爾奇汽車公司（Welch Motor Car）、迅疾汽車公司（Rapid Motor Vehicle），以及可靠卡車公司（Reliance Motor Truck）。最後兩間公司後來合併為迅疾卡車公司（Rapid Truck），並於 1911 年 7 月 22 日被通用卡車（General Motors Truck）整併。

杜蘭特行事所展現的第三種模式就是他**按照汽車解剖結構來提高零部件製造完整度所做的努力**。他導入了一系列的零件製造商：諾斯威發動機製造公司（Northway Motor & Manufacture），一家為客車和卡車提供發動機和其他零件的企業；位於密西根州的弗林特尚普蘭火花公司，該公司生產火星塞，後來改名為 AC 火星塞公司（AC Spark Plug）；傑克遜－邱吉－威爾考克斯公司（Jackson-Church-Wilcox），別克汽車的零件提供商之一；由提卡－溫斯頓－莫特公司，後來改名

為弗林特－溫斯頓－莫特公司，該公司生產車輪和車軸。他還兼併了加拿大的麥克羅林汽車股份有限公司（McLaughlin Motor Car），這家公司曾是高級馬車製造商。這家公司購買別克的零部件在加拿大製造麥克羅林－別克汽車。這一行動促成了天才的山謬・麥克羅林（R. Samuel Mclaughlin）加盟通用汽車。在很大程度上，通用汽車在加拿大的發展都應該歸因於他的貢獻。

這些加入通用的公司並不完全是透過併購得到的。比如，杜蘭特出資創建了冠軍火花公司，並且為艾伯特・尚普蘭（Albert Champion）的技術支付了 25% 的股份。直到 1929 年通用汽車向尚普蘭購買剩餘股權之前，這家公司一直是一家部分控股的子公司。

總的來說，從潛能整合的角度來看，杜蘭特在通用汽車的初期就引入了一系列重要的成員企業。另一方面，他也曾為黑尼電燈公司（Heany Lamp Companies）支付了過高的成本，甚至高於他為通用汽車與奧爾茲汽車加起來的所有成本，而且他為黑尼電燈所付出的努力後來還付之東流。他用 700 萬的通用汽車股票購買了黑尼電燈的股份。黑尼電燈的價值來自於它當時申請的鎢絲燈專利，但該專利後來被專利局否決。

杜蘭特的做法儘管從長期來看非常正確，但在短期上卻為他帶來了失敗。對於別克和凱迪拉克而言，尤其是產量和品質並重的別克，幾乎是當時通用汽車的靈魂。這兩間公司的產量幾乎等同於當時通用汽車的總產量，在 1910 年，他們的產量占當年美國汽車總產量的 20%。其他汽車公司的產量實在是無足輕重。因此，通用汽車很快就因過度擴張而陷入財務危機。同年 9 月，杜蘭特於創建通用汽車的 2 年後失去了對公司的主導權。

由波士頓的李・希金森公司的詹姆士・史托樂（James Storrow）和紐約的塞利格曼公司的艾伯特・史特勞斯（Albert Strauss）為首的投資銀行集團為通用汽車注入了資金，並以股權委託的形式取得了通用汽車公司的經營權。通用汽車取得了一筆 5 年期 1500 萬美元（相當於

2018 年的 1.7 億美元）、條款嚴格的現金借款，通用汽車實際到帳的金額為 1275 萬美元。此一現金借款還以普通股的形式為投資銀行集團提供了「紅利」，這筆紅利最終的價值遠遠超過了借款本身。作為通用汽車的大股東之一，杜蘭特雖然保留了副總裁和董事會的職務，但是他被迫退出管理事務。

從 1910 至 1915 的這 5 年中，投資銀行集團以穩健的方式高效率地管理通用汽車。他們清算了那些不賺錢的部門，註銷了價值 1250 萬美元——這在當時是一筆天文數字——的庫存和資產。於 1911 年 6 月 19 日組建了通用汽車出口公司來負責外銷通用汽車生產的汽車。

這一時期，汽車工業整體擴張得非常迅速，從 1911 年年產 21 萬輛增至 1916 年的年產 160 萬輛，這主要歸功於福特的低價汽車戰略取得了成功。1910 年，通用汽車的銷售量為 4 萬輛，至 1915 年大約增長至 10 萬輛，但市場地位有所下滑，依銷量計算的市場占比從原有的 20% 下跌到 10%，這是由於福特上升的緣故。

儘管那時通用汽車的產品仍然不走低價位路線，但是通用汽車仍然保持了良好的財務狀況。當時通用汽車的營運效率大部分應該歸功於當時的總裁查理斯・奈許（Charles Nash）[1]。

奈許最初跟隨杜蘭特在杜蘭特-道特馬車公司（Durant-Dort）工作了大約 20 年，並且在杜蘭特進入汽車領域之初，負責了杜蘭特-道特的業務。他的穩健扎實和小心謹慎正如杜蘭特的才氣四溢和勇敢無畏——或者你也可以將其稱為魯莽行事。1910 年，奈許對汽車產業了

---

[1] 儘管奈許是第一位在這個職位上發揮巨大影響的通用汽車總裁，但是事實上他是第五位擁有這個頭銜的人。杜蘭特在創建公司的時候為自己選擇的職位是副總裁。第一位擁有通用汽車總裁頭銜的人是喬治・丹尼爾，任期從 1908 年 9 月 22 日開始，至 10 月 20 日結束，不到 1 個月。第二位總裁是威廉・伊頓，從 1908 年 10 月 20 日繼任，至 1910 年 11 月 23 日卸任，任職約 2 年。詹姆士・史托樂在 1910 年 11 月 23 日至 1911 年 1 月 26 日期間擔任了 2 個月的臨時總裁。第四任總裁是湯瑪斯・尼爾，任期從 1911 年 1 月 26 日至 1912 年 11 月 29 日。

無經驗，但是他很快就在製造和管理領域證明了自己的才華。

據我瞭解，根據杜蘭特的建議，銀行家史托樂任命奈許負責別克的管理工作。無論如何，奈許於 1910 年成了別克子公司的總裁，並因表現優異而於 1912 年成為通用汽車的總裁。

別克成為通用汽車早期的中流砥柱是非常自然的事情。它的管理團隊群星薈萃。美國機關車（American Locomotive）的董事史托樂在他下屬的企業發掘了沃爾特・克萊斯勒（Walter Chrysler），並將他推薦給奈許。奈許於 1911 年聘用了克萊斯勒；據我所知，具體的職位應該是別克工廠的廠長。當奈許於 1912 年升遷至通用汽車總裁的時候，克萊斯勒選擇繼續留在別克，後來他成為別克的總裁和總經理。在 1910 至 1915 年投資銀行集團控制的時代，別克繼續和凱迪拉克共同創造著通用汽車的絕大部分利潤。

當時的通用汽車確實需要銀行集團所帶來的影響力。儘管 5 年期 1500 萬美元的貸款為公司清算過期債務提供了保證，但是還需要一定的營運資金。這就需要向銀行巨額借貸，這筆借貸曾經一度高達 900 萬美元。無論如何，至 1915 年，通用汽車的財務狀況如此之好，以致於當年 9 月 16 日的一次會議上，公司董事會宣布對每股普通股現金發放股息 50 美元，這是公司成立 7 年以來第一次的現金分紅。這次行動為當時 16.5 萬股的普通股發放了超過 800 萬的現金紅利，震驚了整個金融界，因為這是自紐約證券交易所成立以來，每股發放股息額的最高紀錄。董事會紀錄顯示，宣布發放股息計畫的倡導者是奈許，同時得到了杜蘭特的支持。但是，股權委託的時代已經快要過去，在試圖恢復通用汽車控制權的過程中，杜蘭特和投資銀行集團以及奈許的管理團隊發生了重大衝突。

自 1910 年被迫脫離通用汽車以來，杜蘭特再次展示了他在汽車工業中的企業家精神。他支援路易士・雪佛蘭（Louis Chevrolet）建造輕型轎車，1911 年，杜蘭特和雪佛蘭共同創建了雪佛蘭汽車公司。歷經 4

年的努力，杜蘭特將其打造成了一個全國性的企業，在國內及加拿大境內擁有多家裝配廠和展售站。在此期間，他不斷增發雪佛蘭汽車公司的股票，並用它來交換通用汽車的股票。希望能夠通過雪佛蘭來重新奪回通用的主導權。

也就在這個時候，杜邦（du Ponts）開始踏上了歷史的畫卷，並在通用汽車的歷史扮演著重要的角色。

將杜邦引入通用汽車的主要功臣是約翰・拉斯科博（John Raskob），當時任職於杜邦公司的財務主管和皮埃爾・杜邦的私人財務顧問，後來成為杜邦公司的總裁。

杜邦於1953年政府攻擊杜邦公司和通用汽車關係的訴訟中表明，他曾於1914年前後購買了2000股通用汽車的股票作為個人投資。他表示，1915年的某一天，查特曼＆鳳凰城國立銀行（Chatman & Phenix National Bank）的總裁，路易斯・考夫曼（Louis Kaufman）——杜蘭特是該公司的董事——向他解釋了通用汽車的內部情況。

考夫曼向他講述了通用汽車的歷史，並表示投資銀行集團的股權委託即將到期，將於同年9月開會推選出一個執行小組來為11月的選舉作準備。杜邦說他得知當時杜蘭特和銀行集團之間關係融洽。因此杜邦和拉斯科博接受了會議的邀請。這就是杜邦記憶中第一次接觸杜蘭特的情形。杜邦還說：

會議並不像考夫曼所預計的那樣和諧，雙方爭吵不休。波士頓的銀行家是一方，杜蘭特是另一方，他們未能就新的管理階層名單達成共識。

……經過多次對談，考夫曼把我拉到一邊。當我們回到會場的時候，他們就宣布如果我能夠為公司提名三位獨立董事，他們會就管理階層人員達成共識。雙方各提名七人，由我任命三人。

與此同時，他們還委任我為會議主席……

就這樣達成了最終的提名，並在1915年11月16日的年會上通過了股東選舉。在同天的董事會上，皮埃爾・杜邦被選舉為通用汽車公司

主席，奈許再次被推選為總裁。

而在此同時波士頓的銀行家們和杜蘭特再次陷入了通用汽車公司控制權的僵局，並且一度傳言杜蘭特占據了上風。

他曾發表過關於主導權的宣言，一場代理人之間的競爭隱約出現，但是最終沒有公開爆發。銀行家們最終選擇了退出鬥爭，並於 1916 年正式放棄了對通用汽車的控制。透過對雪佛蘭的控制，杜蘭特最終控制了通用汽車。[2]

杜蘭特勝利之後曾試圖慰留奈許，但是奈許仍於 1916 年 4 月 18 日辭去通用汽車總裁的職務，並在波士頓銀行集團史托樂的支持下創建了奈許汽車公司。同年 7 月，他收購了威斯康辛州肯諾莎（Kenosha）的湯瑪斯傑佛瑞公司。這家公司原先是一家自行車製造商，後來生產一種叫做漫步者（Rambler）的汽車。當時我還曾購買過奈許汽車的股票，它的盈利非常可觀。當奈許於前些年去世時，他已經獲得了極高的聲望，留下了價值 4000 至 5000 萬美元的財富。對一個保守的商人而言，這是一個令人印象深刻的紀錄。

在董事會正式接受奈許辭職的當天，即 1916 年 6 月 1 日，杜蘭特接管了通用汽車公司總裁一職。於是，一場盛大的演出又開始了。他很快地將通用汽車公司（一家紐澤西州的公司）更改為通用汽車有限公司（一家特拉華州的公司），並將它的資本總額從原先的 6000 萬美元增加到 1 億美元[3]。原來的子公司：別克、凱迪拉克以及其他的公司，則成為營運性的事業部，而通用汽車有限公司也相應成為了營運總部。與此形成對照的是，原來的通用汽車公司是一個控股公司。1917 年，新公司以及它底下的事業部正式投入營運。

似乎當時因為杜蘭特正在尋求龐大資金的支持，由於他最終求助於杜邦集團。而眼前的問題就變成杜邦公司是否應該涉足其中。杜邦簡要地記錄了相關的事情：

他（拉斯科博）相信它（通用汽車）對於杜邦公司來說是一個非常好的投資物件，並且說杜邦公司需要一項具有良好盈利能力和分紅能力的投資來彌補當前杜邦公司的分紅能力。杜邦已經失去了軍用市場，或者說，我們知道即將失去軍用市場，在失去該市場的盈利能力與找到新的利潤增加點之間的過渡時期，我們需要一些能夠支援杜邦公司盈利能力的投資專案。

……通用汽車已經非常活躍了。他們構建了良好的產品線，而且非常暢銷，各種因素表明他們的分紅將繼續維持當時的高水準，甚至可能會變得更高。

這一點非常吸引拉斯科博，同時也讓我覺得這是一項非常好的投資。就我們當時所知，這是一個獨一無二的投資機會。

杜邦進一步指出：通用汽車有限公司和整體汽車產業本身還沒有受到廣泛認可的地步，人們認為它的風險過高，因此當時股票只能以面值出售。實際上和它的盈利能力相比，這顯然是一個很好的投資機會，但是大眾還不相信這一點，因此這項可能的投資就變得非常有趣。這個想法後來成為呈交杜邦公司的投資建議書的開頭。

我們在軍用市場方面已經對杜邦公司有很多財務安排，杜蘭特需要在他的公司內部改善財務管理狀況。他承認他需要這些，而且他也非常樂

---

②雪佛蘭汽車公司獲得通用汽車多數控股權的事實直到1917年才公開宣布。在通用汽車有限公司825589股普通股（每5股通用汽車公司普通股交換1股通用汽車有限公司的普通股）中，雪佛蘭共擁有450000股，從而杜蘭特實現了他早些日子裡的宣言。雪佛蘭控股通用汽車的怪現象直到幾年後才解決。通用汽車於1918年用自己的普通股購買了雪佛蘭的營運資產。再後來，在一次股權稀釋中，雪佛蘭公司所擁有的通用汽車的股票被分散到雪佛蘭公司股東手中。至此，雪佛蘭汽車公司成為通用汽車有限公司的雪佛蘭事業部。

③通用汽車有限公司於1916年10月13日根據特拉華州的法律成立。位於紐澤西州的通用汽車公司被註銷了，它的資產於1917年8月1日由通用汽車有限公司接管，後者從那天起成為一個營運總部。

意接受杜邦公司的投資,以進一步經營他的業務……

根據杜邦公司 1917 年 12 月 19 日財務委員會的備忘錄記載,對汽車工業的未來有深刻見解的拉斯科博強烈支持杜邦公司投資通用汽車。拉斯科博寫道:

汽車業的成長,尤其是通用汽車的成長,已經可以從它的淨盈餘以及通用汽車 - 雪佛蘭汽車在下一年度高達 3.5 至 4 億美元的總收益這一事實所不證自明。通用汽車如今在汽車業已經占據了特殊的地位,配合適當的管理,通用汽車將在未來的美國工業界占據第一把交椅。

這一點杜蘭特看得比誰都清楚,而且他也非常希望能夠擁有一個儘量完美的組織來處理這項美妙的業務……杜蘭特與杜邦集團的結盟將會實現這種效果,因此他充分地表達了他的這種願望,並希望我們能夠對他感興趣,從而能夠幫助他,尤其是在執行和財務方面幫助他向這個龐大的事業領域前進。

對這個問題的討論加以拓展就可以得到這樣的結論:一項有吸引力的投資項目,應該就是在美國這個看來在近期比其他國家擁有更多發展機遇的國家裡,對最有前途的產業進行投資;與其讓我們這些董事根據自己個人的方式來投資(這種方式在一定程度上,無疑會分散他們處理我們自己事務的時間和精力),不如由公司接受外部提供的機遇,這樣我們的董事們就可以根據他們在杜邦公司占有的股份來收取紅利了。④

拉斯科博將他支持這項投資的原因歸納為五點:

首先,杜邦公司和杜蘭特形成聯合控股。

其次,杜邦將「繼續他們在通用汽車的作用,並對財務運作負責」。

再次,是對預期報酬(expected return)作預測。

第四,這項投資所採取的方式比資產投資的方式要更好。

第五點我引用他的原話:

「我們在通用汽車公司的收益將毫無疑問地為我們那些從事防水人造皮革、聚醯亞胺強化玻璃、油漆和清漆業務的公司提供保證,這是一個重

要的考慮因素。」⑤

1917年12月21日，杜邦董事會根據杜邦和拉斯科博的推薦，授權購買2500萬美元通用汽車和雪佛蘭的普通股；因此，到了1918年初，杜邦公司從公開市場和個人手中收購了23.8%的股票，並在通用汽車中占據一席之地。到了1918年底，杜邦公司在通用汽車的投資達到了4300萬美元，占總普通股的26.4%。

杜邦公司和杜蘭特的合作在第一筆投資決定下來的時候就算是開始了。杜邦公司的代表接管了通用汽車的財務部門，拉斯科博成為財務委員會主席，杜蘭特則只是該委員會的一名委員。財務問題完全由這個委員會負責，高層管理者的薪水也由這個委員會決定。另一方面，執行委員會則管理財務問題之外的所有營運事務，它的主席是杜蘭特，而杜邦方面的聯絡人海斯克爾（Haskell）則只是其中的委員之一。海斯克爾和杜蘭特一樣，都同時在財務委員會和執行委員會中任職。

到了1919年底，隨著通用汽車進一步的擴張，杜邦公司將它的投資擴增到4900萬美元，占了普通股的28.7%。當時皮埃爾・杜邦曾說：

---

④在引用的時候我儘量尊重原文，所以就產生了一些不準確的地方。
⑤杜邦對通用汽車的投資途徑成為後來政府提起針對杜邦和通用汽車的訴訟的基礎。該案件最終於1949年歸檔，或者說，在事實發生30多年後才歸檔。基本指控的內容是這次購買違反了反托拉斯法，使得杜邦能夠在通用汽車的產品中使用自己的產品從而保證了產品的銷路。杜邦和通用汽車否認這項指控。聯邦地方法院在經過幾個月的聽證並檢查了上千份檔之後，發現沒有證據能夠支持政府的指控，因此駁回了上訴。最高法院複審認為，30年前杜邦的股票購買不合法，因為這一股票購買帶來了貿易管制的可能性。然而，最高法院認可地方法院的如下結論：「杜邦公司和通用汽車都沒有輕視對價格、品質和服務的考慮」，「兩個公司的高層人士的行為都非常值得尊敬、非常公正，他們都堅信他們的行為完全符合自己公司的利益，而且也沒有任何損害協力廠商的意圖，包括杜邦的競爭對手。」地方法院駁回上訴的判決被撤銷，並被發回地方法院重審。經過進一步的起訴，聯邦地方法院判決杜邦公司必須在1年內主動出脫他們手中掌握的通用汽車的股權。在我這個外行看來，本案中最高法院的推理幾乎純粹是學院式的，地方法院所發現的事實完全不支援他們的推理結果。

「他們曾發表聲明表示那是他們融資的極限，他們將不再接受投資。」但是事情的發展卻不盡如此。

1918 至 1920 年間，杜蘭特再度帶領著通用汽車經歷了一場龐大的業務擴張，拉斯科博和財務委員會積極地支持他，並為他籌到了足夠的擴張資金。

1918 年，收購雪佛蘭為通用汽車帶來了一款有可能與福特在低價市場形成競爭的汽車，儘管當時這款汽車品質還趕不上福特，而且價格也稍高於福特。與雪佛蘭攜手加盟的是斯克里普斯－布思（Scripps-Booth），這是一家由雪佛蘭擁有的小型汽車公司。

1919 年，透過收購費雪車身公司（Fisher Body）60％的股份和達成一項車身製造合約，完成了與費雪車身公司的重要合併。

1920 年，收購了使用少量裝備就可製造的謝里丹汽車（Sheridan Car），這使得通用在同一時期擁有了七種汽車產品線。當時已經擁有了凱迪拉克、別克、奧爾茲、奧克蘭德、雪佛蘭以及通用汽車卡車等六種產品，儘管凱迪拉克和別克仍然是當時最值得做的產品。

在杜蘭特個人的努力下，兩個特殊的項目：牽引機和電冰箱，意外地在公司內啟動起來。有時，杜蘭特會採用一些非正式的方式來啟動一些事情，這有時會在管理層中造成緊張氣氛。但是，最後他的直覺和衝動的行為總是會得到支持。

當時的情況是，1917 年 2 月他讓通用汽車購買了一家位於加州的斯托克頓，被稱為山姆森瑟夫格利普牽引機（Samson Sieve Grip Tractor Company）的小公司。這家公司推出了一種能夠像趕馬一樣開牽引機的發明——他們把它叫做「鐵馬」。後來他將位於威斯康辛州的詹尼斯威爾機器公司（Janesville Machine）和位於賓夕法尼亞州的道埃萊斯湯恩農業公司（Doylestown Agricultural）組合在一起，形成了通用汽車山姆森牽引機事業部（Samson Tractor Division）。後來證明這是一項報酬率非常高的投資。

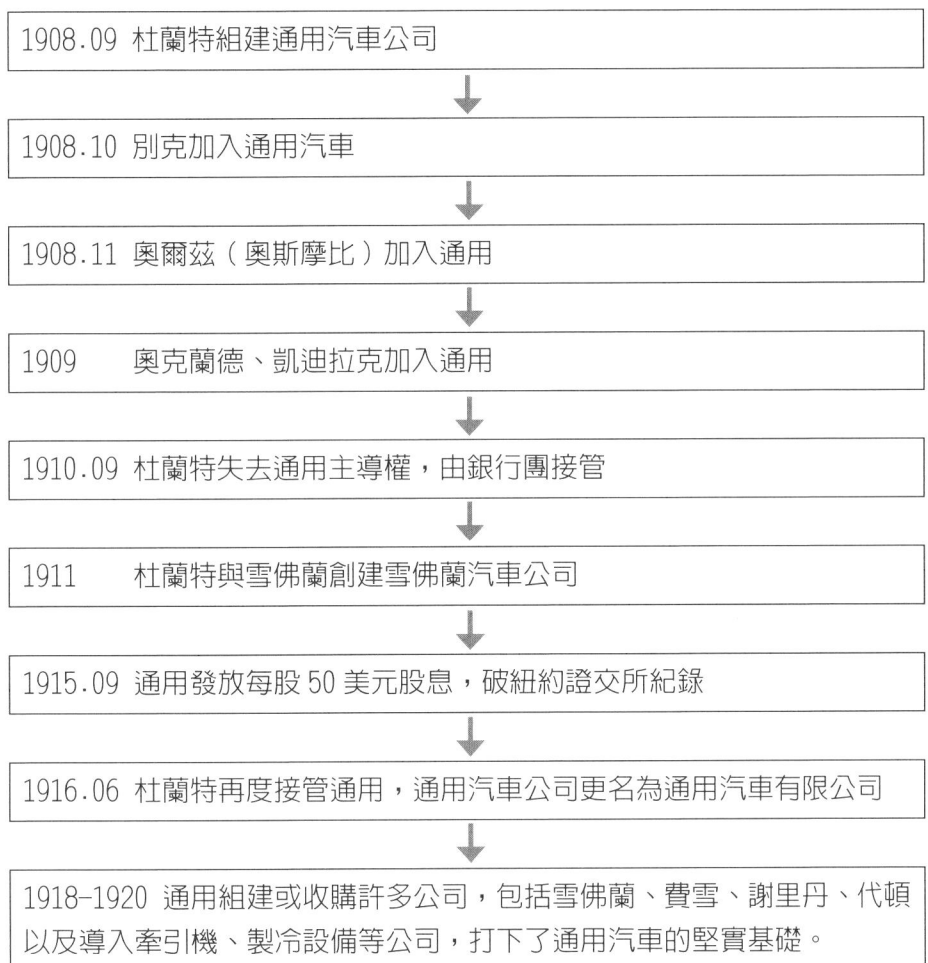

另一方面，1918 年 6 月，杜蘭特以人支票 5 萬 6366.5 美元的價格購買了底特律一家叫做監護者製冷 (Guardian Frigerator Company) 的小公司，後來通用汽車在 1919 年 5 月 31 日將這筆錢還給了他。這個處於胚胎期的小公司後來成為富及第事業部 (Frigidaire Division)，在通用汽車事業的家電部門占據了重要地位。

1918至1920年間，通用汽車組建或收購了很多公司：加拿大通用汽車股份有限公司、通用汽車承兌公司，組建它們的目的在為通用汽車的轎車、卡車銷售提供金融支援，以及查理斯・凱特林（Charles Kettering）感興趣的代頓公司（Dayton Companies）下的幾家公司，還組建了幾個製造事業部用於為通用汽車汽車事業部提供車軸、齒輪、輪軸和類似零部件，另外還組建了聯合汽車公司為通用汽車提供零部件和各種附件。我曾擔任聯合汽車公司的總裁。

　　多虧了杜蘭特的奔走，通用才得以踏上打造一家大企業的征途。但是也出現了管理跟不上、完整度不夠高等弊病。新公司、工廠、設備及庫存的支出簡直令人咋舌，有些投資在很長的一段時間內都未能替公司帶來回報，**隨著這些投資的增長，現金狀況不斷惡化。通用汽車正在面臨自現代通用汽車有限公司成立之後的第一場大危機。**

第二章　重大的機遇（二）

通用擴張的過程中併購了我的公司並使我成為聯合的總裁及通用的董事，隨後的經濟大蕭條迫使杜蘭特辭去通用總裁之職。

談起我加入通用汽車的經歷，必須先從一些瑣事談起。

我於 1875 年 5 月 23 日出生於康乃狄克州的紐海文（New Haven），那時美國的風格和現在截然不同。我的父親開辦了一家名為班尼特史隆公司的企業，從事茶、咖啡和雪茄的批發業務。1885 年他將公司遷移到紐約市西百老匯大街，從 10 歲開始我就一直在布魯克林區生活——別人告訴我，我現在還帶著布魯克林口音。我的祖父是位學校教師，我的外祖父是衛理公會的牧師。我的父母一共有 5 個孩子：我是老大。我的妹妹凱薩琳・史隆・普拉蒂夫人（Katharine Sloan Pratt），現在是一位寡婦。我還有三個弟弟：柯利弗德（Clifford），從事廣告業、哈樂德（Harold），現在是一位大學教授，以及最小的弟弟雷蒙德（Raymond），現在是一位教授、作家，還是醫院管理方面的專家。我認為我們的共同點是都擁有對自己感興趣的領域奉獻的熱情。

我幾乎是在美國汽車業正在形成的時期進入這個產業的。

1895 年，長期致力於汽油機動車研究的德伊斯（Duryeas）創建了第一家汽車製造廠。同年，我在麻省理工學院獲得了電子工程學士學位，並進入位於紐華克（Newark）的凱悅滾珠軸承公司（Hyatt Roller Bearing Company）工作，這家公司後來遷移到紐澤西州的哈里森（Harrison）。公司的軸承後來成為汽車的零件，也正是這種零件，我才與汽車業結緣。除了早期曾短暫離開這個產業之外，我的一生幾乎都是在汽車業中度過。

凱悅當時是一家非常小的企業，大約只有 25 名員工，一台 10 馬力的

發動機就可以驅動它所有的設備。

它的產品是約翰・衛斯理・凱悅((John Wesley Hyatt)所發明的一種特殊減磨軸承；凱悅還發明過賽璐珞(celluloid)，當時他試圖用它取代象牙來製造撞球，但是這個想法從來都沒能實現。當時減磨軸承還沒有成熟發展，也不被業內所瞭解。但是凱悅減磨軸承和當時那些粗製濫造的東西不同，我們製造的軸承已經在移動起重機、造紙廠設備、礦場車輛和其他設備上開始應用。當我在凱悅的時候，公司每月營業收入不超過 2000 美元，而我則身兼數職：行政人員、繪圖員、銷售員、總經理助理，每月工資大概在 50 美元左右。

當時我認為在凱悅沒有發展前景，因此很快就離開了凱悅，並加入了一家前景似乎稍好一些的電冰箱公司。這家公司為早期的公寓住戶提供中央電冰箱。大約 2 年後，我逐漸認識到，由於機械裝置複雜且成本高昂，這種特定的產品將不會得到發展。

與此同時，凱悅滾珠軸承的業務進展也不是非常順利——公司的財務從未突破過盈虧平衡點——結果連當初支持它的約翰・希爾斯（John E. Searles）都不願增資來貼補它的虧損。1898 年，公司似乎就要被清算了，但是我的父親和他的一位同事決定投資凱悅 5000 美元，並讓我回到凱悅工作 6 個月，看看我能做出什麼。

我接受這項提議，並和彼得・史汀川普（Peter Steenstrup）——他當時是一位簿記員，後來成為銷售經理——組成了我們的團隊。6 個月後，我們在銷售量和實際獲利方面取得了一定的進展，並實現了 1 萬 2000 美元的利潤。所以我們瞭解到這一業務還是存在著成功的可能性。我的頭銜變成了總經理。當時的我並不知道，透過凱悅，我會成為通用汽車的領導者之一。

接下來的 4 到 5 年裡，我們在凱悅度過了一段艱辛的日子。那時很難接到業務，而當我們接到業務並相應地擴大生產規模時，我們還面臨著無法從公司外部獲取營運資金的困境。無論如何，那個時候白手起家總

是比現在要容易，因為當時政府徵稅沒有現在這麼多。這 5 年中我們不斷發展，年利潤達到了 6 萬美元，而且，汽車工業的發展為公司開闢了一個新市場，這使得公司的前景似乎輝煌起來。

大概在世紀之交，汽車業開始迅猛發展，突然出現了很多小企業。減磨軸承開始引起人們的注意，我們也開始從那些進行汽車測試的廠商那得到一些訂單。我曾於 1899 年 5 月 19 日給亨利・福特寫信要求承攬業務，據艾倫・尼維斯（Allan Nevins）在福特的傳記中記述，這封信現在已經被福特檔案館保存。當時福特正在測試汽車並準備進入這個產業。但 20 世紀初的前 10 年間，我們的軸承在機械領域應用的成長速度非常緩慢。那個時代，很多汽車公司經常在製造出樣車之後就消失了。我的夥伴史汀川普四處出差，以爭取與這些種子公司簽訂合約。每當他看到或者聽到有人正在準備製造一種新車的時候，我就會和那個人聯繫，並從工程的觀點幫助對方解決問題。同時我會協助他將凱悅軸承設計到車軸或者其他零件裡面。我們爭取藉由這種方式來促進我們的滾珠軸承在後續生產中的銷售。

隨著我們業務的名聲越來越大，我也成功地在很多公司擔任了類似於銷售諮詢工程師的職務，並成為他們的供應商。如果車型設計發生了變動，或者準備開發新車型，他們都會邀請我共同工作，這讓我可以將我們凱悅的軸承直接設計到他們的軸承或傳動箱中。

我們這種銷售諮詢工程師的作用日益顯著，特別是在 1905 至 1915 年間，當時無論是福特、凱迪拉克、別克、奧爾茲、哈得遜（Hudson）、瑞歐（Reo）、威利斯（Willys），以及一些其他的汽車製造商開始擴大生產規模的時候，凱悅的業務都能夠順理成章地增長。也由於這樣的快速成長，我們面臨的問題變成了我們該以多快的速度擴大產量，以及諸如添置新廠房、新機器、新方法以及其他新東西，才能跟得上汽車業急遽增長的步伐。

我與汽車接觸的經歷和當時的其他人差不多。我想擁有一輛汽車，但

是負擔不起——1900 年全美國僅生產了 4000 輛汽車,當時汽車的價格是非常昂貴的。

我父親買了一輛早期的溫頓斯(Wintons)轎車作為家庭用車。1903 年我為凱悅購買了一輛康拉德轎車(Conrad)作為公務車,偶爾駕著它從哈里森的工廠到紐華克去吃午飯或工作。這輛車使用四缸二行程的發動機,噴著紅色表漆,非常漂亮。但是它是次級品。康拉德轎車僅僅在 1900 至 1903 年間生產過,然後就退出了歷史舞臺。我們又買了一輛奧托卡(Autocar)汽車。這輛車的情況比較好一些,我有時會駕駛它出差,甚至去過幾次大西洋城。和溫頓斯、康拉德的命運一樣,奧托卡也很短壽,不過後來奧托卡推出了卡車,並以此在汽車業中產生了一定的影響,後來他們於 1953 年與懷特汽車公司(White Motor)合併。我為自己購置的第一輛車是凱迪拉克,這大約是 1910 年的事情。按照當時的習慣,買的是凱迪拉克的底盤,而車身則按訂單生產。

早期凱迪拉克的工程設計,對整個產業以及我在凱悅的營運方式具有重大的影響。這主要應該歸因於亨利·利蘭(Henry Leland)。我相信他是將可互換零件引入汽車製造的主要功臣之一。他在汽車業的第一份工作在奧爾茲,大約是 1900 年。當 1910 年凱迪拉克加入通用汽車行列的時候,他正好是凱迪拉克的負責人,並在這個位置上待到 1917 年退休為止;退休之後他還創建了林肯汽車公司(Lincoln Car),並將它賣給了福特汽車公司。

利蘭是我在這個產業中較早期的熟人之一。他比我早一代,但是我認為他不僅在年齡方面比我資深,而且在工程智慧方面也比我老練,他非常聰明,是一個傑出的創造人才。20 世紀的頭幾年,我在向利蘭銷售滾珠軸承時遇上了一些麻煩。他對我指出,我們需要進一步提高產品的精度以滿足通用對於零件的要求。在進入汽車業之前,利蘭已經擁有了成熟的通用零件設計及船用汽油發動機設計的經驗,他的特長之一就是精密金屬加工。他在內戰時期為聯邦軍工廠製造工具的時候,初步積累

了相關的經驗，並在一家位於羅德島州普羅維登斯的機器工具製造商布朗夏普公司（Brown & Sharpe），進一步擴張這方面的技能。據我所知很久以前埃利・惠特尼（Eli Whitney）就首次在步槍裝配時採用了通用件，這一事實顯示了從惠特尼到汽車業的利蘭之間的傳承。

一開始汽車業的從業者並不多。作為汽車重要組件的供應商，20年間我逐漸認識了他們中的大多數人；作為商業夥伴和朋友，我從他們身上學到了很多東西。早期我偶爾會將產品直接賣給汽車製造商，如凱迪拉克、福特以及一些其他的企業，但是更多的時候我將我們的產品賣給其他組件供應商，然後由他們組裝進他們的產品後賣給裝配廠。

對我來說，這些供應商中位於由提卡製造車軸的韋斯頓－莫特公司非常重要。因為一個後輪軸需要使用六個軸承，其中一些就需要我們的產品。在1906年，查理斯・斯圖爾特・莫特（Charles Stewart Mott）為了接近汽車製造商而將公司從由提卡遷址到弗林特之後，我就養成了每月拜訪他一次的習慣。我記得弗林特的主街薩吉諾街兩側排滿了栓馬柱，每到禮拜六晚上，大街上擠滿了進城購物的農民的馬和馬車。在這樣的環境下，一小群汽車及零部件製造商開始了他們的商業聚會，並持續了好幾年。當時，經常聚會的人員包括莫特、奈許、克萊斯勒、哈利・巴塞特（Harry Bassett）、我，還有一些其他人。除了我之外，他們都是通用汽車的人。

我肯定在那裡見過杜蘭特，但是我現在只記得曾在紐約與底特律之間的火車上見過他，記得的談話內容也不過是「早安」、「晚安」。當時我和通用汽車的聯繫途徑主要是透過莫特，他於1909年帶著自己的公司加入了通用，並且成為別克、奧克蘭德和奧爾茲的車軸供應商。準確地說，通用汽車於1909年取得了他公司49%的股份，並於1912年取得對等股份。通過韋斯頓－莫特公司，我成功地使我們的軸承成為通用汽車產品的一部分。

我是在弗林特初次認識克萊斯勒的。作為當時的工廠經理，後來的別

克負責人，當我在韋斯頓－莫特公司提交設計圖時，他會對我的產品進行審閱。在這個過程中，我們在通用汽車內外多次碰面，並且成為一生的摯友。後來，當我們分別站在自己的企業，克萊斯勒和通用汽車的立場上成為競爭對手時，我們還是會偶爾一起休假旅行。當然，旅行的時候不談公事。

克萊斯勒是一位雄心勃勃、想像力豐富的人。而且多才多藝、非常能幹，我認為他的卓越體現在對汽車生產的組織上。和奈許一樣，他察覺到年輕而前途遠大的汽車業所帶來的巨大機遇；他們都是產業早期發展的真正領袖，都成了大企業的負責人。

作為凱悅的銷售人員，我經常有機會在底特律的福特汽車公司見到福特，並偶爾會和他共進午餐，但我主要是透過他的首席工程師哈洛德‧維爾斯（Harold Wills）來完成我的業務，他後來設計了做工精細但卻短壽的維爾斯－森特‧克雷爾（Wills-Sainte Claire）汽車。由於凱悅公司生產與交貨的可靠性，最終我們獲取了福特的全部訂單，而且將我們的產品融入了福特的設計圖。隨著福特的成長，它成了我們公司最大的客戶，通用汽車則退居其次。凱悅軸承銷售量的成長迫使我在底特律林蔭大道開設了一個銷售辦事處。後來，在經歷了一連串在當時無法預知的事件之後，這個辦事處的所在地在後來成為底特律通用汽車建築群的核心。

1916年的一個春天，我接到了杜蘭特的電話，要求我去拜訪他。作為通用汽車和雪佛蘭的創始人，杜蘭特在汽車界和金融界都是一位著名人物。前文我已經介紹了他在離開通用汽車幾年之後返回通用汽車，並且成為總裁的經歷。他有著強而有力的說服力，溫和而善於言辭，非常親和。他不高，衣著保守而完美，給人一種鎮定自若的感覺——儘管他一直都在處理龐大而複雜的金融問題——他的性格和能力使得他充滿自信。在交談時，他問我是否願意出售凱悅公司。

多年來一直致力於凱悅發展的我，對這個問題感到震驚，但是它為我

開啓了一條新的構思，並讓我開始分析凱悅當前的處境。杜蘭特的提議迫使我開始考慮當前業務發展所面臨的三個問題。

第一個問題是，**隨著凱悅業務的發展，它逐漸開始依賴少數幾家大客戶。僅僅福特就占了大約一半的銷售量，這項業務一旦流失就將會難以彌補，因為根本就不存在其他進貨量如此大的企業了**——我們將被迫徹底重組公司。

其次，我認識到當時製造的**滾珠軸承註定只能在汽車設計發展史上充當配角，甚至可能會被其他零件所取代**。然後應該怎麼辦？再改組？重新開發一種產品？亦或是發展新的業務？我對產品改進非常有興趣，但這是一種非常特殊的產品，因此現在的選擇變成了是繼續拓展我們的業務，還是靠在福特這棵大樹底下乘涼？在之後的 45 年裡，我當時想到的事情都已經發生了。與同期其他類型的減磨軸承一樣，當初凱悅的減磨軸承已經從汽車結構中徹底消失了。

再者，我已經將我所有的工作時間——當時我已經 40 歲了——都用於開發一種產品，並且已經**擁有了一家大工廠，承擔著很大的責任，但是我從未由它的分紅中獲取多少收益**。杜蘭特的建議為我提供了一個隨時能夠變現凱悅利潤的機會。

在這三個原因中，我認為第二個問題，也就是潛在的技術革新對老式凱悅軸承的威脅，對我的決定最具影響。因此，我的結論是**儘管凱悅短期利潤很好，但是其長期的地位將取決於這次的合併**，而且，杜蘭特的提議為我們提供了一個資產變現的機會。我決定接受這個提議，然後召集了我們的四名董事，並建議他們應該告訴杜蘭特我們願意以 1500 萬美元的價格出售凱悅。

兩位董事認為我們的報價高了一些，但考慮到我們的實力及汽車工業的潛在成長，我認為這個價格非常合適。我和杜蘭特的兩位助手：他的律師約翰・湯瑪斯・史密斯和銀行家路易士・考夫曼展開談判。經過多次的討價還價，最終以 1350 萬美元成交。

然後就是支付形式的問題。我接受的方案是一半以現金支付，另一半以杜蘭特計畫成立的聯合汽車有限公司的股票支付。但是，當交易接近尾聲的時候，我發現凱悅的一些同事不願意接受新公司的股票。這使得我被迫補償他們相對應的現金，並接受更多的股票。由於我的父親和我擁有凱悅絕大部分的股票，所以聯合汽車有限公司成立之後，我在股份方面仍然占據重要地位。

杜蘭特於1916年創建聯合汽車有限公司（United Motors）以收購凱悅和其他四家零部件製造公司，它們分別是：康乃狄克州布里斯托爾的紐底帕製造公司（New Departure Manufacturing），它們製造滾珠軸承；印第安那州安德森的瑞密電子公司（Remy Electric），主要是製造電子啟動機、車燈和點火裝置；代頓工程實驗室，或者叫做德爾考（Delco），採用不同於瑞密系統製造的電子設備；最後，是密西根州傑克遜的普爾曼瑞姆公司（Perlman Rim）。

我的從商生涯第一次超越了一個汽車零部件的侷限。我成為聯合汽車有限公司的總裁，董事會由公司幾位投資人組成，但是杜蘭特既沒有在董事會出現，也不干涉公司的事務，而是把所有的營運職責全部交給了我。在得到了董事會的批准後，我為聯合汽車有限公司吸納了哈里森散熱器有限公司（Harrison Radiator）和克蘭克森（Klaxon）公司——當時著名的喇叭製造商。我組建了聯合汽車服務股份有限公司，它負責整個美國銷售聯合汽車有限公司各個下屬企業製造的零部件，並且承擔相應的服務職能。這個聯合體第1年就實現了3363萬8956美元的淨銷售額，這裡面凱悅的貢獻最大。

我花了大量的篇幅介紹凱悅並不是為了強調它在通用汽車中的地位，只是為了讓我能以符合邏輯的方式出場。我作為副總裁加入了通用汽車，仍然負責我在聯合汽車有限公司時所負責的業務；同時我也成了通用汽車的董事，加入了以杜蘭特為主席的執行委員會。

1918至1920年間，我在通用汽車一直負責零配件業務。但是，作為

公司執行委員會的一員，我的視野再次拓寬了，而且，職業精神以及身為一個股東這雙重身分使得我必須考慮公司的整體利益，因為我的大多數財產都已經變成了通用汽車的股票。因此，我很快就開始密切關注杜蘭特的總體政策。

我對杜蘭特的看法有個兩面向。我崇拜他在汽車方面的天分，崇拜他的想像力和他慷慨而誠實的人品。他對公司的忠誠不容置疑。我認為他和拉斯科博以及皮埃爾・杜邦一樣，他創造並推動了通用汽車充滿活力的成長。

但是，反過來說，我認為在管理方面他過於隨性，而且他給自己的負擔過重。重大決策只有在他有時間時才能制訂，然而他的決策又經常比較衝動。下面是我經歷過的兩個例子：

當我們還在紐約第 57 街通用汽車舊址的時候，我的辦公室和他相鄰。有時我會過去問候他。1919 年的某一天，我來到他的辦公室，告訴他我認為由於大眾對我們公司股票的興趣越來越大，我們有必要邀請獨立會計師來為公司進行審核。儘管之前公司曾被銀行接管，但當時我們的帳目並沒有得到獨立會計師的審核。杜蘭特對會計的概念瞭解不多，因此沒有意識到它在管理上的巨大作用。然而在我提出這項建議的時候，他立刻同意了我的觀點並讓我找人來做這件事。

這就是他的工作方式。公司有專門的財務部門來處理這種事情，但由於是我提出的建議，所以他就讓我來做這件事。我邀請了原來為聯合汽車有限公司審計的海斯根塞樂斯事務所（Haskin & Sells）來負責通用汽車的審計工作。

又有一次，我發現杜蘭特在他的辦公室裡和幾個人談論在底特律造一座新的辦公大樓——當時計畫將它命名為杜蘭特大樓，現在這座建築被稱為通用汽車大樓。他們正在看一幅底特律地圖，考慮在市區大圓形廣場公園附近選址。通用汽車銷售辦公室當時位於北邊幾英里遠的非商業區。我知道那個地方，所以我自然就想到了那個地段。選擇那個地段有

幾個好處：對於住在城市北邊的人來說上班比較近，而且當時那個地段在市區裡交通算方便。杜蘭特徵詢我的意見時，我談了我的看法。他說下次我們去底特律的時候應該去實地勘察一下。

後來我們也確實這樣做了。從卡斯大街出發，步行一段距離之後來到位於原來凱悅公司——後來成為聯合汽車有限公司——總部西邊的林蔭大道。他沒有什麼明顯原因地在那座大樓邊的幾座公寓前停了下來。說這就是我們想要的地方，然後對我說：「艾弗雷德，你能不能去把這塊地買下來？普蘭提斯會按照你決定的價格付錢的。」

我當時沒有接觸過地產生意，而且也沒在底特律居住過，但還是把這塊地的幾位業主聚到一起協商，而且最終結果還很不錯。我指派當時聯合汽車有限公司的總裁拉爾夫・萊思（Ralph Lane）處理購地事宜。從一群零散的小業主手裡購買一個街區的地產是一件很有趣的事。如果你走漏了風聲，那麼價格就會受到影響。當我們買下半個街區之後，杜蘭特又告訴我們應該將整個街區都買下來，所以我們又回過頭去購買了整個街區。我不認為他當時想很快利用上這整個街區，但事實是很快就把整個街區都用完了。通用汽車的建築群帶動了整個街區的發展，使其成為底特律的一個新興商業區。

在那個標準化的時代，杜蘭特那種不拘常規的做事方式非常有效，而且，由於他不時對我表露出來的信心，以致他給我留下的印象確實非常好。我對他的批評是純粹由管理的角度出發。在 1919 至 1920 年通用汽車的擴張期間，他竟然沒有拿出明確的管理政策來控制組織中的各個部門，這一點讓我非常擔心。

我們認為應該**區分擴張本身和擴張的需要**。當時也確實有人對杜蘭特和拉斯科博負責的擴張專案持不同意見。但是，時間證明，從長期（至少就目前汽車業的發展）來看，擴張專案的主要內容都是非常合理而必要的。由於汽車製造是面對大規模市場生產的貴重商品，因此整個產業需要大範圍的資本結構。杜蘭特和拉斯科博預見了這個需求。

至於組織管理，我們當時缺乏甚至是根本沒有正確的指導知識，也無法科學地控制各個獨立運作的事業部。公司管理任人唯親，事業部的營運則以討價還價為基礎。當沃爾特・克萊斯勒——通用汽車最優秀的領導人之一——成為公司 CEO 之後，他和杜蘭特的權限發生了衝突。當他發現無法實現自己的期望時，克萊斯勒離開了公司。我現在還記得那一天的情形：他「砰！」的一聲摔門離開，隨著這「砰」的一聲，出現的是克萊斯勒汽車有限公司。

　　在第一次世界大戰及隨之而來的通貨膨脹中，通用汽車組織上的弱點並沒有給公司帶來明顯的危機。到了 1919 年晚期和 1920 年，巨大的危機終於出現。當時公司的大量資金已經分配到各事業部以供它們擴大工廠規模，但同期原物料和勞動成本的快速成長使得各事業部被迫挪用這筆資金，於是幾乎每個事業部都發生了超出預算的情況。

　　這是由於各個事業部對可用資金競爭過度，以及高層管理人員偏好不同造成的結果，比如因為杜蘭特強烈支持牽引機專案。1919 年 10 月 17 日，財務委員會駁回了杜蘭特向牽引機專案撥款的相關申請，並要求他就預期投資報酬率提供進一步的資訊。在同一次會議上，財務委員會同意我提出的向紐底帕事業部（New Departure Division）撥款 710 萬美元的請求。於是杜蘭特在 1919 年 10 月 31 日的執行委員會會議上反對向紐底帕事業部撥款。後來在這個會議上，委員會又同意向紐底帕提供它所要求預算資金的三分之一，而其餘三分之二則讓它發行股票自籌。同一場會議上，杜蘭特反對為杜蘭特大樓提供額外的 730 萬美元撥款。據當時通用汽車財務主管普蘭提斯回憶，杜蘭特之所以反對杜蘭特大樓的撥款，是因為他更願意將資金投入到工廠和營運資本上去，這一點和拉斯科博的觀點恰恰相反。

　　我之所以記得這件事情，是因為當杜蘭特任委員時曾提議不要支持這種請求。執行委員會贊成了他的提議。正如他所預料的那樣，當時的資金確實無法滿足所有的要求。因此，那時大家關注的內容不再是如何分

配有限的資金，而是如何籌到更多的錢。

1919 年 11 月 5 日在紐約舉行的財務委員會會議，聽取了杜蘭特的報告。在報告中，杜蘭特展示了至 1920 年 12 月 31 日止的這 15 個月裡預計的收入和支出。「經過討論之後，委員會達成了一致的意見，批准了報告中所建議的支出，另外還必須立即採取措施來銷售 5000 萬美元的公司債券，並且如果可能的話，爭取再銷售 5000 萬美元，從而力爭籌資 1 億美元。」

那天下午執行委員會會議繼續討論這個話題。會議紀錄顯示：「財務委員會主席拉斯科博提前到達會場，並就未來的財務情況做了簡要的報告。他建議公司再銷售一些債券，並就上次會議未能通過的提案採取行動。」隨後執行委員會一致通過了對杜蘭特大樓、紐底帕事業部、牽引機以及其他項目的撥款，並得到了財務委員會的批准。

後來在對我們的撥款模式進行研究的時候，我進行了反思：「缺乏合適的撥款模式造成的實際後果就是，執行委員會成員如果想通過對他所管理的事業部的撥款提案，就必須設法得到執行委員會其他所有人的支持。換句話說，**從務實的觀點來看，執行委員會對下級單位的管理的理論價值遠大於它的實際作用**。」

就這樣，每個提出撥款請求的人似乎都滿意了，但人算不如天算，債券的銷售情況並不理想。當時的目標是銷售 8500 萬美元的債券，但最後只完成了 1100 萬美元的銷售量。這是外部的金融環境第一次提出警示，指出公司的發展已經脫離了現實。儘管那時公司的銷售額已經從 1918 年的 2.7 億美元上升到 1919 年的 5.1 億美元，並且在 1920 年將達到 5.67 億美元。

資金分配的競爭成了財務管理的焦點問題。1919 年 12 月 5 日，杜蘭特在執行委員會上指出，當前處理資金申請的方式並不令人滿意，不是一種能夠得到所有人認可的方式。他簡要地制訂了一個對撥款申請進行審核並上報總裁的規範。我被納入一個以普拉蒂為主席的特別委員會。

與此同時，由我發動成立一個專門的委員會來制訂這類撥款申請的管理模式，後來我成了這個「撥款提案委員會」的主席，這個委員會的目標就是明確授權撥款行為的權責。這是我在這個時期所承擔的三個組織領域專案其中之一

我在這裡想說的重點是，**無論是執行委員會還是財務委員會，對事業部都缺乏必要的資訊和控制**。事業部仍然繼續大手大腳地花錢，而它們額外撥款的請求也得到了滿足。1919 年年底和 1920 年年初期執行委員會和財務委員會的紀錄顯示，這段期間事業部超額預算的支出情況仍然繼續存在。執行委員會曾在一次會議上批准了 1039 萬 9554 美元的追加資金，其中別克、雪佛蘭、山姆森牽引機占了大部分。這次會議的意義不同尋常，追加投資從此成了慣例。

公司應對經濟衰退的能力在 1919 年年底時受到了挑戰。那年 12 月 27 日，執行委員會通過了我提出的一項決議：公司決定任命一個委員會來研究並推薦一項政策，以供財務委員會在提供盈餘資金以滿足不斷增加的資金需求時遵循。無論是在嚴重的經濟危機時期，還是在因長達幾個月的嚴重罷工而突然關閉工廠的時候，都需要堅持這一政策。

和當時大多數的美國人一樣，我們都確信危機即將到來。為此，我認為委員會中的成員當時並沒有完全認識到對事業部控制不力的影響。儘管如此，1920 年 2 月下旬，在得到了執行委員會的許可之後，海斯克爾通知各事業部的總經理：「必須重新向執行委員會提交那些可能受到環境影響的撥款請求，並必須在得到授權之後才可以繼續工作」。這是一個溫和的警告，但其中不包含任何的強迫成分。

和資金超額運用的情形相同，庫存也一路飆升。1919 年 11 月所制訂的 1920 年的生產計畫比 1919 年高出 36%。但這個生產計畫完全是一頭熱，或者說是各事業部雄心壯志下的成果。為了實現計畫，各事業部大肆採購。1920 年 3 月下旬，執行委員會批准了一個過於樂觀的生產計畫，預計在同年 8 月開始生產 87 萬 6000 輛卡車、汽車和牽引機。在

3、4 月時財務委員會主席拉斯科博著手銷售總價為 6400 萬美元的普通股，以應付大約 1 億美元的資本支出（Captial Expenditures）。杜邦、摩根大通銀行（J.P. Morgan）以及一些英國投資公司都參與了這次的認購。這些新的資方代表很快就會在董事會出現了。

1920 年 3 月，執行委員會紀錄顯示，在經歷了一陣猶豫之後，拉斯科博表明了他對工廠、設備支出無計畫和庫存不斷增加的擔憂；庫存水準超出他之前建議的限度（當時設定為 1.5 億美元），這大幅增加了公司的財務風險。

一個禮拜之後，由杜蘭特、海斯克爾、普蘭提斯和我組成的庫存分配特別委員會批准了一個清單，其中詳細規定了各事業部的支出上限。然而，即使降低了生產計畫，各事業部經理仍然未能保證他們的庫存或資金支出上限，而且也沒有採取任何有效的措施來控制局面。這就是未受控的分權管理的報復。

各項支出繼續上升的同時，汽車市場的需求在經歷了 1920 年 6 月短暫的上升之後開始下降，8 月份財務委員會和執行委員會同時嚴厲警告各事業部經理必須控制支出在 5 月制訂的限度內，而 10 月上旬，財務委員會任命了以普拉蒂為首的庫存委員會，以爭取控制局面。但是，危害已經造成了。1920 年 1 月全公司庫存 1.37 億美元、4 月達 1.68 億美元、6 月達 1.85 億美元、10 月高達 2.09 億美元，超出 5 月制訂的庫存限額達 5900 萬美元。然而，最糟糕的日子還沒有到來。

9 月間汽車市場衰退至谷底。福特於 9 月 21 日將汽車降價了 20 至 30%以應對惡劣的形勢。杜蘭特曾一度支持各事業部銷售經理維持價格並向批發商和客戶做出不降價的承諾。到了 10 月，通用汽車的情況變得非常惡劣，以致於很多經理因缺乏資金無法支付貨款和工資，那個月我們向銀行一共借了大約 8300 萬美元的短期貸款。到了 11 月，除了別克和凱迪拉克還維持著少量生產，其他主要的汽車生產事業部都關閉了工廠。整個美國經濟都陷入了大蕭條。

早在這些事情發生之前，我就已經被通用汽車的內部事務弄得日益心煩意亂了。1919 年年底及 1920 年年初，我提出了一項組織調整計畫以圖彌補當前營運組織中的缺陷，並將這個計畫交給了杜蘭特。他接受了這個計畫，但是沒有採取任何行動。我認為這部分原因是因為他當時還沒有準備好採取行動；他的負擔太重了，各種需要立刻決策的營運問題以及個人財務問題使得他很難有心思去執行這種大手筆的計畫。

我對公司管理及發展方向的焦慮如此之重，以致於 1920 年初夏我休假 1 個月以擺脫這些事務，並決定下一步的行動計畫。起初我曾考慮過像克萊斯勒那樣離開通用汽車。當時，一家名為希金森的銀行（Lee Higginson & Co.）曾為我提供了一個合夥人的職位，這是由史托樂所提供的，我在前文提及他曾於 1910 至 1915 年間負責通用汽車的財務工作，並從此成為奈許的主要支持者。我對此非常躊躇，為此還前往歐洲仔細考慮這個問題。躊躇的原因是我不認為我應該在杜蘭特——無論方法對錯——正在用他所掌握的一切資源來維持通用汽車市值的時候，僅僅為了保護我自己的利益而賣掉通用汽車的股票。我在英國訂購了一輛勞斯萊斯。當時是想和我的夫人共同旅行，但是我後來沒有取貨，也沒有去旅行。我在 8 月回到了美國，並發現形勢巨變，通用汽車正處於危急關頭，於是我決定等待。

與 1920 年的業積衰退相伴的是股價的下跌。這些事與絕大多數工廠的關閉一起標誌著通用汽車公司歷史上一個時代的終結。1920 年 11 月 26 日，皮埃爾‧杜邦在給他時任杜邦公司總裁的兄弟伊雷內‧杜邦（Irenee du Pont）的信中記述了導致杜蘭特辭職的一系列事件。

親愛的兄弟：

最近通用汽車有限公司一些事務的發展，讓我覺得有必要依據我的筆記，以及在我尚還有清晰的記憶時將過去 2 個禮拜的事情記錄下來。在開始記錄這些事情之前，我先就我以前對杜蘭特的瞭解寫幾句話。

從我幾年前認識杜蘭特開始，直至 1920 年 11 月 11 日止，他從沒和我談起過他的私人事務。當杜邦 2500 萬美元資金投入通用汽車並獲得

了稍微超出半數的股權時,杜蘭特告訴我,他,可能還有他當時的家庭,也擁有差不多數量的股份(包括他在雪佛蘭公司通用汽車控股公司的股份)。當時我們瞭解的情況是杜蘭特的大多數股票都掌握在經紀人手裡,但是當時我們認為這主要是為了調度方便起見。我確信,如果當時杜蘭特的股票是借來的,那麼當時他根本就沒有提及此事。

從我們開始收購股票到去年春天的時間裡,我不時聽說杜蘭特允許華爾街借用他的股票。我還瞭解到他偶爾也會直接買入股票或者建議別人購買。由於他的財富似乎很多,所以我從未想到過他會採用完全支付之外的方式購買股票,或者購買超出他的支付能力的股票。我從不記得他曾提到過他拋售過股票,也不曾提到過購買過股票——他現在正在這樣做。我從未唆使杜蘭特去做任何他向我提到的關於控制股票或市場的事情。實際上,無論洩漏一點什麼消息都只會讓市場受挫而不是受到刺激。但是,正如我前面所提到的,杜蘭特從未和我提起過任何私人事務,而股票運作似乎絕對不應該是一項私人事務。我有一種強烈的印象,而且也得到了拉斯科博的證實,即1920年春天杜蘭特在股票市場上已經沒有什麼動作了。我猜可能是他已經沒錢了,尤其是在經紀人戶頭上沒錢了。當通用汽車與摩根公司聯合組織辛迪加(Syndicates)①之後,我認為由於雙方基本上不可能單獨行動,所以杜蘭特應該不會在股票市場上有所行為。但近幾個禮拜,杜蘭特認為摩根辛迪加並沒有採取適當的行動以挽救股市,因此他似乎準備採取行動,對此我非常失望。我不贊成這種單邊的行動,不過我也不能夠確定杜蘭特是否有能力將這一行動付諸實施。

事實上,我認為他這次為維持股價而購入股票的數量肯定比他預設得要少,而且他的朋友也只不過是幫他臨時存一存這些股票而已。我很確定在11月11日之前杜蘭特既沒有在股票市場上有所動作,也沒有借錢。

除了這些成見之外,最近還流傳著杜蘭特在投機的傳言。我和拉斯科博都認為自從收購了通用汽車的股票之後,摩根公司就對杜蘭特的營運

---

① 辛迪加:為法文 Syndicat 其意義為組合,是比卡爾特模型(Cartel Model)發展程度更高,更穩定的資本主義壟斷組織形式。辛迪加是少數大企業為獲取高額利潤,透過簽訂共同銷售商品和共同採購原料的協定建立。

狀況不甚關心。摩根有很多機會就上述問題對杜蘭特提出質疑，而我感覺窺探杜蘭特的事務不應該是我的職責。但是，過去的幾週，摩根的德懷特‧莫羅（Morrow）向我和拉斯科博提過幾次，問起杜蘭特的私人事務，尤其是他在股票市場上的行為。對此我們的回答是我們對他的私人事務一無所知，而且他也從不信任我們。我建議莫羅可以直接詢問杜蘭特，我們也認為杜蘭特肯定會坦誠地回答這些問題。

所以，1920年11月在莫羅的辦公室裡，他、杜蘭特、拉斯科博還有我開了一個會。在會議中，我提出同為通用汽車的股東，瞭解彼此的情況非常公平。我告訴他們，杜邦公司所擁有的通用汽車和雪佛蘭公司的股票一直都握在杜邦公司的手中，杜邦從來沒有買賣過股票。我還指出，就我個人而言，我從未借錢買過通用汽車的股票，我的股票都握在自己手中，而且近期也沒有買賣過股票。就我所知，杜邦公司的人都沒有借錢買過通用汽車的股票，也沒有採取任何操作。莫羅指出，摩根和他們的朋友們所購買的股票也都還握在手中，而且也沒有打算要出售。我不記得杜蘭特曾做過肯定的言論，但是他沒有提出任何關於他曾借錢購買股票或在市場上操作的暗示。莫羅直接問他是否聽說股價在下跌，他的回答是「沒有」。他給我們留下的印象是他持有的股票和我們的一樣沒問題。由於瞭解杜蘭特以及他天生的怪癖，我並不認為他是在故意欺騙我們；但是莫羅並不那麼寬宏大量，我認為他肯定因為杜蘭特沒有對我們坦誠而有所懷疑。

就這樣來到了1920年11月11日，禮拜四，拉斯科博和我沒有任何準備就被受邀同杜蘭特共進午餐。午餐中，杜蘭特說他已經被「那些銀行家」告知，要他辭去通用汽車公司總裁的職位，而且他也同意了。他決定「遵守遊戲規則」，因為無論是通用汽車公司還是他自己都被「握在銀行家的手中」，所以只能遵命而行。我對他的話表示異議，並解釋說道，和龐大的營運資金及資產，或從公司的現金及財務預測相比，我們借款的數額只是稍稍超出了謹慎的範圍。拉斯科博也同意，並且認為我們在營運清算完成之前償還貸款方面並不困難。杜蘭特卻說，他是為他個人的財務問題而憂慮；但是又無法給出明確的解釋，而且也沒有給

我們詢問的機會，不過這一點在當時顯得並不必要。

　　但是，午餐之後，拉斯科博仔細回味了杜蘭特語焉不詳談話中的潛台詞。翌日，拉斯科博再度問起杜蘭特的情況，尤其是他的債務是否達到了「600 或者 2600 萬美元」時，杜蘭特的回答是他得計算一下。拉斯科博和我於禮拜五（12 日）離開紐約，直到下一個禮拜二（16 日）才返回。我們在早上來到杜蘭特的辦公室，決定搞清楚他的實際情況，因為我們認為，如果杜蘭特的私人事務與此事牽涉嚴重的話，就可能會間接影響通用汽車的聲譽。那天杜蘭特非常忙：接見人、接電話、頻繁進出辦公室，因此，我們耐心地等待了幾個小時（午餐時間除外），直到下午 4 點杜蘭特才開始為我們提供能夠反映他當前情況的資料。我們用鉛筆做了一個備忘錄，記錄了他的銀行貸款。據我們根據他所敘述的整理結果來看，他的債務達到了 2000 萬美元，大概都放在了經紀人的帳戶上，內容為向別人借來的 130 萬股股票，還有一些不知數量但屬於杜蘭特的抵押品；另外，杜蘭特估計他個人還欠銀行和經紀人 1419 萬美元的債務。杜蘭特目前還擁有 300 萬股通用汽車的股票——這當然不包括別人的那 130 萬股。杜蘭特說他自己沒有私人帳目紀錄，因此很難準確地給出債務總額，也很難分辨哪些是他自己的純粹債務，哪些是抵押的借款。顯然，他手邊也沒有經紀人帳戶的情況。無論如何，可以肯定的是，整個帳目混亂不堪，而且似乎非常嚴重。杜蘭特承諾一定會詢問他的經紀人以爭取得到一些正面的消息。

　　禮拜二（16 日）晚上，杜蘭特接到了瓊斯理德事務所（John & Reed Brokers）的經紀人麥克盧爾（McClure）的電話，要求他支付 15 萬美元來補足他的帳戶。這筆款項後來解決了。

　　禮拜三（17 日）我們調查了經紀人帳戶，結果發現該帳戶已經收到了於當天進行結算的指示，所以那天沒有什麼進展。與此同時，收到的結算書寫得不清不楚，但拉斯科博和我只能不情願地相信這份結算書的準確性。無論如何，當時的情況已經非常嚴重，以致於我們必須考慮制

訂應急方案了。為了扭轉危機，我們認為需要組建一家公司來接管杜蘭特的股票，並用 2000 萬美元的債券作為給債權人的抵押，而杜邦則需要增資 700 萬甚至是 1000 萬美元投入股票市場用以緩解清算壓力，並支付部分欠款。

禮拜四（18 日），開始處理經紀人帳戶問題。那一天都在忙著做能夠得到杜蘭特認可的結算書。但是，除了經紀人帳戶上有的紀錄外，結算書實在稱不上準確無誤，根本無法證實那個結算書包含了這個帳戶的所有活動——在銀行貸款以及涉及杜蘭特出借抵押品的辛迪加帳戶紀錄方面都不清不楚。

無論如何，當天下午最終還是根據那些資料做出了一個概要表並交給了打字員。大概在那個時候杜蘭特將拉斯科博和我叫到他的辦公室，告訴我們摩根的一些合夥人很快會過來拜訪，他希望我們在場。我們告訴他在摩根公司的眼裡，杜蘭特和我們的地位完全不同，因此我們無法和他及摩根公司的夥伴們坐在一起開會，除非他同意也向他們做一個完整的結算。但他不同意這一點，因此我們離開了他的辦公室。

大概在晚上 6 點半，當我們打算回酒店的時候，碰到了莫羅以及湯馬斯・克池蘭（Thomas Cochran）和喬治・惠特尼（George Whitney）三位先生，其中惠特尼已經答應晚上 9 點和杜蘭特碰面。莫羅將我叫到旁邊，告訴我他們想和我談幾分鐘。於是我和他和他的同事回到拉斯科博的辦公室。我問杜蘭特是否已經提供他們完整的結算清單，莫羅回答「是」，並給了我一份。緊接著對整個事件進行了討論，摩根的合夥人概要地闡述了整個事件的嚴重性，以及可能由此導致的災難——杜蘭特的失敗可能會導致幾個經紀人以及一些銀行的虧損，特別是還可能涉及華爾街兩支股票的大幅下跌。莫羅認為他將放棄約定而在 9 點鐘回去，我也做出了類似的決定。談話時間不超過半小時。

我和拉斯科博回到酒店後，在指定的時間來到了摩根三位合夥人的房間。拉斯科博向莫羅簡要地介紹了我們的計畫，表示杜邦願意在這種幾

乎絕望的境地下，仍然從物質上來幫助通用汽車。莫羅表示，鑒於當前惡劣的市場情況，這個計畫幾乎無法執行，因此他建議我們向銀行借貸2000萬美元以填補杜蘭特的可能債務。拉斯科博和我認為，我們可以提供700萬美元的現金以及足夠的抵押以推動這一專案。摩根的合夥人對於杜邦願意在這種情況下提供援助讚揚有加，克池蘭說：「這個國家有兩家真正做企業的企業，這就是杜邦和摩根。」

接著，開始討論處理杜蘭特的問題。莫羅建議為杜蘭特保留四分之一他所持有的普通股，其餘部分用於籌集現金。他一開始就指出摩根公司不會為處理這件事要求任何形式的酬勞，而且在考慮這些股票處理方案的過程中，他們也充分考慮了對杜蘭特和其他相關人士是否公平。經過初步的討論，摩根公司的合夥人認為，在為通用汽車籌集貸款之前，必須非常謹慎地檢查杜蘭特的帳目。他們認為應該馬上進行這一工作，所以又回到杜蘭特的辦公室，開始檢查他的帳目，同時莫羅向杜蘭特交涉上述應急方案。杜蘭特對於只給他保留四分之一的股份難以接受，莫羅讓步到三分之一。杜蘭特向我建議，如果保留40%，其餘60%交給杜邦公司會更合理一些。這段談判始終在友好的氛圍中進行，談判各方顯然都力圖公平地處理這件事。帳目檢查和談判一直進行到禮拜五早上5點半，中間都沒有休息。

然後我和杜蘭特簽了一份備忘錄，同意發行2000萬美元的股票，其中杜邦公司將認購700萬美元的債券，剩餘部分則以130萬股的股票抵押發行。備忘錄中還表明，雙方同意杜蘭特所持有的股票——考慮到交易成本和利息後，每股的市值大概在9.5美元以上——分為三等份，一份歸杜蘭特，其餘兩份歸杜邦。即使到了那個時候，也還沒有瞭解清楚全部債務，而且辛迪加的帳目仍然非常棘手。

匆忙地吃過早餐之後，我們休息了幾小時，並於上午9點半繼續工作。摩根公司的合夥人們在當天（19日）晚上5點之前，從紐約主要銀行募集了2000萬美元。同時，應急計畫建議給杜邦公司的優先股以

補償杜邦公司8%的現金投入，80%的普通股以補償杜邦公司的抵押財產……當天杜邦財務委員會開會，會後決定將這80%的普通股和杜蘭特對半分，這樣一來杜邦占40%，杜蘭特占40%，銀行占20%。這就成為了最終形成的處理方案。儘管禮拜六（20日）關於此事件已經流言四起，但是直到禮拜一（22日）才公開這一方案，這時摩根已經開始蒐集股票。整個處理過程中，摩根的合夥人發揚了非常偉大的精神：他們全心投入、起勁地工作，並且一開始就表明他們不要求補償。他們的速度和成績一樣令人佩服。整個交易金額共涉及6000萬美元，甚至更多，但是他們不到5天就完成了整個計畫和實際工作，而且其中還包括禮拜六和禮拜天。

1920年11月30日，杜蘭特辭去了通用汽車的總裁職位。我曾採用各種方式來評價杜蘭特。我認為，在通用汽車擴張與經濟週期發生衝突這件事上，拉斯科博的責任比杜蘭特更大。拉斯科博竭力推動擴張，並為擴張帶來的問題買單，而杜蘭特的管理讓這一切更加失控。

我聽說杜蘭特於1919年年底開始對總體經濟的發展形勢持悲觀態度，但是我沒有發現相關的紀錄。紀錄顯示，杜蘭特和拉斯科博都是樂觀膨脹主義的強力支持者。似乎他們只在應該將錢投向哪個領域這一問題上存在爭議。我認為杜蘭特的個人股票市場操作主要應該歸因於他的通用汽車情節，歸因於他對未來的信心，歸因於他長年未曾失誤的判斷。我還認為，在那種危急時刻，摩根公司和杜邦公司接管他的股票債務是一種非常慷慨的行動。

不妨考慮如下事實：

1921年杜蘭特將他在公司的權益回售給杜邦公司。為此他得到了23萬股通用汽車的股票，當時的市值大約為299萬美元。杜蘭特如何處置這些股票則不是本書所關心的內容。不過，如果在他於1947年3月19日逝世之前一直持有這些股票，這些股票的市值將會達到2571萬3281

史隆與通用汽車

```
1875.05 史隆生於康乃狄克州紐海文
          ↓
1895 取得麻省理工學院電子工程系學士學位,並進入凱悅軸承公司
          ↓
1898 入主凱悅軸承公司
          ↓
1899-1915 藉由將軸承設計入汽車零件,而開始熟悉汽車製造業
          ↓
1916 杜蘭特組建聯合汽車公司,收購凱悅及其他四家零部件公司,透過
本次收購,史隆成為聯合汽車公司總裁以及成為通用董事。
          ↓
1919-1920 通用因快速擴張導致財務危機,尋求投資銀行團協助。
          ↓
1920.11 投資銀行團入主通用汽車,杜蘭特辭去總裁職位,由杜邦先生接
手總裁職務,史隆為杜邦先生之主要助手兼通用董事。
          ↓
1923.05 杜邦辭去總裁職位,並由史隆接任。
```

美元,加上分紅,他總計會獲得 2703 萬 3625 美元。

　　讓我們回到 1920 年。當時國家經濟的快速衰退及其對公司造成的衝擊,加上管理的失控,以及杜蘭特的辭職,種種原因共同動搖了公司的基礎,但同時也開創了公司歷史上的新時代——這也是我主要故事開始的地方。

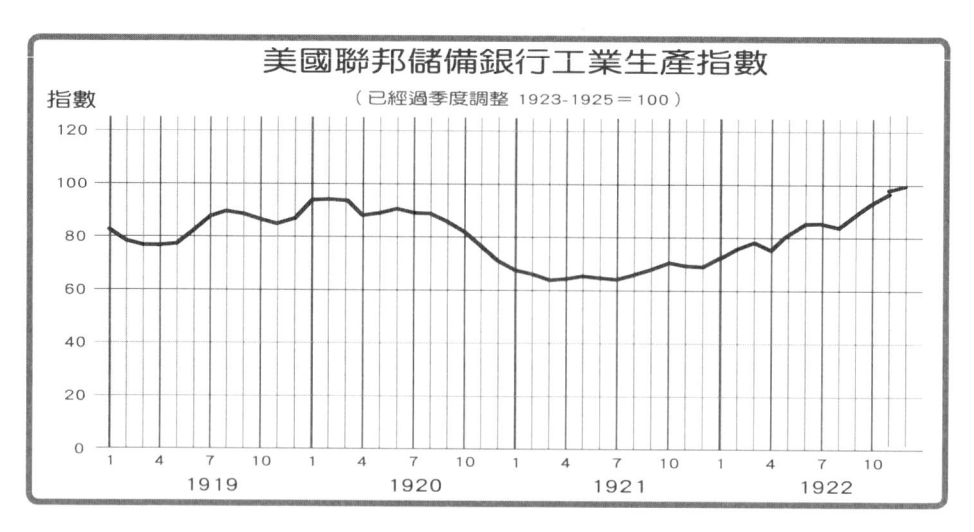

美國聯邦儲備銀行工業生產指數
（已經過季度調整 1923-1925＝100）

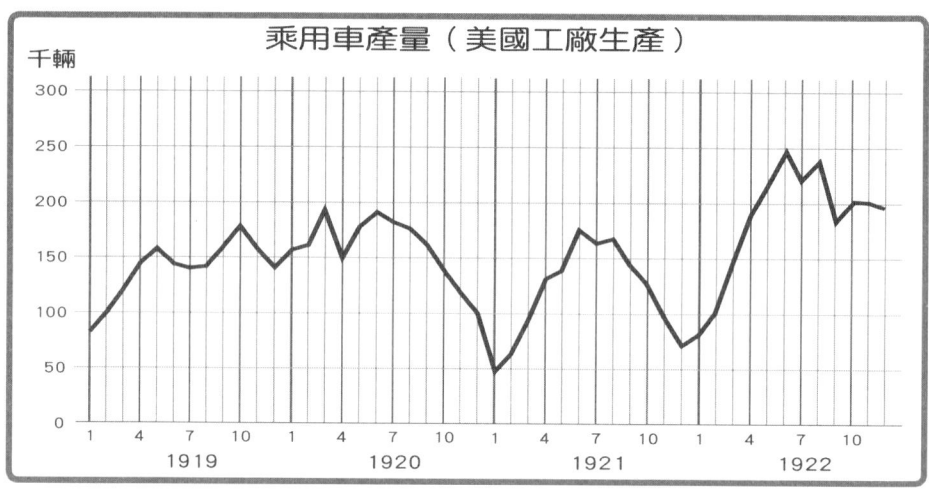

乘用車產量（美國工廠生產）

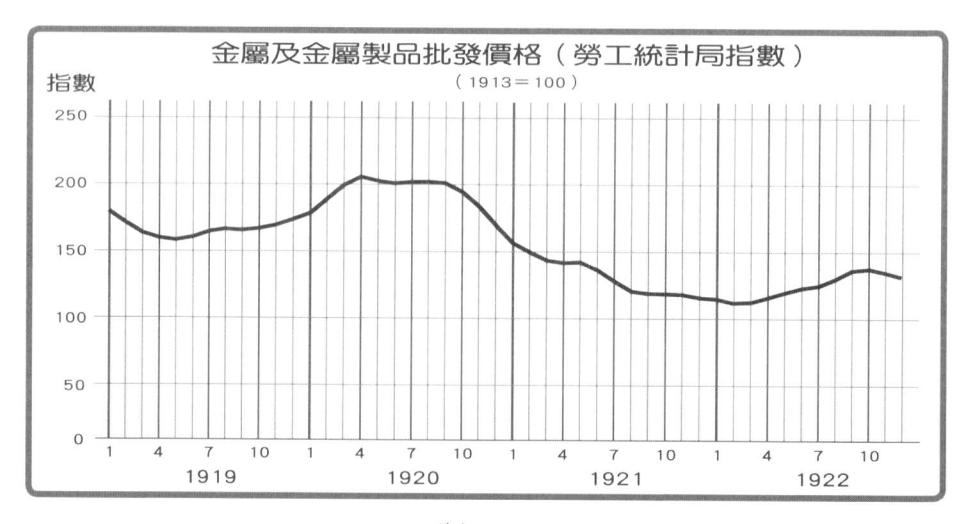

金屬及金屬製品批發價格（勞工統計局指數）
（1913＝100）

道瓊工業指數
（每日收盤價的平均值）

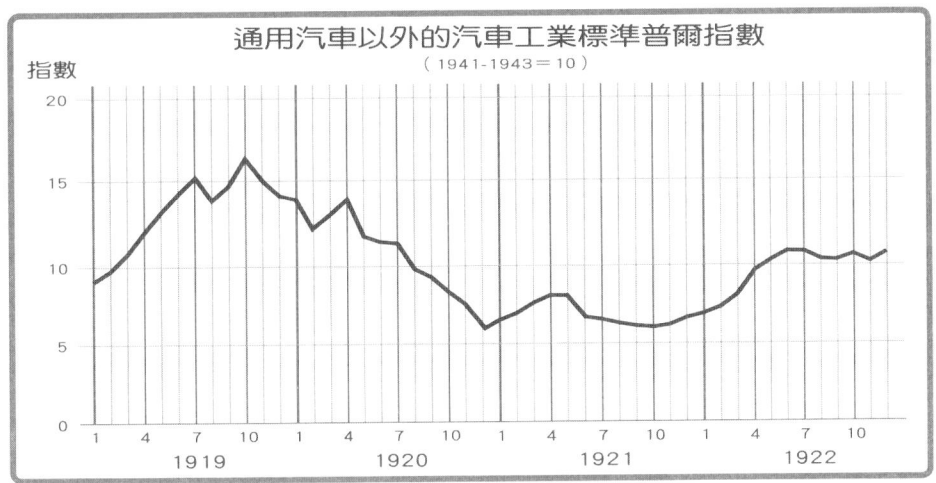

通用汽車以外的汽車工業標準普爾指數
（1941-1943＝10）

通用汽車普通股價格
（每月15日的收盤價）

組織概念的萌芽

第三章

在歷經大環境經濟危機和內部營運問題的雙重考驗下，新的管理團隊勢必要有所改革，才能面對重重的障礙。

1920 年快要結束的時候，改組成了通用汽車第一要面對的任務。在當時，公司面臨著外部經濟衰退和內部管理危機並存的困境。

汽車市場幾乎完全消失，我們的收入也寥寥無幾。我們的大多數工廠也和其他企業一樣關掉了，或者是用一些還沒用完的半成品裝配少量的汽車。我們負擔大量的庫存，而且缺乏現金，我們的產品線混亂，無論是財務還是營運，我們都缺乏控制。對任何事情我們都無法掌握準確的資訊。簡而言之，我們面臨的內外部危機之重超乎你的想像。即使你是一個喜歡危機的人。

在汽車製造業中，像我們這樣的情況並不少見，其他公司也都是困難重重。經濟衰退具有淘汰弱者的作用，而我們當時恰恰正處於最弱的時期。有些人面對衰退而絕望，但是我從未向經濟衰退屈服。在經濟衰退期間，我一直堅信總有一天景氣週期的高峰期將會到來，那時將迎來長期而有活力的成長。

這種自信和謹慎左右了我在 1920 年的心態。我們無法控制環境，也無法準確地預測它的變化，但是我們可以培養我們的柔性，從而在景氣週期的起伏中倖存下來。

退一步說，當時汽車市場的前景只能用不確定來形容。不過，我們堅信汽車會和整體經濟擁有相同的未來。我之所以提到這些事情，是因為**我認為信心是企業經營的重要因素，它有時會左右一個人的成敗。我們堅信當時汽車產業正處於為美國創建一種新型交通系統的歷史時刻，因此汽車市場終將恢復生機——這只是一個時間問題。**

在 1920 年的年報中，我們回顧汽車工業發展的同時也表達了這一觀點；鑒於此，我們開始將我們的注意力轉移到手頭的工作上來。

但在開始其他工作之前，我們必須先選出一位新總裁來接替杜蘭特的位置。我根本沒有多想就決定了心中的人選。我和皮埃爾・杜邦的私下接觸不多，但是很明顯地，他是通用汽車公司裡有足夠的威望能給公司、大眾和銀行帶來信心的人；他的存在能夠鼓勵已經開始消沉的士氣。他是公司的主席，是公司第一大股東代表；他在杜邦公司及與通用汽車公司的財務合作中證明了自己的領導能力。我認為唯一可能替代他位置的人是約翰・拉斯科博，他是通用汽車財務委員會的主席，與杜邦關係密切，他的建議對杜邦影響很大。

拉斯科博的資歷已經廣為人知了。我自己並不瞭解他的早期生涯，但是據說他在世紀之交時就已是皮埃爾・杜邦的打字員和秘書。杜邦對他豐富的想像力及財務能力印象極為深刻。當杜邦升任杜邦公司的財務主管之後，拉斯科博成了他的助手和顧問，並且繼任了杜邦原先的財務主管職位。杜邦和拉斯科博多年來一直都是親密的業務夥伴，但是他們的性格卻不盡相同。

拉斯科博才華橫溢，富想像力，而杜邦穩健保守，他身材很高，衣著整齊，沉默寡言，總是願意居於幕後；拉斯科博比較矮，擅長言詞，是一個理想的聊天夥伴，而且胸懷大志。

我記得他經常會帶著一些新的想法到我辦公室來，並且似乎很想揮一揮魔法杖就將它們全部實現——他曾經希望能夠讓整個企業坐在一起開會；不過他的優點同時也是缺點（如果稱得上缺點的話），這是由於才華橫溢所帶來的衝勁十足和耐心不足。要知道，其實沒有多少人能像他那樣準確地看到汽車工業的未來。拉斯科博和杜邦各有各的優點，但是總體看來，我們一致認為杜邦才是我們需要的人。當時其他人都無法滿足所有人的要求。

不過還是有一點遺憾。杜邦對汽車產業的瞭解不是很深入，偏偏我又是那種認為精湛的專業知識是成功管理的必要條件的老派作風人士。但是，形勢比人強，當時我們迫切需要一位能帶來願景的總裁站出來並帶領大家重建對汽車工業未來的信心，這點比精湛的專業知識更為重要。我們可以另外找人提供他專業知識方面的協助。因此，我在非正式的討論中多次迫切要求杜邦接任總裁職位。

我的迫切要求對決策制訂的影響並不是很大，比我的影響力更大的其他人也不少，而杜邦也有充分的個人原因接受大家的要求，讓他在負責通用汽車財務的同時負責管理的工作。由於杜邦公司在危機時期接管了通用汽車，並將於 1921 年將它在通用汽車的股份追加到 36％。因此杜邦必然要對整個局勢負起責任。後來他說：「我是非常勉強接受總裁這個職位的。我最近已經從工作中退了下來，但是我對他們說，我願意做任何他們認為應該做的事情，所以我被推上了總裁的位置，並且達成了一個獨特的共識：我待在這個位置上只是為了等待推選出一個合適的人來接管這些業務。」

杜邦接任總裁之後，拉斯科博仍然擔任財務委員會主席，並且常年擔任公司的公共發言人。阿莫利‧海斯克爾（Amory Haskell）和我成了杜邦的左右手。

1920 年 12 月 30 日，杜邦在給董事會的一封信中提到，海斯克爾和我「有能力解決行政問題，可以在執行委員會閉會期間及總裁離開時代替總裁展開工作」。

執行委員會因此進行了重組，並將人員減少到四個人：杜邦、拉斯科博、海斯克爾和我。這個新委員會負責營運政策，同時也承擔一部分的管理工作。原來由各事業部負責人組成的執行委員會現在變成了營運諮詢委員會。

這些變動儘管無法擺脫救急的本質，但還是和通用汽車當時一場徹底

的改造保持了一致；這場改造甚至觸及了當時對汽車產業的認識。儘管公司紀錄的用詞非常簡練，但是它們的影響非常深遠。在1920年12月30日，原來的執行委員會會議上繳給新委員會的第一件任務的內容可以參看當時的會議紀錄：

總裁應向執行委員會提交一份公司的新組織結構圖，並附上一封解釋其意義的信。這兩份檔案都應該得到詳盡的討論。①

這項提議得到了委員會的一致同意，並被送至董事會。1921年1月3日，董事會同樣高效地批准了這一提議。

後來，是以我在大概1年前以「組織研究」的名義所畫的組織結構圖（當時我曾將這份組織圖提交給杜蘭特以供其參考）為底稿，並適當地修改，形成了新的組織結構圖②。由於**這項計畫後來成為通用汽車管理政策的基礎：它闡述了「分權」思想的基本原則，而且據說後來對美國從事大規模生產的產業都產生了一定影響**，因此我在這裡想就它的起源和其間的故事多說幾句。

首先，談談它的起源。有些人認為通用的分權管理模式是從杜邦公司的組織模式中參考而來，是兩間公司合作協調的自然產物。實際上，對於組織問題，這兩間公司是完全獨立的，雖然後來也都採用了分權管理的原則，但是它們的發展路徑截然不同。

---

① 本章最後將附上此幅圖。
② 直到近年來我才偶爾想起當時的情況，所以現在我才首次談到我繪製這幅組織結構圖的時間。仔細回想之後，我認為應該是1919年年底，大概在12月5日至1920年1月19日之間，而不是1920年春天。之所以得到這個結論，是因為這一組織研究涉及了撥款委員會，而撥款委員會則是由執行委員會於1919年12月5日設立的；另外，當時別克的總經理哈利・巴塞特給我的一封信中談到，他對這項研究非常感興趣。他在信中懇切地說：「我仔細地讀了這份附加報告的每一個字，我確信它對整個組織的勾勒非常準確，所以我非常支持。」我於1月21日給他回信：「親愛的哈利先生：我於1月19日收到您的來信，很高興這個計畫能夠得到您的認可和支持。我不知道接著會採取什麼行動，或者是否採取行動，但是我還是希望能夠做出一些讓大家滿意的工作，因為我確實相信將組織結購妥善安排，會帶來更好的效果。」

杜邦公司是從早期美國公司最常見的集權管理模式為基礎，經由長久的逐步演變才成為分權管理模式；而通用汽車公司則是杜蘭特在成立之初就採用了分權管理的模式。通用汽車需要能夠在不喪失分權管理的優點的前提下，制訂一些協調的原則。通用汽車和杜邦公司的不同背景以及兩間公司產品行銷的不同本質，使得兩間公司無法採用同一組織模式來進行管理。

　　當時杜邦的執行高層已經對組織改造的問題研究了多年，但是直到通用汽車採用了自己的組織方案的9個月後，杜邦公司才開始實施分權管理方案。這兩個方案在細節上差異很大，唯一相同的不過是兩個方案都採用了分權管理的思想。

　　美國很多大型製造企業很快就遇上了這兩種類型的問題——一種產生於過度集權（杜邦公司），一種產生於過度分權（通用汽車）。通用汽車和杜邦公司之所以能夠較早地發生並且解決這些問題，其中的很重要的原因之一就是在1920和1921年的大蕭條，他們的營運問題比當時大多數企業都要更大，也更複雜。

　　我相信在從組織原則和組織思想的角度來認識和思考這一問題時，我們比當時的大多數企業要深入且廣泛得多。我們對組織原則的關注比大學在這方面的投入也更深入。如果某些思想看起來學院性比較強，那麼我可以向你保證，我們的觀點肯定和它不一樣。

　　我所進行的通用汽車「組織研究」，是一種針對通用汽車在第一次世界大戰之後因擴張帶來的具體問題的可能解決方案。當然，我無法準確地判斷我的管理思想有多少是在我和同事們的接觸中產生的。我覺得，思想通常都不是完全原創，但就我的認知而言，這項研究來自於我在凱悅、聯合汽車和通用汽車的經歷。

　　我過去並不是一個愛讀書的人，而且即使我是，在當時的條件下也不可能從書中找到現成的答案，我也沒有軍事經驗。但我在凱悅的近20

年中，我學會了如何在一個規模相對較小的企業裡，著重於單一的基本產品來營運。這個小企業具有製造業的基本功能：設計、生產、銷售和財務；但是我的董事會規模很小，也沒有執行委員會，更沒有通用汽車所遇到的這類問題。

在聯合汽車公司，我第一次接觸到每個事業部都擁有不同產品的多事業部企業所擁有的問題。聯合汽車最初是按照汽車零部件的概念組織建立起來的，我們製造喇叭、散熱器、軸承以及其他部件。我們同時面對生產商和消費者，在這種情況下，如果出現了一些協調問題，比如不同事業部製造的眾多零部件的售後服務，為這種小東西設立單獨的服務站其實非常不經濟。

因此我於1916年10月14日設立了一個全國性的服務機構，即聯合汽車服務股份有限公司來處理各事業部的事務。這個公司在全國20多個主要大城市設立了服務站，並在其他小城市擁有數百個代理商。各個事業部最初都曾很自然地反對這一行動，但是我說服了他們，使他們認識到了這一行動的必要性，並且第一次利用分權管理的功能使這個組織受益，因而學到了一些東西。現在這個服務組織仍然存在於通用汽車，並且和通用汽車一起成長。

我當時的考慮，是先設立一個聯合服務的測試機構，而且即使我們不這樣做，也肯定會有別人這樣做。**在聯合汽車公司，我確實以投資報酬率的原則為基礎，連結各事業部建立了一個商業聯合體。**

這主要是透過為總部提供一種用於判斷各個事業部對公司總體貢獻程度的效率量測工具，這套工具可以對各事業部進行獨立核算；還透過這種方式設計了一種標準會計程序，後來擔任通用汽車財務長（CFO）多年的艾伯特‧布蘭得利（Albert Bradley）認為這種方式對外行人來說非常管用。

在通用汽車1918至1920年的大擴張時期，物料、廠房的增加與管理

規範之間的巨大差異讓我深深地感到震驚：通用汽車的物料及廠房極快速地爆增，但是卻幾乎沒有管理上的規範。我逐漸相信，除非經過精心的調配，否則公司很難繼續成長，甚至將難以生存。但是很明顯地，當時沒有人注意到這個問題。

舉一個我熟悉的例子，1918 年晚期，當聯合汽車開始加入通用汽車的時候，我發現**如果遵循當時通用的管理模式，無論是將它們作為個體或是整體來考慮，我都無法確定這些配件事業部的投資報酬率，這就意味著我將在一定程度上喪失一些管理權。**

當時通用汽車事業部間的物料傳遞是以成本價或成本價加上預先設定的百分比進行結算。我在聯合汽車所負責的事業部，以市價同時向外部客戶和結盟的其他事業部出售我們的產品。但我想創造的是一個以利潤為目的的部門，而且我希望能夠向總部直接證明這一點，而不是讓各個事業部間的業務往來瓜分掉我們的業績。實際上，這是一個保持資訊清晰的例子。

但是，管理好自己的事業部並不是我的全部興趣所在，由於身為執行委員會的一員，在一定意義上我還是一個總負責人，因此我開始從公司的角度去考慮這個問題。這裡的關鍵問題是沒有人確切知道每個事業部對公司總體利益的貢獻程度，因此，由於沒有人知道或者能夠證明各部門效率的高低，因此在新投資的分配上就缺乏客觀的基礎，這就是當時擴張項目所面臨的難題之一。

各個事業部爭搶資源，這很自然，但是公司總部卻不知道該將資源投到哪裡才能帶來最大的收益，這就非常不合理了。由於缺乏客觀性，總部的管理者永遠無法在真正的意義上達成一致，這也就不足為奇了。此外，一些缺乏遠見的人也趁機利用他們在執行委員會的地位，為自己所負責的事業部謀求私利。

我在加入通用汽車之前，曾向杜蘭特提出過這個事業部間的問題。由

於我在這一問題上的觀點已經出了名,因此我於 1918 年 12 月 31 日被任命為一個委員會的主席,這個委員會的任務就是「制訂適合事業部間業務往來的規則和規定」。

我在次年的夏天完成了這一報告,並於 1919 年 12 月 6 日將它提交給執行委員會。這裡我摘錄了其中提到的一些基本原則。儘管今天它們已經變成了管理學的一些基本原理,但是當時並不那麼眾所周知;我認為,直到今天這些基本原則仍然值得關注。

我將一些基本觀點摘錄如下:

理論上,任何商業活動所產生的利潤並不能作為衡量該企業價值的真正標準。比如說一個年盈利 10 萬美元的企業,只要它能夠證明自己還在擴張,並且充分利用它所能有效利用的資本,它就是一個盈利性非常好的企業。相反地,即使是一個年盈利 1000 萬美元的企業,也有可能是一個盈利性很差的企業,如果它不能證明自己還在擴張,或者是還需要投入更多的資源,否則可能會被清算。因此,並不是利潤金額,而是該商業活動的利潤和與其占用的資金之間的關係,才是其中的關鍵。在進行規劃的時候,只有充分認識這些原則,才能避免不合邏輯、不健全的結果……

我一直堅信不疑上述原則。在我看來,任何商業活動的戰略目標都是在將本求利,如果某項計畫的長期回報不理想,那麼必然需要對它的缺陷進行彌補,或者拋棄這一計畫另選一個更好的方案。

至於面對外部客戶的銷售問題,我在報告中認為市場將決定它的實際價格。如果能夠產生預期的回報,則該商業活動就符合擴張的要求。對於各事業部間的交易,我建議在成本上附加預先確定的百分比來進行結算,但是這只是一種方式。

此外,為了避免錯誤而保護了較高成本的供應部門,我建議採取包括營運分析,以及在可能的情況下與外部供應商比較的一系列步驟來確定這個百分比。我在這裡想強調的重點不是技術——很多人比我更瞭

解——而是**將投資報酬率（Return of Investment，ROI）用於衡量某項業務價值的一般原則**。這一觀念是我在思考管理問題時的基本出發點。關於投資報酬率對分權管理模式以及整體與局部間關係的影響，我總結了以下幾點：

①它在組織方面的意義表現在：

……透過每項運作的獨立考核，提升了整個組織的士氣，讓每個組織感覺到自己是整個公司的一部分，它們應該對公司的最終成果承擔起自己應盡的責任，做出自己的貢獻。

②它在財務控制方面的意義表現在：

……能夠正確反映各事業部的淨利潤（net return）與投入資本之間關係的統計方法，是能夠正確量測效率的方法，而不用考慮其他事業部對公司利潤的貢獻及其他事業部使用投資資金的情況。

③它在戰略投資方面的意義表現在：

……使公司能夠正確地直接將營運資金投資到能夠為整個公司帶來最大回饋的地方。

就我所知，這是通用汽車的第一份書面財務控制的一般性原則。其後我一直繼續致力於組織方面的問題研究。

1919年夏末，我和通用汽車公司的一批主管出國考察海外市場。海斯克爾是考察團團長，其他成員還有凱特林、莫特、克萊斯勒、艾伯特·尚普蘭，以及作為考察團秘書的艾弗雷德·勃蘭特（Alfred Brandt）。

我們在途中不僅定期召開會議討論海外業務，還不定期碰面討論組織管理的問題。我只能記得我們曾討論過這些問題，但是已經想不起當時所說的話。似乎當時海斯克爾一度很重視這些問題。當我們回到美國之後，他在1919年10月10日寫給杜蘭特的信末寫道：

我們在離開紐約的那天就開始討論組織管理的問題，整個委員會都參與了這場討論，並達成了一致的意見。我們現在正在準備一個報告……我們相信這個報告會非常具有可操作性，它將幫助我們減輕負擔。不過，

與其在這封已經很長的信中繼續就這個問題進行探討,還不如面對面進行討論。

我不知道海斯克爾所說「達成了一致」指的是什麼,可能他指的是我們對需要更好的組織方式這一點達成了共識吧。我記得當時不一致的地方遠比一致的地方多得多。同樣地,我也不知道這些談論最後能形成什麼報告。

回憶這些事情的過程並想起具體的時間、場景通常會占用我很多的時間,尤其是當時對其重要性還缺乏認識的事情。為了驗證或者校正我的記憶,我已經就組織研究的起源問題展開了許多項研究。比如說,我發現,在1919年,作為執行委員會的一員,我和其他人一起執行了一系列和組織相關的任務,並且粗略地發展出一些概念,這些概念性的想法後來在我所寫的《組織研究》中得到了體現。

這些任務之一就是上面討論過的事業部間的業務往來。另一項任務就是後面的章節中討論到的撥款請款規則。經過這些散亂的思想和各種實驗性的嘗試,我在經濟危機及管理危機發生之前的半年間,寫下了並非正式發行的《組織研究》。後來這本書成為通用汽車在1920年的內部暢銷書。我收到很多執行人員的來信,要求獲得這本書的複本。這類索取書信是如此之多,以致於我不得不開始考慮大量重印這本書。這本書不存在競爭對手,也就是說,就我所知,還沒有其他人在解決這類組織問題上獲得成效。

1920年9月,我將這項研究的複本送給了當時公司的董事會主席皮埃爾·杜邦。我們對此交換了意見。我寫道:

親愛的杜邦先生:

……提到我們上次的談話內容,在這裡我隨信附上大概1年前所作的《組織研究》的複本。

我回顧了公司從那次研究之後的發展和組織運行方式。我並不認為這份研究需要徹底地修改,它至多需要添一些意見建議……依我對當前形

勢的理解，我認為不需要進行什麼變動。

如果您有時間閱讀這份報告，請謹記這份報告的基礎並不是針對組織的理論化探討，而是基於我對各方利益平衡的理解。如果是一份學術研究，我會支持並任命一位執行主管來負責第 6 頁上所列舉的三組單位的業務；而且，除了出口、金融公司之外的單位都應該屬於上述三組之一。這會將直接向主席彙報的人數降低到五人，從而使得主席能夠有更多的時間和精力去探討更主要的問題。

杜邦先生回信道：

親愛的史隆先生：

我很高興你能在我們溝通之後送給我一份 1 年前研究報告的複本。我一有機會就會仔細拜讀這份報告，並希望能和你就這一問題討論一下。

1920 年 11 月底，杜蘭特離開了公司，杜邦成了總裁，新領導團隊迫切需要一份組織計畫。杜蘭特一直以來都能以他自己的方式——因人設事——來營運整個公司，而新領導團隊所信奉的經營管理觀念則截然不同，他們需要一種高度理性而客觀的營運模式。而《組織研究》符合他們的觀點，就像我說的那樣，經過一定的修正，公司正式採納了這一報告，並使其成為公司的基本政策。

和現在的管理學相比，這一研究稍顯稚嫩。完成這份報告時主要的考慮因素之一是希望杜蘭特能夠接受我的想法，因此，當時其實是在一定的限制下進行的研究。這一研究的開頭如下：

本研究的目的在於為通用汽車有限公司提出一種組織架構方案的建議，這一方案將在公司的營運領域中建立起行政指揮部，協調好各事業部的關係，同時也不會破壞以往的高效工作方式。

本研究以兩條為原則，分別是：

1. 執行長 (CEO) 的職責絕不受到限制。各個以執行長為負責人的組織都應該具備各項必要的職能，從而保障它能夠主動、合理地充分發展。

2. 為了保證整個公司的合理發展和適度控制，絕對需要將一些職能集中起來。

這並不需要多加解釋。首先它要求建立行政指揮線，協調並且保留當時公司內部主流的全面分權管理機制的效果。但是，多年之後再次回顧這兩條原則，我很有趣地發現它們的語言本身就很矛盾，但更矛盾的卻是觀點的內涵。

在第一點中，我用「絕不受到限制」這樣的話將事業部運作的分權管理模式推到了極致。在第二點中，我又使用「適度控制」這樣的詞來限制執行長的權力。

描述組織的語言經常在表達真實情況或人們相互作用的環境時，飽受詞不達意之苦。**人們經常在不同的時候強調同一事物的不同面向，比如先是想強調各部分的絕對獨立，然後又想強調協調的必要性，再然後又想強調總體中應該存在一個指導中心。但是，關鍵在於它們之間的相互作用。**撇開對語言和細節的挑剔，我現在依舊認為我在這項研究中提及的兩條原則仍然是正確的。而且就我所知，當代管理的關鍵問題和這兩條基本原則仍然一脈相承。

報告的第二個問題就是如何將這一理念付諸行動。我這樣寫道：

在公布這兩項基本原則並且確信公司內部所有利益團體都認同這兩項原則之後，則有可能達到本報告的目標。這些目的如下：

1. 明確定義構成公司的各個事業部的職能，不僅僅是各事業部之間的職能，還包括事業部和總部之間的職能。

這是一個值得深思的問題，但是它無疑是正確的。如果你能夠描述出各部分與整體之間的關係，你就已經描繪出整個組織了，因為描述中已經包含對各層次事業部職責的分派。

我接著寫下第二個目標：

2. 為了確定總部的地位並協調總部與整體公司的關係，總部需要行使必要而合理的管理。

這是對第一點的重述，不過這次站在了相反的角度；也就是說，這次是從上往下的角度進行的闡述。

第三個目標是：

3. 將公司所有管理職的控制權集中到總裁及執行長手中。

無論是否採取分權的模式，以工業為基礎的公司都不會是社會中最溫和的組織形態。在我擔任執行長期間，從未在原則上削減過這一職位的行政權力。我只是謹慎地行使這一權力。藉由向人們傳播我的觀念，我取得了比對人們指手畫腳更好的效果，但是無論如何，這些權利都必須掌握在執行長手中。

下面是第四和第五個目標：

4. 為了盡可能限制向總裁彙報的高階主管人數，第四個目標就是保證總裁能夠更好地指導公司的總體政策，而不是陷入本應可以放心授權給高層主管們處理的重要性稍低的事務中。

5. 在每個執行事業部中，為其他執行事業部提供建言的渠道，從而使得各個事業部都能以對公司整體有所助益的方式發展。

簡而言之，研究當前已有的組織結構，並且也提出具體的公司組織結構。也就是要認可事業部的組織形式——它們都是獨立的職能群聚（設計、生產、銷售等等）。它按照活動相近的原則將事業部組織起來，並且像我給杜邦的信中所建議的那樣，為每個群體設置一名高級主管；計畫規定了顧問職位的編制，這是一個沒有行政指揮權的職位，它還規定了一個財務管制的編制。

它將政策和政策的執行區別開來，並細分二者在整個組織結構中的位置。它以自己的方式呈現了後來被稱為協調控制下的分權營運（decentralized operation）模式的概念。

研究中關於組織的原則開創了通用汽車的一個新時代，從此通用汽車幸福地介於絕對分權和絕對集權兩種極端之間。新政策要求公司既不保持原來的那種軟弱無力的組織模式，也不會變成一個指令一個動作的僵化模式。

但還是要考量，在新行政團隊的帶領下，公司的組織模式最終會變成什麼樣子？比如，事業部的職責將保留多少？哪些事務必須經過協調？政策以及行政的範圍各有多寬？這些問題不能透過對《組織研究》的邏輯推理而得到。要瞭解在實際執行的過程中，即使失誤也會引起很重要的作用。這一點我會在後文介紹。如果我們的競爭對手，包括福特，沒有製造如此大量的汽車，或者如果我們沒有改進我們的產品，通用汽車的地位將與現在的情況相去甚遠。

儘管通用汽車於1920年正式採納了這一計畫，但是其效果仍然需要一段時間才能夠體現出來。新執行委員會的組織結構就是這一計畫一個突出的例子：四位負責引導公司發展方向的成員都從未負責過汽車的生產。通用汽車偉大的汽車生產者包括杜蘭特、奈許和克萊斯勒，他們已經在1921年之前就在汽車產業中建立了自己的領導威望。

由於我前面所述的財富狀況的變動，他們當時已經或正準備加入我們競爭對手的行列。

杜蘭特在離開通用汽車後很快成立了杜蘭特汽車公司，前後生產了幾種轎車，包括杜蘭特轎車、弗林特轎車、斯達轎車（Star）和盧克轎車（Locomobile，這是他收購的公司所生產的轎車）。克萊斯勒當時正忙於搶救克萊斯勒公司的威利斯－奧佛蘭德轎車（Willys-Overland）和麥克斯韋－先驅轎車（Maxwell-Forerunner），而奈許則正在經營一家以他的名字命名的汽車公司。

另一方面，看一看通用汽車公司的新管理層。

杜邦在擔任通用汽車主席的前5年裡，他將公司業務營運的權力都交給了奈許和杜蘭特。拉斯科博一直從事金融領域的工作，而海斯克爾接觸的業務相對較少，基本上在營運方面沒有直接經驗，而且他很快就脫離公司的核心團隊——他於1923年9月9日過世。

我的業務經驗和汽車生產最密切，儘管我一直都在汽車產業中工作，

卻仍然從未直接從事過汽車營運業務。因此，和奈許、克萊斯勒及杜蘭特相比，我們四個人基本上都是業餘選手，而且很快就只有三位能動彈了。由於拉斯科博負責財務，因此公司營運的最高責任就落在了杜邦和我（他的主要助手）的肩上。

杜邦和我一起工作、一起出差，每 2 個禮拜與底特律的營運主管會面一次。6 個月後，在某種意義上我成了向杜邦彙報的執行副總裁。但截至那時為止，公司仍然沒有建立清晰直接的彙報體系，比如在擔任公司主席和總裁的同時，杜邦曾任命自己為雪佛蘭公司的總經理，這既增加了他自己的負擔，又增添了倉促形成的管理機制的複雜度。

即使我們缺乏業務營運的經驗，但是我們並不缺乏跨越這一缺陷的精力。執行委員會馬不停蹄地工作了整個 1921 年。那年我們舉行了 101 次正式會議。在會議的間歇期，我們還以個人或團體的形式參與到各種應對緊急情況或解決未來問題的行動之中，並且還定期走訪各事業部和設在底特律、弗林特、代頓及其他地方的工廠。

因此，如果讓我對就行政改革 3、4 個月之後的公司發表點看法，我會說，儘管我們缺乏經驗，但是我們的長處在於邏輯和精力；我們正在將一度失控的局面逐漸納入控制中，尤其是庫存。而且，我們還瞭解通用汽車在汽車產品線方面還沒有明確的政策，而這正是業務經營的第二個大問題。

通用汽車公司組織圖
（1921年1月）

```
                                          股東
                                           │
         ┌─────────────┬────────────────┬──────────────┬─────────────┐
      財務委員會          董事           執行委員會      撥款委員會
                           │
                          總裁
                           │
┌──────────────┬──────────────┬──────┴──────┬──────────────────────┐
副總裁的助       副總裁、財務      法律部      二個負責營運的副總裁     副總裁的助
理和秘書        委員會主席                                           理和秘書
                                              │         │           運作委員會
                                             副總裁   副總裁          顧問委員會
                                              │         │
                                           營運部門   顧問部門
```

財務副總裁系統	通用汽車金融服務公司副總裁系統	營運部門	顧問部門
財務副總裁	雪佛蘭事業部	謝里丹轎車事業部	副總裁職員事務助理
副助理長	生產經理 / 銷售經理	奧爾茲汽車事業部	職員事務秘書
副秘書長	雪佛蘭公司車軸事業部 / 托萊多雪佛蘭公司	山姆森拖拉機事業部	管理線設計
股東服務部	紐約雪佛蘭公司 / 聖路易斯雪佛蘭公司	通用汽車卡車事業部	跨事業部調度
保險稅務部	海灣市雪佛蘭公司 / 聖路易斯製造公司	別克事業部	杜蘭特大廈管理公司
相關的財務公司	德州雪佛蘭公司 / 加州雪佛蘭公司	通用汽車出口公司	服務衛生、個人服務部門
財務部門	加拿大汽車事業部	奧克蘭德事業部	銷售分析及開發
財務主管	奧爾茲汽車事業部 / 麥克羅林汽車事業部	斯克里普斯事業部	房地產部門
財務主管助理	雪佛蘭加拿大事業部 / 山姆森拖拉機事業部	凱迪拉克事業部	咖啡館、俱樂部
股票交易分紅部門	公司內部零部件事業部	加盟營運性公司	保全、清潔部門
員工儲蓄投資基金	薩吉諾零部件事業群組 / 關鍵零件事業群組	附件事業部	工廠布局規劃部門
員工分紅部門	薩吉諾鍛件公司 / 關鍵齒輪公司	瑞密電子公司	普華永道諮詢公司
駐紐約辦公室部門	中央鑄造廠 / 加拿大產品公司	代頓設計實驗室	設計研究工程部門
特許及消費稅部門	密西根機軸事業部（蘭辛）/ 挪威汽車公司	蘭開斯特產品公司	採購顧問部門
聯邦稅部門	密西根機軸事業部（薩吉諾）/ 關鍵鑄造事業部	克蘭克森公司	專利部門
審計部門	薩吉諾產品公司 / 關鍵車軸公司	福利吉德公司	人事部門
統計部門	孟西零部件事業群組 / 蘭辛車軸公司	代頓製造公司	交通及運輸部門
會計部門	孟西產品公司	凱悅軸承公司	發展部
會計長		傑克遜鋼製品公司	總部辦公室
成本會計		哈里森散熱器公司	服務部門
預算會計		紐底帕製造公司	
		德爾考製造公司	
		尚普蘭火星塞公司	
		聯合汽車服務公司	

第四章 產品策略及其起源

策略是分離出一個價格帶,並致力於銷售它所細分出的市場,透過這種方式,在保證盈利的基礎上使汽車的銷量初具規模。

在經歷了1908至1910年和1918至1920年兩次大擴張之後——也可能有人會說正是因為這兩次大擴張——通用汽車公司已經不僅僅是一種管理理念的代表,它已經成為一種汽車產業業務經營理念的代表了。每個企業都需要形成自己的產業理念。**如果仔細觀察,你會發現,每個產業都有自己處理業務的邏輯方式**。如果該產業中有些企業採用了不同的理念,那麼這些理念就有可能會以最有活力、最具決定性的方式,改變產業的競爭態勢。

這就是1921年汽車業的情況。福特在汽車市場上以最低價格長期投入單一車型的理念,其最為具體的表現為T型車,它曾經統治了這個巨大的市場,並將這個優勢保持了10年以上。當時還出現了一些其他的理念,比如每種車型只生產很少的數量,並定以非常高的價格;又或是在中價位市場上提供多種車型等等。

通用汽車當時還沒有明確的業務理念。我在前面說過,杜蘭特確實已經確立了七個產品線:雪佛蘭(有兩種不同發動機的車型,標准490型和較貴的FB型)、奧克蘭德(後來的龐帝克)、奧爾茲、斯克里布斯(Scripps Booth)、謝里丹(Sheridan)、別克和凱迪拉克,其中只有別克和凱迪拉克產品線具有明確的事業部概念,其中別克以它的高品質和還算高的產量躋身中價位市場的高端,而對品質無盡追求的凱迪拉克則以適當的價格和產量為公司帶來巨大的收益。實際上,它們長期以來一直都在各自的價位上處於領先位置。

儘管如此，通用汽車當時的汽車產品線並沒有一個整體的政策。我們在低價位市場上沒有什麼占比，當時雪佛蘭無論在價格還是品質上都無法對福特構成威脅。1921 年早期，雪佛蘭比 T 型車約貴 300 美元（同等配置下的比較），這就意味著根本沒有競爭力。就我所知，我們成為中高價格汽車生產商這一事實並不是在某種政策指導下實現的，之所以會這樣，只是因為沒有人知道我們應該怎樣和福特展開競爭而已——當時福特的銷量已經占了整個產業銷售量一半以上。但是，必須承認，當時沒有一個生產商能夠提供概括所有價位的產品線，也沒有哪家製造商擁有比通用更全面的產品線。

我們於 1921 年早期的七條產品線、十個型號的車價區間明顯體現了這種不合理。當時我們的產品價格（產品範圍從跑車到轎車，價格為底特律的離岸價①）如下：

產品線	型號	汽缸數	價格區間	備註
雪佛蘭	490	4	795–1375 USD	
雪佛蘭	FB	4	1320–2075 USD	
奧克蘭德		6	1395–2065 USD	
奧爾茲	FB	4	1445–2145 USD	
奧爾茲		6	1450–2145 USD	奧克蘭德的引擎
奧爾茲		8	2100–3300 USD	
斯克里布斯		6	1545–2295 USD	奧克蘭德的引擎
謝里丹	FB	4	1685 USD	
別克		6	1795–3295 USD	
凱迪拉克		8	3790–5690 USD	

表面上看起來產品線非常壯觀。1920 年，我們銷售了 33 萬 1118 輛在美國生產的乘用車，包括 12 萬 9525 輛雪佛蘭和 11 萬 2208 輛別克，剩下的 8 萬 9385 輛則來自於其他車型。從總銷量和銷售額上看，通用汽車在 1920 年僅次於福特。我們在美國和加拿大共銷售了 39 萬 3075

---

① 離岸價（Free On Board，FOB），賣方將貨物裝載至買方所安排輸出港的船舶上，責任即完成，賣方需負責貨物出口與報關。（參考自財政部關務署網站）

輛乘用車和卡車，相比之下，福特當年的產量為 107 萬 4336 輛，而整個汽車業的總銷量為大約 230 萬輛乘用車和卡車。扣除銷貨折扣和退貨後，我們的淨銷售額為 5 億 6732 萬 603 美元，而福特則為 6 億 4483 萬 550 美元。

但從內部看來，情況並不太妙。我們不僅在低價位市場——它正是當前市場占比的重點，也是未來成長的關鍵——無法和福特競爭，而且在中價位市場上也因過於集中而產生了重疊，除了賣掉汽車（在某種意義上，這只不過是在不同車型之間互拆牆腳）之外，（我們不知道）還該做些什麼。因此，必須制訂一些合理的政策來處理這種情況；也就是說，除了需要回答客戶需求、競爭、技術環境、經濟環境的演變可能帶來的影響外，還需要知道我們正在試圖做些什麼。缺乏合理的汽車產品線政策這一事實在雪佛蘭 FB、奧克蘭德和奧爾茲的價格完全重疊上得到了充分的體現。由於缺乏公司的整體政策，各個事業部各自為政，獨立制訂自己的價格和生產政策，導致一些車型落在同一個價格區間 —— 它們根本沒有考慮公司的整體利益。

在我看來，謝里丹和斯克里布斯根本沒必要在產品線中存在，這兩種車型都沒有自己的發動機。在印第安那州曼西一家工廠中裝配出來的謝里丹和底特律所製造的斯克里布斯汽車使用的是奧克蘭德的六缸發動機。我想補充，這兩種車型當時並沒有什麼吸引力，二者都只有很少的經銷商。這兩種車型不僅沒有為通用汽車帶來什麼貢獻，反而為通用汽車的產品線帶來了包袱。那麼，當時它們為什麼存在呢？斯克里布斯的股票是在 1918 年併購雪佛蘭的時候，作為雪佛蘭的資產帶入通用汽車的，但是斯克里布斯當時的產量並不大（1919 年的產量大概是 8000 輛，1920 年基本未變），因此沒有理由將它保留在通用汽車的產品線裡，而謝里丹的存在對我而言簡直就是一個謎。毫無疑問，是杜蘭特的某些特殊想法使得他讓通用汽車於 1920 年收購了謝里丹，但我現在還是不知

道究竟是什麼想法。這家企業既沒有一個強有力的組織,我們的產品線中也不存在這樣的需求。

至於奧克蘭德和奧爾茲,它們不僅在幾乎完全相同的價位上競爭,而且它們的款式也正在被市場淘汰。以奧克蘭德為例,1921 年 2 月 10 日在我辦公室裡的一次會議上,普拉蒂這樣描述當時的情況:「奧克蘭德正全力以赴地試圖改進它的產品。他們有時製造出 10 輛車,有時候制造出 50 輛車。但問題是,他們製造出很多不合時宜的汽車,然後又不得不修改這些車子……生產能力強大的工廠反而產生巨大的麻煩……」在這個會議上,我說:「這個問題涉及很多因素。我們現在正在將奧克蘭德的動力降低 35-40 馬力,對於這個動力而言,車軸有些太輕了,而且很多技術都很粗糙,當然,還有一些其他因素。1 年前奧克蘭德決定要推出一種新車型,並得到了修建一座新工廠的授權,但是由於發展計畫的緊縮,這一工程被迫擱淺……想讓奧克蘭德拿出這種合適的新車型而且能夠通過檢驗,確實是一個管理問題……」

奧克蘭德 1919 年的銷量為 5 萬 2124 輛;1920 年為 3 萬 4839 輛,而在 1921 年,它的預計銷量僅僅為 1 萬 1852 輛。

關於奧克蘭德的情況就到此為止吧。

奧爾茲的情況也僅是稍微好一點而已。它在 1919 年共售出 4 萬 1127 輛車,1920 年為 3 萬 3949 輛車,而 1921 年的預計銷量為 1 萬 8978 輛。它將引入一種新車型以挽救自己的命運。

凱迪拉克在 1920 年銷售了 1 萬 9790 輛車,預計在 1921 年將銷售 1 萬 1130 輛。由於美國發生了嚴重的通貨緊縮,它將被迫重新尋找一個成本、價格與產量的最佳平衡點。

現在的難題在於,除了別克和凱迪拉克之外,1921 年通用汽車產品線中的其他車型都一直在賠錢。雪佛蘭事業部的銷量比 1920 年減少了一半,並且一度達到每月虧損 100 萬美元的地步。光是 1921 年,雪佛

蘭事業部就虧損了 500 萬美元。我對這種情形非常擔心，以致於當有人建議調整別克的管理方式（哈利‧巴塞特成功地延續了沃爾特‧克萊斯勒的舊政策）的時候，我給杜邦寫信說：「裁撤通用汽車的其他部門遠比拿別克的盈利能力冒險好得多。」

考慮到當時別克的情況，這句話似乎更像是在借題發揮。別克的銷售量只是從 1919 年景氣時期的 11 萬 5401 輛下降到 1921 年衰退時期的 8 萬 122 輛，而且它仍然有盈利。正是由於別克的存在，才使得通用汽車的產品線具有討論的價值。

這種情況非常客觀地反映了與別克、凱迪拉克的高品質與高可靠性相比，當時產品線中其他車型的情況是多麼糟糕，經濟普遍衰退的壓力使得這些情況的後果更加惡化。即使考慮到經濟衰退的事實以及銷售受挫的不可避免，我們也只能認為一個事業部相對於另外一個事業部的大步倒退，只能歸因於管理問題。

和一般情況一樣，這次衰退也暴露了通用汽車各式各樣的弱點。1920 年通用汽車參與了美國乘用車和卡車市場銷售量的 17%；1921 年下滑到 12%。相反地，福特從 1920 年的 45% 上升到 1921 年的 60%。換句話說，自 1908 年來從未被人在低價位市場上真正撼動過的福特，正在加強他們對市場的控制，而我們的銷售量和大多數事業部的利潤卻一直在下滑。總之，由於在大規模的低價位市場沒有一席之地，並且沒有理念以指導行動，我們的處境很不妙。**我們顯然需要一個構思來引導我們滲透低價位市場，並指導我們從整體面完成對產品線的布局。我們需要研發策略、銷售策略和其他策略來支持我們所做的所有事情。**

在這種情況下，就不難理解為什麼執行委員會會在 1921 年 4 月 6 日，設立一個由汽車業務管理人員組成的特別顧問委員會來審查我們的產品策略了。這一任務將成為公司演化史上最重大的任務之一。

委員會的成員包括：莫特，當時轎車、卡車和部件營運事業群組的高

階主管；諾瓦爾‧霍金斯（Norval Hawkins），加入通用汽車前曾擔任福特的銷售總監；凱特林，來自通用汽車研究部；巴塞特，別克的總經理；齊莫馳德（Zimmerschied），雪佛蘭的新任總經理；還有我，來自執行委員會。

由於這個委員會組建時我負責它的管理工作，本身也是高階管理層，所以後來也把它歸入我的管轄範圍。當我們於1個月後完成研究時，我於6月9日向執行委員會彙報了我們的建議；這些建議得到了採納，並成為公司的政策。這些建議概要地講述了公司的基本產品策略、市場戰略和一些基本原則，它們以整體的形式表述了公司的商業理念。

上述的大致歷史背景和這些建議的本質密切相關。而且，通用汽車內部還有一些其他的環境影響了我們建議的內容。首先，執行委員會曾向特別顧問委員會表明公司有意圖進入低價位市場；也就是說，通用汽車試圖向福特的領先地位發起挑戰。執行委員會要求特別委員會研究這一問題，並建議應該在兩個低價位區間上投入新設計製造的車型，其中較為便宜的那款車型將會和福特競爭，他們還要求隨後就其他價位進行討論。但是，他們明確拒絕對業已建立明確競爭優勢的別克和凱迪拉克做出任何變動。

在幾個禮拜前，當皮埃爾‧杜邦所領導的執行委員會決定公司應該以一種革命性的新車型（將在下一章詳細討論）進軍低價位市場時，巨大矛盾的種子就已經悄悄埋下了。這種車型似乎確實有一些令人興奮的賣點，但是我對我們是否有能力解決它所帶來的所有設計問題則持保留態度。實際上，我認為需要明確制訂一個產品策略的重要原因，就是為了讓這些管理人員進行討論。

當時還有一些其他因素驅動著這場討論，比如那些老車型產品線相關的事業部即將到來的式微，我們都感覺到的對程序（能夠讓所有參與討論的人都接受的基本原則）的需求等等。為了保證能夠結合公司整體目

標的綜合考慮，而不是孤立地考慮產品政策，我們承擔了描繪公司整體願景，並填充所有已知的內容填充使之更具體的工作。

因此，新管理層抓住業務初期難得的機遇，試圖跳出業務來看業務。新管理層審慎地回顧了公司的目標，並盡力從就事論事和適度抽象這兩個層次來處理手中的問題。在具體且急迫的事情上由衷達成共識是一件非常不容易的事情，比如那個革命性的新車型成為執行委員會關注支持的核心，而我則希望大家將產品的概念拓寬到業務的概念。我相信正是由於這個原因，這個特別委員會才會首次理想化地描述這個問題。我們的出發點是公司應該有的的理想模式，我們闡述政策標準的目的也在於此，而不是公司的實際情況。

我們的目的在於清楚描繪這個公司將來的最佳運行方式，找出造成現有狀況的所有不利條件，直到建議的暫時性營運方向成為現實可行的策略為止。為了達到這個目的，我們明確地挖掘出所有營業狀況的問題與應對方式。我們認為投資的首要目的是獲取滿意的利潤並同時保值和增值，因此我們斷言公司的主要目標在於賺錢，而不僅僅是製造汽車。這種明確的聲明似乎有些過時，但是我認為這種基本的商業常識，仍然有助於我們制訂政策。自1908年以來，通用汽車先後生產了幾種不賺錢的車型，其中有幾種當時仍然在生產。但其實問題就在於應該設計一個能賺錢的產品。我認為公司及公司盈利能力的未來完全取決於我們是否能夠以最低的成本，設計和製造功能最齊全的汽車。你不可能真正地同時最低化成本又讓功能最齊全，但是這種說法說明了我們說的「衝突函數優化 (optimizing of conflicting functions)」的意思。當然，後者的說法更為精確。為了既豐富我們汽車的功能又降低它的成本，我們第一批建議之一，就是應該限制公司車型種類的數量和不同車型間的價位重疊。經過多年來各種形式的精打細算，我相信，通用汽車為大眾所提供服務的精益求精程度，將令所有想超越通用汽車的競爭者都會屈服於他面前的漫漫長路。

當時執行委員會中的主流構思，是用一種革命性的新車型與福特展開或多或少的競爭。當然，看起來福特似乎是不可能被常規方法擊敗的。當時公司內還有一些人認為，無論採用什麼方式進入低價位市場，都會浪費我們從別的地方辛辛苦苦獲取的資源。無論如何，我們給自己下了一條有關大宗產品政策的指示，即向聚集大量買方的低價位市場銷售汽車。真正擺在特別委員會面前的問題就變成了怎樣實施這一政策。我們的答案就是接受開發新車型的構思，但我們是以考慮更為廣泛的產品政策為背景所做出判斷。

我們所提出的產品政策，正是通用汽車長期以來聲名遠揚的幾個政策之一。首先，我們指出應該在各個價格區間都推出車型，創造完整的產品線，最低價格可以降至市場最低，但是最高價的車型必須要滿足能夠大規模生產的條件，我們不會以較小的產量進入高價位市場；其次，應該保證產生足夠大的價格差，從而使產品線中的車型能夠保持在合理的數量，這樣才能保證公司能夠從大規模生產中獲益；另一方面，價格差又不應太大，否則會在產品線中留下價格空白。再次，公司的價格區間不應存在重疊的現象。

這些新政策的內容以往從未具體到如此精確的地步。比如，我們總是存在著價格重疊，不同事業部之間總是存在著競爭，然而這些新產品政策使得新通用汽車擺脫了以往的形象，與當時的福特及其他汽車企業區分開來。我們很自然地認為這一政策優於同期其他公司的政策。這裡我想再強調一次：**公司不僅在具體產品的層面上競爭，也同樣需要在宏觀政策上進行競爭。**

現在看來，這個政策非常簡單，就像鞋匠賣的鞋不能只有一個尺碼一樣。但是，在福特用兩種車型（高產量、低價格的T型車和低產量、高價格的林肯車）占超過一半的市場占比，道奇、威利斯、麥克斯韋（克萊斯勒）、哈德森、斯圖貝克（Studebaker）、奈許等車型在市場上占據

重要地位的當時，形成這個政策並不簡單。就我們當時的認知，我們的政策也有失敗的可能。如果整個產業認為這個政策可行，那麼肯定有其他人已經嘗試過了。人家都可以採取這一政策，但是多年來，只有通用汽車堅持這一政策並證明了它的價值。

在探索政策的過程中，我們還融入了其他可能的檢驗標準。「可能」的意思是說，在某種意義上它們也可以獨立作為判斷政策是否有效的依據。比如，如果我們的車型在設計上能夠和我們競爭對手同價位的最佳車型相當的話，我們就會認為這一政策是有效的，因為這樣就不必領先設計潮流，或者在一些沒有前例的實驗上冒險。他們下定決心用一種革命性的車型去取代當時雪佛蘭的標準車型，這一想法我當然支持。如果這一車型能成功，當然很好。但是我傾向於先解決業務策略的問題，而且，這項政策得到了公司的採納；很明顯，皮埃爾 • 杜邦至少在原則上也同意這些政策的構思。

我們這些特別委員會的人，當然認為通用汽車的產品有理由成為各價格帶的佼佼者，儘管當時我們僅僅12%的市場占比並不能為我們帶來任何優勢，但我們仍然認為價格帶調整後的產品線將會賦予我們這一能力。我們認為以產品線和品質標準而言，和所有的競爭對手相比，我們曾經並且能夠繼續在他們擅長的領域與他們平分秋色；而且也能夠在競爭者不擅長的領域位居上風。

在必須時刻牢記福特存在的生產領域，我們也持有相同的觀念。我們指出，對於任何一種車型，都沒有必要比最好的競爭對手更有效率地生產。同樣地，某項產品的廣告、銷售和服務也都沒有必要比最好的競爭對手做得更好。我們認為，我們所必須保證的業務優勢是通過各種政策和事業部之間的合作和協調實現的。因此，很容易理解我們的工廠透過協調運作可以帶來比各自為政更高的效率；這一點對於設計與其他職能的關係也同樣適用。藉由這種方式逐步提高我們的內部標準，就可以自

然而然地和我們在任何價位上遇到的最佳對手平分秋色,甚至在某些方面有所超越。在協調計畫的指引下,團隊就可以達到降低成本、提高產量的目標。因此,在我們只能夠在美國乘用車、貨車市場占據微薄的占比時,我們仍然相信,在這一政策的指引下,通用汽車必將在所有價位上都有最佳的車型設計;同樣地,也會在生產、廣告、銷售和其他領域取得無可置疑的領導地位。

明確了這些未來方針之後,我們批准了執行委員會送交我們審議的決議。此決議是設計一種銷售價格低於 600 美元和另一種不超過 900 美元的新車型。委員會進一步建議了其他四種車型,每一種都有特定的價格區間。還建議公司應該只生產、銷售這六種標準車型,並且整個產品線價格區間應該儘快按照如下調整:

產品線	價格區間	產品線	價格區間
A	450-600 USD	D	1200-1700 USD
B	600-900 USD	E	1700-2500 USD
C	900-1200 USD	F	2500-3500 USD

和本章一開始所列舉的通用汽車的實際價格帶相比,這一個全新的價格帶提案將車型從原本的七個縮減到六個(如果將雪佛蘭 FB 型和奧爾茲六型、八型也算在內,就是從十個車型縮減到六個)。它在我們原來不曾涉及的低價市場引入了一個新車型。原本在我們最高價和最低價之間擁有八種車型,現在降成了只有四種。新的價格帶意味著通用汽車的所有產品線應該視為一個整體,產品線中的每個車型都應該考慮到它和其他車型之間的關係。

分好價格區間之後,我們提出了一個複雜的策略。簡單地說,就是我們提出:一般而言,通用汽車應該將自己產品的定價接近每個價格區間的上限,並且保證它的品質能夠吸引這一價格區間的目標顧客,使消費者願意多付一點錢來享受通用汽車優秀的品質;同樣,它也可以貼近更高價格區間的低價客戶,使得他們願意在品質差不多的情況下少花一些

錢購買通用汽車的產品。這相當於**在同一價格區間展開品質競爭，或者和它的上一個價格區間展開價格競爭**。當然，我們的競爭者會有針對性的因應行動，但是在我們市場占比很小的價格區間，我們可以調整價格避開競爭，而在我們市場占比大的價格區間，則是我們掌握著決定是否維持價格的主動權。我們認為，除非車型數量有限，或者早就計畫好每種車型都要涵蓋自己的價格區間，並和上下兩個區間有所重疊，否則無法保證每種車型都能取得較大的銷量。而據我們觀察，銷售量越大越能獲得大規模生產的優勢因素，**無論在任何價格區間，銷售量都是決定能否占據卓越地位的最重要關鍵**。

產品策略中還專門研究了滲透低價位市場的問題。我們注意到，最低價位的市場已經被福特壟斷了，而我們只是在試圖發起挑戰。我們建議通用汽車不應該生產、銷售與福特相同等級的車，因為福特的價格是這個等級中最低的。相反地，通用汽車應該銷售一種品質比福特好得多的汽車，而價格則應該設定在稍微高於這個等級的價格之上。

我們並不建議和福特在這個等級上短兵相接，我們的建議是生產一種比福特更好的汽車，但是價格只略高於福特的售價，從而分流福特在這一等級上的客戶。

我們認為，當通用的新低價車型——它的定價是最低價位的上限，即600美元——與更高一個層級的競爭車型（售價大概在750美元或稍低一些）相比較時，也同樣會具有優勢。儘管通用汽車低價車的品質與功能，可能不及那些售價大約為750美元的競爭對手，但是它們的價格差距是如此小，以致於潛在的客戶（如果價格基本相同，他們可能稍微傾向於購買我們的競爭車型）將會傾向於節省150美元。

當時，新產品政策在最低價位區間的具體競爭目標非常明確。1921年4月，通用汽車在這個價位區間上還沒有自己的車型；這個價位上唯一的車型只有福特。而且，在第二低價位上，也只有雪佛蘭和威利斯奧

佛蘭德（Willys-Overland）有相關車型。因此，這一產品政策的目的就是提供一種車型，來與當時美國和世界上最大的汽車製造商的主力車型展開競爭。

　　隨著新產品政策的推行，1921 年汽車的實際價格迅速下滑，4 月時我們的產品政策形成的價格體系迅速崩潰。但是，在實際價格水準變動的同時，充實低價位市場的產品政策目標卻始終沒有改變。實際上到了 1921 年 9 月，雪佛蘭 490 的價格已經從 1921 年 1 月的 820 美元降到了 525 美元，而福特的 T 型車則從 440 美元降到了 355 美元，但是福特的價格不包括可拆卸輪框和電動起動裝置，而雪佛蘭則包含這兩者。因此以同等配備而言，福特和雪佛蘭在 9 月份的價格只相差 90 美元，但在當時這個價差仍然相當大，但雪佛蘭已開始朝著產品政策指示的方向前進。因此，透過設立一個新的價格區間與新產品的政策，預示了通用汽車正開始真槍實槍地對市場霸主福特發起挑戰。

　　特別委員會決定了實際產品與價格區間的對應關係，按照價位由低到高的順序分別是：雪佛蘭、奧克蘭德、別克四型（一種新車型）、別克六型、奧爾茲和凱迪拉克。1921 年我們賣掉了謝里丹，解散了斯克裡布斯；1922 年我們放棄了雪佛蘭 FB。整個過程中只有雪佛蘭和凱迪拉克保持了它們在價格體系中的位置。

　　這一產品政策的核心就是大規模生產涵蓋了整個品質線和價格線的汽車，這一原則是將通用汽車同福特 T 型車所體現的傳統理念區分開來的首要因素。具體來說，通用汽車的理念為雪佛蘭提供了針對福特 T 型車的競爭策略。如果沒有我們的這個策略，當時福特在他所選擇的市場上將沒有任何競爭對手。

　　1921 年，福特在整個客車和卡車的市場銷量占了 60%，而雪佛蘭只有大約 4%。在福特幾乎完全獨占低價市場的情況下，直接和它展開競爭幾乎無異於自殺。如果沒有美國財政部（Umited States Treasury）

的支持，沒有人能夠組織起足夠龐大的資金以承受在福特制訂的遊戲規則下與福特爭奪市場。我們所推出的策略只是分離出一個價格帶，以致力於逐漸蠶食它所細分市場的一部分，並通過這種方式，在保證盈利的基礎上逐漸使得雪佛蘭的銷量初具規模。在後來的歲月裡，每當消費者的喜好有所升級，通用汽車的新產品政策總是能夠跟得上美國歷史發展的步伐。

儘管這一理念為我們提供了方向，但是就像後來所證明的那樣，這一政策的出現仍然有些超前，經歷了幾次事件之後，它才得到汽車市場的全面認可。同樣地，通用汽車公司裡發生的幾件事，尤其是在與革命性新車型的研發領域相關的部分，也將阻礙這一理念的應用，並因此讓通用汽車觀望等待了好幾年。

第五章　「銅冷」發動機的研發

銅冷發動機在通用的插曲有力地證明了管理必須符合公司階段性的組織和業務政策，並且二者之間存在著相互依存的關係。

人們可能會合理地認為，在接受了新的管理模式以及汽車營運理念之後，新管理團隊應該會在實現理念方面取得進展。但事實並非如此。實際上，在最初的 2 年半，也就是在新管理團隊的大部分任期內，我們大都偏離，甚至能夠說是違反了這些基本原則。換句話說，**思維的邏輯和歷史的「邏輯」並不完全一致。**

這一章是通用汽車故事中非常痛苦的一段，但如果要記錄下通用汽車的發展，就無法避開這一段歷史。因為，從這樣錯誤的經歷中得到的經驗是最好的教訓。幸好 1921 和 1922 年為我們提供了一段好好受教育的時間，它對塑造公司的未來有著非常重大的意義。

問題出在研究部門和生產事業部，以及公司最高管理團隊和各事業部管理團隊之間的衝突，而且這兩種衝突同時出現。衝突的焦點在於凱特林所設計的氣冷式發動機（air-cooled engine），這是由杜邦建議，替換傳統水冷式發動機（water-cooled engine）的革命性產品。

故事開始於 1918 年，當時凱特林開始在代頓的一間車廠裡試驗氣冷式發動機。氣冷式發動機並不是沒有出現過，美國的富蘭克林汽車（Franklin Car）和其他一些汽車曾使用過。據我們所知，氣冷式的原理就是在發動機上加上散熱片，透過風扇的風帶走發動機上的熱能。富蘭克林汽車曾經採用過鑄鐵散熱片（cast-iron fins）；凱特林建議採用銅散熱片（copper fins）——銅的熱傳導率是鑄鐵的十倍——並將散熱片焊在發動機上。這同時需要新的發動機技術和冶金技術。凱特林在兩種金屬的熱脹冷縮率上遇到了幾個設計問題，但是他對這些問題已經有了

想法並且正在驗證，生產階段的問題還沒有納入考慮範圍，因為它是下一個研發階段的問題。

氣冷式發動機具有誘人的前景。有了它，就可以擺脫水冷式發動機那笨重的水箱散熱器和水管系統，並且可以減少發動機的零件數量、降低重量和成本的同時提高發動機的性能。如果能夠完全實現上述優點，它確實會為汽車業帶來革命。但是，從發動機的設計原理到具體實現還有很長的一段路；人們只知道開發實用的噴射引擎和火箭發動機經歷了很多年，並且耗費了龐大的時間與費用，也或許知道整個產業自19世紀晚期以來的持續努力，水冷式發動機才發展到1921年的水準。然而，儘管凱特林設計氣冷式發動機的時間很短，他對氣冷式發動機的前景卻非常樂觀；由於他在電動起動裝置、點火裝置和照明系統方面的前瞻設計能力，當時他已經聲名遠播了，而且在航空領域他也處於遙遙領先的地位——當時他已經試驗過無人駕駛的飛機了。

1919年8月7日，凱特林向財務委員會解釋了他在代頓金屬製品公司和代頓萊特飛機公司所開展的氣冷式發動機和油料——後來發展成四乙基鉛汽油（乙烷汽油）——的研究情況。我參與了這次會議的籌備，知道凱特林的代頓設計實驗室自1916年加入聯合汽車之後，仍然繼續從事他的研究工作。

在與財務委員會會面的前一天，凱特林和時任代頓金屬製品公司總裁的哈羅德・塔爾波特（Harold Talbott）、海斯克爾、拉斯科博和我共同為通用汽車確定了收購代頓公司——家用工程公司（Domestic Engineering Company）、代頓金屬製品公司和代頓萊特飛機公司。在1919年8月26日的財務委員會上鄭重提出了這個提案，杜蘭特和杜邦彙報了代頓的形勢，指出「查理斯・凱特林……是整個局面的核心，得到凱特林的全部時間和注意力非常重要；我們希望讓他負責新建的底特律實驗室……根據杜邦、海斯克爾、史隆、克萊斯勒及其他人的意見，凱特林是迄今為止對我們公司最有價值的人……」財務委員會的紀錄表

明：

　　總裁（杜蘭特先生）建議委員會重視代頓金屬製品公司正在開發的氣冷式發動機以及它的前景，並指出，情況表明這項發明還沒有達到能夠絕對保證成功的地步，但是它成功的可能性已經令人滿意了，公司在這件事上的投資將會給公司帶來巨大的財務報酬。

　　因此我們得到了凱特林的效勞，也得到了代頓的財產和氣冷式發動機的未來。通用汽車歷史上的好日子又要開始了。

　　1年多的時間很快就過去了。1920年12月2日，在杜邦成為通用汽車總裁後不久，凱特林向他彙報說：「像福特那樣的小型氣冷式發動機已經完成了投入生產的準備。」凱特林建議先製造一些車以供測試；如果效果滿意，就在1921年向市場試銷1500至2000輛。

　　幾天後，也就是1920年12月7日，包括了杜邦、拉斯科博、海斯克爾、雪佛蘭總經理齊莫馳德（Zimmerschied）、財務委員會秘書小哈特曼（Hartman Jr.），還有我，去代頓瞭解情況。在前往代頓的火車上我們討論了幾件事，其中就包括氣冷式發動機。

　　這一討論的紀錄這樣寫道：

　　經過仔細地考慮，達成了一致意見，即在進行下一步工作之前，代頓正開發的新車型應該以適當的數量接受最嚴格的測試。當我們對這一產品的優點感到滿意之後，它將納入雪佛蘭的生產線，並取代現在的490車型。

　　當時，雪佛蘭490車型是我們產品線中的低價位車型，也是福特的潛在對手 —— 儘管當時還稱不上。將新發動機用於此車型是件大事，是一件決定通用汽車在最大消費市場命運的大事。因此，在1921年1月19日新執行委員會上任之後的前幾次會議中，委員會決定對氣冷式發動機和當時490型的水冷式發動機進行一項對比研究就不足為奇了。執行委員會已經達成了共識，即在1921年秋天開始的新「車型年」內不對490車型做出變動；在1922年8月開始的新「生產年」來臨之前，

靜觀氣冷式發動機的研發進展冉決定如何應變。因此，我們決定氣冷式發動機的進展期間，不採取任何措施改進水冷式發動機的 490 車型。之所以說「我們決定」，是因為當時的執行委員會總是集體決策。

接下來的 2 個禮拜內，執行委員會擴大了這項提議的範圍，決定為奧克蘭德搭載一種新型六缸發動機，從而使氣冷式發動機的項目範圍又含括了一個車型。但是，執行委員會也意識到在這個決策上的「巨大不確定性」，因此他們要求以我為首的特別顧問委員會提供一份報告。如果沒記錯的話，我們執行委員會四個人所說的「巨大不確定性」其實主要存在於我的腦海中，這一點在後來表現得更為明顯。但是執行委員會當時正處於杜邦先生穩固的領導之下，他迫切要求發展氣冷式發動機，而且氣冷式發動機前期的進展堅定了他的決心。

又過了 1 個禮拜，也就是 1921 年 2 月 23 日，在我缺席的一次執行委員會會議上，迅速通過了一項新的決議，會議紀錄記載：「大家認為當前正在研發的四缸氣冷式發動機將占領最低價位的市場；之後，將會發展到六缸氣冷式發動機，它的目標將是接近 900 至 1000 美元的價格區間。」委員會指示凱特林「繼續設計並製造搭載六缸氣冷式發動機的汽車」。但是，委員會指出：「在（實驗車）經過全面的測試並證明能商品化之前，不可以投入量產。」當時和莫特、巴塞特一起列席會議的凱特林表明，他期望能夠在 1921 年 6 月 1 日之前見到這種車型的優點。而且為了能夠在 1922 年 1 月 1 日投產，氣冷式四型車的製造準備工作至少要在 1921 年 8 月 1 日開始啓動。雪佛蘭總經理齊莫馳德當時也參加了會議，得悉了他的事業部在這項計畫中的任務。他提出了異議，表示應該在 1922 年 8 月才開始氣冷式四型的生產準備工作；他指出已經改進了水冷式的 490 車型，並且為它設計了新車身。就這樣，執行委員會和雪佛蘭事業部開始在不同的方向上前進。

1921 年 5 月，凱特林在代頓完成了兩種車型的操作測試，並彙報說無論是四型還是六型都可以投產。6 月 7 日，執行委員會同意在通用汽

車研究公司創建一個小型實驗性的製造部門（後來改名為研究實驗室），位置設在代頓，最大生產能力不超過每天 25 輛。

現在，齊莫馳德明確地表達了對雪佛蘭氣冷式計畫的保留意見，關於事業部的問題就這樣走上了檯面，並且持續了一段時間。當時的形勢表明，一直表現很好的別克事業部在或長或短的一段時間內，應該保留它原來徹底分權的組織模式以處理自己的事務。但是，根據我們的組織理念，對於其他事業部我們採取了相反的做法，即我們開始集中管理事業部的一些事務。高層人員向雪佛蘭、奧克蘭德兩個事業部強行推廣這一革命性車型的決定，使得這一形勢明朗化。執行委員會在對事業部最重要的兩個問題，即發動機和車型設計上制訂了政策和計畫。確實，執行委員會具有這方面的權力，並且當時推選這一委員會的目的也是為了行使這一權力。但是，問題不僅僅在於新車型的決策是否合理，還在於如何讓具體執行的人（即事業部）做他們該做的事。

事態之所以發展成這樣，我認為是因為在通用汽車的歷史上，這是第一次要求研究部門和事業部在如此重要的問題上展開緊密的合作，而且當時也沒有明確的辦法來保證這種合作的順利進行。**由於車型設計和最初的試產交給了凱特林位於代頓的研究團隊，而真正投入大規模生產的時候卻需要以事業部為主，因此產生了責任不清的現象**。雪佛蘭的齊莫馳德希望瞭解的是在車型投產問題上，是研究部門聽從製造事業部，還是相反。即使新車型本身的優點已經得到了確認，這裡面仍將存在著管理問題。**事情發展的結果就是，雪佛蘭對新車型設計充滿懷疑，而代頓實驗室則對事業部將變動他們的設計結果憂心忡忡**。事業部的工程師和經理們來回穿梭於他們的基地和代頓之間。一來二去，凱特林認為奧克蘭德總經理喬治・漢娜姆（George Hannum）對新車型的接受度要好得多，凱特林還認為它能夠在當年年底之前準備好為奧克蘭德提供的氣冷式型車型。

1921 前半年我在巴黎，回來之後，執行委員會的成員們再次一起前

往代頓，並於 6 月 26 日抵達。我們與凱特林及當時的汽車製造事業部總執行長莫特舉行了非正式的會談。凱特林對新車型的積極性比以往任何時候都高：「它在汽車發展史上前無古人。」杜邦對他的這一判斷沒有任何異議。凱特林再次提到了雪佛蘭和奧克蘭德的態度差異。很顯然地，他更願意和贊同他的奧克蘭德事業部展開緊密合作。代頓會議的紀錄表明：「最終建議先製造六缸氣冷式系列，停止四缸氣冷式系列，這樣將來製造四缸型車時，生產六缸型車的經驗將會幫助它們盈利。」大家相信，在六缸型的可靠性得到確認之後，雪佛蘭的齊莫馳德將會有能力使人願意購買氣冷式四缸型車。據莫特所述，雪佛蘭畢竟還擁有約 15 萬輛 490 型的庫存有待清理。

雪佛蘭的這種觀望的態度並未能保持太久。幾個禮拜後，杜邦向執行委員會提交了關於通用汽車產品狀況的總結，並提議建立明確的公司策略級計畫。他再次肯定了奧克蘭德關於氣冷式六缸型車的決策。提到雪佛蘭時，他寫道：「在降低庫存和完成以前的訂單之後，將不再繼續生產它（490 車型），需要就長期製造的車型趕快做出決定。」

他認為「除非發生明確的政策變動」，否則氣冷式四缸型將「成為雪佛蘭事業部的標準車型」，並且這一車型應在 1922 年 5 月 1 日之前做好投產的準備。對他的提議，執行委員會表示贊同。

1921 年秋天，新發動機的研發工作在代頓繼續進行，與此同時也展開了新建工廠、舊廠改造、行銷計畫等與氣冷式汽車相關的一系列前置工作。隨著代頓向奧克蘭德事業部提供第一輛測試用用車的時間越來越近，紐約和底特律辦公室裡的期待氣氛也越來越濃。杜邦在給凱特林的信中寫道：「現在我們正處於安排新車型生產計畫的關鍵時刻，我開始感覺自己像個小孩，當一直期盼的馬戲團海報出現在廣告上時，我開始憧憬馬戲的每個部分會是什麼樣子，我會最喜歡哪個節目。」

執行委員會於 1921 年 10 月 20 日正式確定奧克蘭德專案的具體日期，

如下：

現有的水冷式汽車將於1921年12月1日停產。

代頓出產的新氣冷式汽車將會在1922年1月的紐約汽車展上露面。

新車型的量產將由奧克蘭德在密西根州的龐帝克完成，2月裡將形成日產100輛的規模，並不斷擴大生產能力。

關於這項計畫，似乎不存在什麼問題了。

第一輛氣冷式汽車就這樣從代頓運到了奧克蘭德事業部以供測試。這是在凱特林負責的測試之外，氣冷式汽車的第一次有效性測試。中間出現了停頓，然後就是一場譁然大波。有人開始傳言這輛車沒有通過奧克蘭德事業部的測試。

1921年11月8日，漢娜姆在給杜邦的信中寫道：

考慮到將這一設計實用化所必須的變動，基本上不可能在原來確定的時間完成投產任務。實際上，完成這一車型的所有測試並得到我們的認可，至少需要6個月的時間。

為了彌補12月15日即將完成的舊車型產量調整任務，和我們推出氣冷式汽車之間的時間差，我們正在考慮引入一個全新的（水冷式）產品線……我想進一步指出，關於設計變動的想法還沒有成熟到能夠讓我改變這項建議的程度，至少我相信當我們在完成這些設計變動之後第一次進行道路測試時，還會在設計報告中發現大量需要變動的地方。

就這樣，不到1個月的時間，公司就拋棄了原來的計畫，奧克蘭德的形勢以及通用汽車產品線的未來就這樣發生了極端的變化。

紐約總部充滿了失望和驚慌，而和氣冷式汽車相關的底特律、弗林特以及龐帝克則充滿了悲觀情緒。在代頓和製造事業部之間就新車型的測試出現了爭議和疑惑，凱特林的設計師和各事業部的工程師與總經理無法達成共識。凱特林感到非常疲倦，非常氣餒，以致於執行委員會在1921年11月30日正式取消奧克蘭德的氣冷式計畫之後，特地給他寫了一封信以增強他的信心。

信裡面說道：

親愛的凱特林先生：

我們認爲，您將您的精神從氣冷式汽車及其他實驗室工作之外的煩惱中脫離出來非常重要。

任何像氣冷式汽車這種完全不同於當前的標準實踐——水冷式汽車——的新生事物的發展與引入的過程中，都會有很多自以爲萬事通的人和假裝博學多聞的人在旁邊指指點點。

爲了能夠讓您的精神從氣冷式汽車的失利中徹底解放出來，我們謹提出如下建議：

1. 我們對於您在處理與氣冷式發動機相關的所有問題的能力深信不疑。

2. 除非我們當面向您坦誠地指出我們對您的工作的可行性或可能性表示懷疑，否則我們對您和您的能力的信心將繼續保持在這種水準上。如果我們有所懷疑，我們將優先通知您。

我們試圖用能夠徹底消除您對這個禮拜發生的事情的焦慮的語言來寫這封信，並且希望能夠讓您明白我們對您的信任。

當您想停止，或者對我們對您和研究工作的信心及信任產生懷疑的時候，請您從書桌裡抽出這封信，再讀一遍，然後您會感受到我們的眞誠，並將您的眞實想法告訴我們，這樣做不是更好嗎？

執行委員會的四個成員以及莫特，前面說過，他是負責汽車製造事業部集團的執行長，都在這封信上簽了名。

危機過去了。總裁恢復了對新發動機的信任；凱特林也恢復了他的興致和活力，但是，具體的舞臺從奧克蘭德轉移到了雪佛蘭。

1921年12月15日，執行委員會建議加快進度以爭取在1922年9月1日之前，將雪佛蘭氣冷式四型車投入生產。爲了協調研究公司和事業部之間的關係，雪佛蘭總工程師亨特（Hunt）、奧克蘭德總工程師傑羅姆（Jerome）和別克總工程師德華特（De Waters）被派往代頓，他們將與凱特林合作設計氣冷式四型和六型車。當時要求他們必須將每日測試報告送交給事業部經理和總裁。

我對這些事情的操心程度是如此之高，以至於我試圖提高它們的重要性等級，直接由執行委員會來負責它們的管理。我對氣冷式與水冷式的技術問題並沒有偏頗的看法；那是工程問題，是工程師的事情。如果說我現在還有意見的話，那就是凱特林可能在原則上是正確的，並且他領先了整個時代，但從開發和生產的角度來看，事業部的觀點也沒錯。換句話說，在這種情況下儘管雙方意見不同，但都是正確的。然而，從業務和管理的立場來看，我們的行動和宗旨之間產生了偏差。比如，當時我們更應該專注於特定工程的設計問題，而不是在公司內部盲目的四處擴張。我們都傾向於支援研究部門，而不顧那些最終製造並銷售這些新車型的事業部的判斷。同時，我們的常規水冷式車型正在逐漸過時，而我們卻沒有採取任何正式的行動來保護它們。

1921 年 12 月底，在思考著奧克蘭德的失敗測試和新車型所帶來的問題的同時，我寫下了一些便條來釐清自己對公司問題的認識，並準備和杜邦討論關於代頓的形勢，我這樣寫道：

我認為由於缺乏正確的評價，尤其是我們沒能給各事業部正確的評價，在開發氣冷式汽車上我們浪費了大量的時間，並且，一些基本事實在任何程度上都無助於支持凱特林的觀點——他認為，通用汽車的每個人都必須接受他的新設計的所有細節。

我相信他開發出一種新車並且證明了它的性能，或者它在獨立測評人員的手中證明了自己的性能，或者他將車輛的生產任務交給其他人，我們的進度都可能提前。我認為我們在未能認清凱特林具體而特殊的處境的情況下，就將一切都交由他決定是一個重大的錯誤。我相信是公司和產業的需求在推動著工程技術的發展。與凱特林的頭腦相比，我們的工程師只能算得上平均水準。我們無法指望能夠從這些工程師普通的頭腦中得到領先於時代的設計。

和其他領先於時代的事物一樣，領先於時代的工程設計通常會招致那些目光不夠長遠的人的嘲笑。出於這個原因，它才必須以各種得到大家認可的事實來證實自己的作用，而不是僅從理論上證明。如果凱特林能

製造出表現出令人滿意的性能的汽車，那麼我不認為他在奧克蘭德會遇到困難，也就不需要那麼多的設計變動了。這種工作方式將導致我們錯失很多我們非常需要的觀點，並導致我們只能從像凱特林這樣能力非凡的人身上獲得新的思維。

紀錄這段備忘錄的主要作用，是用來標誌我在氣冷式發動機問題上的轉捩點。從那時開始，我開始追求一種雙重政策：一方面，繼續支持杜邦和凱特林對新車型的希望；另一方面，支持事業部開發傳統水冷式汽車的替代計畫。另外，我和齊莫馳德偶然發現一種「繆爾（Muir）」蒸汽冷卻系統，這種系統從未投產過。儘管杜邦對於氣冷式發動機的任何替代品都興趣缺缺，但他並不阻止我採取這種態度。我們是在有著一定差異的兩條道路上共同工作。但是，**組織最高領導團隊中的兩位成員間有這種狀況畢竟會讓人不適，而且終將無法持久**。

接下來的 6 個月裡，氣冷式汽車仍然分散著公司的注意力，並使公司的主要領導隨時處於公司未來產品該何去何從的壓力之中。

1922 年初，雪佛蘭在氣冷式車方面的壓力開始升高，而奧克蘭德的情況卻稍有緩和。我首先妥協了一步，以爭取緩和公司高層領導和事業部之間的關係，因為我覺得萬一新產品開發失敗，這將會保護公司免受太大的影響。作為營運副總裁，我於 1922 年 1 月 26 日在斯達特勒（Statler）酒店的房間與莫特（汽車群組執行主管）、巴塞特（別克）、齊莫馳德（雪佛蘭）開了一個會，並達成了共識，即雪佛蘭正式的氣冷式計畫需要繼續進行，但是要特別謹慎。正式計畫要求，當時代頓開發的試驗用氣冷式四型車「如果一切正常，雪佛蘭應該在 1922 年 9 月 1 日之前將其投產」，也就是說，只有 7 個月的時間了，然而雪佛蘭還沒有從代頓收到任何一輛可供測試的汽車。

無論如何，我們一致同意「迄今為止，公司和雪佛蘭事業部還沒有任何能夠證明可以將氣冷式新車型投產的正面資訊」，但都同意在經過

測試之後，我們將在1922年4月1日確定一份生產計畫。與此同時，我們認為「應該準備第二道防線——這只是一項保守的政策」。我們的第二道防線就是事業部同時採取行動改進現有的雪佛蘭水冷式車型。

至於奧克蘭德，我於1922年2月21日做了彙報，並得到了許可，即我們將推遲氣冷式六型的計畫，而不是取消它。關於奧克蘭德，我們達成了一致意見：

1. 水冷式車型將繼續生產1年半，並於1923年6月30日結束。
2. 在上述日期之前，在奧克蘭德杜絕引入氣冷式車型的想法。
3. 在此期間，奧克蘭德的所有開發專案都必須與公司確立的項目保持一致。
4. 如果奧克蘭德當前車型的銷售下滑到無法維持的地步，則必須採取措施，但是，這些措施需要符合當時的主流方式。

由於代頓的研究公司是通用汽車唯一的公司級研究人員所組成的，而它當時正忙於氣冷式發動機的試驗，因此對水冷式發動機的改造任務就要由各事業部承擔了。當時，所有汽車事業部都需要高級工程技術人員來保持它們傳統汽車的競爭力。在雪佛蘭、奧克蘭德和奧爾茲，這種需求尤其強烈。換句話說，事業部不僅需要注意他們的主業，即當前車型的設計、製造和銷售，還需要在改進設計上投入精力。並不是說和以前的做法有什麼差別，而是公司現在試圖集中一批研發人員來直接為公司工作。從研究公司的運作方式——例如圍繞凱特林那非同尋常的能力所建立起來的長期組織——可以很明顯看出，研究中心的重要職能和傳統的改進設計之間存在著差距。

當時我並沒有意識到這為通用汽車帶來了歷史性的變化，但是我看到了1922年3月14日得到批准的在公司外部為事業部尋找車型設計的政策的差距。這項政策永遠無法從根本上解決問題，但會對當前的局面有所助益，可能需要很多年的時間來徹底理解並解決這個問題。亨利‧克萊恩（Henry Crane）是我當時曾諮詢過的人士之一，他後來成為公司

的總裁技術助理，並對公司的工程進步做出了很大貢獻，尤其是在設計龐帝克汽車期間。亨特（Hunt）只是在近期（1921年10月）才被齊莫馳德以總工程師的身分延攬到雪佛蘭，因此我對他的傑出能力還沒有太多的瞭解。

雪佛蘭的氣冷式和水冷式發動機之間的平衡並不是一件容易的事，它很快就導致了一場管理的變動。1922年2月1日在莫特的建議下，原福特的生產經理威廉・努森（William Kundsen）成為公司特別顧問委員會的一員，並且擔任莫特的製造助理。他參觀了代頓，並於3月11日就氣冷式發動機提出一份報告，建議「立刻投產這種汽車」。但他告訴我他的意思是應該趕快製造少量的產品以供商業和技術測試之用。3月22日，杜邦得到了執行委員會的同意，決定解除齊莫馳德的雪佛蘭總經理一職，讓他成為總裁助理，同時任命努森為雪佛蘭的營運副總裁。杜邦還建議他在擔任公司主席和總裁的同時親自出任雪佛蘭總經理，這也得到了執行委員會的同意。

1922年4月7日，根據總裁的要求，我們正式將這一實驗性的開發專案命名為「銅冷」發動機，取代了原來「氣冷式」發動機的說法。杜邦希望能夠藉此與其他氣冷式系統區分開來，但是凱特林仍然繼續使用「氣冷式」的說法。

銅冷雪佛蘭四型車的生產準備工作就這樣開始了，當時期望能夠在1922年9月15日以大約10輛的日產量開始生產，並且在同年底達到日產50輛的水準。但是，匆匆過去的1922年春天沒有帶來任何實質性進展，銅冷發動機仍然窩在代頓，停留在準備測試的階段。

當年的春季銷售量顯示，1922年會成為景氣復甦的一年，由於改造設計不足，雪佛蘭490開始銷售舊車型。在1922年5月於代頓召開的一次會議上，出席的有杜邦、莫特、努森，和當時的雪佛蘭銷售經理考林・坎貝爾（Colin Campbell），莫特在我的支持下提出了另一種平衡

方案：即在當年秋天將為銅冷汽車設計的車身安裝到原來的 490 車型的底盤上，這樣下一個車型年我們就可以有些新東西可以銷售。但他擔心這樣會讓經銷商在冬天訂購過多的 490 型車，而到 1923 年春天向他們提供的卻是銅冷車型。我再次試圖推進我的雙重政策。我指出：「……在 1923 年 4 月 1 日之前，我們會將銅冷車型作為一種試驗品。此後，如果它能夠取得成功並在道路測試中一路順利，那麼我們會在同年 8 月 1 日將這種車型納入雪佛蘭的正式產品線。如果無法取得成功，那麼我們還可以繼續製造雪佛蘭 490 型。」兩種政策之間的差異就這樣站上了檯面，但是卻沒有形成任何決議。

同步進行的計畫及提議在公司內部造成了不可避免的緊張氣氛。凱特林認為事業部在扯他的後腿。因為奧克蘭德的進度已經落後雪佛蘭幾個禮拜了，而雪佛蘭的計畫在他看來也是不正確的。他在 1922 年 5 月說他和奧爾茲的總工程師羅伯特・傑克（Robert Jack）配合得最好。杜邦支持凱特林對於雪佛蘭的意見，並且在當年 6 月提出一項建議，要求雪佛蘭事業部加快進度。由於與新發動機相配合的底盤和車身設計變動預計將於秋天完成，因此關鍵就在於發動機的研發進展。他建議，銅冷雪佛蘭的生產計畫應該以即將來臨的冬天為目標。

9 月裡生產還沒有啟動，但是官方的預期卻非常樂觀。雪佛蘭計畫將在 1923 年 3 月完成月產 3 萬輛水冷式車型和 1.2 萬輛銅冷車型的生產能力，並將於 1923 年 7 月，最遲不超過 10 月，將所有的水冷式車型生產能力轉換成銅冷車型生產能力。

到了 11 月，凱特林發現，和奧克蘭德一樣，奧爾茲對銅冷車型的興趣也有所降低。我向杜邦指出，我對三個主要事業部同時對一個未經全面測試的新車型投產表示擔心。杜邦指出，這個決策是執行委員會幾個月前共同做出的：「現在需要處理的唯一問題就是是否要改變態度，也就是說，是否要徹底放棄所有和氣冷式車型試驗成果的問題。」但他也同意在 1923 年 5 月 1 日之前，對於雪佛蘭的問題不會有任何最終的明

確決定。然後他指出，奧爾茲的專案將全部轉為銅冷車型。

1922年11月16日，杜邦和我的觀點在執行委員會的妥協性決議中得到了體現：

決議　銅冷計畫應該這樣進行：

1. 奧爾茲事業部於1923年8月1日投產的車型將是六缸銅冷汽車……所有水冷式汽車的試驗和開發任務都必須從今天（1922年11月16日）中止。

2. 雪佛蘭事業部將繼續謹慎開發它的銅冷車型，並密切關注所涉及的各類商業和技術因素，透過這種方式將公司在此過程中承擔的風險最小化。

3. 奧克蘭德事業部的政策以後再做決定，但是，除非大量銅冷汽車在技術和商業這兩方面都通過考驗，否則無論在任何條件下奧克蘭德都不可以投產任何形式的銅冷汽車。

因此，1922年底，我們完全支援奧爾茲的銅冷項目，在雪佛蘭採取雙重態度，而在新車型得到認可之前，不允許奧克蘭德投產新車型。12月，努森開始在雪佛蘭製造250輛銅冷汽車。1922就像1921年一樣是在對通用汽車新車型的不確定中度過的。

銅冷雪佛蘭的新底盤和新發動機，在1923年1月的紐約汽車展揭開了神秘的面紗。定價比標準的水冷式雪佛蘭（現在命名為「高級」型）貴200美元，當年在車展上轟動一時。

雪佛蘭事業部的生產計畫要求在2月生產1000輛銅冷車型，並不斷提高產量，直到在10月裡達到5萬輛的月產量。新年伊始時，對於水冷式汽車發動機的唯一問題，就是徹底放棄這一車型的具體時間。但是在生產的過程中還是出現了問題，以致於未能在2月裡生產出大量的銅冷雪佛蘭。

1923年3至5月這3個月裡，同時發生了兩件關鍵事項。首先，我們發現自己正處於汽車發展史上前所未有最繁盛的時代，那一年汽車業的客、卡車年銷售量第一次超過了400萬輛。其次，生產方面的問題嚴

重地拖慢了銅冷雪佛蘭的製造速度，少量投放市場及正處於事業部測試狀態的銅冷雪佛蘭出現了大量的問題，這表示它們仍然還是處於試驗的狀態，各項性能都還沒得到檢驗，還需要進一步開發。下一步何去何從並不需要太多的思考。我們唯一可銷售的雪佛蘭就是傳統的老式水冷式雪佛蘭。儘管它並不是一款高性能的車，但是改進後的雪佛蘭「高級」水冷式型畢竟還稱得上可靠。它迅速提高了當年春季的銷售量。

人們可以感受到，一個汽車需求量劇增的年代已經到來，面對著這個獨一無二的機遇，公司必須儘快制訂好未來的產品計畫。

1923年5月10日，杜邦卸下了通用汽車總裁的職務，在他對董事會的建議之下，由我接下了總裁的職位。我們繼續在銅冷項目上持不同意見，但是，現在做出決策的責任就落到了我這個新總裁的身上。

根據當時的政策，奧爾茲所有水冷式汽車的工作都已經停止了，事業部以每輛車50美元的損失清空了所有的庫存，事業部開始等待1923年8月1日新銅冷六型車的投產。但是，銅冷雪佛蘭的問題明顯地威脅了這個計畫的效果。

作為總裁，我自然成為執行委員會的主席。而費雪車身的負責人佛瑞德‧費雪（Fred Fisher）和莫特的加入使得這個委員會的規模得以擴大。我在1923年5月18日第一次主持的會議上，提出了有關奧爾茲的問題，並陳述了奧爾茲的形勢：「雪佛蘭銅冷汽車生產方面的延誤，不斷提醒我們必須去注意設計和製造過程中的不確定性和其他問題，它們非常可能拖累整個項目，並給奧爾茲的工廠和我們全球的業務帶來嚴重的困擾。」經過和凱特林、努森及亨利的討論之後，我們決定任命三個工程師：凱許（Cash），通用汽車發動機生產事業部的總經理；亨特，雪佛蘭的總工程師；德華特（De Waters），別克的總工程師，組成了一個委員會，並要求他們就四缸銅冷發動機和六缸銅冷發動機的情況進行彙報。他們在1923年5月28日的會議上向執行委員會提交了他們的報

告，當時杜邦、海斯克爾和拉斯科博未能到場。會議的主題就是這個報告。工程師們彙報說：

在華氏 60 至 70 度（攝氏 16-21 度）的氣溫下，當車輛以中速度行駛時，這種（銅冷六型）發動機的點火系統表現非常糟糕。儘管在冷車到熱車的過程中，發動機馬力的輸出能令人滿意，但是當發動機抵達工作溫度之後，壓縮效率和動力的輸出就降低得非常厲害。除此之外還要加上幾個小一點的問題。如果需要，我們可以提供詳細的報告。我們建議暫緩生產計畫，這是因為我們有理由認為這個產品還沒有完善到可以立即投入量產的地步。

執行委員會在聽取了這個報告之後取消了奧爾茲原來的銅冷計畫，並指示該事業部繼續研究是否能夠將水冷式發動機安裝在新的銅冷底盤上。從長期計畫的角度出發，我們表達了對銅冷項目的信心，並指派凱許在諾斯威事業部研究銅冷六型發動機。

雪佛蘭當時已經生產了 759 輛銅冷汽車，其中 239 輛被生產線工人拆掉；剩下的 500 輛進入了銷售系統，其中約 150 輛的使用者是公司的代表，超過 300 輛運到了各地的經銷商手中，這 300 輛中又有大約 100 輛最後抵達了購買用戶的手中。在 1923 年 6 月，雪佛蘭事業部決定召回所有的銅冷汽車。

1923 年 6 月 26 日，凱特林在給我的信中建議將銅冷發動機從通用汽車中分離出去。他寫道：

我們開始動手做一件方向非常明確的事情，不過，現在的進展和 1 年前沒有差別。但是，在過渡的過程中摻入了一些其他因素，弄亂了局面，導致現在除非將所有的事情都清晰化，否則我相信整個計畫都將擱淺。

如果無法在我們自己的組織內部找到一些實際的，並將這一產品商品化的方法，我非常願意和您討論將這一業務從公司分離出去的可能性。這是我上個禮拜才有的想法。我相信我能夠找到足夠的資金建立起適當的組織，並以我認為正確的方式去做這項工作。

似乎他當時還不知道銅冷雪佛蘭的計畫已經取消了。4 天之後，當凱特林知道了這一決定之後，他再次寫了一封信給我，並要求辭去在通用汽車的工作：

我已經下定決心離開通用汽車公司，除非公司採取某些辦法來阻止這裡所進行的基礎性工作不被拋至一邊，並阻止對這些設備（指新車型）的懷疑。儘管它們並沒有錯……

如果公司內部不存在阻力，我確信我們能夠獲得100%的成功。除非執行委員會能夠理解新車型對公司的價值後親自處理，並且以執行委員會的命令提供強力支援，否則是不可能成功的。

我對形勢的發展非常遺憾。我的心情非常不好，而且我也知道，由於經常與杜邦和您一同討論這個問題，也讓你們的心情變得非常不好。我並不會因為我只能坐在那裡什麼事情也幹不了而喜怒無常。我承擔的任務至今還沒有失敗過。

但是我發現，在這個實驗室的工作基本上將100%會失敗，但是這個失敗並不是因為所涉及的基本原理出了問題。實驗室已經提供了足夠多的東西，能夠對實驗室的存在做出補償，但是在當前的形勢下，沒有人會關心實驗室是否會繼續進行研究了。

在切斷和公司間聯繫的時候，我唯一的遺憾就是無法再和您、杜邦、莫特及其他人一起共事。在很多需要新技術的產業中還有很多我可以做的工作，雖然它們的難度可能比不上汽車產業。因此我希望在讀過這封信之後，您能夠給我一個明確的計畫，這樣或者能夠釐清當前的形勢，也能讓我從現在的職責中解放出來。希望能夠儘快看到您的計畫，因為我也需要進行一些對未來的安排。

凱特林非常坦誠。在我們40年朋友和同事的交往中，他總是坦白地告訴我他的想法，而我也以同樣的方式對待他。我認為這是我們所經歷過最壞的一刻。他的傳記作家博伊德（Boyd）這樣寫道：

……1923年夏天銅冷雪佛蘭的突然停止給他帶來了沉重的打擊。就是在那個時候，他的情緒跌到了他研究生涯中的最低點。

我明白這一點。但是，我更明白站在我的立場上該做的事情，就像他明白他的立場一樣，因為我們顯然身負不同的責任。這個事件中涉及的管理問題遠多於技術問題。**我認為，在快速成長的市場面前，我無法繼續這一項帶有一定不確定性的開發專案**。如果我這樣做了，我相信通用汽車也就不會是現在這個樣子了，我們肯定無法跟上市場。但是，無論這種發動機在原理上多麼合理，我也不會強迫事業部去做違背他們判斷的事情。這個問題（儘管沒有其他問題）非常不幸地在公司內部掘開了一道鴻溝，凱特林和他的實驗室以及杜邦站在一邊，我和各事業部站在另一邊。我迫切地希望填平這道鴻溝。

現在，我的問題就是協調凱特林的自然反應，和他對新車型的關切與現實之間的反差。銅冷汽車未能通過有效性測試。在奧克蘭德失敗之後，決定由別克、雪佛蘭和諾斯威聯合起來對這個問題進行研究。這是一個能力非常突出的團隊。雪佛蘭製造的樣本車和已經投入使用的汽車都因為種種瑕疵出現而被召回了，和新發動機一樣，新底盤的不確定性也非常明顯，這讓形勢變得更為複雜。我們必須承認，相對於事業部的工程師而言，研發公司的工程師們在底盤設計方面的經驗更少。我必須尊重這些事實和環境。

1923 年 7 月 2 日，我給凱特林寫了一封信，部分內容如下：

1．您說您前天聽說雪佛蘭的所有車種都要從市場上撤下來。現在請您回想一下，當初我們在底特律杜邦的辦公室裡一致同意停止進一步裝配雪佛蘭，並且在我們對努森、亨特和您給我們的彙報滿意之前，不會再啟動裝配工作。您肯定記得您也參與了這件事，而且，在經過了詳盡的討論，其中涉及了很多技術問題；之後，大家都認為似乎這一措施是最正確的做法。

在同一次會議上，大家認為在 8 月 1 日開始的銷售年度中將繼續銷售銅冷汽車，並授權坎貝爾準備兩種合約。您肯定還記得這些事情。因此，該會議達成了兩點共識：首先，雪佛蘭在 1923 至 1924 的銷售年度中將

繼續銷售銅冷和水冷式兩種車型；其次，除非得到進一步的授權，否則將不再裝配銅冷車型。因此，您肯定也看出了雪佛蘭當時左右為難的處境。他們被告知將存在兩種車型，但是只能生產一種。我之所以提到這一點，是為了避免誤解。

2. 我最近注意到有143輛銅冷型車還在行駛，但是似乎將它們召回來並重新組裝更合適。換句話說，考慮到仍然存在著或多或少的抱怨這一事實，大家認為更合適的做法是對整車進行處理，而不是專門處理發動機問題，因此需要將它們召回來並進行適當的調整。沒有人說這是由於發動機或其他部分的問題。看起來這只是在考慮了所有的因素之後，從整體上做出的召回決定。當這些事情都處理完，並且也制訂了詳細的政策之後，你一定會非常高興的。而且，有時候不可能期望所有人都能夠徹底理解，並準確地表達出政策背後的真正原因的。

這裡我省略了一些不必要的部分，直接跳到我這封信的結論：

7. 我並不同意您認為當前的形勢毫無希望的說法。我對公司具有無比的信心，我指的是整個公司。我認為人們擁有信賴自己所理解的事物的權利，也同樣擁有不相信自己不瞭解的事物的權利。問題在於，整個公司對銅冷汽車明顯缺乏信心，儘管執行委員會盡力想讓人們瞭解這一計畫，但是各個事業部的不信任使得這一任務難以完成。在我看來，這才是真正擺在我們面前的問題。這個項目的好處和我們投入這個項目上的龐大的時間並不能改變當前的形勢。我們需要做的事情其實是讓其他人能夠像你們一樣瞭解這個項目，如果能辦到這一點，那麼就不存在任何困難了。

我不認為採用強迫手段能夠得到什麼效果。我們已經嘗試過，並且失敗了。如果我們希望取得成功，我們必須試一試其他途徑。

由於這封信中反映了很多問題，所以我比較詳細地摘錄了這封信。這些問題有大多數都是不言而喻的，至少在我看來是這樣的。

為了緩解這種緊張氣氛，我提了一項針對銅冷汽車的新開發計畫。

很明顯，**當時的問題在於原來的計畫責權不清。站在不同的立場上處**

埋內部及彼此間關係的執行委員會、營運事業部以及研究公司都試圖扮演管理者的角色。顯然，我們必須重新建立明確的原則，將責權交給一個部門，並支持它的工作。

我的計畫是建立一個由凱特林領導的獨立試驗性組織——在某種意義上，也可以將它看成是銅冷事業部。凱特林將能夠指派總工程師和召集生產員工來解決製造過程中的技術問題，並且這個組織將承擔銅冷汽車的市場職能。他們將根據環境的變化決定製造多少銅冷汽車。這一項目將為凱特林提供一個沒有任何干涉的自由舞臺，以供他證明銅冷汽車的有效性——他對此信心十足。

為了評價這一新行動，我召開了一次會議，包括費雪、莫特和我，我們都很贊成這個提案。以下是我1923年7月6日寫給杜邦的信中所摘錄的一段話：

昨天我和費雪、莫特就一項政策進行了長談，這項政策可能會比我們此前推行的政策更具有建設性，也更具根本性。我們覺得強迫各事業部去做那些他們不信任或某些觀點還有待觀察的事情，只會令我們迷失方向；並且，除非明確地將權力完全交至其中一方，否則總工程師和凱特林之間的責權不清也只會令我們無所適從。我們迫切希望能夠在實踐中證明這一提案的商業價值，並且相信解決方案交由您審查將是我們的唯一出路。

今天上午我們也與凱特林比較詳細地討論過這一提案，他對我們的所有提議都非常贊同。他似乎非常熱衷地接受了這一提案，並且對其效果信心十足。這一計畫主要基於如下原則：

1. 迄今為止，我們對銅冷汽車商品化工作的投入完全無法回收，連續失敗帶來的阻力使我們的處境比2年前還要糟。

2. 圓滿完成某項工作的工程責權必須明確地集中到一個人手裡。

3. 我們認為達到理想效果的唯一方法就是設立一個獨立的營運單位，它的唯一目的就是證明銅冷發動機汽車的商業價值。

4. 我們計畫以研究工廠的一部分，尤其是飛機事業部騰出來的部分

爲雛形，在代頓組建一個新的事業部，它將具有一定的裝配能力。凱特林透過他任命的總工程師來全面管理這個事業部。

5. 新營運單位將接手四缸發動機的工作，並且可能還將接手六缸奧爾茲。它將以自己的名義獨立行銷這兩種車型，開始的時候每天製造5至10輛，然後根據需求增長情況再相應提高產量。

6. 除了凱特林認爲需要改造的部分外，所有的工具、設備和庫存都將提供給這個營運單位。

7. 新的營運單位性質比較特殊。由於產量較少且性質特殊，它的產品將非常昂貴，這將爲我們確信能夠通過考驗的車身再增添額外的吸引力。

費雪、莫特和我認爲這是唯一的出路，它將正確解決責權的歸屬問題，消除事業部的混亂狀態，使他們能夠按照自己的方式做自己的事情。爲了保證通用在未來還能保持像現在一樣的地位，他們面前還有很大的問題需要解決。我相信，在凱特林和亨特或其他人之間，就銅冷技術開發過程中的各種問題達成協議的嘗試，對問題的解決無所助益。因爲他們永遠無法達成共識，最後肯定是其中的一個人按照自己的方式將所有的問題都解決。

杜邦並不同意將銅冷技術開發計畫從事業部及它們的大型銷售系統中分離出來，但是最後他還是接受了這一計畫。將銅冷技術開發計畫的責任交由凱特林管理下的代頓之後，各個事業部開始明確地繼續發展普通水冷式專案。我在1923年7月25日為執行委員會寫下了一份備忘錄，其中一部分摘錄如下：

自從重建通用汽車以來，已經過去了2年半的時間。由於我們在銅冷項目上的困境，雪佛蘭的改善程度並沒有達到原來的預期。

當然，我們所採取的每個步驟都經過了精心的考慮，對於這個結果，也確實存在著很多原因，而且很可能對於究竟是什麼原因導致了這個結果的出現還會存在不同意見，但是無論如何，事實擺在那裡，我們沒有達到目標。這份備忘錄的目的只是想指出，如果現階段在車型開發方面加緊努力，我們會取得哪些優勢，以及如果能夠儘早推出這一車型，我

們會獲得什麼回報。

毫無疑問，如果我們的工廠同時生產銅冷和水冷式車型，我們仍然可以取得所有的這些優勢，或者說，可以取得最重要的那部分優勢。因爲除非兩種技術間的差異能夠讓銅冷發動機在其他條件相同的情況下取代水冷式發動機，否則我並不認爲這兩種車型之間存在著本質的優劣之分。

這份備忘錄所表達的內容不是對浪費時間的遺憾，而是一項新計畫的序言。採用新設計的水冷式雪佛蘭，將按照1921年的產品計畫構思投入到低價位的廣大市場中去。

銅冷車從未大規模地出現，它夭折了，我也不明白為什麼[1]。當時正處於經濟大繁榮的時期，滿足對汽車的需求並用改進的水冷式汽車去應對競爭占據了我們的全部注意力和精力。

凱特林和他的員工們不斷取得偉大的成就。他們發明、開發了四乙基鉛汽油、高壓縮比發動機、無毒電冰箱、二行程柴油機——這讓通用汽車在鐵路領域掀起了一場革命——以及其他無數的發明、改進與開發，他們的成果在汽車、火車、飛機和各種設備上都隨處可見。

銅冷發動機事件的重大意義，在於它讓我們明白了**在設計和其他工作之間有組織的合作和協調的價值。它也揭示了區分事業部與公司的研究職能的必要性，同時指出了區分改進產品設計與長期研究的必要性**。銅冷發動機的小插曲有力地證明了管理必須符合當前的組織和業務政策，並且二者之間存在著相互依存的關係。總之，這段經歷將對未來的公司組織模式產生深遠的影響。

---

[1] 多年以後，風冷發動機的設計藝術發展到了實用的階段。這種鋁制發動機的例子就陳列在雪佛蘭建造的現代考瓦爾（Corvair）博物館。。

第六章 穩定

> 杜邦的管理哲學為評價加指導。我們會通過不斷地嘗試、修正，逐漸辨識出業務的各項要素，並構建出現代企業的基礎。

1923年，通用汽車總裁職位變動：皮埃爾‧杜邦先生辭職，我繼任他的職位，這標誌著公司第一階段的結束。儘管當時的產品計畫出現了延誤，但這一段時期仍然保持了總體的穩定，這是當時最需要的。

能夠保持穩定這種情況，固然部分原因是由於1920至1921年經濟衰退，但是最大的功臣卻是杜邦。當時，正是他而不是任何其他人拯救了公司，並帶領公司繼續穩健地發展。當他意識到公司恢復正常之後，他就決定將公司交給汽車產業的內部人士來管理。他以如下的方式完成了這個目標。

1923年4月18日召開了一次股東年會，並選出了一個董事會來負責來年的營運。次日，即4月19日，董事會召開了一次會議，並選舉出公司的原先人馬來管理公司，作為總裁，杜邦將和各個委員會一起再工作一個任期。幾乎所有的董事會成員都認為由杜邦領導的情況將會再持續1年。當然我也這麼認為，但是事情並不是這樣。

5月10日的一次例會之後，杜邦召開了一次特別董事會，在要求莫特擔任會議主席之後，他提出了他的總裁辭呈。針對當時的會議，董事會一致通過如下決議：

決議：董事會接受皮埃爾‧杜邦先生的總裁辭呈。

並且進一步決議：在接受杜邦先生總裁辭呈的同時，杜邦先生在過去2年半的總裁任期裡為公司提供了寶貴的服務，並做出了巨大的犧牲，董事們希望能夠記錄下對他的感謝。

在他任職期間，公司各項事務蓬勃發展。董事們對杜邦先生決定辭掉

總裁一職深表遺憾。他們非常樂於獲悉杜邦先生並沒有準備完全脫離公司，杜邦先生將以董事會主席的身分繼續積極參與公司的管理工作。

會議緊接著開始選舉總裁，以填補這一職位空缺。我得到了杜邦的提名，並最終當選。接著我又當選執行委員會主席。儘管當時大家都不希望杜邦辭職，但是在他接任總裁的時候，大家都已經知道他在這個職位上的時間將很有限，他將把他的很多營運責權下放給副總裁。事實上他也是這麼做的。

杜邦在這段關鍵時期的顯著作用是不言而喻的。在杜邦的整個總裁任期裡，我和他的關係一直都非常密切，我們一起出差，一起參加會議，我們一起討論出現的問題。已經退休的杜邦再次複出，並成為這個問題重重的複雜企業的總裁，而且他對這個產業的瞭解還不是很多。大批員工不斷辭職，市場地位也在下降，管理階層對企業和未來機遇的信心處於動搖之中。然而，杜邦出任總裁這一事實改變了整個局勢的不安定因素。銀行打消了顧慮，公司重建了對未來的信心，股東們得到了鼓勵，公司裡的所有人決定不僅要繼續我們的業務，還要充分發掘、利用我們這個產業的特定性質所帶來的機遇。我們對杜邦出眾的領導能力的信任鼓舞著我們前進。

對他而言，他的管理方式比較主動。他離開了位於加州的家——離德拉瓦州的威明頓不遠，他的時間幾乎分別用在了紐約和底特律，兩個地方各待一週。他還經常到現場視察並討論哪裡需要現場評價的問題。白天視察、研究，晚上則還要開會討論，但是即使這樣也很難趕得上問題的發展。**杜邦的管理哲學可以稱之為評價加指導。在這種管理方式下，我們通過不斷地嘗試、修正，逐漸辨識出業務的各項要素，並構建出現代企業的基礎。**

杜邦的管理團隊採納了兩個原則：**明確的組織配置和產品線政策**。與此同時，也引入了**會計和財務系統**。約翰・拉斯科博和杜邦的前任助

理唐納森・布朗（Donaldson Brown）執行了一個全面的激勵計畫，這個計畫為比較重要的管理人員提供了一個參與收益分成的機會。杜邦堅信股東和管理人員的夥伴關係將使公司受益，他的這一信念促成了這項被稱之為稱經理人持股計畫（將在後面進行介紹）的管理人員分成計畫的出現。杜邦還清算了像山姆森牽引機那樣的不盈利事業部，並引導了一場廣泛的金融重組，為公司提供了穩定而堅實的基礎。

一個領導**團隊的績效也可以從它吸引或留住的人才素質上來進行評價**。1923 年，和公司有所往來以及公司內部的許多傑出人士將在美國汽車發展史上留下自己的名字，而且其中一部分已經開始出名了。

比如在佛瑞德・費雪（Fred Fisher）帶領下的費雪兄弟；在印地安那州的安德森，年輕的瑞密電子事業部（Remy Electric Division）工廠經理查理斯・威爾森（Charles Wilson），他後來也成為通用汽車的總裁，繼而成為美國的國防部長；詹姆士・穆尼（James Mooney），當時負責通用汽車海外業務的副總裁；在代頓，負責德爾考照明（Delco Light）的理查・格蘭特（Richard Grant），在 20 年代一直引領著雪佛蘭的銷售業績，並因此成為美國頂級銷售推銷員之一；AC 火星塞事業部的審計員哈洛・柯帝士（Harlow Curtice），後來成為韓戰後通用汽車擴張時期的總裁；威廉・努森（William Kundsen），在成為公司總裁之前，曾服務於福特汽車公司，接著多年負責雪佛蘭的工作；總顧問約翰・湯瑪斯・史密斯（John Thomas Smith），後任職於執行委員會，他在領導、公共事務和法律方面對公司的建議和影響非常重要；雪佛蘭製造經理科勒（Keller），後來成為克萊斯勒公司的總裁和主席；還有後來成為通用汽車主席的艾伯特・布蘭得利（Albert Bradley），當時只是一個年輕而又重要的財務職員。這樣的人才還有很多，他們和我剛才提到的人——其中比較突出的有查理斯・莫特、查理斯・凱特林、約翰・拉斯科博、唐納森・布朗、約翰・普拉蒂，其中後面三位來

自於杜邦公司——這支偉大的隊伍充斥著在汽車產業和財務領域中或經驗豐富或前途無量的人才。

至於我自己，我認為，當選公司總裁對我而言是一項巨大的責任，也是一個機遇。我決定將為此付出個人所有，我將用我全部的經歷、經驗和知識來幫助這個公司取得卓越的成就。

從那時候開始，對我而言，通用汽車就成了我獻身的對象。成為總裁之後，我原來以營運副總裁的身分負責的事務範圍發生了一定的變動，但是工作進行得很順利，沒有任何停頓。在我的很多基本觀點已經成為公司政策的情況下，登上了總裁的位置。公司的快速成長就在眼前。

但是，對於皮埃爾‧杜邦先生而言，他在公司面臨生死存亡之時臨危受命。他也不負眾望地，為通用公司未來的飛黃騰達打下了堅實的基礎。

第七章 委員會的協調

執行委員會在綜合了各方意見之後制訂政策。執行委員會位於營運機構金字塔的頂端,直接對董事會負責。

　　1923 這一年,整個汽車業的客、卡車年銷量第一次達到 400 萬輛(至秋天為止),公司整體被一種振奮的氣氛所籠罩,人們開始希望解決由銅冷發動機引發的組織問題。和這個發動機相關的經歷對通用汽車的影響非常深遠。

　　與此同時,大眾市場對汽車的巨大需求也扮演了外部壓力的角色。很顯然,現在到了集結我們的力量來迎接 1920 年代經濟繁榮挑戰的時候了,而集結就意味著協調。

　　委員會間的協調問題,實際上,就是尋找一種能夠將諸多管理職能連結在一起的方法。我們已經確定了組織原則,具體內容在 1919 至 1920 年所做的「組織研究」中有所體現。我們現在需要具體地協調公司內各種不同的團體,包括總部、研究人員和分權管理的事業部。通用汽車的事業部都是自成一體的組織單元,涵蓋了設計、生產和銷售等環節;換句話說,即創造利潤的活動。公司在這些職能領域的工作,經常需要跨越事業部的組織邊界。

　　比如說,公司在設計方面的工作可能需要和某些或者全部自成一體的事業部有所關聯。我們在付出了沉重的代價之後才發現,職能和事業部的交匯點非常關鍵。開發銅冷發動機的經歷表明了這些交匯點的阻礙作用有多大。

　　協調和分權的問題始自公司的最高層,因此,現在如何處理已經變成了我的責任。新行政團隊一上臺,我就開始著手處理這個問題。在我於 1921 年對公司形勢的筆記中,我提出了和高層管理團隊相關的分權問

題。首先我記下了如下幾條原則：

……我是從徹底分權的角度出發處理這個（組織）問題的。經過了 1 年之後，我仍然堅定地相信分權管理是激發人們的積極性，從而解決公司當前所面臨的大問題的唯一途徑。但是，儘管我支持分權管理，我仍然認為我們必須在若干個問題上有清楚的認識。現在我越來越重視這幾個問題……

我指出，在解決 1921 年的緊急情況中所暴露出來的主要問題都和執行委員會這一營運體系中的最高機構相關。這些問題包括：執行委員會作為政策制訂者的角色如何體現，如何體現營運部門的聲音，總裁的權威如何建立等。我接著寫道：

1. 執行委員會應該更具體、準確地按照（營運部門）提出的原則來組織。執行委員會的組織必須得到準確的設計和周到的落實，而不應該是現在這種集體管理的樣子。

這裡需要稍稍解釋一下。儘管一些不熟悉我的人經常指責我是一個推崇委員會管理的人，在某種意義上確實是這樣的，但是，我從不相信當時公司執行委員會那樣的團體能管理什麼事情。**團體可以制訂政策，但是推行政策卻只能依靠個人。**

在我看來，當時，尤其是在開發銅冷發動機期間，是我們執行委員會的四個人在努力管理事業部。

我的第二個觀點並不是針對汽車產業經驗缺乏的問題，而是針對執行委員會和營運組織的整合問題：

2. 營運部門的聲音在執行委員會並沒有得到足夠的體現，這可以通過擴大執行委員會的規模來解決。我建議增補莫特先生、麥克羅林先生和巴塞特先生；執行委員會每兩週碰頭一次，或者每月碰頭一次。

我接著建議，總裁應該享有更多的權力，而不是更少。這並不令人驚訝，因為它符合我前面提到的應該由個人而不是集體來管理的原則。事實上，在我擔任營運副總裁時期，通用汽車的營運工作已經全部交由我

處理了，當時我們的管理權力體系就比較混亂。我接著寫道：

  3.無論誰負責營運工作，他都應該得到在緊急時刻全權處理的權力。最好是公司總裁能夠親自負責營運工作。如果這一點無法辦到，那麼負責營運工作的人應該建立一個合理的組織以實現營運部門和執行委員會的有效溝通。

  然後，我舉例說明了政策和管理的區別。我認為制訂總體價格政策的權力應該保留在執行委員會。

  這一點非常顯而易見，由於通用汽車公司的組織是以事業部為基礎來劃分價格區間的，所以我們肯定不希望凱迪拉克推出一款和雪佛蘭處於同一價格區間的汽車。

  在執行委員會對產品特徵和品質的管理問題上，我這樣寫道：

  除了像進入新市場或破壞當前正盈利的產品線之外，處於構思中的產品細節，甚至是主要特徵，都不應該報交執行委員會批准。執行委員會應該從政策和調節各事業部間產品品質的角度就整體上處理各事業部間的產品線劃分問題，從而避免不同事業部間的產品衝突。應該精心設計好產品政策，並向各事業部闡述清楚，幫助他們全面理解本事業部的產品所應達到和保持的品質，並且，所有重大的改動必須報請執行委員會批准。執行委員會不應對各事業部車型的機械設計發表意見，這一工作應該交給各事業部中有資格的個人或團體去做。

  總的來說，執行委員會的核心職責就是制訂政策，並將政策清晰、詳盡地傳達下去，從而為授權管理提供堅實的基礎。

  我已經記不清杜邦是怎樣表達對這些提議的意見了。我認為他肯定是同意了，因為這些提案正是他和我共同實施的。1922年，在杜邦的支持下，營運經驗最為豐富的莫特和佛瑞德·費雪被選為執行委員會成員。後來，在1924年，當我擔任執行委員會主席的時候，他再度幫助我將巴塞特、布朗、普拉蒂、查理斯·費雪和勞倫斯·費雪納入了執行委員會，現在的十位成員中有七位運作經驗豐富，其中兩位擅長金融財務，最後一位就是杜邦自己。

執行委員會從此開始脫離了營運組織的身分，此後，無論名稱怎麼變化，它都保留了這一特徵。最終，執行委員會將自己限制在政策事務領域，而將行政職權交給了總裁。

現在輪到了員工、生產線和幹部的問題。這裡，我將描述一下為組織引入規範的步驟。

早期的兩個步驟：一個在採購領域，一個在廣告領域，為組織在建立實用的規範方面帶來了很大的幫助。組建綜合採購委員會是我在1922年的一項任務。關於這個委員會，有兩個重要問題需要考慮：一個是它直接產生的價值，另一個是作為事業部協調時它所體現出的附加價值，而後者和我這裡要講的故事更為相關。

集中採購並不是我們首創的概念。當時大家都認為這是一種重要的節約措施，在某些情況下我也相信這一點。

我在凱悅作為福特的供應商的時候，也體驗過這種規模經濟。但是我們發現，集中採購（由一個採購辦公室負責幾個事業部的合約）是一種過度簡化的想法。

在我看來，1922年通用汽車的問題在於，我們從輪胎、鋼材、文具、篷布、電池、滑輪、乙炔、研磨劑等物品的大宗採購中受益的同時，各事業部卻還是存在著自行採購的情況。

在初步的備忘錄中，我指出協調好採購工作每年將為公司節省大約500至1000萬美元；這將有助於控制庫存，尤其是降低庫存；在緊急情況下，各事業部也可以從其他事業部獲取原料，公司的採購專家也可以充分掌握採購的最佳時機。

我繼續指出，「當我們考慮到幾乎公司所有產品的技術特徵以及在多年處理某種產品的過程中所發展出來的個性和觀點時」，就出現了一個很特別的問題。

換句話說，公司分權的精神已經深化到產品技術和各級經理人的思想

中了，我們必須承認由此自然而然產生的約束。我們對分權及對經理人思想的影響的認識歷史並不長，實際上直到我首次提出應該設立一個採購專員來負責協調工作時，這一問題才暴露出來。各事業部從自身的長期經驗、對需求的多樣性以及事業部決策權減弱的角度指出，集中採購將影響他們的工作。

針對這些反對意見，我建議以各事業部抽調的人手為主來組建採購委員會。當各事業部知道他們的利益，也能得到體現並且也可以參與制訂採購政策和流程、決定細節、草擬合約，而且擁有最終決定權之後，他們也開始支持這一提議了。

就這樣，透過精心的安排，採購委員會中各事業部的代表，就可以在各事業部的具體需求和公司的總體利益間達成平衡了。公司採購專員的作用是執行公司的決策，而不是決定公司的決策；也就是說，採購委員會和採購專員的關係是委託人與代理人的關係。採購委員會持續了大約 10 年，在此期間，它發揮了很大作用。但是，談到它的價值，則出現了幾個限制：

第一個問題就是，通常任何一個部門所需的任何一種產品數量都能夠大到讓供應商願意以最低價供貨的水準。

第二個就是管理方面的問題。比如，如果公司為所有的事業部簽訂了採購合約，那麼一些沒有得到合約的競爭供應商就會設法找某一個事業部，並提供更低的價格，這將為我們的採購工作帶來混亂。

再者，儘管我們需要採購的零部件和面對的供應商數量龐大，但是他們大部分都缺乏標準，多數零部件只能適用於特定的設計。因此我認為採購委員會本身並不能稱得上成功。

但是，它使我們持續走向標準化的方向努力。**標準化和標準生產流程描述都是非常重要的事情，採購委員會真正而持久的成功就是在物料標準化方面取得的。**

同樣，我們仕協調方面的第一次教訓也是由這個委員會提供的。這是我們第一次處理事業部間的事務，其中結合了管理線（在事業部的職能層次）、員工（採購部門）和幹部（我是這個委員會的首任主席）三方面的因素。2年後，在回顧它的工作的時候，我這樣寫道：

……我認為，採購委員會證明了負責各項職能工作的人可以兼顧他們事業部的利益和股東的利益，並且無論從哪一點上看，這種協調都要比試圖將一些集中管理的功能下放到各事業部要好。採購委員會在證明這一點的同時，也展示了取得這一成效的方法。

向協調前進的第二個重要步驟就落在廣告領域。我於1922年做了一些消費者研究，我們發現，除了華爾街和百老匯，整個美國幾乎沒有人瞭解通用汽車。因此，我認為我們應該加強母公司的宣傳。

巴頓（Barton）、達斯丁（Durstine）和奧斯本（Osborn）提交給我的一個計畫──現在稱之為BBDO──得到了財務委員會和高層管理人員的批准。但是，由於該計畫涉及到事業部的內部事務，因此我邀請事業部人員和底特律的其他管理人員就其是否合適發表意見。大家一致認為這項計畫很有價值，並且同意讓巴頓負責該專案的推進工作。繼而，我們成立了由汽車製造事業部的經理和職員組成的公共廣告委員會，來幫助巴頓並「協調實現提升公司的知名度」。

我還制訂了一個政策，就是如果某個廣告的主題主要針對某個事業部的某項產品，則這個廣告必須得到那個事業部的批准。這是另一個與部門關係未協調方面的小教訓。

然而，針對協調的真正大動作卻是從銅冷發動機相關的經歷中提煉出來的。當時這個問題已經到了涇渭分明的地步，具體地說，就是以研發工程師為一方，而事業部工程師在另一方，必須採取行動來治癒這種創傷，並消除追逐新理念的組織和肩負著汽車生產任務的組織之間的根本衝突。

首先，我們需要的是一個能夠讓這些人在和睦的氣氛下坐下來交換意見，並消除差異的地方。在我看來，這種會議應該在高層管理人員在場的情況下召開，這樣高層人員就必須在結束的時候指定或批准重大的決策，從而推動專案的進行。

相對於儘量透過回憶向大家描述整個事情的經過——大家可能會認為這種方式會比當時的實際情況更有邏輯性，這裡我更願意詳細地引述一個提案（我認為這是整個事件中的關鍵），這是我給公司幾個執行主管寫的提案，並計算了相關數據，最終於 1923 年 9 月裡獲得批准：

在長期的工作中，我感到如果能夠制訂一項合適並得到所有相關方支援的計畫，就能引發我們公司各事業部間，特別是汽車製造事業部之間（因為它們所處理的很多問題都具有共性）在工程設計關係中自然存在的協調，而為公司帶來巨大的收益。這類活動早已存在於採購領域，並且非常有成效。我相信隨著時間的流逝，它還將在物質利益之外的很多其他方面為公司帶來好處。

公共廣告委員會採取了很多非常具有建設性的行動，杜邦先生有天在會議之後向我提到，即使忽略掉廣告本身的效果，僅在建設通用汽車環境氣氛所取得成就，以及代表公司不同方面的委員會成員工作時所表現出來的精神……就足以抵消成本了。

我相信我們都同意這些原則，並且沒有理由不相信這些原則在設計領域會得到效果。似乎我應該採取嚴肅的措施來將這些原則付諸實踐。

我相信這將帶來巨大的成功。因此我們現在應該成立一個綜合技術委員會，這個委員會的職能和權利將在建立之初就得到大範圍的定義，並隨著工作的開展而逐步細化。

在試圖勾畫出一般性原則之前，我認為應該明確指出並讓所有人都明白，無論在何種情況下，這個委員會都不會干涉事業部內的具體設計工作。

根據通用汽車的組織計畫——我相信大家都衷心地贊成這項計畫——事業部的總經理將全權負責該事業部的活動，僅受到總部的原則性制約。我當然不會提出和我完全信服的最佳組織模式相悖的建議。相

反地，我一直認爲而且現在還認爲，通用汽車需要在組織計畫中增加一些作爲來幫助公司更好地發揮整體優勢，爲股東創造更大的價值。

我認爲有必要而且必須，在各個事業部和事業部整體之間引入適當的平衡機制。就目前的情況而言，我還沒有看到什麼措施能比我們現在所採取的方式更好，即是邀請各事業部職能相關的人一起來共同決定下一步該做什麼，什麼地方需要協調，並授權他們在需要使用手中的權力的時候適時且有效地使用。

我相信這種設計適當的計畫，將會讓各事業部和總公司之間產生必要的平衡，並且在不妨礙各部門獨立創造性的同時，發揮出協調的優勢。

假如上面的觀點正確，我將進一步詳細闡述綜合技術委員會的職能。我認爲，這裡面所體現的原則對所有處理製造部門其他共性問題的委員會都有適用性。

1. 委員會將處理所有事業部都感興趣的問題，其處理結果大部分都體現爲形成某種公司的設計、工程政策。

2. 委員會將接手專利委員會（它將會解散）的職能，並且負責後者未完成的工作。

3. 原則上，委員會不處理各事業部的具體問題，事業部的各項職能僅受該事業部總經理的控制。

需要指出的是，顧問委員會中專利部門的職能和其他部門有本質的不同，在某種意義上它是通用汽車組織計畫中的一項例外。

實際上，所有專利問題都直接受專利總監的控制；換句話說，所有的專利工作都是集中管理的。專利流程規定發明委員會與專利總監的合作，並將相關責權按照具體情況進行分解。考慮到發明委員會和綜合技術委員會的成員大部分重複，爲了簡化起見，我建議合併這兩個委員會。

此外還需要考慮位於代頓的通用汽車研究公司的職能問題。我感到迄今爲止通用汽車有限公司一直未能充分發揮行政管理系統的威力，未能充分挖掘我們在代頓的優勢。我認爲造成這種情況的原因有幾個，其中最重要的一個就是缺乏恰當的管理政策，或者說未能向我們期望的那樣在動員研究公司的人的同時，也與各事業部的人協調好。

我相信大家都會同意這個判斷，即我們在代頓所出現的研究和工程問題只能在各事業部接受並商品化的過程中解決。我完全相信，密切關注研究公司的工作內容將會有助於達到我們期望的結果，並加強整個通用汽車有限公司的整體設計力量。

我認為綜合技術委員會應該獲得相應的獨立地位，並由它的秘書來設計一個會議計畫，這一點我將在此後詳細展開。我們相信這一計畫將對所有委員會成員都有所助益，並將引導他們開展調查研究，做出正確結論。

為了實現這一目的，他們可以使用研究公司和任何營運事業部的資源，甚至是外部資源，只要他們認為這樣做能夠最符合公司的利益。這類項目可以由任何委員會成員提交，也可以由研究公司或通用汽車有限公司的任何成員通過委員會秘書提交給委員會。從1924年1月1日起，通用汽車有限公司的營運成本都將受到預算系統的控制，而為實現這一目的所開展的活動都將受到預算資金的支援。

我已經在營運委員會的會議上提出了這些想法，所有汽車製造事業部的總經理們對這個計畫都很感興趣，事業部群組副總裁也一樣，他們似乎都認為這一步驟非常具有建設性，並且應該能得到所有人的支持。

因此，為了能夠將上述內容精練成幾個足夠著手使用的簡短原則，我提出如下建議：

1. 應該在包括通用汽車研究公司的研究、設計活動在內的設計和汽車製造部門之間建立起協作機制，將設立一個名為綜合技術委員會的機構來負責這一協作工作。

2. 該委員會原則上由各汽車製造事業部的總工程師和一些相關人員構成……

就這樣，綜合技術委員會，成為通用公司在工程設計領域最耀眼的顧問團體。委員會中包括全程參與了銅冷專案的人士：各事業部的總設計師，特別是亨利；研發工程師，特別是凱特林；還有包括我在內的公司總部管理人員。我擔任了該委員會的主席。根據我的提案，這個委員會成為一個獨立組織，擁有自己的秘書和預算。委員會於1923年9月14

日召開了首次會議，我非常高興能夠與這些優秀的人——凱特林（負責研發工作）、亨特（負責雪佛蘭的生產技術工作）、亨利·克萊恩（我的工程助理），還有一些其他人，大家坐在一起和睦地共同為汽車產業的未來邁進。

綜合技術委員會提高了工程設計人員在公司內部的地位，並支持他們去爭取更合適的軟硬體環境。

他們的行為強化了作為公司未來成功基本需求的產品整體性的重要性，這激發了公司內部在產品訴求和改進方面的巨大興趣，並將其轉化為行動，而且還促進了不同事業部的工程師之間就新思想和經驗的自由交流。簡而言之，它促進了資訊的協調。

綜合技術委員會被賦予了一些特別的職能。有一個時期它負責專利的事務，但這些事情不久就移交給了專門的新發明委員會。

而綜合技術委員會更重要的職能，是負責我們在密西根州米爾福德新建大型試驗場的管理工作。**測試已經成為關係到我們產品未來的至關重要的問題。**

當時汽車業已經有了極大的進展，在可控制的環境下進行測試的試驗場，是走向公路測試前必要且合理的措施。委員會負責試驗場開發標準測試規範和測量裝備，並使其成為公司對各事業部產品和競爭產品進行獨立比較的中心部門。儘管發動機的測試不在試驗場工作範圍內，但委員會負責開發發動機測試資料，這將為各個事業部生產的發動機制訂統一的測試標準。

綜合技術委員會還是最溫和的組織；研究組織是它最重要的職能；它被視作一個研究會。它召開的會議往往是就專門的工程問題或某項發明設計研讀一、兩份報告，然後圍繞這些報告展開討論；有時委員會的討論會批准一個新設計、方法或工程政策和流程方面的建議，但開會主要還是在委員中傳播資訊。委員會的成員們是帶著從會議上得來的對汽車

工程新發展、當前問題的理解,以及與其相關的公司其他的領域都在做什麼的資訊回到各自的部門。

綜合技術委員會透過報告、文件和討論來研究一些短期工程問題,比如煞車、耗油率、潤滑油以及由四輪車軸和「充氣」輪胎(這導致了與橡膠公司協商的一個附屬委員會的產生)引發的操縱裝置上要求的相關變化,以及導致汽車內部銹蝕、油泥積垢的燃燒濃縮產物(最終採用了曲軸箱通風排除漏入的燃燒產物)。

1924至1925年間,委員會注重經銷商和銷售部門在當前工程發展的價值上對廣告和銷售方面的培訓。我要求委員會制訂一系列的標準,這樣就可以客觀地定義出不同構造、樣式的「汽車價值」。在1924年,我給委員會的一個任務就是為不同汽車建立起主要的規範,這對於我們試圖使通用汽車生產的各種汽車保持獨特性和差別性,並保持合理的價格和成本關係很有幫助。

在委員會成立之初,大部分的長期調查和報告是由凱特林的職員做出的,他們討論了諸如汽缸壁溫度、汽缸蓋、筒閥發動機、進氣歧管、汽油四乙鉛添加劑和傳動系統等問題。最根本的問題是油料和異性變態反應性,從那之後,這兩個領域成為汽車性能改進的主要領域。

1924年9月17日的會議中討論了傳動問題,這一會議很好地說明了該委員會的工作方式。我只能依靠會議紀錄來描述這場會議。

凱特林首先以不同傳動系統的優缺點作為開場白,然後從工程設計的角度,對慣性傳動的可用性展開了很長的討論。亨特從「商業的角度」對幾種系統進行了討論。他說,不斷加劇的交通問題需要一種車型,它應該「加速迅猛、煞車有力」。經過幾番討論,我以如下發言結束了這次會議:

「我認為委員會的態度是這樣的:首先,我們應該看一下我們的終極目標,這是一個研究問題,是慣性傳動的成功可能性是否最大的問題[1],

難道委員會不應該要求凱特林先生盡一切努力去開發它嗎？……其次，現在我們各個事業部都要求儘量減少離合和傳動系統的慣性並降低摩擦，這個問題是他們自己的問題。」

通過這種方式，我們對研究公司和事業部的職能進行了區分。

但是，當時的事業部也有一些長期項目，比如雪佛蘭就開發了一種低價六缸車型。

那年夏天，我就技術委員會在加拿大奧沙瓦開的會議給凱特林寫了一封信。下面這段話體現了信中的主要觀點：

……我們舉行了一次成功的會議，這個成功並不僅僅是指會議本身。這些孩子們在那裡待到了禮拜六，有些人還待到了禮拜天；有些人去釣魚，有些人去打高爾夫。

這種方式對於在那些沿著同一方向思考的人之間建立緊密關係非常有益。我情不自禁地暢想未來宏圖以及類似的事情，情不自禁地認為，這種工程領域的合作進行得非常成功。我們要有耐心，但是必須確信，隨著時間的推移，終將會從這種模式獲得巨大的報酬，一種比我從不願在組織中推行的更為軍事化的管理風格所帶來的報酬大得多。

事業部間委員會是公司在處理事業部間協調關係上的第一個重大理念。這種委員會致力於以一種基本的方式參與採購和廣告領域，並在綜合技術委員會上得到首次實現。我們以綜合技術委員會為起點，將這一理念推行到各事業部的大多數主要職能活動中。

公司成立了第二個事業部間委員會，就是在銷售領域。銷售領域的開發程度相對較低，因為汽車工業直到 1920 年代中期才首次進入商業階段。因此，我安排組建了綜合銷售委員會。該委員會由客、卡車事業部的銷售經理、總部的銷售部門人員以及總部的管理人員組成。

---

①在從技術的角度看，慣性傳動成功的可能性最大，但是從實際性能上看，它不夠平滑，壽命較短，無法投入量產。

作為該委員會的主席，我於1924年3月6日召開了綜合銷售委員會的首次會議。在會議上，我指出：

儘管通用汽車堅持採用分權管理的運作模式，但很顯然只有透過合作才能執行對公司、股東和各事業部都有益的計畫和政策。我們彙整競爭對手興趣點的可能性——可能就發生在不久的將來——強調了在公司內部更廣的範圍內採取協調動作的必要性。這是這個產業的趨勢。利潤的攤薄將加劇這種趨勢。在這種高度競爭的環境下，不久的將來，我們會發現環境已經發生了徹底的變化。

正如你們所知，通用汽車在將自己的產品劃分成幾個不同的價格區間上取得了相當的進展——相對而言，基本沒有競爭者。從設計和製造的角度來看，經由我們的事業部經理和工程師的努力，我們在合作方面已經取得了非凡的進展。我們希望透過類似的協調在銷售領域取得相當的進展。我認為我們都已經認識到通用汽車的瓶頸環節就在於銷售。

這種現象在任何產業都很自然，瓶頸環節最終總要移到銷售環節，顯然汽車業現在已經進入了這一時期（如果它以前還沒有進入這一時期的話）。我們認為，本委員會將負責所有涉及公司總體銷售工作的銷售問題。這是本委員會的責任。你們可以自由地提出各種有必要在公司的層面進行協調和探討的問題。無論你們做出了什麼決策，都會得到公司的支援。

我們應該將我們的討論內容限定在涉及所有事業部共同利益的事情上。考慮到每個人都非常忙碌，因此我們將儘量不涉及細節，我們只處理基本問題。

我們將盡力讓這些會議更為務實，更切中要害。比如，除非你自己認為有必要，就沒有必要準備發言稿。孔瑟（Koether，銷售部門總監）將擔任委員會秘書。根據情況，他可以擴張他所管轄的部門，而這一切都依賴於你們的決定。

我們沒有為這些會議設定議程，因為想把這些事情留給你們，因為你們才知道哪些問題最迫切需要我們的關注，而我們只會提出一些建議，而你們可以根據情況需要來確定具體的方案……

由於統計和財務對生產和銷售問題的控制作用，綜合銷售委員會的主席一職後來交由財務副總裁唐納森・布朗擔任。銷售領域的協調就這樣擴展到了財務領域。

普拉蒂於 1924 年年底開始研究事業部間委員會的形式。結果證實這種方式是我們到當時為止所能找到的最佳協調方式，它多少有一些官方性質，其涵蓋範圍包括了事業部經理和職能部門人員。同樣的協調方式後來進一步擴展到高階管理者之間。當然，具體方式有一些變動。

讀者們應該還記得，杜蘭特所領導的執行委員會由各事業部的經理們組成，他們為了爭取部門利益而終日爭吵不休。當我們成立了臨時性的四人執行委員會之後，我們將那些事業部經理們安置到了一個營運諮詢委員會。危機得到控制之後，該委員會一度非常沉寂。當我成為公司總裁之後，執行委員會的規模又得到了擴張，根據情況的不同，或者考慮到最大的汽車事業部的聲音在執行委員會中應該得到體現，執行委員會中有時也會包含一、兩位事業部總經理。但是，這只是些例外，並不是規則，因為**原則上我一直認為最高營運委員會應該是一個與具體事業部利益無關的政策制訂團隊。**

換句話說，委員會應該由總部的高階主管組成。根據這一觀點，在我擔任總裁之後，我認為必須在政策制訂人員和事業部總經理之間建立起經常的聯繫。因此，我重新啟動了營運委員會，並將執行委員會的全部成員和各事業部的總經理都加入該委員會，從而在兩種管理人員之間建立了經常性的聯繫。營運委員會並不涉及政策制訂，實際上它是一個討論政策及政策需求的論壇。營運委員會會得到公司詳細的營運資料，並據此評估公司的績效。「論壇」這個詞似乎意味著有一些悠閒，但是我向你保證至少在營運委員會裡，這種理解是錯的。在大企業裡，必須採取一些手段來形成共識。由於政策制訂者全部會出席，因此即使該政策是由某事業部總經理所提出，當對該政策建議達成一致時，就等於得到了公司執行委員會的認可。

總的來說，1925 年以及以後的幾年裡，公司的協調情況是這樣的：事業部間委員會圍繞採購、工程設計、銷售等領域的協調問題給出一個量測手段及結果，包括各事業部總經理在內的營運委員會就對各事業部進行評估。**執行委員會在綜合了各方意見之後制訂政策。執行委員會位於營運機構金字塔的頂端，直接對董事會負責**——實際上它就是董事會組成的委員會——但是在大額撥款上要受財務委員會的審查。在營運方面，執行委員會擁有至高地位，它的主席同時兼任公司總裁和執行長，他擁有推行政策所需的全部權力。這就是通用汽車經歷了多年演變後形成、沿用至今的新管理結構。

通用汽車公司組織圖
（1925年1月）

```
                                    股東
                                     │
                    ┌────────────────┼────────────────┐
                 財務委員會         董事會          執行委員會
                    │                │
        ┌───────────┴───┐        ┌───┴─────────────────────────┐
    財務委員會主席                 總裁
        │                          │
   ┌────┼────────┐         ┌───────┼────────────┐
副總裁  財務副總裁  宣傳部門  法務部門           特別    總裁      組織委員會   事業部經理
助理    │          │         │                 助理    助理      撥款委員會   部門—紐約
        通用汽車   宣傳總監   紐約分部                             技術委員會
        金融服務                                                  統計部門
        公司總裁   執行部門   底特律分部
```

財務部門 ／ 營運部門 ／ 通用服務部門

財務部門:
- 分管副總裁
- 稅務部門（國稅、州稅、所得稅、資本稅）
- 財務部
- 財務主管
- 員工計畫財務主管助理
- 財務分析統計財務主管助理
- 紅利、工資財務主管助理
- 紐約辦事處財務主管助理
- 專賣稅/地稅/消費稅部門
- 股票過戶、分紅部門
- 審計部門
- 會計部門
- 會計主管
- 助理保險控制員
- 工廠紀錄及折舊部門
- 一般帳目助理主計長
- 成本會計助理主計長
- 標準帳戶/應收/應付助理主計長

營運部門:

負責配件事業集團和跨公司零件事業集團副總裁:
- 集團助理執行官
- 跨事業部零件事業群
- 薩吉諾產品事業部
- 薩吉諾鑄件事業部
- 曼西產品事業部
- 諾斯威機械製造事業部
- 阿姆斯特朗彈簧事業部
- 配件事業群
  - 代頓工程設計實驗室
  - 凱悅軸承事業部
  - Brown-Lipe-Chapin事業部
  - Delco照明公司
  - 蘭開斯特鋼製品公司
  - 英蘭德製造公司
  - 莫瑞產品公司
  - 紐底帕製造公司
  - 哈里森散熱器公司
  - 傑克森鋼品事業部
  - AC火星塞公司
  - 聯合汽車服務公司
  - 瑞密電子事業部
  - 克蘭克森公司

負責出口的事業集團副總裁:
- 通用汽車出口公司
- 通用汽車有限公司（倫敦）
- Delco-Remy-Hyatt有限公司
- 通用汽車國際公司（A/S）
- 海外汽車服務公司
- 加拿大產品事業部

轎車及卡車事業集團副總裁:
- 奧克蘭德事業部
- 別克汽車事業部
- 凱迪拉克事業部
- 奧爾茲汽車事業部
- 雪佛蘭汽車事業部
- 通用汽車卡車事業部
- 加拿大通用汽車有限公司

事業部間關係委員會:
- 內部營運事業部
- 綜合銷售部門
- 銷售/廣告/服務部
- 工廠設計規劃經理
- 工廠組織/生產/工程設計
- 綜合採購部門
- 採購/合約/調查/補救與標準化部門
- 綜合技術部門
- 通用汽車研究公司/車輛測試場/專利部門/國外工程設計聯絡部
- 動力及後勤維護部門
- 動力及後勤維護

通用服務部門:
- 財務副總裁
- 部門經理
- 通用汽車大樓有限公司
- 底特律通用汽車大樓
- 紐約通用汽車大樓
- 底特律主管管理部門
- 產業關係部門
- 照片及藍圖管理部門
- 通用汽車倉庫部門
- 機械測試部門
- 交通運輸部門
- 底特律實驗室
- 鑽石切割及研磨部門
- 房地產部門
- 現代房屋有限公司
- 現代住宅有限公司

127

第八章 財務控制的發展

財務控制系統提供了有效的營運評估,管理者可以瞭解各事業部的經營狀況,並在事實的基礎上判斷未來的發展方向。

1920 年代早期,在委員會協調得以發展的同時,還出現了另一種形式的協調,即財務控制。我認為,**通用汽車的進步主要應該歸因於公司在這一管理領域和在組織與產品政策等方面的進展**。和其他政策相同,我們的財務政策也是在 1920 年的廢墟上重建起來。

對於接管公司的新行政團隊中的領導成員而言,提供新財務控制方式的必要性簡直不言而喻。但是,問題在於應該採取什麼樣的財務控制方式,以及應該如何將其付諸實施。通用汽車所採用的財務控制具體形式大部分是由唐納森・布朗（Donaldson Brown）,和他的年輕副手艾伯特・布蘭德利（Albert Bradley）所建立的,布朗於 1921 年自杜邦公司來到通用汽車,而布蘭德利是在 1919 年就加入了通用,他後來接替了布朗成為財務長,再後來接替我成為董事會主席。

他們對財務管理的貢獻長期以來一直得到大眾認可。他們發表的論文成為 1920 年代的經典,與此同時還將他們的理念與通用的實踐結合起來。弗雷德里克・唐納（Frederic Donner）,公司現任主席和執行長；喬治・羅素（George Russell）,執行副總裁,還有其他才華洋溢的人,都在他們漫長的服務任期內為公司貢獻自己的心力。儘管我以報告的形式描述了財務這一主題,特別是各部門間的業務以及撥款的問題,但是我的經驗主要侷限在營運的範圍內。我的職責主要是財務方法的應用,因為**財務不可能獨立存在,它必須和營運結合起來**。

我認為我已經闡述清楚了杜蘭特缺乏系統的財務方法論,那不是他做事的風格,但是,現代的財務管理觀念確實是在他的任期內引入通用汽

車的。杜蘭特安排杜邦的主管人員進入財務委員會，並在公司的財務工作方面起到了很大的作用。我認為通用在與杜邦公司結盟的過程中所獲取的利益，除了他們在作為負責的股東在董事會扮演了相當稱職的董事之外，最重要的就是財務領域。杜邦公司有一批在會計、財務領域經驗豐富的人才，他們早期就加入通用汽車，並擔任了重要的職務。

布朗就是這批人中的一員。他曾告訴我，他在本世紀初的若干年裡在杜邦公司的銷售部門任職。

1912年，他以沒有職稱的助理身分進入杜邦公司一個部門的總經理辦公室，當時是由科爾曼・杜邦（Coleman du Pont）擔任杜邦公司的總裁。該部門總經理因健康問題離職一段時期。由於杜邦的執行委員會希望獲取公司各部門營運效率的真實情況報告——那時候杜邦公司正在製造爆炸物：像是爆破火藥、炸藥和類似的東西，布朗毛遂自薦。他設計了一種能夠反映該總經理管理下的若干活動真實情況的方法——強調了資金周轉率（capital turnover）和利潤率（profit margin）在計算投資報酬率中的重要性。

布朗將他的報告呈交給高層主管，這讓科爾曼・杜邦對他留下了深刻的印象，以致於科爾曼建議將他調到財務部門。而皮埃爾・杜邦當時正好是財務主管，拉斯科博是他的助理。拉斯科博讓布朗擔任初級財務員。據布朗的形容是，「非常初級」。我猜測當時他引起了拉斯科博的嫉妒，但是後來拉斯科博接任杜邦的職位成了財務主管，而布朗也在拉斯科博來到通用汽車之後成為杜邦的財務主管。**布朗為杜邦公司引入了經濟學家和統計人員，這在當時是一個非比尋常的舉動。從那之後，當杜邦的執行委員會和部門總經理開會的時候，布朗總是會展示一些反映各部門績效的圖表。這種簡報方式正是由他首創的。**由於拉斯科博的邀請，布朗於1921年1月1日加入通用，並成為財務副總裁。他和我對於詳細而嚴格的營運控管上的觀點相當接近。從他加入公司開始，我們就發現這一相似之處，並開始了彼此間長久而志趣相投的友誼。

1917 年進駐通用汽車之後，杜邦集團就試圖將投資報酬率引入到公司營運方面的預算工作中。然而，儘管拉斯科博的思想總體上正確，但是他還沒有做好在通用汽車裡推行這一思想的準備。我在前面的章節裡提過在 1919 年的大擴張期間，鬆散的撥款方式帶來了種種問題，庫存飛速增加，並且由於缺少現金，公司在 1920 年的經濟衰退期面臨巨大的危機。這三個問題：**撥款超限、庫存失控、現金短缺，暴露了公司缺乏控制和協調的問題**。正是為了應付這些問題，通用汽車才開始發展新的財務協調和控制的方法。

　　今天的財務管理已經充分地簡化，以致於看上去似乎有些僵化。然而這種方法——有些人叫它財務模型（financial model）——透過組織並展示一些反映當前業務內外正在發生的重要事實，正是決策時的重要基礎之一。無論在什麼時候，尤其是在危機時期，或者無論什麼原因引起的通貨膨脹或緊縮的時期，它都對經營具有重要意義。1920 年的情況證明了這一點，我們將在後面的幾年裡再度證明這一點。

　　我提到在 1919 至 1920 年間，在缺乏撥款控制的情況下，各事業部總經理實現最大撥款要求的方式，當時公司也無法評價他的要求或在有限資金的情況下，對各事業部的撥款請求進行平衡協調。這和撥款超限、庫存失控一起耗盡了公司有限的資金。為了得到現金，儘管操作起來並不容易，而且也沒有籌到我們期望的數額，我們還先後出售了普通股、債券和優先股。在 1920 年結束之前，我們被迫從銀行借貸了約 8300 萬美元，從那時起，到整個 1922 年間，我們還為銷帳、庫存調整和清算損失額外支出了 9000 萬美元，這幾乎達到了公司總資產的六分之一。在這種情況下，財務控制就不再是值不值得做的事情，而是必須做的事情了。為了生存，我們必須懸崖勒馬並找出一條解決之道。

　　我們所採取的行動可以分成兩大部分：第一部分是如何削除各事業部過度的自由——這種自由威脅了公司的生存——並建立起相應的控制機制。不可避免的速效療法就是適當的集權，因為對於較弱的事業部威脅

到較強的事業部的生存，而較強的事業部則是從自身利益出發、置公司利益於不顧的做法，公司再也無法容忍了。這種集權的療法，大部分在於營運控制，這暫時扭曲了公司的一般政策，以致於後來必須糾正這一做法，以回到能運轉的分權管理上去。故事的第二部分則是透過發展財務工具，使得我們可以在分權管理的同時實現協調控制。

● 實現公司控制：資金支出授權

就在1920年經濟衰退之前，也就是1920年6月，1919年底成立、由我擔任主席的撥款提案委員會向執行委員會提交了報告，這一由普拉蒂、普蘭提斯和我準備的報告標誌著通用汽車撥款流程發展史上的歷史性轉折。我們理念的核心就在於提案項目適當性的確定。這些專案需要滿足四項原則，分別是：

1. 專案是否合乎邏輯？或者值得進行風險投資？
2. 項目在技術方面是否已經有了適當的進展？
3. 考慮到公司整體的利益，項目是否合適？
4. 和其他待考慮的項目相比，該項目是否具有相對價值？

這一問題不僅需要從投資報酬率的角度考慮，還需要從該專案能否支持公司整體營運的角度去考慮。

考慮到公司當時在這一領域的主要缺陷，我們在報告中這樣寫道：……從撥款提案委員會的立場謹慎考慮這個問題將得到一個結論，即至少就大工程而言，由工程申請事業部或子公司之外的組織進行獨立公正的評估和審查是非常必要的，而且這將隨著時間的推移以及公司的營運日益交錯、複雜而變得更加明顯。

這一流程要求在將請款報告報送執行委員會或財務委員會批准之前，必須經過一個撥款委員會的審查，而執行委員會和財務委員會主要負責政策審查。我們將審查的內容定義如下：

撥款提案委員會認為，（執行和財務）委員會成員的興趣應該在於從一般政策的角度去審查項目，他們批准項目的出發點應該是出自這一項

目所帶來的財務報酬與公司總體發展的關係，或者是出自該項目是公司發展必須的內容。他們的出發點不應該是車床或磨床的種類，或者需要多少車床和磨床才能保證該項目的正常推進。

在這段推理之後，我們允許各事業部總經理可以自主支配一筆小額開銷。對於大額開銷，我們提出了一個詳細的流程，並且建議將公司的兩個主要部門聯合起來：「在支出問題上，撥款提案委員會認識到在財務部門和營運部門之間建立協調的必要性⋯⋯」為了具體可行，我們建議制訂撥款手冊，從而各事業部和子公司可以瞭解為了從經濟和技術兩個角度證明所申請撥款的合理性應該提供的詳細材料。

執行委員會於1920年9月批准了我們的建議，並要求我們制訂撥款手冊，這本由執行委員會和財務委員會於1922年4月批准的手冊，首次明確地規定了通用汽車的資金支出流程。它規定必須成立隸屬財務委員會和執行委員會下的撥款委員會來管理所有的申請，並負責涉及多個事業部的項目進行協調工作。各事業部每月要就各專案提供報告給撥款委員會，後者將以各事業部的報告為基礎編制一份綜合報告，提交給財務委員會。在批准之前，必須從公司和事業部的角度出發對每項撥款請求進行考慮和分析。資金支出及批准情況將得到準確的紀錄，整個公司範圍內的撥款請求都將得到統一的處理。

簡而言之，我們首次得到了準確而有序的資訊。從此以後，是否批准一項請求就變成了一個單純的業務判斷，儘管這一流程經常需要重新修訂，而且撥款委員會也已經解散很久了，但是它的精髓仍然存在於通用汽車現今的資金支出審核方式中。

● 現金控制

由於我們長期投資過多，而短期收益過少，所以1920年我們陷入現金短缺的困境，只能向銀行借貸，貸款金額在當年10月底達到了8300萬美元的頂峰。從那之後很長的一段時間裡，在現金問題上，我們一直都儘量節約。

當時處理現金的方式幾乎令人難以置信。每個事業部都控制著自己的現金，將所有收益都存到自己的帳戶，並從同一個帳戶裡對外支付。由於只有事業部在銷售產品，因此沒有任何現金收益能夠直接流轉到公司總部。我們沒有有效的流程來說明我們完成事業部間的資金調撥。作為一個營運實體，當公司需要分紅、繳稅、繳租、發工資或者產生其他財務支出的時候，通常的流程是由公司財務主管要求各事業部調入資金。然而，這並不像聽起來那麼容易，因為作為獨立營運的事業部總是試圖保持能夠滿足自己最高需求的現金餘額。因此，即使它們擁有超出當時需要的現金，也不願意上繳給公司。

　　比如，我記得當時的別克就非常厭惡向公司上繳現金。當然，這個盈利部門是公司最好的現金來源，而長期的經歷使得別克的財務人員擅長拖延他們手中現金量的報告。別克一直在它的工廠銷售部門保留大量的現金，直到別克提交整個事業部的月度財務報告時，總部才能弄清楚這筆現金的數額，但是通常這已經是 1 到 2 個月之後的事了。當公司需要現金時，當時的財務主管邁耶・普蘭提斯（Meyer Prentis）就開始試圖猜測別克實際擁有多少現金和能夠從它那裡提取多少現金，然後他就會前往弗林特和別克討論與總部相關的其他問題，再不經意地談到現金問題。別克的財務人員總是一如既往地對普蘭提斯所要求的現金數量表示驚訝，並且偶爾還會試圖抵制這種要求。這種情況自然無法最有效地利用好資金，尤其是在有些事業部掌握著超出其營運需要的現金，而另一些事業部缺乏營運資金的時候。

　　1922 年，**透過設立一個統一現金控制系統徹底改變了這種情況。對於大公司而言，這是一個新概念。**

　　我們以通用汽車的名義在美國大約 100 家銀行設立了帳戶，所有的收益都必須存入這些帳戶；所有的提款都必須接受總部的管理，各事業部無法控制這些帳戶之間的現金轉移。有了這個系統，銀行間現金轉帳就可以自動完成，而且非常迅速。公司財務部門根據開戶銀行的規模和帳

戶的功能為這些帳戶分別設定了最高和最低限額。一旦某個帳戶的資金超出了最高額度，則超出部分的現金就會通過聯邦儲備系統自動轉移到公司的幾個儲備銀行中去。這些儲備銀行中的帳戶也只接受公司財務部門的管理。事業部需要現金時，可以向總部申請轉帳。一個城市裡多餘的資金可以在2、3個小時內轉移到需要現金的事業部去，儘管它所在的城市可能位於國家的另一端。

由於取消了事業部間的現金結算，現金的轉移量也減少了。我們建立了公司內部的結算流程，總部的財務部門扮演了事業部間票據交換所的角色。公司內部結算證明取代了現金的作用。

現在，我們還可以一併思考銷售計畫、工資冊、物料付款清單和其他內容，提前1個月做好每天的現金使用計畫。我們將公司每天的現金實際使用情況和這一預測資料進行比較，如果二者發生偏離，我們就會試圖找出偏離的原因，並在適當的營運層面採取相應的修正措施。

新現金系統的一個額外作用就是提高了通用汽車的信用借款情況。我們透過和很多銀行建立良好的合作關係，建立了良好的信譽，從而在需求擴增時可以調動更多的資金，並降低我們在銀行裡的現金餘額，這個系統也使得我們能夠將多餘的現金投資到短期政府債券上去。這樣，死錢變活錢，提高了公司的資本使用效率。很多人對這個系統的創建貢獻頗多。拉斯科博是最早看到這個需求的人，他要求普蘭提斯準備這個計畫；普蘭提斯在其他人的建議下設計了這個系統的綱要。總的來說，通用汽車現在還在使用他們所開發的技術來控制現金。

● 庫存控制

當時最嚴重的問題就是庫存。前文提到由於各事業部經理們無約束地採購原材料和半成品，到了1920年10月，公司的總庫存已經達到了2億900萬美元，遠遠超出了執行委員會和財務委員會規定的5900萬美元的限額，也超出了當時各工廠的庫存量。我還提到，作為臨時應急政策，財務委員會接管了庫存控制的權力，並任命了以普拉蒂（杜蘭特的

助手）為首的庫存委員會來試圖將庫存納入可控的範圍。

約翰・普拉蒂是我所知道最優秀的業務管理人員之一。他最初是一位土木工程師，1905 年加入杜邦公司，從事工廠設計和興建。1918 年，他成為杜邦公司發展部底下一個機構的負責人，當時該機構正對通用汽車提供幫助。他和杜蘭特關係密切，1919 年，他應杜蘭特的邀請加入通用汽車，成為杜蘭特的助手。普拉蒂在通用汽車做了大量高層次的工作，他負責了電冰箱的研發和生產工作。他繼我之後成為配件事業部的負責人。多年來，普拉蒂、布朗和我在營運工作上長期合作，共同處理問題。你可以說在我擔任總裁期間，普拉蒂就是我的替身。他在坦率而簡單地處理重大問題方面的能力非常強，面對複雜的問題時，他也總是能一針見血，切中要害。

在普拉蒂後來寫給拉斯科博的信中曾提到，1920 年的危機期間，「庫存委員會的第一步」就是「以通用汽車有限公司的名義向所有事業部總經理發出一封信，要求他們在與庫存委員會一起評估完當前的形勢並決定應該採購和不應採購的內容之前，不准進行任何採購……這些工作的大部分內容，就是在各事業部總經理的辦公室裡和各位總經理詳細檢查他們的庫存情況。」

停止採購的工作通常由事業部的經理們與供應商來協商談判解決，我只知道有一次訴諸法律途徑的情況是發生在牽引機業務部門，而不是汽車業務部門。就這樣，各事業部終於被納入控制系統之中。在普拉蒂的備忘錄中這樣寫道：「物料停止流入之後，各個事業部的總經理會向庫存委員會提交一份月度預算報告，其中將對後 4 個月的銷售境況進行評估，並計算為了滿足這些預測銷售量所需的物料和付款計畫。庫存委員會仔細審查這些計畫，並與該事業部的總經理共同討論，達成一致意見之後，庫存委員會就會向該事業部發放該月生產所需的物料。」他們透過這種方式控制了一度失控的庫存，並且降低了庫存，節約了現金。比如，庫存水準從 1920 年 9 月底最高的 2 億 1500 萬美元降低到 1922 年

6月的9400萬美元；庫存周轉率從1920年9月的每年兩次提高到1922年的每年四次。

布蘭德利提醒我，在這次的經歷中，我們所學習到的精髓就是**削減庫存，尤其是在業務下滑的時候削減庫存，這唯一途徑就是降低物料和儲備的採購量和合約量**。很明顯，是嗎？並不完全是。總之，我們花了很長時間才從經驗中學會這一點。那個時期的總經理們和終端銷售人員一樣樂觀——或許現在還是這樣。他們總是認為銷售量將上揚，從而將庫存帶入正軌。當預期的銷售上揚未能實現時，就會出現問題。因此，針對庫存增加的情況，我們學會了對預期銷售量上升持懷疑態度的解決方案。我們認為應該降低當前的庫存和採購量，因為我們知道如果能夠得到實際銷售情況的保證，就可以很快提高庫存的水準。

可以說，我前文述及的緊急措施使得公司能夠真正掌握公司的營運。但是，這種集權模式並不符合我們通用汽車恆久的做事方式，我們很快又開始向分權管理的方向轉變。

唐納森‧布朗在1921年4月21日向財務委員會提交的報告中，提出了一種長期庫存控制政策，內容如下：

相信致使庫存委員會成立的危急形勢已經過去。現在是解散這個委員會，並將相應的庫存控制及其他相關權力歸還給營運副總裁的時候了。

庫存委員會的職能一直是根據營運單位的物料供給情況來評判生產計畫，在某些情況下，還可以具體授權或否決某些超出當前營運需求的物料採購計畫。

必須正視各營運單位在庫存控制中的主導地位。在財務委員會下面插入一個庫存委員會，並且得到庫存控制的授權，這造成了權力的重疊，在正常情況下，這並沒有什麼好處，因此我認為這種做法不可取⋯⋯

換句話說，現在到了拋棄這一領域的應急措施的時刻了。我們需要提出並應用新的、更廣泛的政策。關鍵問題在於要確定一個能夠避免重現1920年危機的庫存政策。最後，布朗建議在財務政策和各營運事業部間建立新的關係。他寫道：

考慮到庫存和合約量涉及了營運資金的需求問題，庫存控制中必須要能夠反映財務委員會的聲音。但是，這最好是通過政策規則來完成，而不要試圖通過直接的行動來實現。此外，這種做法不僅符合邏輯，而且也非常合理，因為負責營運的副總裁或者執行長通常會注意觀察各事業部的庫存是否符合財務委員會的政策，或者符合最佳實踐的做法。

公司的財務部門將積極參與此事，並且應該隨時跟蹤形勢的發展，從而財務委員會可以通過定期的財務預測和其他報告來儘量完整地瞭解公司的情況以及預期的資金需求。

這些內容簡要描述了建立通用汽車新財務控制系統的最初幾個切實步驟。它們於 1921 年 5 月得到了財務委員會的批准，成為公司的政策。庫存委員會解散了，庫存管理的權力又回到了事業部的手中。控制的手段變成了各部門對未來 4 個月預期業務量的預測，並彙整到時任營運副總裁的我這裡，也就是說，這些材料在 1921 年年中後才送到我這裡。這些預測對庫存控制非常關鍵，我的任務就是評估並批准這些預測。事業部的經理們可以購買物料，但是他們只能根據他們生產計畫中批准的汽車製造數量來決定採購數量。

● 生產控制

無論如何，這些於 1920 至 1921 年危機期間所發展出來的措施，無論是在概念還是在實踐上，它們針對的對象主要是未完成的產品和與此相關的採購合約。已完成產品的庫存這一更令人望而生畏的問題還一直沒有解決。這不僅包括銷售手中現有汽車的問題，還包括控制汽車生產水準的問題。為了協助處理這個問題，我們擴大了前面提及的 4 個月預測的範圍，使其不僅包括工廠投資、營運資金和在製品庫存，還包括對銷售量、產量和收入的預測。

這一擴大化的**預測由各事業部負責，並於每月 25 號彙整給我。預測的時間包括了當前這個月和未來的 3 個月。在諮詢了負責財務的副總裁之後，我會根據這些預測來批准或修訂各事業部的生產計畫**。長年的這種工作讓我和布朗結下了長久的夥伴關係，在我擔任總裁的前後，我們

一直保持著這種關係。我對生產計畫的許可與否是各事業部經理繼續生產、安排採購和簽訂交貨合約的基礎。

這一流程為通用汽車首次引入了正式的預測工作。在 1921 年的危機之前，唯一能夠稱得上預測的工作就是由財務主管向財務委員會提交的報告，這項報告涵蓋了銷售、收入、營運資金、以及整體的現金狀況，對公司的總體財務規劃非常有用。然而這並沒有反映出各事業部的營運狀況，實際上，這份報告的編寫也沒有按照事業部進行分類。因此，事業部的經理很難瞭解由不熟悉他們情況的人所做的預測，這就導致這份報告對評價和控制事業部的營運計畫幾乎沒有作用。這是因為財務主管對於銷售的預測基本上高於實際結果，所以參考價值並不高。

1921 年，新領導團隊也同樣缺乏用以制訂生產計畫的資料，但是我們仍然必須排除困難前進。考慮到商業營運的規律，我們必須為春季準備好庫存。然後在新車型年開始前的 3、4 個月，也就是 6 月和 7 月，為了在新車型年中取得平衡，我們不得不預估銷售量，以爭取在新車型出現之後能夠儘量清空庫存車。這種預測是必要的，因為我們也必須根據這一預估來計算所需物料的準確數量。多年來我們的預測方式演變了不少，但是基本上，我們還是在做同一件事。

當然，預測中最關鍵的因素就是預期銷售量，這個數字決定了需要製造的汽車數量。我們還需要知道生產水準以確定能夠在指定的日期生產出指定數量的汽車來，透過完全技術性的計算就可以得出支持這一生產過程所需物料的準確數量。這一點相對簡單。所以，真正的問題就在於預測我們能夠銷售多少汽車。

我們**為了儘量保證預測的準確性，將這個責任直接交給了各事業部的總經理，因為他們距離消費者更近，更瞭解銷售趨勢。**

1921 年開始，我要求各事業部總經理每月 10 號、20 號和月底那天就這 10 天來的真實產銷量提交報告。同時，我還要求他們在每個月底向我彙報還有多少訂單尚未完成，他們的工廠裡還有多少成品庫存，以及

他們估計經銷商手中還有多少輛汽車。當時這樣的報告——儘管他們對經銷商庫存的預估很粗糙——是一種很新穎的東西，但在好幾年間，它們是通用汽車確定汽車生產需求量的唯一事實依據。

總部和事業部資訊間最大的鴻溝存在於零售環節。我們知道我們的事業部向經銷商銷售了多少輛汽車，但是我們不知道這些汽車在大眾市場的銷售速度。我們和實際的零售市場一直沒有建立起聯繫。各事業部的經理就經銷商手中的汽車總量向我提出月度報告，但是這之中有大多數在估計的時候，並沒有要求他們的經銷商提供當前的資料。這種方式限制了我們對市場趨勢變動的敏感度，並且使得總部人員預測銷量時無法掌握第一線的銷售資料，而且通常有的還是好幾週之前的資料。這種時間遲延非常危險，實際上，它成為新一輪危機的來源。

1922 年開始，我要求各事業部經理除了常規的 4 個月預測之外，在每年年終還要就下一年度的預期營運成績提交報告。這個年度預估報告中實際上包含了三個不同的預測，因為我要求他們以悲觀、保守和樂觀三種方式對來年的銷售量、收入和資金需求進行預測。我們並不把這些報告當作是承諾，因為它們並不是很準確。

短期預測的準確性一直都很好，1922 和 1923 年的長期預測效果也還不錯，但是 1924 年的預測就高出太多了。那年，即使是最悲觀的預測也高得太多了。

這是有原因的。1923 年的市場形勢非常火熱，以致於我們的一些汽車事業部，尤其是雪佛蘭，因為無法提供足夠的汽車而流失了不少潛在客戶。大多數事業部經理都以此為基礎去預測 1924 年的銷售量，以爭取不再因為產量不夠而流失消費者。他們為 1924 年上半年制訂了極高的生產計畫。有些事業部經理在 1923 年冬天就要求超越他們當年的生產許可，以為來年春天的銷售做好準備。我建議財務委員會批准他們的請求，而財務委員會也這樣做了。

儘管當時我也相信銷售量將會上升，但同時也認為有些事業部增產的

速度超出了銷售的速度。我要求幾個事業部經理再度考慮他們的生產計畫，不過他們都告訴我，在他們看來，生產計畫沒有問題。

危險的信號在1924年初開始出現。在我於1924年3月14日向執行委員會和財務委員會提交的一份報告中，我指出公司和整個產業壓在經銷商、分銷商，以及各分支機構手中的汽車比往年任何時候都要多。與上一年度同期相比，1923年10月到1924年1月這4個月的銷售和生產資料顯示，我們的生產上升了50%，而銷售到消費者手中的汽車卻減少了4%。現在就體現出時間遲延了——直到1924年3月的第1週，我才得到這些資料。

我警告各事業部經理注意這個問題，並要求雪佛蘭和奧克蘭德大幅度削減生產計畫。事業部經理們非常不情願地屈服了。直到月底，還有一些人認為他們那令人失望的銷售資料完全是惡劣天氣造成的，一旦天氣好轉，火熱的銷售局面將證明他們最初的生產預測的正確性。

當時我考慮的其實不是庫存，而是可能出現的危機——過剩。布朗的資料顯示到了7月1日所有的情況都不妙，儘管對這些統計資料感到震驚，但是我對是否要否決那些負責銷售的事業部經理們的決定仍然倍感躊躇。統計和銷售的人員之間通常總會存在著一些衝突，因為銷售人員會認為他們能改善統計情況，而且他們也確實經常做到這一點。而我則站在布朗和事業部的中間；當衝突發生時，我通常都站在中間。布朗和我拜訪了一些經銷商，現場考察了分銷問題，在此過程中，我認識到3月份的生產調整還不夠，7月份將出現生產過剩的報告已經不只是一種可能，而是立即而明顯的事情了。大公司的執行長很少有機會藉由檢查庫存來親眼看到生產過剩的結果。但是汽車的體積大，非常好數。在聖路易斯，我的第一站，然後是堪薩斯、洛杉磯，我站在經銷商的倉庫裡，看著大量的庫存汽車成排停放著。這一次統計人員是正確的，銷售人員出了問題。每個地方的庫存都嚴重過剩。

在我擔任通用汽車執行長期間，我只發布過幾個特別乾脆的命令，這

次就是其中之一。這個命令要求所有的事業部經理立即減產，整個公司的減產規模達到了每月 3000 輛。透過急劇的減產，我們在幾個月的時間裡將經銷商庫存降到了一個可以管理的水準，但是，此期間被公司解雇的員工卻承受了龐大的經濟壓力。

1924 年 6 月 13 日，財務委員會要求我為未能預測並阻止這次生產過剩做出解釋。財務委員會的決議要求我解釋我們的生產計畫是如何制訂的，誰應該對春季和夏季經銷商手中的過量庫存負責，以及我們應該採取什麼措施防止再次出現這種情況。財務委員會的問題如下：

1. 在制訂生產計畫的過程中，採取了怎樣的流程？

2. 2 月 15 日的預測指出，到 2 月底，整個庫存將達到大約 23 萬 6000 輛，那麼，4 月份計畫生產 10 萬 1209 輛汽車的依據是什麼？

3. 為什麼各營運事業部沒有早點採取行動以大幅降低生產計畫，從而使其與系統中的庫存及消費者需求保持一致？

4. 以後將採取什麼措施來保證有效控制生產計畫，以防這種過度生產的局面再次出現？

5. 以後將會採用什麼方式將這種情況通知財務委員會？從而使財務委員會能夠確定當前消費者的購買情況是否與委員會對當前總體經營情況的判斷結果一致？

在 9 月 29 日給財務委員會的答覆中，我譴責了一些事業部，特別是雪佛蘭和奧克蘭德。我指出，只有凱迪拉克是根據最終客戶的銷售情況來訂定生產計畫的，其他的事業部則採取了各種各樣的方式來制訂生產計畫，這些方式的共同點就是認為只要將產品交付給銷售商或分銷商，銷售工作就已經完成了，公司沒有必要關心後續的情況。我們對 1924 年事件的反應，構成了我們生產計畫控制流程發展史上的轉捩點。當時我在給財務委員會的報告中這樣寫道：

1. 到 1924 年 7 月 1 日為止，產品計畫的制訂方式多種多樣。計畫的制訂者大多都認為只要將產品交付給銷售商或分銷商，銷售工作就已經完成了，公司沒有必要關心後續的事務，只要能夠迫使經銷商或分銷商

運走汽車，他們就認爲整個局面非常好。

2. 從未針對基礎性的問題展開過研究。我的意思是，儘管在過去的2年裡多多少少能蒐集到能夠反映眞實銷售情況的消費者購買汽車數量的資料等，但是公司在準備生產計畫的時候從未利用過這個資料。

3. 1924 年 7 月 1 日，我們開發了一種基於上述基礎數據、完全科學的生產計畫制訂方法。各營運事業部和公司之間明確落實了制訂生產計畫的責任，後者對這一職責分配非常滿意。這一名爲「月度消費者交貨、生產、庫存和銷售量預測」流程的內容已經提交給貴委員會，但是，爲了報告的完成性，講述如何根據消費者交貨預測進行生產需求分析的內容（演示 A），也作爲本報告的附錄一併提交給了貴委員會。

4. 生產計畫手段缺乏適當而基礎的發展，這一情況並不僅僅侷限在通用汽車的事業部內，事實上，整個產業採用的都是同一種方法。這種情況就是造成一般汽車經銷商陷入當前經濟狀況的原因。在我 5 月裡實地考察後提交的報告裡，已有向貴委員會提及這種經濟狀況。

5. 仔細考慮之後，我代表公司發布了一項聲明，經銷商、分銷商以及汽車雜誌的編輯的評論表明，該聲明已經得到了其他汽車製造商的認可，他們認爲這是一項有價值的服務，並開創了業界的先河，他們將來也會這樣做。

在我那時給財務委員會的說明裡，我總結了個人的感受：

(a) 這更像是對通用汽車和整個產業的反思，以前居然從未做過這種事情。然而，和很多其他現在還沒有發展完善的問題一樣，我們應該認爲這是一個還未穩定下來的產業中的自然現象。

(b) 我認爲通用汽車現在已經絕對控制住了生產計畫。同時，公司的經銷商政策和其他站在製造商立場上的類似聲明表明，公司新近頒布的政策將很好地幫助經銷商改善經濟狀況，這將對整個產業——通用汽車是其中的重要組成部分——起到巨大的作用。

之所以敘述 1924 年的這段小插曲，是因爲它的後果。它標誌著通用汽車合理有效的生產控制的開始。從某種最重要的意義上講，這是在將通用汽車裡兩種類型的工作調和在一起：一種就是銷售人員，他積極、

樂觀，相信透過他的努力可以改變整體銷售狀況；另一種就是統計人員，他將其分析建立在客觀的、廣泛的需求資料基礎之上。從本質上看，這在任何向分散的客戶群銷售產品的公司都是一樣的。若解決這兩種工作觀點的衝突，將會收穫很多，比如，我們可以預測經銷商會消化掉多少庫存。在我們還沒有協調好生產水準與季節性銷售高峰之間的關係的時候，這種衝突表現得尤其激烈。當然，這一衝突背後的基本問題就是生產控制問題。

這涉及兩件事：**首先是關於預測的藝術，其次是證明預測失誤之後縮短反應時間的問題。**即使在使用了現在複雜的數學預測工具之後，預測失誤的情況也時有發生。

由於我們總部的人員已經開始開發總結事實、進行分析的工具，所以我們在預測整個車型年內全產業需求量和各事業部產品銷量方面，比各事業部的處境稍稍強一些。由於生產計畫、經銷商庫存水平，以及財務計畫在很大程度上都依賴於模型運行的結果，1924 年我們決定建立起全公司的正式的客戶需求預估機制，即估計整個產業於下一年度在所有價格區間面向的最終消費者的汽車銷售量，並對照通用汽車在各個價格區間的市場占比，並將該估計結果同各事業部經理的預測連結起來。這一涵蓋全公司的預測的基礎，是公司在過去三個銷售年度中的真實經歷和下一年度業務狀況的總體評價。

我們於 1924 年春天真正邁出了限制事業部的第一步。布朗和我根據上述構思對整個公司以及各個事業部下半年的業務量進行了評估，我們稱這個預計的銷售量為「指標銷售量」，即這個數字可以看作是接下來 12 個月銷售量的指標。營運委員會批准了這個指標銷售量之後，1924 年 5 月 12 號我向所有的事業部經理發出了一封信，要求他們基於這個指標來預測 1924 年後 6 個月的情況。這封信的部分內容如下：

此前我們一直將這些以業務量為基礎的評估（事業部銷售預測）交由各事業部自行進行。從今年下半年的預測開始，我相信我們將再度邁出建設性的一步。我的意思是，營運委員會已經確定了從 7 月 1 日開始公

司的製造年度整體業務趨勢⋯⋯這樣，我們就能夠提供更具體的資訊，從而說明我們的事業部能夠更準確地預測他們的營運成果。

⋯⋯我相信，這是通用汽車第一次從整體上明確而邏輯清晰地描述了未來1年的走向。當然，這一趨勢也可能發生變化。下半年的趨勢可能改善，而且我個人相信確實能改善；它也可能變差，但是我很難相信會存在著變差的可能。無論哪種情況發生，我們都將按照這種方式逐月進行調整，從而預防劇烈的動盪——這正是此前整個產業以及通用汽車的典型特徵。

那麼，這個關於統計的內部衝突最終應該歸結到什麼上呢？本質上，這是一個統計控制與銷售部門之間的問題，隨著1923年的繁榮經濟與隨之而來1924年的衰退，而讓二者益發針鋒相對起來。當時銷售人員和總經理們都被「好風憑藉力，送我上青雲」的假象所迷惑。在當時極度分權的體制下，我只好讓他們搭這班便車。這樣說並不是因為對他們有偏見，事實上當時我也沒有充足的理由來反駁他們的直覺。正如我前面所言，當時的資訊遲緩而又不可靠。之所以說資訊不可靠，是因為那些資訊既不準確，又不夠綜合。這些資訊是由經銷商庫存和未完成訂單推測出來的。對於一段時期的資訊而言，這已經很不錯了，但是問題的關鍵正是這一資訊蒐集週期。我們對最近5、6個禮拜的汽車實際銷售量一無所知，因此，這段時間差裡就完全依靠猜測——一邊是拿著趨勢曲線的統計人員，一邊是樂觀的銷售人員。我已經說過，我沒有任何辦法來對爭論的雙方進行裁決，所以我只能站在中間，這對執行長來說，不是一個舒服的位置。

因此，我們需要用下一個車型年銷售量的預測來限制各事業部。但是由於市場的變化很容易就會推翻這一預測，因此還需要開發更為準確的方法來使我們可以放棄（或者說，超越）這種預測手段，或者調整這種預測方法。記住，在汽車業中，**離開了規劃和計畫，你將寸步難行**。這是一個用反映未來的數字來指導我們開展工作的問題。這裡的關鍵就是預測和修正，二者同樣關鍵，因為生產計畫以及實際生產率所對應的加

工費用和其他準備工作，都要依賴這份幾個月前所做的對這個車型年的預測。在新的車型年開始之後，儘管這個指標銷售量需要經常修訂，但是它仍將在後續的 6 到 8 個月裡產生指導作用，然後會決定一個不容更改的生產計畫來作為車型年的結束。雖然相關問題會提前做出決定，並且無法更改，但在新車型年開始之後，資訊蒐集手段的準確及時，使得我們能夠將其作為一種控制機制來對其他因素進行協調。這就是我們在 1923 至 1924 年得到的教訓，這些教訓引發了以下的措施。

1924 和 1925 年，我們開發出一種統計報告系統，經銷商使用這個系統每 10 天將資料送至各事業部。這些**報告的核心，是這 10 天裡經銷商向消費者銷售的汽車和卡車的數量、二手車的成交量，以及經銷商手中新車和二手車的庫存總量**。銷售商的二手車庫存會妨礙新車的銷售，因此二手車的庫存量也很重要。有了每 10 天更新的資訊，各事業部就可以全面且綜合地瞭解整個市場形勢了，而各事業部和總部的統計人員就可以採取修正措施，而預測的準確性也大大提高了。

為了進一步幫助預測銷售量，我們還使用了零售量這一獨立數據作為經銷商 10 天報告的補充。從 1922 年年底開始，我們開始從波爾卡公司（R.L. Polk）獲取新車掛牌數量的定期報告（產業中任何一家公司都可以獲得這份報告）。由於這些流程的存在，公司的生產和計畫已經具備了嚴格的基礎，而各營運事業部的職責和公司對生產計畫制訂過程的管理職責也得到了明確的界定。

我們採取了各種方法來精煉、改善零售銷售量的估計技術，分銷和財務人員在市場分析方面已經取得了一定的進展。1923 年，公司銷售部門基於當時流行的「需求金字塔（pyramid of demand）」理念（布蘭德利 1921 年提出），對整個汽車市場進行了一個全面的研究。這個研究試圖預測後續幾年裡的市場容量發展趨勢、各價格區間的市場潛力、降價對市場容量的影響、新車和二手車的全面關係，以及所謂的「飽和點」將在什麼時候到來。**這份報告低估了汽車市場的未來成長，但是，它所**

使用的綜合分析方法卻代表著汽車業在市場分析技術上的重大進步，特別是以往對各價格區間市場潛力的研究，從未達到令人滿意的程度。而且，1923年的研究還證實了潛在汽車需求和美國收入分布情況之間的關係。有了這些知識，我們就能更好地認識需求金字塔的意義，規劃好銷售策略和產能。

1923年的研究未能準確地預測未來市場成長情況的大部分原因，在於它低估了兩個因素對我們新車銷售的影響。第一個因素就是持續的產品改進過程，透過提高產品的性能價格比來刺激消費者的需求；第二個因素就是持續的經濟成長以及整體經濟環境對各年銷售量的影響。針對後一因素，布蘭德利後來在關於市場潛力的一篇文章中引入了這樣一個概念，即汽車銷售量和整體經濟活動之間存在著一定的關係。他和他的助手們進一步研究了汽車銷售量的起伏與經濟週期的關係，並得到這樣一個結論：就是在國民收入上升的時候，汽車銷售量會以更快的速度上升；而當國民收入下降的時候，汽車銷售量會以更快的速度下降。隨著整體經濟狀況統計材料的增加，我們的技術得以不斷精煉，而且汽車銷售量和個人收入之間的關係也得到了證實。直到現在，汽車銷售量和個人可支配稅後收入仍然存在著這種關係。

回到生產控制的話題：一旦一個事業部的年生產量得到了較好的預測之後，這個事業部總經理的問題，就是如何在保證必要的季節性波動的同時儘量順暢地安排生產，這實際上並不簡單。在某種程度上，汽車業仍然有季節性趨勢，這一點在1920年代早期，我們的公路狀況和封閉型汽車還沒有得到改善的時候表現得尤其明顯，我們只能藉由採取折價貼換交易等財務刺激手段來激發經銷商的淡季進貨積極性。

從方便銷售商以及對製成品庫存最節省的控制角度出發，工廠應該調整產出水準以適應季節性波動。這種做法將降低產品過時的風險，並降低經銷商和生產商雙方的製成品庫存。另一方面，從工廠設備利用率、勞動力利用率以及工人福利的角度看，穩定的生產水準或者儘量接近穩

定的生產水準才是最佳選擇。經濟地銷售和經濟地製造這兩種思想間出現了不可調和的矛盾，這就需要通過規劃和判斷在二者之間找出一個合理的平衡。

總部人員透過對年銷售量進行季節性分析的方式，來協助各事業部經理解決這個問題。他們計算各事業部必須維持的日常庫存最小值，以及每 4 個月預測結束時的最大季節性需求量，同時也計算出這兩個值的差距。收到經銷商每 10 天的報告後，每個事業部的總經理都會比較這些數據和本月的預測值，並審查自己的生產和採購計畫。這是這件事的核心。如果銷售跟不上預測，則需要降低生產水平；反之，他就要在工廠產能允許的範圍內提高產出水準。各事業部總經理每個月都要對他未來 4 個月的預測進行調整，使其能夠符合當前的銷售趨勢。我們並沒有制訂一個必須遵守的 4 個月生產計畫——無論外界實際需求如何變化，我們都堅持不變——我們現在已經能夠根據銷售趨勢的變動對生產計畫進行及時而必要的調整了，也能夠在保證各事業部和經銷商手中的庫存不低於最低保障庫存的前提下，使生產水準儘量與零售市場的需求保持一致。

因此，最後更重要的事情不是車型年指標資料的準確性，而是通過迅速的報告和調整獲得對實際市場需求的敏感度。對資訊客觀而有效的利用在總部和事業部出現了一種協調作用，它降低了諸如 1924 年那種失去理性的衝突再次發生的可能性。它同時也對支出、就業、投資以及類似問題起到了基礎性的控制作用。

這些新預測、計畫手段在營運方面的成效卓著，物料庫存保持在最低水準。1921 年，物料、在製品、製成品的總庫存周轉率大概是每年 2 次；到了 1922 年，庫存周轉率提高到了每年 4 次；而 1926 年，則達到了每年 7.5 次。生產性庫存（總庫存減去製成品庫存）周轉率的改善狀況就更為明顯了，它在 1925 年達到了每年 10.5 次。

穩定就業方面也取得了一定的成效。但是平穩生產的問題直到今天還

沒有解決，而且很可能以後也沒法解決，這可能主要是因為無法對充滿不確定性的未來進行完整的預測的緣故吧。其他的問題：週期性和季節性的需求水準變動、車型變動的影響，以及大眾購買習慣的影響，也對平穩生產造成了影響。總之，事實上我們在預測方面取得了很大進展，但是在穩定生產方面取得的效果並不比今天的做法要強。

當生產計畫和最終銷售情況一致時，還改善了經銷商的庫存周轉率，也改善了經銷商的經濟情況。1925 年，通用汽車美國經銷商的新車庫存周轉率達到了每年 12 次，比以往的最好情況高出了 25%。

我們的生產控制系統在 1925 年基本上算是建設完畢了。從那之後，這一領域的主要工作就是精益求精了。

● 對分權營運的事業部進行協調控制的關鍵

儘管在撥款、現金、庫存和生產等幾個具體領域已經建立了相對應的控制，但在一般性問題上還存在著問題：我們應該如何在符合公司分權管理組織原則的基礎上，對整個公司進行長久的控制？我們從未停止探索這個問題。實際上，我們尚未找到一種既不損害分權結構，又不背離分權思想的解決方案。由於 1920 年代早期的通用汽車遭遇過這些問題，所以我在前面的章節中對此問題也從理論和實踐兩個方面進行了一些探討，但還不夠深入。前面主要是從財務的觀點出發，採用協調控制的方法處理組織問題，這之中的關鍵就在於如果我們能夠評價和判斷營運的效果，我們就能讓負責事業部營運的那些人來評判他們的成績。這些方法——後來證明都是財務控制手段——將投資報酬率的一般概念轉換成具體量測各事業部營運的重要工具。**通用汽車財務控制的基本元素就是成本、價格、銷售量和投資報酬率。**

報酬率是一個關於業務戰略原則的問題，我並不是說報酬率是對業務經營的所有情況都適用的魔杖，有時候你必須為了維持在產業中的地位而花錢，這時候你會顧不上考慮報酬率。**價格是競爭的最終決定因素，有競爭力的價格才能帶來利潤**，為了保持價格的競爭力，你可能會被迫

接受一個比你的期望值低一些的價格，甚至是承受暫時的虧損。發生通貨膨脹的時候，在用等價物對資產進行評估的時候，報酬率的概念就面臨著資產被低估的風險。不過，在我所瞭解的所有財務原則中，報酬率是商業判斷時最客觀的工具。

就像曾經支配了杜邦公司以及此前的一些其他美國企業家一樣，自1917年以來，這個原則就一直支配著通用汽車的財務委員會。我不知道這個概念的最初起源，即使是頭腦最簡單的投資者也會用他在股票、證券或儲蓄帳戶上的盈利對比投入來衡量他的盈利狀況。因此，我認為所有生意人都會使用他的總投資來評價他的總收益，這可以說是一則遊戲規則。不過，還可以用其他的量測手段來評價業務經營效果。比如，銷售利潤、市場滲透度，它們都無法取代投資報酬率。但是，問題並不僅僅是在一段特定的時間裡使投資報酬率最大化。關於這一點，布朗認為，這一問題的根本出發點應該是使長期平均投資報酬率最大化。根據他的這一理念，通用汽車的經濟目標不是追求可能達到的最高投資報酬率，而是追求與可占有的市場占比相匹配的最高投資報酬率。隨著業務的穩健成長，自然就可以帶來最高的長期投資報酬率，我們將這一概念稱之為「可達經濟利潤」（Economic Return Attainable）[1]。

唐納森・布朗來到通用汽車，也帶來了相關的財務標準。這是一種針對管理效率、從業務的各個方面，如財務控制、考慮預期生產需求的投資計畫、成本控制及其他類似問題，來確立行為規範的方法。換句話

---

[1] 布朗這樣寫道：一個壟斷的產業或者某種特殊環境下的某種業務，有可能維持著高價格，並從有限的產量中得到非常高的資本報酬率。但是，這是以犧牲掉產業整體的擴張為代價。降價可能會擴大需求，儘管資本報酬率會有所降低，但總銷售量增長所帶來的好處是很大的。現在的限制因素在於資金的經濟成本、促進銷售成長的能力以及降價帶來的需求增加幅度。因此，非常明顯地，管理的目標不是追求可能達到的最高投資報酬率，而是追求與可占有的市場占比相匹配的最高投資報酬率。需要注意的是，要保證銷售量增加所帶來的邊際收益不可低於所追加資金的邊際經濟成本。因此，最根本的問題就是各項業務所用資金的經濟成本。

（《定價策略和財務控制的關係》，發表於《管理與行政》，1924年2月）

說，布朗充分發展了投資報酬率的概念，並使其既可以評價各事業部的營運效果，又可以評價宏觀的投資決策。他的這一概念可以用方程式表達，從而可以直接計算投資報酬率。杜邦公司和通用汽車現在還在使用這個概念評價各事業部的績效。然而，這本書並不會用方程式展示這項技術，我只會從財務控制的角度來對它的一般概念做個簡要介紹。

當然，投資報酬率受到業務中各項因素的影響。因此，如果一個人能夠看出這些因素如何作用於投資報酬率，他就完全看透了這項業務。為了深入瞭解這樣的規律，布朗將投資報酬率定義為利潤率和資金周轉率的函數（二者相乘得到投資報酬率）。如果你弄不懂這一點，那就不用管它，只要記住下面這句話就可以了：**你可以透過提高與銷售相關的資金周轉率或利潤率來提高你的投資報酬率**。布朗詳細分解這兩個元素：利潤率和資金周轉率，你可以將這理解為透過對指標的合成和分解來瞭解事業體利潤與虧損的結構；從本質來說，這是一個將資訊逐漸視覺化的過程。奇特的是，它使我們創建一些詳細的標準來量測營運資金及固定資金需求，理解成本所包含的內容。為了制訂商業費用和製造費用的標準，布朗使用未來規劃對過去的績效進行了修訂，並制訂了相關的標準，並與實際情況的發展相比較。這種財務控制原則的核心就是上述的比較。布朗對他的理論進行了生動的說明，例如，他舉例說明了庫存規模和營運資金對各事業部資金周轉率的影響，以及銷售費用對利潤的拖累。

為了使這一概念發揮作用，所有事業部經理都必須就他的營運成果提交月度報告。報告中的資料都按照總部標準格式來整理，從而為使用投資報酬率來評價各事業部進行提供標準的基礎。各事業部經理都將得到評價結果，檔案中通常還會指出該事業部的相關問題。許多年來，各事業部都藉由這個結果瞭解自己在公司中的投資報酬率排名。

管理高層定期研究這些事業部投資報酬率報告，如果不滿意，我或其他的總執行主管會和該事業部總經理針對需要採取的糾正措施來協商。

當我還是營運長（Chief Operating Officer）的時候，每當拜訪各事業部時總會帶著一個黑本子，裡面系統地記錄了各事業部的歷史資訊和預測資訊，還包括各汽車製造事業部的競爭地位。數字並不能自動回答問題，它們只能暴露出一些事實，基於這些事實我們可以判斷一個事業部的行為是否與它的期望值保持一致，這可以在他們的績效和預算中得到反映。

這些早期的投資報酬率表——經過一些修訂，至今仍在通用汽車中得到應用——在將投資報酬率作為績效標準的重要意義上，給我們的營運人員帶來第一次的教育。它為執行主管們的決策提供了量化的基礎，並為通用汽車的一個最重要特色打下了基礎。這一特色就是，努力追求開放的交流，客觀地考慮問題。

開始的時候，我們的方法存在很多明顯的侷限性。比如，直到制訂了統一、一致的標準之前，事業部提出的報告根本無法評價。標準一致非常重要，離開了它就很難或根本不可能進行財務比較。因此，**當時最急迫的任務之一就是加強總部和各事業部會計系統的力量，並在整個公司裡推行標準的會計報表格式**。整個公司的會計分類標準化工作終於在1921年1月1日得到完成；一本具體描述統一會計作業的標準會計手冊於1923年1月1日開始在整個公司內部實行。為了協調各事業部和總部的財務人員的關係，我們於1921年重申了事業部審計員的雙重職責；1919年，我們規定事業部審計員不僅要對事業部總經理負責，還需要對公司審計員負責。

統一會計作業的發展使我們能夠分析各事業部的內部情況，並可以將一個事業部的績效同其他事業部相比較。但是，同樣重要的是，這種統一會計作業——儘管中間也存在著一些例外——從實際生產成本和開發營運效率標準兩個方面，為我們的管理成本會計提供了指導方針。

● 標準產量的概念

一方面，我們大力發展並應用投資報酬率的概念，而且在標準化相關

流程方面取得了很大進展；另一方面，1925年之前在評價時，我們一直沒有明確的指標可供參照，特別是產量變動的影響，我們的資料呈現很大的年度波動，這為評價工作帶來了很大的困難。因此，自1925年起，我們採用了布朗發展出的一種概念，這個概念是將明確的長期投資報酬率目標同多年的平均產量期望值（或者說「標準產量」）對應起來。我們認為，長期投資報酬率目標的存在將為評價營運效率和競爭壓力提供非常有用的標準。採用這種方法後，就不會遺忘對長期盈利目標的關注，同時，在評估價格的時候，我們總會密切關注在實現目標的過程中，競爭起了多大的阻礙作用。當然，布朗所提出的只是一個理論概念，因為營運結果是由銷售金額和實際產生的成本共同決定，而與產量無關。但是透過這個與短期產量波動無關的指標，我們可以評價其結果與長期目標的偏離程度，並且可以對潛在的原因進行分析。這個概念是我們的管理哲學——定義一個構思合理的理論參照體系，從而引導我們去處理現實管理中的各項事務——的最佳闡釋。

標準產量的概念是一種以多年平均產量為基礎，來對我們及各事業部業務的長期績效和發展潛力進行觀察的方法。為了將這個政策確定下來並建立相應的流程，我在1925年5月這樣寫道：

……我們的股東所關心的是1年的報酬，年度報酬的平均值公正地體現了我們所從事的業務的潛力。我們相信，本流程中所表明的確立原則將會帶來這種效果。

必須承認在建立定價機制方面，還沒有明確的規則可供套用，而且也沒有意義。但我們相信，能夠反映成本、產量以及投資報酬率的標準價格的發展，將在公司決定各種具體情況的舉措時起到最重要的作用。

標準產量方法中，包含產量、成本、價格和投資報酬率等因素。給了產量、成本和價格——基於經驗給出的理論值——就可以計算投資報酬率。事實上，如果沒有達到預期的投資報酬率，那就可能是因為在競爭中改變了價格水準，或者成本超出了限制，這時就應該要求仔細審核成本。或許你會發現一些根據經驗無法預料的變數影響了結果，儘管這並

不常見，但確實發生過一次。如果實際產量與預期標準產量不符，那麼投資報酬率的計算將告訴你應該對什麼情況做好心理準備。

布朗和布蘭德利在這個領域的主要理論貢獻，在於他們對生產率單位變動成本的影響的考慮方式。一旦材料成本和工資率維持穩定，生產單位產品的直接成本就會保持穩定，它與產銷量無關。每輛成車都包含一定量的鋼材，每輛車都有發動機、輪子、輪胎、電池和其他東西，還需要一定的工時來完成生產和裝配。我們的生產工程師和成本估算人員可以確定外購零部件的支出、所使用的各種原材料的數量以及生產和裝配所用的工時。

當然，固定的一般管理成本的表現就截然不同了。這些固定成本包括監督、維護、折舊的費用；加工、設計成本；管理、保險和稅。在工廠根據生產能力的要求完成建設之後，無論生產水準如何變化，這種固定成本的總量仍然保持相對的穩定。因此，單位產品分攤的固定成本會隨著產量變化而大幅度地上升或下降。為了表達得更準確，可能還需要引入半固定成本的概念——它們不會自動隨著產量的上升而下降。但是總的說來，在產量較低的時期，單位成本將會上升；相反地，在產量較高的時期，單位成本將會下降。

為了避免這種因為產量的波動對單位成本造成的影響，我們以標準產量為基礎計算單位成本；可以認為標準產量就是在正常或者平均負荷下的產量估計值。計算生產負荷的生產能力必須大到能夠滿足年度和季度高峰的要求。標準產量綜合考慮了在不同生產水準上，及較長時期內進行生產運作的問題。事實證明，儘管每年的情況都有所變化，但是通用汽車的標準產量仍然非常接近於多年來的實際平均產量。

在工廠生產能力固定的情況下，標準產量成本計算的概念可以使我們年復一年地評價和分析成本，而不用考慮產量的變化。這種方式計算的單位成本變化僅反映了工資率、材料成本和營運效率的變化，而和年度產量變化沒有關係。更為重要的是，標準產量的單位成本為我們提供了一個評價成本——價格關係的基準。它還為我們提供了一個一致的單位

成本集合,將它與實際單位成本相比較,就可以對我們每月或每年的營運效率進行判斷。

成本計算中引入標準產量的概念使我們可以為製造費用建立詳細的操作標準。我們統一的會計作業使我們可以將間接製造費用(我們稱之為「負擔」)分攤到工廠中的各個部門。負擔通常包括三類成本:首先是固定成本,比如租金、保險、折舊和攤銷,這通常是固定的數額,與產量水準無關;其次是半固定成本,比如管理人員的工資,它在一定產量範圍之內是固定的;最後是變動成本,它直接和產量變化水準相關,像是製造、切割加工、包裝、搬運、潤滑和維護用的人工。這些費用在不同部門之間的差別很大,對於任何會計系統來說,正確地分配並計算生產成品的成本都是一件非常困難的任務。為了完成這一點,我們將間接成本同直接的生產勞動連結起來;後者可以由時間觀察的結果和已知的工資率推算得出。採用標準產量的方式,可以將固定成本和半固定成本以單位固定成本和單位半固定成本表示。變動成本(直接人工、材料和負擔)則基於過去的營運經驗、當前的材料成本和工資率來確定。這種製造成本分類方式將費用按照事業部管理者可控制的方式進行了分類。對比實際結果和事先確定的目標,就自然產生了為達到成本目標而維持目標營運效率的壓力。總之,**指導原則就是將我們的標準制訂在難以達到但是可以達到的水準上。**

很明顯地,相對於價格而言,在材料成本和工資率穩定的情況下,如果我們的基準化工作顯示單位成本較高,則肯定是此前的效率降低了。由於競爭遏制了價格上漲,因此只有通過降低單位成本才能維持利潤。如果整個產業的原材料和人事成本普遍漲價,價格就可能會上漲;如果消費者對汽車的需求強烈,則漲價的可能性就大一些。在這種情況下如果不漲價,整個汽車產業就很難長期持續地為市場提供所需的產品。然而即使如此,每個製造商都仍然面臨著降低單位成本的壓力,因為競爭並不一定會允許他將價格提高到足夠抵消成本上漲的水準。

標準產量政策的一種替代方法,就是在實際產量或預測產量的水平上

嚴格地根據實際單位成本來對價格進行評價。由於我們的固定成本非常龐大，這將意味著在產量低迷時期，我們的單位成本將飛速上升，而在產能充分發揮的時候，我們的單位成本將降得很低。

在產量低迷的時候，任何試圖漲價（即使競爭允許）以抵消單位成本上漲的舉動，都只會進一步地降低銷售量，這將導致更低的利潤，從而只能雇用更少的員工，這只會讓經濟變得蕭條。在我們這種高度週期性的產業裡，採用單位成本這種評價方式無論在社會上還是在經濟上都是不合理的。但是，我想聲明一點，即在任何 1 年，我們的收入（肯定反映了所有的實際成本）都受到了產量的嚴重影響。無論銷售狀況如何，固定成本都要解決。如果我們的產量比標準產量少，則我們只將總固定成本的一部分分攤到單位成本中去，未分攤的部分則必須扣除掉，這就是你們所看到的收入；相反地，如果產量高於標準產量，則由於固定成本能夠分攤到更多的成品中去，所以總收入就能提高。

從前文中可以明顯看出，**利潤是製造商將成本保持低於市場競爭所確定的售價而產生的差額**。也就是說，利潤是在競爭的市場上所賣出的價格和總成本這二者之差，它受產量的影響很大。我們可以非常準確地估計在標準產量下單位產品的利潤，但是這和在實際產量下的實際利潤是兩件事。在汽車產業，利潤是一個變數，而且變化得非常快。

財務控制的需求來自於危機。引入控制的目的是為了避免危機的再次發生，它們的效果在 1932 年的衰退中得到了證實。公司在美國和加拿大的產量比 1931 年降低了 50%，比最高峰的 1929 年降低了 72%。但是公司並沒有像 1920 年那樣士氣消沉，而且公司帳戶仍然有盈餘。沒有幾家公司能夠做到這一點。

通用汽車開發的財務控制為公司提供了有效的營運評估手段，從而降低了從高層來營運管理的必要。總部的管理者可以瞭解各分支機構管理人員的經營狀況，並且可以在事實的基礎上判斷未來的業務。我們在汽車產業一次最偉大的變革到來之前完成了控制系統的基礎工作。

第九章 汽車市場的轉型

高單價的商品要站在消費者的角度思考，設計更容易的購買方式，僅僅是付款方式的改變，也能夠創造更大的商品需求。

1920 年代中期，通用汽車已經在一些範疇上取得了一定的成就，但主要侷限在與生存和重組相關的問題，除此之外，其他事情基本上還停留在思想階段而沒有付諸實施。正如前文所述，我們已經知道了處理汽車業務的策略、如何保持企業健康的財務狀況、不同部門的人員之間應該建立怎樣的關係。但是直到 1924 年底，這些想法只有很少一部分在我們的汽車市場的實際行為中體現出來。在 1921 年經濟蕭條之後——尤其是 1923 年——我們業務規模的成長主要應該歸因於國家整體經濟狀況的改善和汽車需求的增加，而不應歸功於我們自己的智慧。從公司內部來看，我們的工作取得了很大的進步，然而從外部來看，我們卻停滯不前。但是，時代的潮流開始發揮作用了。

對我們來說幸運的是，變化是這樣發生的。1920 年代的前半段，尤其是在 1924 至 1926 年期間，汽車市場的本質發生了一些變化：呈現出一些與之前不同的特點（這種情況通常很少發生；像在 1920 年代中期這種急劇的變化，在整個汽車產業歷史中大概只出現兩次，另外一次就是 1908 年之後 T 型車的興起）。之所以說我們幸運，是因為作為當時已經確立了市場地位的福特汽車的挑戰者，變革幫了我們的忙。我們與汽車產業的傳統方法沒有什麼關係，**對我們來說，變化就意味著機遇。我們非常樂於順應變革的趨勢，並且努力利用變革帶來的機遇**；我們也已經借助前文所描述的各種商業觀念做好了相應準備，儘管我必須承認，我們只是將其看成為我們自己的做事方式，而沒有將其當成對整個汽車

產業的未來廣泛應用或者應該能夠廣泛應用的方式。

　　為了便於理解，我將從商業的角度將整個汽車史劃分為三個階段：1908 年以前是第一階段，這個時期汽車價格昂貴，汽車市場完全屬於上層社會；之後是 1908 到 1920 年代中期，大眾市場是其主要特點，福特汽車及其「低價位的基本交通功能」理念占據主導地位；在此之後是第三個時期，出現了各種各樣功能品質更好的汽車——這或許可以看作是多樣性大眾市場到來的標誌。我認為第三階段正好符合通用汽車公司的理念。

　　這三個階段的共同點是美國經濟的長期擴張，每一個階段的出現都是由於經濟的顯著成長以及財富向社會大眾的擴散。少數有支付能力的人願意購買價格較貴且性能並不可靠的汽車——以現在的標準來看——使汽車產業能夠得以啟動。然後，當大量的消費者能夠支付得起幾百美元的花費時，價格低廉的 T 型車才得到了發展的可能（也可能是這個市場一直在等待像 T 型車這樣的汽車的出現）。當汽車工業於 1920 年代將經濟水準提升到歷史新高的時候，因為一些新的因素出現使得汽車市場再次轉型，並且成了汽車產業的重要分水嶺。

　　我認為這些**新因素可以歸結為以下四點：分期付款的銷售模式、二手車的折價銷售、封閉型車身以及每年推出的新車型**（如果考慮汽車市場外部環境因素，還可以加上公路狀況的改善）。當今汽車業的本質中包含了這麼多因素，若不考慮這些因素，汽車市場就無法想像。1920 年以前，或是之後一小段的時間裡，典型的汽車消費者在買人生中第一輛車時，通常是支付現金或透過一些特殊貸款的途徑購買。售出的汽車通常是單排座敞篷車或者是旅行車，與上一年度的車型沒有太大改變，而且基本上可以預估與下一年度的車型也相差不大。這種情形在幾年之內都不會發生改變，而且除非在轉折點上，否則不會發生突然的改變。在各種新因素相互作用並導致汽車市場發生全面變化之前，每一種新因素

都是獨立出現、獨立發展的。

正規的汽車分期付款銷售方式最初小規模地出現於第一次世界大戰爆發前不久，這種借貸和反向儲蓄的消費方式一旦成為日常慣例，就使大多數顧客能夠購買像汽車這種昂貴的商品。當時，有關分期付款的統計資料很不充分，但是清楚的是，它從 1915 年的低水準上升到了 1925 年占新車銷售量大約 65％的水準。隨著收入的增長和對收入持續增長的預期，我們有理由相信消費者將會追求更高品質的汽車。我們認為，分期付款銷售方式將會刺激這種趨勢。

當第一批汽車消費者回購的時候，他們可以用自己的舊車作為分期付款的首付款，汽車業的交易慣例就這樣確立了。因為經銷商通常不得不賣車給那些擁有還不到報廢期的舊車的人，汽車業所採用的這種交易方式不但對經銷商的營運產生了革命性的影響，而且對於製造商甚至是整個生產特性都產生了極大的變革。

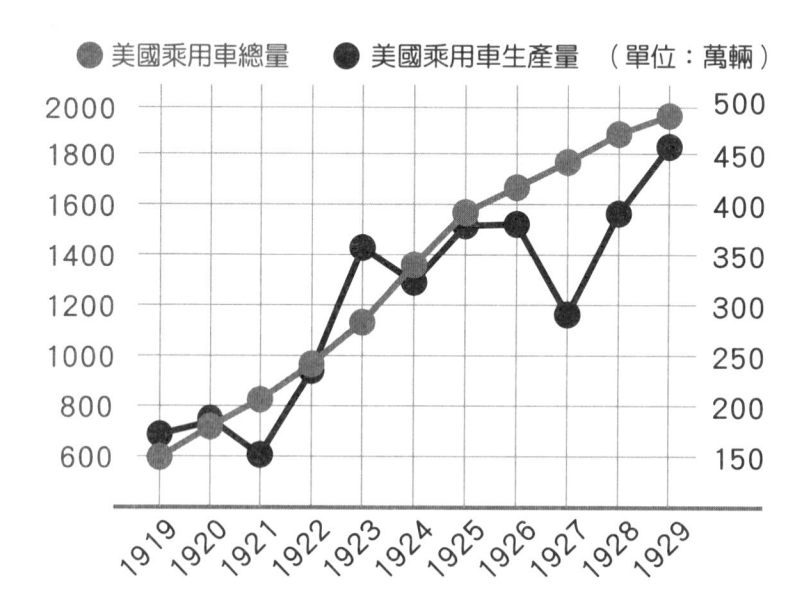

1925 年以前，有關二手車折價銷售的統計資料像分期付款的統計數據一樣缺乏。然而，我們有理由認為第一次世界大戰後的二手車交易量

有明顯的上升，但願是因為一戰前的汽車持有量相對較少。直到 1920 年代早期，大多數消費者才開始購買他們的第一部車。1919 至 1929 年，美國乘用車的持有量每年呈百萬輛的增長，具體資料大致如下①：

生產量足夠滿足汽車需求量的成長，包括因為某些原因造成的汽車報廢量。二手車可能在進行兩三次的交易後才最終報廢。因此，我推測二手車的折價銷售一直處於上升期。

封閉車身的款型在一戰前還屬於比較特殊的車型，而且主要是由顧客訂製的。1919 至 1927 年間，封閉車身款型的年成長率大致如下：

年度	1919	1920	1921	1922	1923	1924	1925	1926	1927
成長率	10%	17%	22%	30%	34%	43%	56%	72%	85%

關於年度車型，我將在後面做更詳細的說明。這裡我說一點就夠了：在 1920 年代早期，它並不是一個像我們今天所理解的正式概念，它是一個與福特的永不改變的車型相對的理念。

當 1921 年通用汽車在管理上做出調整時，而且我們對這四個因素的逐漸明朗化並不是毫無意識的，我們於 1919 年針對分期付款業務創辦了通用汽車金融服務公司（GMAC）。

我們對製造封閉車身的費雪車身公司有興趣。作為中高價位汽車的大銷售商，我們很早就遇到了二手車折價銷售問題。而且我們每年都在努力使我們的車型更加具有吸引力。

回首過去與現在相比，**當時我們並沒有看到二手車在整個汽車市場中如何發生作用，特別是它們之間的相互作用。當時，我們把這些資訊當作是不確定、未知、流行，只適合以資料形式來研究的事物。** 然而，我們在 1921 年產品規劃中制訂的行動計畫，從邏輯上來看對日益明朗化

---

①表內資料僅指乘用車。1919 至 1929 年間，所有的車輛（包括汽車、卡車）的產量資料如下：190 萬、220 萬、160 萬、250 萬、400 萬、360 萬、430 萬、430 萬、340 萬、440 萬、530 萬。

的新情況的適應性越來越好。

我相信，正是我們在 1921 年制訂的這些正確的規劃、政策和商業戰略（不管我們怎麼來稱呼這些行動），而不是任何單一因素，使得我們能夠充滿信心地進入 1920 年代迅速變化的汽車市場，我們知道自己的作為是符合商業原則的；我們不是在東奔西跑地追逐幸運之星，而是根據行動計畫的戰略原則。我們得出了一個最重要最獨到的戰略目標，正如我曾經提及的，即定位介於福特汽車與中價位汽車之間的雪佛蘭汽車去開發更大的市場空間。儘管這個計畫尚未完善，但是我們在最初的時候所做的工作就是這些。

在我們解決了「銅冷」發動機問題時，工作出現了暫時中斷——我們放棄了最初的追求汽車工程夢想的戰略計畫構想。借助 1923 年美國市場 400 萬輛汽車和卡車的銷量，我們得以從「銅冷事件」中被拯救出來——當年市場消化了 45 萬輛雪佛蘭汽車。市場表現出一種行情上漲的假相後，很快地就在經濟衰退的 1924 年跌落下來。很明顯地，對我們來說只有不停地對產品本身進行改良與設計，我們在 1921 年制訂的計畫才會有意義。

我們對幾次特別的失敗經驗留下了深刻的印象。1924 年，美國市場的乘用車銷售量下滑了 12%，其中通用汽車乘用車的銷售量則下降 28%；整個汽車業銷售數量減少了 43 萬 9000 輛，通用汽車銷售數量的下降幾乎占了其中的一半。通用汽車乘用車市場占比從 20%跌至 17%，而福特汽車的市場占比卻從 50%升至 55%。通用汽車銷售數量的下降有一部分來自別克和凱迪拉克，對於經濟衰退時期的高價位汽車來說，這是可以預期的（奧爾茲銷售量有所上升，奧克蘭德的銷售量則沒有變化）。但是，大部分銷售量的減少是雪佛蘭造成的，銳減了 37%，而福特汽車僅下降了 4%。當然，不能將所有失利都歸因於 1924 年公司內部發生的事件（這些事件包括管理不善），當年的經濟蕭條與早期一些

事件的結合是造成失利的主要原因。汽車設計和生產之間的遲滯是汽車業的一個獨特特徵。當年所發生的事情總是能夠在 1 到 3 年前採取的決策中找到部分原因。

因此，雪佛蘭在 1924 年銷售量暴跌的原因之一，就是在此前的 3 年中汽車設計開發的遲緩。在其他事情上，雪佛蘭也做得不好。然而，現在再細數這些不足之處已經於事無補。奇怪的事情是，我們有一個以製造越來越好的汽車為基礎的理念，它要求汽車的附件更多，要超越基本交通功能，我們還認為雪佛蘭的價格要對 T 型車的部分客戶產生足夠的吸引力。要在期望和現實之間，找到以 1921 年的產品計畫和 1924 年的雪佛蘭為代表的更大的空間是很困難的。然而，我們沒有改變最初的計畫方案，這也許是因為我們比別人更加瞭解自己銷量下降的原因。

事實上，自 1923 年夏季放棄「銅冷」發動機方案之後，以亨特為首的雪佛蘭工程師們就開始集中精力重新設計舊式汽車的新款式了，這次設計的車型稱為 K 型車（K Model），是為 1925 年的車型年而設計的。K 型車有一些新的外觀特徵：車身更加修長，還增加了腿部的空間，並採用迪科漆面（Duco Finish），有全幅的擋風玻璃與封閉式汽車都具備的自動雨刷；而長途汽車和大轎車上安裝了車頂圓燈，使用克蘭克森（Klaxon）的汽車喇叭，離合器也有了改進，一個性能良好的後輪底盤代替了以前問題百出的舊底盤。

這種改良車雖然不是真正的新款車，但是比以前汽車的構造改善了許多。上述的這些細節也顯示我們意圖努力做到的是什麼。K 型車在 1925 年趕上了市場增溫，汽車和卡車的出廠銷售量高達 48 萬 1000 輛，迅速恢復了雪佛蘭的市場地位，與 1924 年相比提高了 64％，與 1923 年銷售高峰時期相比也提高了 6％。

福特汽車的汽車和卡車的銷售量一直保持在 200 萬輛左右，即使在 1925 年也是如此。但是，自從 1925 年市場行情在總體上明顯超過 1924

年以後，福特汽車的市場占比由原來的 54% 降至 45%，如果福特先生注意到這一點的話，他應該能意識到這是一個危險的信息。然而，福特汽車在低價位的汽車市場仍然保持著近 70% 的市場占比，而且售價 290 美元的福特旅行車（沒有起動器，也沒有可拆卸的輪框），在當時看來仍在這個領域處於無法打敗的地位。雪佛蘭旅行車在 1925 年的售價為 510 美元，即使沒有加上其他額外的附件的價格，雪佛蘭的價格仍然高於福特。當時裝有起動器和可拆卸的輪框的福特頂級車售價 660 美元，雪佛蘭 K 型車售價 825 美元。雪佛蘭給經銷商的折扣幅度比福特車大，這樣一來就造成了交易方面的差距。

當時，雪佛蘭是這樣陳述自己的內部政策的：我們的目標是在消費者心目中建立「雪佛蘭的性能價格比高於福特」的形象。事實上，如果在相同配置的基礎上比較福特車和雪佛蘭車，可以看出福特車的價格並不比雪佛蘭的低多少。在品質方面，我們打算向消費者證明，雖然我們的汽車價位稍高，但是絕對物有所值。另外，我們也計畫逐步提高和完善我們的汽車產品。總的來說，我們期待著福特車在各方面維持原樣。我們將這個計畫付諸實施，而運行狀況也確實符合我們的預測。

然而，儘管雪佛蘭的 K 型車取得了很大的成功，但是在價格方面與福特的 T 型車仍有一段距離，因此並沒有達到撼動福特在低價位市場龍頭地位的預期效果。我們意圖繼續改進，在一段時間以後，將其價格降低到 T 型車的水準。

正如我們在 1921 年的產品政策中說過的，任何一種汽車都會受到那些與它的價格、設計相差不多的相關車型的影響。因此，當我們考查雪佛蘭和與它性質相近，但價位更低的福特車時，考慮價位高於雪佛蘭的競爭者會對雪佛蘭採取怎樣的行動是合乎邏輯的。1924 年，我們準備於 1925 年推出 K 型車的轎車時，我們一直在考慮這個問題。

那年的汽車銷售總價目表表明了我們的態度：我們仍積極爭取實現

1921年設立的理想的或者說是理論上的價格。1924年仍然處於重要地位的旅行車的價格如下：雪佛蘭→510美元、奧爾茲→750美元、奧克蘭德→945美元、別克四系列→965美元、別克六系列→1295美元、凱迪拉克→2985美元。

從價目表中可以看到，高價位的凱迪拉克與別克六系列之間的差距以及低價位的雪佛蘭與奧爾茲之間的差距最為明顯。為了填補標準凱迪拉克和別克六系列之間的空白，我建議凱迪拉克研究一下是否有可能製造價格位於2000美元左右的家用型轎車。根據這項建議，著名的LaSalle轎車就於1927年誕生了。但是，從策略的角度看，當時雪佛蘭和奧爾茲之間的空白最危險。這一細分市場的銷售量足以在高於雪佛蘭的價位上形成規模需求，而我們卻沒有推出產品。因此必須填補這一空白，而且這過程既充滿了攻擊性，也充滿了防禦性，之所以說具有攻擊性，是因為這裡有市場待滿足；說具有防禦性，是因為會出現競爭者，會像我們計畫著對付福特汽車那樣來對付我們的雪佛蘭。

出於這一考慮，通用汽車做出了公司歷史上最重要的決策之一，即為了彌補雪佛蘭和其他車型的價格空間，我們決定製造一種六缸發動機的新車型。從工程學的角度分析，我們漸漸意識到未來的汽車引擎可能要具備六至八個汽缸。但是，為使這個策略計畫奏效，我們需要彌補這個價格空間，並且還要具有一定的經濟規模。另外，由於新車型的問世會分流雪佛蘭的部分消費者——降低雪佛蘭的經濟規模從而可能導致兩種車型的損失。因此，我們得出結論，新車型必須在構造上與雪佛蘭車相得益彰，從而可以與雪佛蘭共用經濟規模，反之亦然。

這個想法是我在擔任總裁幾個月之後，與亨特、克萊恩（Crane）首先提出討論的。在試圖為「銅冷」和「水冷」發動機研製出可以互換使用的車身和底盤時，我們已經瞭解了相關知識。討論六缸汽車的開發問題是建立在儘量共用雪佛蘭車身和底盤的基礎之上。具備六缸的雪佛蘭六

系列車型行駛起來應該比只有四個汽缸的雪佛蘭四系列平穩得多，這種車型需要加長輪軸底座，更換更大馬力的發動機，並增加車身重量。克萊恩建議加長加深整體結構，加重前輪重量，採用短杆六汽缸的L頭引擎（L-Head Engine）。這些建議構成了這次新設計的基本特徵。

在公司的工程設計委員會開始著手設計的時候，我仍然還沒有確定應該將這種車型放到哪個事業部去。奧克蘭德事業部總經理漢納姆在信中向我建議由他的事業部來承擔這種車型的研發工作。我在1924年11月12日的回信中，從與雪佛蘭車的協調以及產業競爭的角度談了我對新車型的一些看法，以下內容引自那封信：

我在底特律收到了你10月11日寫的信。但是你應該記得，關於所謂的龐帝克汽車，我在腦海中還沒有形成一個明確的觀點。從某種程度上說，龐帝克汽車如何發展還是個懸而未決的問題。雖然，我反覆認真地閱讀了您的信件，但是制訂什麼樣的發展政策還是沒有最後的結論，所以我沒有給你回信。

我從一開始就完全相信，這種新車型會得到足夠的市場發展空間，而且如果通用汽車公司不從事這種車型的製造和生產的話，其他公司早晚也會著手這項事業的。如果通用公司夠幸運的話，這種車型的市場可以為我們完全占據，是我非常期望看到的情況；但是我認為這個機會並不是那麼容易能得到，我們必須重視其他可能從事這些工作的公司的動向，才能保證市場不被同行搶先占領。

這些討論中出現了一個難題：即在雪佛蘭問題上不時地出現不同意見。每次都有人提出一些變動意見。如果接受所有人的意見，那麼最終結果聽起來總像是另一個奧爾茲或奧克蘭德，或者更像是一個別克或凱迪拉克的翻版。換句話說，除非我們堅持原則——即在雪佛蘭的底盤上搭載一台六缸發動機——否則我們就無法取得成功。我相信你也贊成這一點。

情況就是如此。我已經明確地認識到，遭遇最小阻力的唯一途徑就是讓雪佛蘭工程設計部門來承擔這項任務，只有這樣才能充分發揮雪佛蘭的特點，以防範因其他方式（因工程設計人員的人格和理念的不同自然

引發的差異所引起的問題）對這一車型設計造成損害，如果我們希望充分利用雪佛蘭的零部件、裝配廠，那麼無論是在一開始的時候，還是在因產量成長而必須轉向雪佛蘭的時候，都必須借助於雪佛蘭。

因此，我和努森（Knudsen）先生討論過這一問題，我認爲應該將所有已完成的事項交由亨特先生和他的工程師處理，讓他自己謹愼權衡，讓他承擔爲我們製造六缸發動機並構建生產線的任務。想像一下當他完成這些工作後的樣子吧。事實上，雪佛蘭還需要使用自己的經費來完成發動機的開發測試，這兩項工作應該同步展開……

在同一天，我總結了對此事的想法，並向執行委員會提交了一份名爲「所謂龐帝克車的狀況」的報告。報告中摘錄了一些關於成本、競爭、協調以及公司內部任務分配的段落，表達需要解決的問題：

布朗先生已經讓他的屬下對成本進行了初步計算。儘管不是最終結果，但似乎仍然能夠證明我們的感覺是正確的，也就是說，即使加上按照平均分攤法應該分攤的一般管理費用之後，其價格也可以訂爲 700 美元左右——這項利潤的投資報酬率仍然相當高。採用奧爾茲發動機之後，投資報酬率會下降，這是因爲奧爾茲發動機的成本過高，因此無法使用。從經濟成本和股東利潤的角度看，這一開發的結果非常令人滿意，值得繼續展開下一步工作。

除此之外，一些未經證明的消息表明，我們的一兩家競爭對手也在試圖進行類似的工作。這使我們認爲，與其讓競爭對手分流奧爾茲和雪佛蘭的業務，還不如讓我們自己的事業部來做這件事。現在看來，這兩種情況最終可能都會出現。

在這一方案上我們已經工作了將近 1 年，坦白說，我們取得的進展並不大，似乎每次我們將它提出討論時，執行委員對它的實用性的認識總會發生一些不確定的變化。我已經明確地認識到，繼續沿用這種方式，我們必將仍是一事無成。如果我們讓一個獨立的工程設計部門，或者讓奧克蘭德事業部——它的起源地——來執行開發工作，也許我們就會成功。我進一步明確地認識到，成功的唯一機會就在於交給雪佛蘭事業部

來開發。在這種情況下,圍繞著底盤的協調必將自然而然地發生,而不會因為設計師將他的個人人格投射於作品中而產生這樣那樣的差異。換句話說,若我們這樣做的話,它將遵從它應該遵從的方式向前發展。

報告中值得特別注意的地方,就是對各種車型製造的協調。因為龐帝克代表了公司在產品製造過程協調上的首次重大進步。但是,當時普遍接受的理念就是大規模製造需要以統一的產品作為基礎,T 型車就是這樣的例子。與另一價位的車型部分協調的龐帝克,證明了汽車的大規模生產可以與產品的多樣化和諧並存。這再一次挑戰了福特原來的理念。對於擁有五個價位,每個價位都有幾種車型的通用汽車來說,龐帝克理念的含義對整個產品線而言都非常重要。如果高價位的車型能夠從低價位車型的經濟規模中獲益,那麼,整個產品線都會享受到大規模生產的好處。這為 1921 年的產品計畫提供了新的意義,並最終在通用汽車各車輛事業部中得到不同程度的應用。龐帝克在雪佛蘭完成了組裝和道路測試,隨後重新由奧克蘭德全面負責它的最終開發、生產和銷售。我們把它安排在 1926 年的車型年中發布。

在此開發過程之中,另一個對龐帝克、雪佛蘭以及 T 型車的命運產生深遠影響的事情也發生了。哈德森汽車公司的羅伊‧查賓(Roy Chapin)於 1921 年投產了售價為 1495 美元的伊塞克斯(Essex)轎車,比伊塞克斯旅行車高出 300 美元。對封閉式車身而言,與其他製造商相比,這一價格差已經很少了。到了 1923 年,伊塞克斯四系列轎車的價格降到了 1145 美元。1924 年早期,伊塞克斯六系列取代了四系列,轎車售價降低為 975 美元,比旅行車高 125 美元。同年 6 月轎車價格上升到 1000 美元,旅行車上升到 900 美元。然後,從 1925 年開始,查賓將轎車的價格降低到 895 美元,比旅行車低 5 美元。汽車業裡從沒發生過這樣的事情,伊塞克斯轎車取得了巨大的成功,這顯示只要能夠在大規模生產的基礎上制訂價格,將來封閉車身甚至能主導低價位市場。

毫無疑問地，這個發展無法逃避。但實際上，伊塞克斯的競爭立刻就在兩件事情上刺激了我們；首先就是我們封閉車身整體開發的問題，其次就是我們為即將面世的龐帝克轎車的準備工作問題。通用汽車已經完成了向封閉車身的轉型。1924 年 9 月 18 日，執行委員會指出「我們的經理應該對開放式汽車的生產計畫持非常謹慎的態度，因為潮流似乎正在迅速地轉向封閉式車身」。10 月，我們決定將封閉式車身的生產比例從 40% 提高到 75%，並從 11 月開始執行。1 年後的 1925 年底，整個公司封閉式車身的生產比例已經增加到了 80%。

我不記得伊塞克斯轎車對龐帝克有什麼直接影響，但很明顯地，伊塞克斯和即將出現的龐帝克必將成為競爭對手。事實上，我們的首批封閉式車身龐帝克轎車，既有單排座的雙人轎車又有雙排座轎車。

1925 年 9 月 30 日的執行委員會會議上，我極有自信地彙報：「……當『龐帝克』轎車於 12 月問市時，它會為我們帶來所有追求的東西，即採用雪佛蘭零件組裝最低價格的六缸轎車。」在 1925 年 10 月 21 日的執行委員會會議上，我就市場整體日益緊張的形勢做了報告。我從會議紀錄上摘抄了這樣一段話：「伊塞克斯正在進攻高價位的雪佛蘭，而低價位的那一端，福特公司（它的政策似乎是改進品質，而不是降價）也是一個強有力的競爭者。我們對此應更加注意。」

龐帝克轎車在 1926 年的車型年中如期上市，售價為 825 美元，介於 645 美元的雪佛蘭轎車和 950 美元的奧爾茲轎車之間，我們產品線裡的價格鴻溝得到了彌補。

這件事奠定了通用汽車產品線的態勢。凱迪拉克和別克位於通用汽車價格金字塔的第一、第二位，雪佛蘭位於金字塔的底部。生產龐帝克轎車的奧克蘭德後來更名為龐帝克事業部，奧克蘭德轎車也停產了。在保持了原來經濟利潤的基礎上，龐帝克也成為了一個知名品牌。就這樣，奧爾茲一直位於龐帝克和別克之間，構成了雪佛蘭、龐帝克、奧爾茲、

別克和凱迪拉克這樣的產品線，並且迄今也沒有多少變動。

這裡我無法詳細描述 1920 年代所有產品線的變革，我只注意到奧爾茲和奧克蘭德並不算很活躍。別克儘管整體態勢不錯，但也有起伏；儘管在從 1925 年開始的一段時期內，凱迪拉克失去市場龍頭的地位，但在價格區間上，凱迪拉克的優勢仍然很明顯。我之所以略過這一時期各事業部中各種有趣的事情，就是為了能夠集中講述這一時期最關鍵的變革，也就是我們在低價位的大規模市場對福特的狙擊行動。

我認為這一競爭最關鍵的決定因素就是封閉式車身，這是自解決了汽車的機械可靠度之後汽車發展史上最重要的一次突破。**封閉式車身發展出來之後，汽車才真正成為一種全天候舒適的交通工具，並造成汽車產品的巨大增值**。1925 年，雪佛蘭 K 型轎車的銷售量超出單排座敞篷轎車達 40%，私家小轎車的銷售量超出單排座敞篷轎車達 57%。

儘管伊塞克斯首次證明了大規模生產的封閉式轎車在價格上可以達到與敞篷車一較長短的水準，但是伊塞克斯的封閉式轎車以及敞篷車的價格都還是比較高。儘管伊塞克斯對雪佛蘭構成了從上向下的威脅，不過在低價位市場上，它並沒有給雪佛蘭帶來真正的威脅。儘管 1925 年的雪佛蘭仍然比福特要貴一些，但由於它與費雪車身的關係，在低價位封閉式車身轎車市場上的表現仍然非常優秀。

關於費雪車身：它負責通用汽車大部分車身的製造工作。前文曾經提到，通用於 1919 年取得了費雪車身 60% 的股份，從而要求費雪車身盡其所能地為通用的所有汽車提供車身。1926 年，我們收購了費雪車身另外的 40% 股份，並將其改造為通用汽車的一個事業部。採取這種措施是出於幾方面的考慮；早在 1925 年 2 月 3 日，執行委員會認為「雪佛蘭因新車型推出不力而限制銷售工作，而這又取決於費雪車身的供應情況。委員會需要注意這一情況。」還有出於協調車身與底盤的工作以達到運作規模的考慮。隨著封閉車身逐漸佔據主流地位，將車身運作也

收歸通用汽車統一經營似乎是一個明智之舉。而且我們還認為，公司也需要與費雪兄弟建立更密切的關係。

費雪兄弟的故事是一個非凡的家族傳奇，我非常希望有朝一日他們能將這個傳奇記錄下來。由於我是因為底盤零件而進入汽車工業的，因此與他們的接觸相對比較晚，他們是擁有馬車製造背景的熟練技工，而且在當時已經開始從事車身製造。費雪車身公司組建於 1908 年，而費雪封閉車身公司（因 150 輛凱迪拉克車身的訂單而創建）創建於 1910 年，加拿大費雪車身公司則創立於 1912 年。

這三家公司於 1916 年合併為費雪車身有限公司，他們為包括別克和凱迪拉克在內的幾家公司製造車身。直到佛瑞德・費雪於 1922 年加入通用汽車執行委員會後，我才首次與他熟悉起來。他是公司早期團隊中寶貴的一員。1924 年，他進入財務委員會，同年查理斯・費雪和勞倫斯・費雪也進入執行委員會。1925 年，我任命勞倫斯・費雪去負責凱迪拉克事業部，其他幾個兄弟，包括威廉・費雪、愛德華・費雪、艾弗雷德・費雪仍然留在費雪車身有限公司，並且由威廉・費雪擔任總裁。勞倫斯・費雪在通用汽車外觀設計發展史上扮演了重要角色，他的故事我將在後面的章節中再介紹。

封閉式車身的產業銷售比重成長得非常迅猛，很快就從 1924 年的 43% 增加到 1926 年的 72%，接著於 1927 年增加到 85%。雪佛蘭封閉車身的生產量從 1924 年的 40% 增加到 1926 年的 73%，接著於 1927 年增加到 82%。無論從什麼方面看，這都是一項巨大的變革。

封閉式車身的巨大發展使福特再也無法維持他在低價位市場上的領先地位了，他迅速停止了 T 型車的發展政策——T 型車是一種敞篷車，較輕的底盤使它不適合承載較重的封閉式車身的重量，因此在不到 2 年的時間裡，封閉式車身的發展使得 T 型車的設計徹底過時。但是，福特還是在 T 型車上安裝了封閉式車身，這種轎車在 1924 年的銷量中占了

37.5%。儘管接下來的 3 年裡封閉式車身的銷量急劇上升,但是他在 1926 年和 1927 年的比例僅有 51.6% 和 58%,而同一時期雪佛蘭的封閉式車身已經上升到了 82%。

1925 至 1927 年間,由於成本下降、價格下調,雪佛蘭相對於福特的競爭得到了加強,這完全符合我們的預期。雪佛蘭兩門轎車的價格從 735 美元下降到 695 美元,接著降到 645 美元,最後降到 595 美元,而福特的都鐸式 T 型車(Tudor Model T)在 1925 年的價格為 580 美元,1926 年 6 月降到 565 美元,1927 年降到 495 美元。儘管在細節上存在著巨大的差異,但是從結果來看,1921 年所制訂的產品計畫得到了分毫不差的執行。而福特這個汽車業的老將未能把握住新的變化。不要問我為什麼。感傷主義者中流傳著一個傳說,在這個傳說中,福特先生留下了一輛偉大的車,一輛價格低廉、滿足基本交通需求的車。但事實上他所留下的車已經不再適合購買,即使是作為基本的原始交通工具,也是如此。

不難看出,1925 至 1926 年間雪佛蘭正在接近福特。1925 年從雪佛蘭在美國的工廠售出了 48 萬 1000 輛的汽車和卡車,而福特的銷量則接近 200 萬輛。1926 年雪佛蘭的銷量上升到了 69 萬 2000 輛,而福特的銷量則下降到了 155 萬輛。**福特的基礎,也就是原來的銷量規模,正在迅速消失。他無法在銷量繼續下降的情況下維持住自己的利潤。因此,由於工程設計和市場需求的改變,T 型車失敗了。**

然而,並沒有幾個觀察家能夠預料到福特會採取那麼悲慘,甚至是古怪的行動:福特先生於 1927 年 5 月完全關閉了他龐大的紅河工廠並停工 1 年來重組,而將這一市場拱手讓給了雪佛蘭以及克萊斯勒的普利茅斯汽車(Plymouth)。福特於 1929、1930 和 1935 年曾一度重新取得市場領先地位,但是總的來說,他已經將領先地位讓給通用汽車了。早年間曾經湧現過那麼多明快見解的福特,似乎從來都無法瞭解那個他所習

慣的、曾經令他功成名就的市場發生了怎樣的轉變。

重新回顧汽車業首次出現 400 萬輛銷量的 1923 年。從那之後一直到 1929 年，這期間除了小小的起伏之外，7 年間基本上都處於成長停滯狀態。但是，正如我指出的那樣，汽車的持有量仍在穩定成長。包括二手車市場在內的整體市場穩定上升的同時，新車銷量卻沒有增加——新車的角色只是填補市場成長縫隙而已。與此同時，價格明顯低出一截的二手車，滿足了不同層次的基本交通需求。福特未能認識到滿足基本交通需求的任務，已經不必由新車來承擔這一事實，因此福特對於美國市場的理念已經不再適合 1923 年後的情況。從那時起，舊車在美國基本交通市場占據了主導地位，這一點與歐洲的情況有所不同。

當一個汽車擁有者再次光臨汽車市場，並用它的舊車作為新車的頭期款時，他們所期望並購買的就已經不再僅僅是基本交通工具了。在分期付款以及折價銷售的幫助下，中等收入購車族創造了對更加先進的新車的需求，他們要求舒適、方便、功率以及外觀。這就是美國生活方式的真實潮流，只有那些順應了這一潮流的企業才能繁榮昌盛。

我在這個章節開頭所提到的四項基本要素——分期付款、舊車折價、封閉式車身以及年度車型——他們的相互作用促成了 1920 年代汽車市場的轉型。

但是，什麼是年度車型呢？

我相信在 1920 年代，年度車型並不是通用明確公布的政策，其他廠商對此也沒有明確的概念，但卻實踐在每年都會推出更大、更好的最新組合，這一點確實已經存在於各廠商。與此概念密切相關的就是銷售方法。在 1925 年 7 月 29 日的綜合銷售委員會會議上，我這樣描述了我們的商業政策：

作為一家大公司，我們選擇了製造高品質的產品並以適當的價格作為銷售的政策，但是與此同時，產業裡還有一些公司選擇了其他的政策。我相信我們現在已經非常確定我們的政策是非常正確的。但同時，必須

認識到這一政策給我們的銷售部門增添了額外的責任，他們必須設法兌現品質成本和品質利潤。

公正地說，我們的銷售部門一直受到過去某些產品缺陷所帶來不好名聲的影響，但是當我們進入新的一年時，我們已經擁有了一批足以引以為豪的汽車。我相信大家都會認識到這些新產品非常可靠，並且價格適中——無論是從競爭力的角度，還是從成本的角度。一些降價已經透過降低成本（特別是費雪車身生產規模上升所形成的規模效益）得到了消化；透過一些無損於品質的設計變更，也降低了部分成本。但同時，必須認知我們也降低了我們的利潤。

為了便於理解，我可以採取另外一種說明方式。如果我們將1925年過去6個月中的收入按照新報價和新成本再算一遍，並假設銷售量不變，就可以發現我們的利潤降低了大約25%。

就目前情況而言，通用汽車還沒有大幅度提高業務規模。除了少數例外，我們前半年的成功主要來自於成本與售價之間可觀的利潤。我們在8月份的產品價格線肯定會迫使我們擴大銷售規模。實際上，在我看來，我們就是以銷量增加作為制訂新價格的基礎。這一增加的銷量就意味著為銷售部門按上了更大的責任。在目前這種品質、價格的情況下，我們必須承認，銷售以及銷售部門還存在著不少問題需要克服。

然後，就避免大型組織的慣性問題，我發表了談話，以我對當時產業發展已經進入一個新時期的評論，結束了我對商業政策的評價：

有人認為我們的行銷應該更積極、更有衝勁。實際上這一問題牽涉很廣。我認為通用汽車整體的銷售工作相對較弱。事實上，整個汽車工業都是以機械和技術人才（而不是商業人才）為核心建立起來，我認為我們正開始意識到商業對汽車業的重要意義。

事實證明，我對組織惰性的關注是過慮了——就像一個足球教練在訓練一支冠軍隊一樣。「高品質的產品，適中的價位」這句話充分刻劃了銷售更大、更好的轎車這一基本政策，此政策與1921年的產品策略完全一致。與此同時，還有一項策略正在實施中，即在各個事業部中構

建強人的經銷商組織。我們相信，由充滿活力、業務興旺、布局符合政策考慮的經銷商來完成銷售和貿易工作，對於我們的成功至關重要。關於這個問題，後文有專門的章節來詳細討論。

總的來說，這些工作都是一致的。你在一個策略的指引下工作，然後發生了一些預料之外的事情。對於產品來說，這一策略就意味著持續而永恆的革新。我談過雪佛蘭K型車在1925年進行的一些更動。1926年，我們又在凱迪拉克事業部引入了外觀的概念，並首次於汽車業內設立了這一專業。1927至1928年我們對雪佛蘭進行了一些外觀改造。1928年，我們為雪佛蘭裝備了四輪煞車系統，並將它的車架延展了4英吋以裝備新的六缸發動機。但是，我們一直將這種新型發動機雪藏到1929年（當時福特先生推出了他配備四缸發動機的A型車）。

在前面提及的1925年7月29日綜合銷售委員會的會議上，我們將這種車型稱之為「年度車型」，但是又盡力避免正式採用這種稱謂。這次討論的主題叫做「年度車型與持續改進」，在這個題目下所進行的談話——這也是我保存下來、為數不多的1920年代的紀錄——可能有一定意義：

史隆先生：考慮到推出年度車型可能會造成很多不利影響，我們都反對這一想法，我不認為還可以就此問題做些什麼。

理查·格蘭特先生（雪佛蘭事業部銷售總經理）：我反對年度車型這一想法，我認為不應將我們的改進工作限定在每年某幾個固定的日期，而應該漸進地推進改進工作，並且應該只做不說。

史隆先生：當然，最好能與一些革新關聯起來，但是，如果採用全新的車身，就意味著困難會非常大。

格蘭特先生：問題在於「我們應該採用年度車型嗎？」我的答案就是：「不！」我們不應該採用年度車型。我們應該不斷地做出改進但不要張揚。每當改變了產品線或車身，我們可以推出一種新車型，但是不必每年都這樣。兩次引進新車型的時間間隔可能在1年，也可能是幾個月，還可能是2年。我不認為我們應該將所有的事情都集中在每年的8月

1日完成。另外，我還覺得我們也不應該學習道奇的政策（它們宣布絕不增加新車型）。

史隆先生：如果你採用了他們的政策，那就意味著整個產業就不會再有所發展了。儘管你可以做一些小修改，但是必須推出新車型的日子仍然會到來。你可以說你還沒準備那麼做，但是你將不得不儘快完成這一工作。道奇和福特就是兩個典型的例子。正是由於我們正在討論的這個原因，新福特正在準備推出一種新車型，他也是被逼著這樣做的；道奇則是在1923年初被迫進行這一工作的。第31期國家新車註冊報告顯示了他們業務下滑得有多麼厲害。現在我們都正面臨著同一問題。我認為通用汽車的政策容易受到影響而發生變動，但是我還認為這正是由於我們的產品還沒有穩定下來的緣故。

格蘭特先生：我對這裡面的一些內容還有些糊塗。如果這意味著即使我們開發出了很棒的新車型而不能馬上充分利用，那麼我就不會贊同這種做法。但是，我確實認為應該拋開年度車型這一想法，這樣我們才可以在需要的時候推出新車型，並展開廣告和促銷，充分享受由此帶來的好處。我認為那些推行永不推出新車型的人正在為自己積累危機，畢竟車身和外觀都在變化。

林恩‧邁克諾頓先生（凱迪拉克事業部銷售總經理）：我們感到使用「凱迪拉克」比使用車型來稱呼我們的產品更能引起客戶的關注，因此我們不打算接受任何關於新車型的命名。新車型只不過是凱迪拉克產品線中的一種產品罷了。過去的3、4個月裡，人們開始詢問我們的V65什麼時候能夠上市，他們只關心凱迪拉克，而不是新車型的名字。我們只打算對凱迪拉克進行宣傳，而不打算以新車型的名義進行宣傳。

史隆先生：當然，從費雪車身的立場看，這是一回事。他們在製造所有車身方面所承受的壓力所造成的瓶頸確實有些可怕，而且他們的任務也基本上不可能完成。

格蘭特先生：我認為我們應該做的事情就是改變我們處理政策問題的方式，並在有利可圖的時候才推出新車型，但是我不認為應該將推出新車型的時間規定在8月1日，我也不認為我們對兩個事業部的變動都有必要選擇在8月1日。如果能像去年那樣，將其中一個事業部的變動選擇在1月1日比較好。

史隆先生：你必須在8月1日執行這些變動，因為選擇其他時間就會擾亂你的銷售季度安排，必須在8月1日至11月1日之間完成這些變動。以一項政策來說，你肯定不會願意選擇在1月1日推行的，除非你像去年的雪佛蘭那樣，它是因為被逼無奈才那樣做的。

格蘭特先生：從我們目前的情況看，今年的1月1日可能會是一個很好的選擇，但是如果你明年1月1日再做類似的事情，可能就是最差的時機了，因為到時我們可能沒有那麼多的存貨。

丹・埃丁斯先生（奧爾茲事業部銷售總經理）：如果我們能在12月1日投產新車型，就能在春天來臨之前建立起足夠的庫存以滿足春季需求。但是，如果從1月1日開始到2月1日之前，你的工廠則無法實現這一點。另一方面，其他於8月1日引入新車型的製造商就將擊敗我們，並搶占我們的業務。

史隆先生：8月1日至9月1日之間是唯一合乎邏輯的時間，因為晚於8月1日，就會降低春季銷售庫存，而且如果試圖在11月1日行動，那麼經銷商手中大量的汽車就將很難銷售。你將不得不再回頭清算這些庫存。

格蘭特先生：我認為我們不應改變政策，且儘量避免對車型進行太多激烈的更改。換句話說，我們應該改變當前政策的操作。

實際上，通用汽車於1923年起就推出了年度車型變革，並一直持續至今。但是，正如上面的討論所表示的，直到1925年我們才正式形成了現在大家所知道的年度車型的概念。我不知道我們究竟是什麼時候形成這一概念的，因為這是一個漸進的過程。

最終的事實就是，我們開始了年度車型變革，而在認識到年度車型變革的必要性之後，我們就將這一變革常規化。當將變革常規化之後（大約是1930年代），我們開始提起年度車型的概念。我不認為老福特先生曾真正關注過這個理念。無論如何，在我看來，他於1928年推出的A型車——在當時，這是一款做工精良的小型車——只是對他效用至上的靜態車型理念的另一種表達。

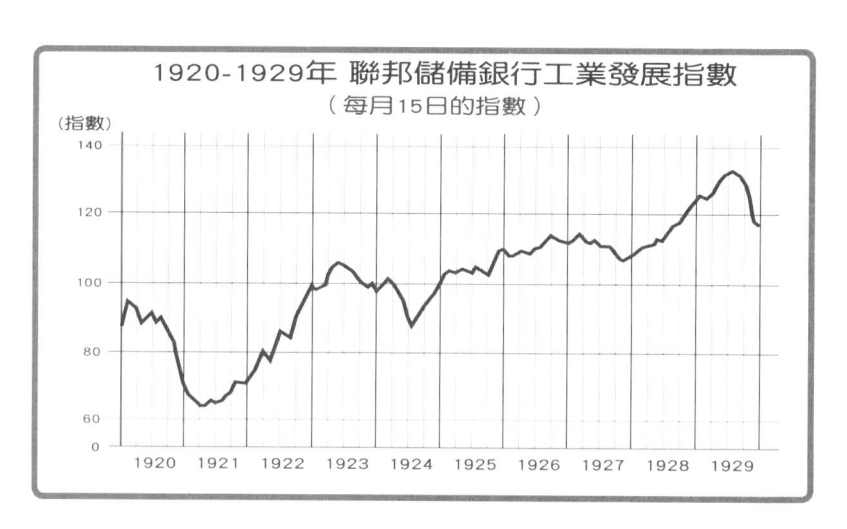

1920-1929年 聯邦儲備銀行工業發展指數
（每月15日的指數）

　　當福特先生的工廠因為新車型後繼乏力而關閉時，我還仍然認為他的理念應該能夠與我們的理念並存。我以為，以新車型的形式所體現的福特理念正表現了老政策順應時代變遷的更高藝術境界。換句話說，1927年的我還沒有意識到福特的舊政策已經徹底被時代所拋棄，通用汽車對於車型升級的理念不僅僅促使了雪佛蘭銷量不斷上升，而且還在更廣泛的意義上取得了勝利。

Note

第十章　制訂政策

> 通用汽車會預估希望實現的目標，並透過對報告和資料的分析來進行評價。也會對何時採取何種適當的措施做好充分準備。

汽車市場的轉型在 1929 年基本完成。在這個現代經濟成形關鍵的 1 年裡，如果福特仍然倔強地堅守著他在新車型 A 型車中所體現的理念，他就只能和克萊斯勒平分秋色。克萊斯勒沒有背景，但是他幹勁十足，而且他的市場政策和通用汽車非常相似。從長期的視角來看，在美國生產的 500 萬輛車中，福特占了近 200 萬輛這一事實只不過是一個偶然。這值得炫耀，但是卻無法代表潮流的走向。

通用汽車也從 1920 年的無秩序團體轉變為一個整合的、有戰鬥力的企業。它的分權管理、協調控制的哲學當時運作得非常好；它的財務方法已經逐漸變為一種習性，一種持續演進的創造性過程；它的汽車產品線體現了杜蘭特首創的概念，並在原則上體現了 1921 年的產品計畫中所制訂的價格區間思想。或許我還應該補充一點，儘管我們在汽車出口方面創造了空前的高紀錄，但是我們還是在英格蘭（1925 年）和德國（1929 年）開辦了我們自己的製造廠，開闢了新戰場。在處理這些事情的過程中，公司都反映了整個經濟社會的趨勢。毫無疑問地，這也會對某些趨勢產生影響（我們在汽車產業的進展影響了美國其他大企業，他們來我們公司研究、取經，特別是對我們的分權管理和財務控制抱持濃厚的興趣）。

我並不是一個歷史學家，因此在這裡我將開始講通用汽車這段時間的發展，而忽略掉這一時期一些意義不夠重大的事情。儘管緊縮效應不可避免，但是 1930 年代早期的衰退並沒有從本質上改變公司的特色，只有一個特色除外——緊縮要求公司加大協調力度。也就是說，我們必須

找出一些措施來迅速應對這種最艱難的變革，並儘量節約。這種需求引發了對通用汽車組織結構最近一次的基本調整。實際上，由於事先預測到了形勢的轉變，所以這次變革開始的時間要早於 1929 年 10 月的股市崩盤，但是，在此之前我們也不知道形勢會變成什麼樣子。

由於雪佛蘭的成功，我想透過將雪佛蘭的員工放到重要政策位置上來使整個公司能夠分享他們的經驗。1929 年 5 月 9 日，雪佛蘭的格蘭特和亨特當選為公司的副總裁，分別負責銷售和設計。與此同時，原德爾考－瑞密公司（Delco-Remy）的威爾森成為製造部的副總裁。幾年後，曾任雪佛蘭總經理的努森（Kundson）當選為公司的執行副總裁，分管所有的汽車、卡車和車身製造工作。因此可以說，在這一時期，該事業部執行團隊集體升遷至總公司，從此他們影響了整個公司。

但是，當時公司總部在財務、凱特林的實驗室和協調事業部之間關係的委員會之外只有很少數的員工。當要開始一個工程設計專案時，我們會設立一個「產品研究小組」並將它置於某個製造事業部。因此，被選中的這些人將開始一段新的工作關係。這種方式逐漸取代了我們以前事業部間的委員會，並發展成為我們現在的組織模式。關於這部分的內容將在後文描述，這裡僅介紹他們在協調方面的進展。

1929 年春末夏初，國民經濟達到了巔峰的狀態，其後工業生產急劇下滑，而股市仍然上漲，直至 10 月份崩盤[1]。7 月 18 日，我向執行委員會做了一個報告，表達了我對公司能否有能力應對環境變化的憂慮，並在結束的時候宣布了我對新協調方式的看法，內容如下：

……我認為我們的工作長期以來都存在一個缺陷，即我們未能（或者是因為沒有從政策的角度去考慮問題）將很多涉及已確立的專案和政策的建設性建議堅持執行到底。我們所有人的一般心理反應都是抗拒變革，而且我認為我們的管理長期以來一直都面臨著不敢直視變革、在推銷新

---

[1] 1920 至 1929 年工業生產指數見第 9 章結尾。

觀念上花費太多時間、不及時有效地處理已經存在的問題等指責。正是因為這個原因，過去有一段時間我才一直認為我們必須擁有更有效、更明確的協調方式。否則，這種阻力對發展的影響將遠大於人力的推動作用，因此，我們的發展速度就會變慢。現在，我認為如果公司希望維持，甚至改善自己的市場地位，就必須引入變革。我們不可以長期只等不做，因為我們所面臨的競爭正越來越激烈，而需要解決的問題也一天比一天艱鉅。我現在的這些評論並不是特別針對我們的日常業務工作，實際上，這些評論的目的在於促進對這些新需求的認識，從而形成更好的一般原則和政策，並形成更好、更有效、更細化的組織結構……

1929 年 10 月 4 日，在股票市場崩盤前不久，我給全公司寫了一封信，指出擴張期已經終止，並公布了一條新的精簡成本政策：

對我而言，現在能採取的最佳措施就是請各位真誠地關注一個在我看來非常重要的問題，我在這裡將對它進行一個大概的介紹。

若干年來，龐大的需求迫使我們的設備一直處於極限工作狀態。所有的事業部（無論是國內還是海外）中都存在這種情況。此外，我們的一些產品特徵發生了實質性的改變，這種改變使得我們必須或多或少地更新或修改一些——實際上，是全部——生產設施。這就給管理工作在日常營運之外又增添了一個新任務，就是提供用於擴張的工廠和設備，並有效地管理它們的運作。

大量資金用到了上述專案中去，而且現在還在為一些以前未做的事情作為基礎設施準備；換句話說，就是為我們正銷售的多種汽車製造更多的零部件而建設新工廠。所有這一切都非常具有建設性，而且我們已經取得的成績也證明了這一點。

我相信，在這一整體方向下的工作將使我們在過去、現在和未來的地位得到保證和加強。

上面說了那麼多，只是為了指出，至少現在以及眼前這一段時間，我們需要更換一種處理方式。現階段管理層應該將精力轉移到透過改善效率、降低支出以提高盈利的能力上來。換句話說，過去幾年的驅動力就是在穩定提升價值的基礎上造出更好、更多的汽車。從現在開始，我們

還應該盡力製造出更高品質的車，但是我們必須開始在評估成本的情況下解決汽車的價值問題。過去曾奢侈地投入擴張與發展上的精力，現在必須用到對生產運作的精打細算上來。

上述內容並不是想傳遞在今後若干年的發展中，我們不需要進一步擴充生產設施。我相信，只要價格合適，並且能夠一直抓住工程設計的潮流，任何一種優良產品都能給我們帶來無限的機會。另一方面，預設我們每年都能提升市場占比也是不現實的。

而且，我們應該理智地認知，必須更緊密地跟隨整個產業的發展趨勢。我在上一段也沒有試圖表達我們的成本沒有得到關注的意思，因為我知道我們已經這樣做了。我想說的是，今後我們各事業部和子公司的首要任務，就是將以往投入到擴張和發展上的精力轉移到精簡成本上來。換句話說，精簡成本，而不是工廠和設備的擴張，必須成為當前整個公司的基調。這裡我提到的「費用」不僅指製造費用，還包括和銷售成本相關的各種費用。

當然，貫徹執行的重任落在各事業部和子公司。為了保證一致性，我要求布蘭得利、格蘭特、亨特和威爾森他們以各種方式與各事業部和子公司相關職能部門協作，從顧問的角度對整個形勢進行研究。通過這種方式，我們將共同向著更好的結果邁進。

為了與上述思想保持一致，我們以後應該以前所未有的謹慎來審查各種新項目，且應該進行更為透徹的可行性研究。根據公司當前的組織分工，副總裁威爾森將負責新專案的初步審查。正在考慮擴張或者感到有擴張需要的事業部和子公司，請在進行下一步工作之前諮詢威爾森的意見。當然，上述意見並不針對那些已經得到批准的、為了正常運轉而增建、添置新設備的專案。

結果證明，我的悲觀並不過分。很快地，我們就面臨到各種不可思議的事件接踵而至的壓力。儘管大蕭條不是一夜促成的，但是下滑的步伐卻如此巨大。從 1929 年的 15 億美元下滑到 1930 年的 9.83 億美元。

1930 年結束時，我在年報中表示：「在過去的 1 年，世界上各主要消費國對各自的經濟形勢都失去了實質性的調控能力；公司幾乎在世界上

所有國家的經濟活動中都占據著一定的地位,這種形勢嚴重地影響了公司的營運,這為公司的管理和政策帶來了一些非同尋常的挑戰。為了保護股東的利益,公司必須積極有效地處理。在這些國家,公司未來的地位必須從各個角度進行最徹底的分析——不僅是從單純消費者反映的信心角度,還應該從該國未來經濟發展的角度進行分析……」

然後就開始了各種分析。或許有人想瞭解像通用汽車這種大公司的管理層,在面臨如此災難性的事件時內部會如何討論。

1931年1月9日,我將下列這封信交給了營運委員會:

考慮到週四的會議有些營運委員會成員缺席,以及為幫助與會人員記起當時的情況,我想指出下次會議的主題之一是希望大家能就過去1年中所發現、應該修正的流程、政策或構思上的問題,以及在1931年一開始時可以採取的新措施提出意見和建議。

時至歲末年初時節,這提供我了們從心理和現實兩個角度處理這個問題的絕佳機會。當然,我們必須從原則上思考、處理這些問題,而不是陷入具體的細枝末節。

為了展示我的想法,我在下文將給出我此前就這一主題所做的一些備忘錄……

第一,我認為我們過去缺乏、可能現在還缺乏處理人事缺陷的勇氣。我們知道這些缺陷的存在,也容忍這些缺陷的存在,最後在容忍了特別長的時間之後,我們終於做出了改變,然後又會遺憾為什麼我們沒有及早採取行動。

第二,我認為儘管我們公司享有實事求是的美譽,但與我們應該瞭解的程度相比,我們實際上並沒有真正地瞭解事實,現在仍然如此。我們脫離了事實,無所事事地討論著。我認為我們應該摒棄這種習慣,從此不再允許任何委員會成員在全體委員會成員獲得相關事實的資料之前就對重大事件擅自做出決定,否則委員會對它自身及整個公司都不夠公平,因為它沒有充分履行自己的義務。

第三,我認為我們正在變得越來越淺薄,必須糾正這種傾向。我們所

面臨的問題越來越多；我們的時間非常有限；有時會議時間很長，我們自然就會覺得疲勞。這些環境以及其他因素導致我們會因爲沒有深思熟慮而犯下錯誤，而且在這種情況下，錯誤幾乎是註定要發生的。隨意地做事或者不經考慮地做事還不如什麼都不做。即使一個機會從我們身邊溜走了，它也遲早會再次出現，而且經過周密的思考，我們只會得到更大的收穫。

上面只是我的一些想法，將它們寫下來的目的在於拋磚引玉，請各位理解我希望各位考慮的問題；希望委員會的每位成員都能在這一問題上有所貢獻。

在當時的環境下，這是一個非常溫和的聲明。但是，每個產業、每種職業、每群人都有自己的方式和自己的言論邏輯。高層管理者明白了信中的含義，即要求他們仔細考慮每件事情。在之後的 6 個月裡，針對各種問題的備忘錄充斥在我的辦公桌上，並且還出現了分歧的意見。普拉蒂、穆尼、努森認爲我們已經過度集權了。

普拉蒂於 1931 年 1 月 12 日這樣寫道：

依據我的判斷，我認爲通用汽車有限公司當前流程和政策中最大的缺陷就是執行委員會開始討論各事業部的具體問題，而不是由各事業部制訂自己的政策、發現自己的問題，然後將解決方案提交至公司，由營運委員會審核和批准。

無論是有意識，還是無意識的，我們經營通用汽車的方式已經逐漸向集權的方式發展，我們正在逐步傾向於替各事業部提出提案，建議措施。我認爲有必要向相反的方向前進。提案必須由事業部提出，我們的任務是選擇合適的總經理來執行這些提案，而不是試圖由總部來提出所有的提案。

我還想建議的是，如果認爲某些地方有缺陷，就應該將它放在台面上討論，而不用顧慮人事問題。

毫無疑問地，在嚴重緊縮的衝擊下，確實也發生了一些過度集權的情況。這是一種錯誤的做法。

但是另一方面，威爾森、格蘭特、亨特和布蘭得利等人，以及所有的顧問人員都持相反的觀點。他們都提出了一些具體的措施來增進協調。威爾森希望在製造組織、設備和技術方法等方面將所有事業部都提升到最先進的水準，不過他承認他也不知道怎樣才能在不違背分權原則的前提下完成這項工作。他說：「至少現在我只知道一種方法，就是在和我們事業部的接觸中保持強大的意志力、耐心和說服能力……」亨特以工程師的務實作風提議在各種產品線上儘量擴大可交換車身專案的範圍，並開展對一些能夠馬上應用的、改變車型特點的研究。布蘭得利注意到營運委員會的討論經常準備不夠充分，因此建議設立一些子委員會來保障最高委員會的工作效率。

我認為當時雙方都是正確的。進退維谷的局面又開始隱約出現，必須進行更多的協調才能應對新的形勢，與此同時，我們還必須保證高層管理者不會陷入試圖管理各個事業部具體事務的絕望境地之中。

1931 年 6 月 19 日，通過任命幾個新顧問組，我開始調整第一步。我這樣陳述這項提案：「為執行主管配備顧問組的目的在於，透過最廣泛蒐集的事實與意見，來充分保證提交給（執行）委員會的建議以及關於營運政策決策的建設性，甚至在提交之前就爭取能夠實現這一點。」

這一提案的重要性在於它試圖在總部管理主管、顧問以及各事業部之間建立起更廣泛、更積極、更有秩序的聯繫方式，同時又沒有允許顧問們干預事業部的業務。有人擔心這一舉措將會鼓勵顧問對事業部經理們發號施令，但這種擔心沒有必要。

顧問組最早設立於 1931 年，但是直到那年結束都沒有來得及對它的組織問題進行更進一步的討論——當時整個國家，甚至是整個世界正處於大蕭條的低谷，公司正忙於制訂緊急措施以維持生存。美國和加拿大的汽車工業從 1929 年 560 萬輛（零售可達 51 億美元）跌到 1932 年 140 萬輛（零售僅 11 億美元）。這比 1918 以後任何一年的情況都要糟糕。

多虧了前面幾章中提到的財務控制和營運控制，通用汽車才沒有陷入1920至1921年經濟衰退時的災難。在包括減薪在內的各項事務上都按部就班地逐漸緊縮。1932年，我們美國和加拿大工廠的銷售量跌到了52.6萬輛，而1929年的銷量則是190萬輛，考慮到固定費用的比例，這絕對是一個巨量的下滑（72%）。與整個產業相比，我們的情況還算好，因為我們的市占率從1929年的34%上升到了1932年的38%，那時正是經濟衰退的谷底。我們的利潤從1929年的2.48億美元下降到了1932年的16.5萬美元（仍然處於盈利狀態），這主要應該歸功於我們的財務控制。1932年，我們的實際生產水準不到產能的30%。

為了降低成本，我們加強了採購、設計、生產、銷售等方面的協調，其中的一些變動非常有價值，經得起時間的考驗。比如，在採購和生產方面，我們對零件進行了更精細的分類，提高了事業部之間零件的可互換程度，其中最重要的互換，就是將整個公司的車身減少為三種標準型號。在最困難的銷售費用問題上，我們採用了最激烈的重組手段。1932年3月，經過3天的會議之後，營運委員會採納了一個1921年產品策略的激進型修訂版。委員會決定將雪佛蘭和龐帝克的製造部門合併，都交由努森管理；別克和奧爾茲之間也發生了類似的合併。在銷售環節，別克、奧爾茲、龐帝克的銷售活動也被合併到一個新銷售公司B.O.P.，經銷商從此可以銷售多種品牌。

其結果就是，從管理的角度來看，通用汽車由五個汽車製造事業部變成了三個汽車製造事業部，並且持續了1年半的時間。

經濟緊縮的嚴重性以及公司內外相關事件的壓力，使我開始反省我們的管理方式是否能夠對這樣的時代做出正確的回應？我們是否在隨意地製造緊縮和擴張？是否應該繼續協調並且清楚地保持好政策和管理之間的界限？如果我們恢復五個傳統的事業部，現在的這些車型該怎麼處理？當一個產業性的公司被我們在大衰退的時候所面臨的力量衝擊的時候，混亂就不可避免地產生了。

1933年11月，我開始再次就新政策寫下一些東西。我開門見山地談起了政策問題：

我認為對通用汽車而言，組織問題具有非比尋常的重要性，這不是由於通用的規模導致的，而是由它所從事業務的本質決定的。我將這種本質歸納為「激烈的變化」。換句話說，我主張與其他可以用來對比的產業相比，汽車工業中的每個單位都應該具有更少的「慣性」。我分析了我們的遠景。當展望未來的時候，我發現我們的成功，或者說，對現有地位的維持，絕對依賴於公司放棄某項策略的能力。它使我們能夠預測我們感興趣的範圍內的各種正在發生並將繼續發生的激烈變化，並使我們能夠及時應對。

我沒有任何削弱經濟有效地執行各種政策的重要性的企圖——我只是試圖強調政策的重要影響——無論我們的行政系統如何優秀，它能發揮的作用會受限於它所面臨的機會。我想進一步指出我們應該比過去更積極主動地處理問題。同時維持我們的競爭地位和盈利將會非常艱難。在可見的未來，我們將不再具備過去那樣充裕的時間來慢慢決定，面對那些影響到我們的趨勢性變化中應該採取什麼行動⋯⋯

我在上述節錄的備忘錄中的主要觀點，就是再次主張執行委員會應該只具備純粹的制訂政策的權力。我還指出，「在處理總公司與各事業部以及事業部與事業部之間的關係時，執行委員會應該採取積極、坦誠的態度」。為了收到最佳效果，我認為執行委員會應該只包括總部的高階執行主管，而不應該包括各事業部的總經理們。那麼，制訂政策的執行主管應該如何取得並利用資訊呢？我接著寫道：

我們必須找出一些辦法來加強執行委員會成員與他們所處理的問題之間的聯繫，使他們不僅可以根據自己的聰明才智來判斷問題，還可以讓他們能夠不受自己才智的限制來決策⋯⋯」

執行委員會實際上充當了最高營運委員會的角色，但是由於它與營運委員會的人事重疊，並且政策制訂和營運人員都參與了決策，因此政策和行政管理之間的界限並不夠明確。當前的首要問題是將執行委員會的

職能限制在制訂政策,並使其不受行政管理和營運人員的影響。

恢復政策制訂的獨立性這一點特別重要,因為在當時的汽車市場條件下,以及如果像我提議的那樣恢復傳統的五個事業部體制,不那樣做就會產生一些管理問題。

當時的情況是:1933 年的汽車市場中,低價位車型成長情況比較好,達到了整個產業總銷量的 73%,而 1926 年只達到了總銷量的 52%。這就意味著,對於我們的老產品線而言,我們將在 27% 的市場裡擁有四種產品的生產線,而在 73% 的市場裡只擁有一種產品的生產線。布朗從節約成本的角度建議縮編成三個事業部,而我主張儘管會增加成本,但仍應該維持五個事業部,因為我認為我們將在市場規模成長的時候得到恢復。我在 1934 年 1 月 4 日給財務委員會的報告中申明了(對其中部分內容而言,是重申了)。我長期堅信的關於商業政策觀點。它們後來成為了公司的政策:

通用汽車汽車產品計畫的基本概念

委員會中有些人可能還記得,當杜邦先生接任通用汽車總裁時,他上任的三把火之一就是指派了一個小組來研究非常重要的汽車產品問題。因爲直到那時候爲止,公司一直都沒有基本的概念或計畫,不同事業部的產品之間也不存在任何明確的聯繫,或者換句話說,沒有協調。大家認知到,這裡面應該存在某種明確的關係以及一定的協調。那個研究的目的正是爲了確定這些關係和協調是什麼,執行委員會以決議的形式授予了他們相應的權力——決議的簽署日期是 1921 年 4 月 6 日,那已經是大約 13 年前的事了……(該研究即前文所討論的產品政策)

我記下過去 13 年來汽車業在日趨緊張的競爭壓力下的演變過程,並注意到汽車的價值集中到幾個主要賣點——外觀或風格、技術水準、價格和品牌聲譽。當時我感到和早期相比,這些方面的差距越來越小,由於大家都可以獲得科技發展的最新動態,因此從行銷的觀點來看,將來技術對銷售的影響將不會很明顯。儘管我相信我的總體觀點,即汽車行

銷將開始圍繞消費者的個人偏好，尤其是汽車風格這一點展開的；但是在這一點上，我完全錯了。我這樣寫道：

人都喜歡獨特的東西，所以很多人不希望擁有和鄰居完全一樣的東西。任何一種車型的設計都是藝術和工程相互妥協的結果。沒有一種車能夠擁有所有吸引人的特點。相對於那些更重要的功能，那些相對不重要卻又投客戶所好的特色通常能夠影響最終成交。沒有人能夠明確地預測一輛車中每種特色的比重。消費者的選擇也經常受到消費者與經銷商關係的影響，他們有時會特別厭惡某個經銷商；當然，這種厭惡未必正確。占了整個產業銷量45%的通用汽車——基本上每銷售兩輛車，就有一輛是通用的汽車——認為自己應該在這些問題上承擔起巨大的責任。在這種環境下，很難爭取新客戶，而且也很難阻止老客戶流失。45%的市場占比和5%的市場占比的感覺真的不一樣。

從設計和製造的角度來看，推出兩款價格和重量差別不大，可以使用相同的基本製造工具加工製造，但是在外觀上差異明顯，甚至在技術特徵上都有一定程度差異的車型是非常可行的。

關於將公司產品收縮到一個狹窄的價格區間的問題，我想問的是，考慮到上述因素以及其他因素，公司將所有的蛋都放在一個籃子裡的做法合適嗎？不同的人對不同的產品有不同的喜好，不是所有合理的設計理念都能集中於一個產品內，經銷商的影響也是一個重要考慮因素，難道我們充分利用好以上事實了嗎？

我透過闡述自己的商業政策對這些問題進行了回答：

……我相信，整個產業銷量日益向低價位市場集中，將來可能會達到80至90%，在這個市場上，我們不應該只擁有一種車型。無論我們在這一細分市場上的成績如何，我們都必須推出能夠在關鍵設計上體現出顯著差異的車型來吸引這個最大的細分市場的注意力。作為這個原則的必然推論，我承認與之相應的製造和分銷都會非常複雜。我很遺憾我們無法製造出一種所有人都願意購買的東西，不過在現在這種環境下，我也不認為有發生這種事情的可能。

在高潛力的地方，肯定會有很多經銷商在同一市場上就同一種產品展

開競爭，我相信限制同一條產品線的經銷商之間的競爭，並通過另外建立一個新產品線來吸引潛在的消費者，將會是一個更好的政策。

為了更好地說明這一點，我們假設我們在某個地區可能維持著 N 個經銷商，與其讓這 N 個經銷商在同一種產品上展開讓人士氣低落的競爭，不如讓其中的一部分（當然是大部分）圍繞雪佛蘭產品線展開競爭，而讓其他經銷商圍繞雪佛蘭的變型展開競爭。

基於上述原因，我個人認為，執行委員會多年前（1921 年）列出的政策綱要需要進行如下的大幅改動：

考慮到低價位市場的產量集中效應，公司應該將提升該細分市場的地位作為公司的政策。但是，在這樣做的過程中，為了構築堅實的基礎以利於讓消費者接受公司的產品，必須對消費者偏好最大可能分散程度的重要性作最充分的考慮。

這一提案主張車型的差異性，主張將不同事業部在擁擠的價格區間裡的銷售工作分開來，這需要新型的協調。協調工作做得越多，給政策制訂帶來的問題也就越多，而政策和行政管理之間的差異也就越細微。比如，當兩個或更多的事業部使用同一種零部件的時候，各事業部的獨立性就要求必須在它們之間設立一個公共項目，這就必須有人來協調這樣的專案。由於這一過程非常複雜，因此很多原本屬於行政管理領域的問題就轉到了政策制訂領域。

我一直都認為保持政策制訂和行政管理之間的界限非常必要。如果沒有這種界限，一個分權管理的組織就會在什麼應該分權、什麼不應分權上陷入混亂。因此，政策問題現在成為一個大問題，它需要一個一般化的解決方案。我們當時制訂的解決方案直到現在都仍然還是通用汽車的基本決策過程。我於 1934 年 10 月向執行委員會做的建議書中，包含了這個方案的介紹：

眾所周知，公司制訂政策的來源，或者是總部，或者是各事業部或子公司，然而最終批准的權力卻是在以各主管委員會為代表的總部手中。

無論政策起源於哪裡，都要求所有審批該政策的人能充分瞭解它對我們當前及未來業務的影響。在像通用汽車這種一項政策可能引發嚴重後果的地方，從各種可能的角度考慮各種想法和事實來構成政策制訂的牢固基礎是非常必要的。確認虛實的程度有多高，業務地位受威脅，或者說業務發展受挫的可能就有多大。

上述或多或少有些哲理性討論的目的，主要是為了闡釋清楚建立行政管理中政策制訂階段的概念，它的內容要比通用汽車當前實踐更為寬泛。

這一流程第一次確立了如下原則：

1. 建設性先進政策的制訂與推行對業務發展和穩定具重大意義。

2. 通用汽車有限公司應該正確認識上述所提及的問題，應該盡可能將政策制訂的職能從政策執行中獨立出來。

上面所說的政策制訂的概念在通用汽車的體現，就是一組叫做政策組的新機構。這些團體各自擁有自己的職能頭銜，比如工程設計政策組、分銷政策組等，後來還出現了海外政策組。這些政策組結合了包括公司總裁、高階執行主管以及職能人員在內的各類相關人員，每個組都負責從自己的職能領域，並向公司最高營運政策委員會提出自己的建議和意見，而負責各事業部行政管理的總經理們則被特意排除在外。

然而這些小組並沒有得到任何決定政策、幹涉事業部的權力，但是，由於小組成員中通常包括公司主要管理人員，因此政策組的建議通常都會得到相關職能委員會的採納。1934 至 1937 年間，我們在工程設計和分銷兩個領域試行了這一方案，隨後將其擴展到其他職能領域，並正式成為公司的政策[2]。它們以更複雜的形式闡釋了我最早於 1919 至 1920 年間的「組織研究」中總結出的管理政策，即分權管理結合協調控制的管理思想。

現在公司一共擁有九個政策組，分成兩大區塊。第一塊主要處理職能問題：即工程設計、分銷、研究、人事和公共關係，它們大多圍繞汽車製造事業部開展工作；第二塊主要處理某些集群業務：即海外業務、加

拿大業務、通用發動機、家用設備。無論在哪個領域，這些政策組都得到了相應顧問部門的支援，比如：工程設計政策組透過工程設計顧問副總裁與工程設計顧問建立了聯繫。在各個業務領域，政策組都得到了相應業務組織執行主管的大力支持。

這些政策組的成員們在公司的最高層次上發揮著巨大的影響。

比如，董事會主席和執行長參加了六個政策組，公司總裁參加了七個政策組。在分銷、工程設計、研究、人事和公共關係政策組中，都能找得到執行委員會和其他管理人員的影子。這種組織結構為公司執行主管們提供了跨部門交流的機會。因此，它們在連接職能部門和管理線、準備政策建議、提供決策支持方面發揮了重大影響。

政策組的活動隨著政策制訂的需求變化而不斷變化，比如工程設計政策組每週就新產品開發計畫定期討論[3]。透過這種活動，各事業部總經理就可以透過私人關係或相應的職能部門密切關注政策組的進展。我在前面說過，由於**政策組的責任是制訂政策，而總經理們的任務是行政管理，因此他們不是政策組的成員。**

我們以工程設計政策組在通用汽車一次新車型開發中所擔負的職責為例，解釋一下政策組的工作內容。在任何事業部，都是由事業部總經理負責啓動產品計畫，這需要事業部研究部門的協作，以及考慮市場（透過銷售部門反映）的影響，並且還需要與其他營運事業部進行協調。如果時光倒流 25 至 30 年，我們會發現不同事業部提出的產品計畫之間不存在任何協調關係，但是隨著時間的流逝，協調逐漸成為一種必需品。

---

② 1937 和 1963 年的通用汽車公司組織結構圖見本章結尾處。
③ 工程設計政策組成員包括小組主席（同時擔任公司設計副總裁）、顧問部門執行副總裁、財務執行副總裁、負責汽車及零配件事業部的執行副總裁、負責其他營運事業部的執行副總裁、負責車型、分銷、研究和製造的執行副總裁，還有那些負責汽車、卡車群體和車身、組裝群體、代頓、家用設備以及發動機的群體執行副總裁們。工程設計政策組的 15 位成員中有 8 位是執行委員會（執行委員會共 8 人）成員，其中 4 位同時還是財務委員會成員。

換句話說，事業部將無法自給自足地完成自己提出的產品計畫，只有與其他事業部齊心協力，才能完成一項產品計畫；因此，只有站在公司的高度上，才能提出可行的產品計畫。

當時，從設計理念到最終上市的時間大概是 2 年，而且經常會超過，而且這段時間裡充滿了變化。因此，在設計開發階段，必須在所有汽車事業部（車型顧問、費雪車身事業部和其他配件事業部等）的工程設計部門之間保持詳細而連續的聯繫，因為他們都在圍繞著同一個問題進行工作。公司的工程設計顧問就在這裡踏上舞台，他們和各事業部保持合作關係，並促進必要的協調。而負責傳遞這一過程中所發生問題的協調機構（如果可以這樣稱呼的話），就是工程設計政策組。執行委員會，它的成員會進行全程追蹤，通常會採納它們的決策。

經濟衰退和因精簡成本引發的產品協調是引發這種新管理協調形式的根本原因。隨著 1937 年政策組的建立，1919 至 1920 年間《組織研究》中描述的管理框架終於建設完整了。

對政策和管理區分的思考，使我在 1937 年開始考慮如何將這一概念更為精確地應用到公司各管理委員會去。1937 年初，我提議我們應建立一個專注於制訂政策的政策委員會和一個專注於執行的行政委員會，以取代當時的財務委員會和執行委員會。經過大量的討論，我們於同年 5 月採納了這項建議。我們撤銷了財務委員會和執行委員會。新建立的政策委員會包括全體董事會成員、高階營運管理人員、高階財務管理人員以及外部董事們，而行政委員會則完全由高階營運管理人員組成。

政策委員會接管了原財務委員會的全部職能，並增添了制訂營運政策的職能。從 1937 至 1941 年，政策委員會在一些重大領域制訂了很多營運政策。比如，它制訂了勞工政策和勞工計畫，還制訂了很多分銷政策——尤其是關於經銷商關係的政策。隨著國際局勢的日益緊張，它的時間更多用於決定海外子公司的營運政策。隨著戰爭腳步的來臨，政策

委員會不得不處理日益上升的原材料短缺問題，還得處理政府關係以及飛機引擎、坦克和其他軍用物資生產對我們民生用品業務的衝擊。

1941 年 12 月美國參戰，這就讓我們的委員會必須進行相應的組織結構改革。為了全面投入軍用生產，1942 年 1 月 5 日我們以政策委員會人員為主抽調了六個高階執行人員組建了戰時緊急委員會，接著我們又將由所有高階執行主管和事業部副總裁組成的行政委員會改組成戰時行政委員會。接下來的 2 到 3 年裡，一直是由戰時行政委員會負責公司的實際經營職責。這是因為我們在戰時的政策是固定的，公司所有的任務就是戰時生產。除了生產技術問題之外，與各種政府部門的關係就是我們政策性決策的主要出發點了。

1945 年，隨著我們開始規劃戰後業務，政策委員會又恢復了它應有的地位。由於從戰時到平時的恢復工作和戰後業務是如此重要，以致於幾乎所有主要問題，甚至一些和業務營運相關的問題，都堆到了政策委員會的面前。政策委員會職責負擔過重所帶來的直接後果就是我們開始反思直接向董事會負責的委員會的職能與結構問題。

對於區分政策和行政這個問題，設立一個單純的政策委員會無疑是一個理想的解決方案，但是隨著環境的發展，出現了兩個妨礙政策委員會實現原定目的的因素。第一個因素就是，因應當時銷售量以及公司活動複雜度的上升，要求公司董事會賦予營運和財務更多的職權；第二個因素是，公司希望外部董事經驗豐富，並且能夠在財務、營運政策上投入足夠的時間，而尋找合格外部董事的難度越來越高。因此 1946 年，我們取消了政策委員會，並設立了兩個分別負責財務和營運的委員會，我們將其稱為財務政策委員會和營運政策委員會。1958 年，我們恢復了它們的原名，即財務委員會和執行委員會，並進行了進一步的改革——擴大了二者的規模，使更多的人能夠同時參與這兩個委員會。

通用汽車政策制訂形式的演變就介紹到這裡。現在我想談談我對於董

事會（公司的最高權威）角色的思考。

當然和其他大公司董事會一樣，我們的董事會通過它的委員會欣然地發揮了自己的作用。這種委員會在通用汽車中一共有四個，每一個都完全是由董事們組成，它們代表董事會來管理和處理公司業務和事務的工作，這四個委員會分別是財務委員會、執行委員會、紅利薪資委員會以及審計委員會。這裡我僅對兩個在政策制訂中發揮關鍵作用的委員會做些說明，即財務委員會和執行委員會。財務委員會大部分成員都是外部董事，是不參與管理的董事；他們包括像我這樣的前任高階營運管理人員，還有一些除在董事會任職之外從未和通用汽車公司有過任何關係的人。而執行委員會的所有成員都是從事管理的董事。兩個委員會都只處理政策問題，而不處理行政問題，兩個委員會的行為都接受董事會的審查指導。

財務委員會的中心職責就是看好公司的錢包，這個委員會擁有按照流程決定公司財務政策、指導公司財務事務的權力；它還負責公司所有撥款事務，並且負責審查進入新業務市場的決策；它負責評估、批准執行委員會制訂的價格政策和定價流程；它還負責判斷公司的資金能否滿足經營需求、公司的投資報酬率是否令人滿意等等。此外，這個委員會還負責向董事會提出分紅建議。

執行委員會負責營運政策。我在前文已經描述了負責溝通事業部和公司職能部門的政策組形成政策的過程，但是是否採納這些政策建議則是執行委員會的權力，資金支出的撥款申請也需要在這個委員會的監督下進行準備，然後才能提交給財務委員會。實際上，財務委員會已經授權執行委員會可以自主批准100萬美元額度以下的資金支出。

通用汽車董事會定期每月召開一次，他們不斷挑選出合適的成員來擔任上述委員會的工作。他們還挑選出業務經營的人選——即公司的管理人員，並根據法律和常規處理需要董事會決策的事情，比如宣布分紅、

發行新股。

根據我的經驗，通用汽車的董事會還有一項在我看來稱得上非常獨特的功能，對公司具有重要的意義，就是我稱為「審計」的職能。這個審計和通常財務意義上的審計不同——它對企業中發生的事情進行持續的評估和評價。

當然，通用汽車的每個機構都很大，而且技術性非常強，因此很難要求董事會的每位成員對提請高層決策的每個問題都有著豐富的技術、業務經驗，而且它的外部董事也很難有足夠的時間來仔細考慮每項事務以做出決定。**董事會面臨的問題太多、太分散、太複雜，儘管董事會可能沒法處理這些技術性的操作問題，但是它可以，而且應該對最終結果負責。**通用汽車董事會在處理這類問題時，會預先估計我們希望實現的目標，並在事後透過對報告和資料的分析來進行評價。公司對何時採取何種適當的措施做好了充分準備。

為了完成這個目標，通用汽車董事會努力做到對通用汽車及其業務營運情況瞭若指掌。董事會每月都會收到來自執行委員會和財務委員會的報告，並且還會定期收到其他委員會的工作彙報。董事會為通用汽車建立了栩栩如生的完整現況以檢查公司的競爭地位、財務狀況、統計狀況、競爭形勢以及對近期的預測情況。各種解釋性的評論和整體業務情況的總結有助於董事會完成這一使命。

另外，營運管理人員還會在不同場合就公司業務狀況進行口頭彙報，同樣，各職能部門副總裁和高階執行人員也會就他們的職責範圍向董事會正式彙報，董事們就針對這些報告提出問題，尋求解釋。通用汽車董事會所採取的這種審計方式對整個公司及公司的全體股東都具有巨大的價值。我無法想像還有什麼董事會在資訊獲取、機智應對變革方面比通用汽車董事會做得更好。

通用汽車公司組織圖
（1937年6月）

股東
├─ 政策委員會
├─ 董事會
└─ 管理委員會
     │
     政策組
     ├─ 分銷：政策／管理
     ├─ 工程設計：政策／管理
     ├─ 製造：政策／管理
     ├─ 公共關係：政策／管理
     ├─ 董事會主席
     ├─ 勞工關係：政策／管理
     ├─ 海外營運：政策／管理
     ├─ 人事關係：政策／管理
     └─ 財務關係：政策／管理

總裁
├─ 副總裁、總助理
│   └─ 營運事業部及子公司
└─ 地產及物業事業群
     ├─ 阿根諾特地產事務部
     ├─ 通用汽車大樓事務部
     └─ 現代家用品事業部

總部部門
- 公共關係
  - 紐約辦公室
  - 底特律辦公室
  - 舊金山辦公室
- 法務部門
  - 紐約辦公室
  - 底特律辦公室
- 金融與保險事業群
  - 通用金融服務公司
  - 通用交易保險公司
  - 通用控股有限公司
- 金融財務部
- 董事會副主席
  - 副總裁／顧問
- 財務主管
  - 會計事務部
  - 成本部門
  - 會計部門
  - 保險部門
  - 金融部門
  - 稅務部門
  - 金融分析
  - 總審計官
  - 紅利薪資
  - 儲蓄與投資

附屬公司
- 動力化學有限公司
  - 副總裁
- 邦迪克斯航空公司
  - 主席
- 四乙鉛汽油事業部
  - 副總裁
- 國際貨運有限公司
- 集團執行長
- 北美航空有限公司
- 通用發動機事業群
- 艾里森事業部
- 溫頓發動機製造公司
- 電力動力有限公司
- 柴油發動機事業群
- 家用電器事業群
- Delca家電事業部
- 福瑞芝達事業部
- Delca-福瑞芝達空調事業部

通用零件與附件事業群
- 英蘭德製造事業部
- 莫瑞產業事業部
- 紐迪帕事業部
- 薩吉諾鍛件事業部
- 薩吉諾方向機事業部
- AC火星塞事業部
- Delco煞車事業部
- Delco產品事業部
- 陽光電子事業部
- 蓋迪燈具事業部
- 哈里森散熱器事業部
- 凱悅軸承事業部
- Delco瑞密事業部
- Delco無線電事業部
- 帕卡迪零部件事業部

轎車與卡車及車體事業群
- 凱迪拉克汽車事業部
- 費雪車身事業部
- 特尼斯代特製造事業部
- 通用汽車零件事業部
- 聯合汽車服務有限公司
- 雪佛蘭汽車事業部
- 加拿大通用股份有限公司
- 麥克金農工業股份有限公司
- 黃色卡車及客車製造事業群
- 研究實驗室事業部
- 別克汽車事業部
- 龐帝克汽車事業部
- 奧爾茲汽車事業部
- 林登事業部
- 南加州事業部

營運部門
- 外觀開發
  - 外觀部門
- 工程設計
  - 工廠檢查部
  - 試驗場部門
  - 新設備部門
  - 專利部門
  - 國外專利部
  - 攝影部門
- 分銷
  - 銷售部門
  - 技術部門
  - 批量銷售部
  - 客戶研究部
- 製造
  - 採購及回收部門
  - 標準部門
  - 動力部門
- 勞工
  - 通用汽車研究所
  - 勞工關係

海外事業部
- 通用汽車海外事業發展集團
- 德國部門
  - Adam-Opel汽車公司
  - 福瑞芝達有限公司
- 英國部門
  - 渥克斯豪汽車公司
  - AC火星塞有限公司
  - Delco-Hyatt有限公司
  - 福瑞芝達有限公司
- 福瑞芝達股份有限公司法國分公司
- 通用汽車海爾丁分公司
- 通用汽車紐西蘭分公司
- 通用汽車南非分公司
- 通用汽車日本分公司
- 通用汽車爪哇分公司
- 通用汽車中國分公司
- 通用汽車半島分公司
- 通用汽車大陸分公司
- 通用汽車法國分公司
- 通用汽車瑞士分公司
- 通用汽車股份有限公司
- 通用汽車中東分公司
- 通用汽車印度分公司
- 通用汽車阿根廷分公司
- 通用汽車巴西分公司
- 通用汽車墨西哥分公司
- 通用汽車國際股份有限公司
- 出口事業部
- 通用汽車諾迪斯加股份有限公司
- 通用汽車海外分銷事業部

通用汽車公司組織圖
（1963 年 10 月）

股東

董事會
- 審計委員會
- 執行委員會
- 紅利薪資委員會
- 財務委員會

政策組
- 海外事業
- 加拿大
- 家用電器
- 通用發動機
- 分銷、人事
- 公共關係
- 工程設計
- 研究中心

董事會主席 ─ 通用法務部門 ─ 副總裁、總律師

總裁 ─ 執行委員會

執行副總裁 — 營運部門
- 製造 副總裁
- 公共關係 副總裁
- 人事 副總裁
- 外觀 副總裁
- 工程設計 副總裁
- 研究 副總裁
- 分銷 副總裁
- 控股事業部 總經理

執行副總裁 — 汽車與零附件事業集群

客、卡車集團 副總裁
- 別克汽車事業部 總經理
- 凱迪拉克汽車事業部 總經理
- 雪佛蘭汽車事業部 總經理
- 奧爾茲汽車事業部 總經理
- 龐帝克汽車事業部 總經理
- GMC 客車及卡車事業部 總經理

車體及裝配事業群 總裁
- 費雪車體事業部 總經理
- 特尼斯戴德事業部 總經理
- 別克-奧爾茲-龐帝克裝配事業部 總經理

零附件事業群 副總裁
- Hyatt 事業部 總經理
- 液壓自動化傳動事業部 總經理
- 紐迪帕事業部 總經理
- 羅切斯特轉向機事業部 總經理
- 薩吉諾轉向機事業部 總經理
- 聯合汽車事業部 總經理
- AC 火星塞事業部 總經理
- 中央鑄造事業部 總經理
- Delco 無線電事業部 總經理
- Delco-Remy 事業部 總經理
- Guide 燈具事業部 總經理
- 哈里森散熱器事業部 總經理

執行副總裁 — 通用其他營運事業部

代頓、家電及發動機事業部 副總裁
- 通用汽車柴油機有限公司 總裁和總經理
- 英德蘭製造事業部 總經理
- 帕卡德電氣事業部 總經理
- 底特律柴油機事業部 總經理
- 柴油機設備事業部 總經理
- 電力電動發電機事業部 總經理
- 福瑞芝達加拿大分公司 總經理
- 歐基理德事業部 總經理
- 福瑞芝達事業部 總經理
- Delco 熱車事業部 總經理
- Delco 產品事業部 總經理
- Delco 家電事業部 總經理

艾里森事業部 副總裁
- 海外及加拿大事業集群 副總裁
  - 通用汽車加拿大有限責任公司
  - 董事會主席 總裁和總經理
  - 通用汽車海外營運事業部 總經理
  - 麥克金農工業有限責任公司 總裁及總經理

執行副總裁 — 財務部門
- 財務副總裁
- 副總裁
- 財務長
- 財務主管
- 總審計長
- 商業研究部

金融、保險集群
- 通用汽車金融服務公司 總裁
- 通用汽車保險有限公司 主席及總裁
- 通用汽車信用有限公司 總裁

第十一章 財務成長歷程

以財務層面的角度來看,通用有三個主要階段:第一階段為擴張期,第二階段為經濟衰退期,以及第三階段的新擴張期。

　　通用汽車是一個不斷成長的公司,我所寫下的一切都是圍繞這一事實組織的。在通用汽車的早期歷史裡,它的成長速度並沒有趕上整個產業的步伐,但自1918年之後,尤其是在採用了現代管理措施之後,公司成長的速度超出了汽車業平均水準,並成為最大的汽車生產商。我們相信,作為產業領袖,我們已經做出了應有的貢獻。雇員、股東、經銷商、消費者、供應商以及政府,已經分享了通用汽車的成功。儘管通用汽車在各方面都取得了進步,但是這一章有關於財務成長歷程的故事主要反映的,卻只是股東的觀點。

　　公司為它的所有者做得如何?我相信這個問題可以藉由查閱公司的財務紀錄得到最佳答案——可以看出資金的供應、保障情況,也可以看出從公司創建至今的資金使用狀況。

　　我們的股東已經從公司的成長中獲得了巨額的貨幣報酬。公司已經將歷年收益的三分之二分配給了各位股東,絕大多數企業都無法超越這個比例。為了讓這些獲利增值,股東們又都自願將這些收益投資到了通用汽車,使我們能夠解決成長期的各種需求,這反過來也保證了公司的成長。

　　當然,在擴張和營運資金需求的高峰期,股東們的分紅肯定就低於平均水準。股東們認為這是獲取不確定的報酬時所應承擔的風險,儘管公司早期的報酬成長得非常慢。

　　當時的金融界整體上對包括通用汽車在內的汽車工業非常悲觀。儘管都渴望成功,但當時很多汽車公司還是消失了,它們的股東被迫接受這

些損失。因此，對於當時面對未來具有很大不確定性的通用汽車來說，根據股東所承擔的風險來分配他們的貨幣報酬才是唯一正確的處理方法。

一般說來，從財務的觀點來看，公司的歷史可以分為三個階段。第一個階段是從 1908 至 1929 年的擴張期；第二個階段是 1930 至 1945 年的經濟衰退和二戰時期；第三個階段就是二戰後的歲月，這段時期又開始了新一輪的擴張。

但是，在這三個階段中，還存在著擴張、緊縮、穩定等小變化。我在前文談到過杜蘭特在 1908 至 1909 年間以別克、凱迪拉克為主創建通用汽車的經歷，也談到了由其產生的巨大財務問題使杜蘭特於 1910 年丟掉了總裁職位的故事。

隨之而來的，是這段最初的擴張期走到了盡頭，並於 1910 至 1915 年，由投資銀行團控制公司的期間開始，公司又進入緊縮期和穩定期。在此期間，公司保持了低於產業平均水準的些許成長，然後公司於 1916 至 1920 年間，尤其是在杜蘭特擔任總裁的 1918 至 1920 年間，在拉斯科博和杜邦公司資本的協助下，透過包括債務和發行股票等各種金融手段再次迅速成長。

● **1918 至 1920 年的早期擴張階段**

1918 至 1920 這 3 年的大擴張期間，通用汽車的工廠、設備支出達到了 2.15 億美元，而且，這還不包括 1918 年 1 月 1 日至 1920 年 12 月 31 日期間子公司超過 6500 萬美元的投資，因此合併後的投資額超過了 2.8 億美元。

這是一件令人驚愕的事，因為在 1918 年 1 月 1 日，通用汽車的總資產也不過是 1.35 億美元，工廠資產總額只有 4 千萬美元。到了 1920 年底，公司總資產達到 5.75 億美元，超出了 1917 年底總資產的四倍，工廠資產總額則達到了 2.5 億美元，超過了 1917 年 12 月 31 日資產平衡表上相應資料的六倍。

儘管也有一些令人遺憾的投資，比如山姆森牽引機，但這些擴張項目奠定了通用汽車後杜蘭特時代投資原則的基礎。1920 年的年報中這樣寫道：

公司管理人員和董事們認為從事與汽車關聯不大的物質生產（指的是大量生產一些並不直接用於汽車生產的產品）是件非常不明智的事情。事實就是：相對於輪胎的總生產量而言，只有一小部分進入汽車製造商手中，其他大部分都直接銷售給最終消費者以供他們更換輪胎了；大部分鋼板和其他品種的鋼材都藉由貿易進入了其他產業，而不是汽車工業。

因此，公司並沒有投資這些領域。對這一政策的追求使得通用汽車公司緊緊圍繞汽車、卡車和牽引機製造來確立了自己的競爭優勢，而沒有投資其他汽車製造商使用比例較少的領域。

1918 至 1920 年的資金支出對 1920 年代通用汽車另類的巨大成長奠定了基礎。1918 年初，通用汽車有四個汽車製造事業部：別克、凱迪拉克、奧克蘭德和奧爾茲以及一個卡車事業部。

當時通用汽車公司並沒有針對低價市場製造小型車的能力，也沒有建立供應商體系來為公司提供諸如照明、啟動和點火裝置、滾軸、滾珠軸承等零配件，而且公司也沒有研究的設施與部門。

通用汽車 1920 年汽車和卡車的銷售量（39 萬 3000 輛）幾乎是 1918 年（20 萬 5000 輛）的兩倍。我們的生產能力從 1918 年初的年產 22 萬 3000 輛汽車和卡車，提高到 1922 年的年產 75 萬輛，這些成長主要來自於走大眾價位路線的雪佛蘭。

而且，公司具備足夠的能力完成電子設備、散熱器、減磨軸承、輪框、轉向系統、傳動系統、發動機、車軸、敞篷車身的配套能力，而且公司通過在費雪車身公司的持股還擁有了穩定的封閉車身（當時才剛剛開始流行）的供應商。此外，通用汽車還擁有了自己的研究設施。

毫無疑問地，僅靠利潤無法支持如此迅猛的成長。整個產業仍然處於起步階段，而通用汽車正在為未來的高產量打下基礎。同時為了獲得雪

佛蘭和聯合汽車的資產，收購了費雪車身公司60%的股份，通用汽車動用了自身的股票作為支付手段。但是，大部分的支出仍然是以現金的形式支付，因此公司不得不求助於資本市場。

1918年12月31日，公司董事會批准將24萬股普通股轉讓給杜邦公司，以獲取支撐擴張用的資金，公司在這次交易中獲得近2900萬美元。1919年5月，公司允許紐約的多明尼克公司（Dominick）和威爾明頓的賴爾德公司（Laird）形成辛迪加，以售出6%的借款股（優先股）。杜蘭特在給他們的信中這樣寫道：

公司需要大筆資金用於抓住機遇⋯⋯以擴展業務、獲取利潤。公司認為最具遠見的獲取資金的方法就是發行額外的借款股票⋯⋯而且，讓更多的人關注公司未來的繁榮無疑更符合公司的利益。相應地，這就要求我們在這3個月的自由借款行動中儘量分散地銷售掉這些價值5000萬美元的借款股份⋯⋯

考慮到我們的出發點，如果你們願意形成一個辛迪加⋯⋯公司絕對同意由辛迪加掌握3000萬美元的借款股份⋯⋯當然，如果你們希望在剩下的2000萬美元中再多掌握一些，我們也不反對⋯⋯

當辛迪加於1919年7月2日解體的時候，我們僅發行了票面價值3000萬美元的借款股，公司籌資了2500萬美元，其餘2000萬美元的借款股一直沒有銷售出去。這並不能滿足工廠支出和營運資金的需要，尤其是庫存，它的成長甚至超過了新工廠、新設備支出的成長。

因此，在1920年代早期的另一次重要融資行動的過程中，通用汽車公司決定增發7%的借款股，已售出的6%借款股和優先股的持股人，每股擁有兩股的配股權，他們有兩種交易方式可以選擇，一種是現金付款，另一種是其中的一半以現金付款，另外的一半以他們手中股票的結餘來支付。

杜蘭特這樣告訴這些股東們：

對未來謹慎的預測顯示，需要繼續提供大量的資金才能使你們的公司

繼續占據汽車產業的領導位置，公司的利潤並不能滿足這一資金要求，因此我們將選擇銷售 7% 的優先股票，而不是 6%。這將立刻為我們帶來機會和優先購買權：我們將獲得溢價發行的機會，而不必為了保證銷售量而提供必要的折扣，並且使我們的優先股持有人擁有優先認購這 7% 借款股的權力。

這次增股發行失敗了。它反映了金融界逐步失去對通用汽車內部事務控制的關心。

杜蘭特和拉斯科博曾希望透過借款股發行籌資約 8500 萬美元。事實上，他們僅籌到了 1100 萬美元。最終的結果就是杜邦公司不得不對此進行干涉。在杜邦公司的幫助下，通用汽車在 1920 年夏天銷售了超過 6000 萬美元的新增普通股，稍後又從一些銀行團體中借到超過 8000 萬美元的資金。

就這樣，從 1918 年 1 月 1 日至 1920 年 12 月 31 日的擴張期中，通用汽車所用資本增加了 3.16 億美元。這些增加的資本中的 5400 萬美元是股東們拿到共 5800 萬美元的分紅之後再次投入的資金，其餘的大部分都來自於增股發行所得的現金和資產。[1]

公司可運用的資本從 1918 年初至 1920 年底增長了 3.16 億美元。相對而言，工廠、設備費用和子公司投資的支出（未合併前）總計 2.8 億美元；以庫存為主的大量營運資金從 4700 萬美元增長到 1.65 億美元）增長了 1.18 億美元。[2]

● **1921 至 1922 年的短暫緊縮期**

緊隨 1918 至 1920 年的擴張期之後，就是 1921 至 1922 年的緊縮。到 1922 年底，我們已經清償了銀行的所有債務，並保守估計了庫存和工廠的價值。1922 年底塵埃落定之後，儘管我們當年僅售出 45 萬 7000 輛汽車，但是我們已經可以年產 75 萬輛汽車和卡車了。

● **1923 至 1925 年的邁向穩定時期**

儘管 1923 年是汽車產業產能擴張新時代的開始，但是 1923 至 1925

這 3 年間，通用汽車並沒有採取重大的產能擴張行動，因為杜蘭特－拉斯科博計畫（Durant-Raskob program）已經為通用汽車應對這次汽車市場規模劇增打下了良好的基礎。我們在 1925 年 83 萬 6000 輛汽車和卡車的銷售量比 1922 年 45 萬 7000 輛的銷售量提高了 83%，但是在這 3 年裡，公司用於工廠和設備的支出還不到 6000 萬美元，但卻產生了近 5000 萬美元的折舊費。

新控制機制成效斐然，在提高銷量的同時，還將庫存從 1923 年初的 1.17 億減到 1925 年底的 1.12 億美元，降低了 500 萬美元。同期營運資本增加 44%，即 5500 萬美元，而銷售額從 1923 年的 6.98 億上升到 1925 年的 7.35 億美元，銷售淨利則從 1923 年的 7200 萬上升到 1925 年的 1.16 億美元。

所有事實顯示，我們以更經濟實惠的方式生產更多汽車的構思取得了成效，從 1923 至 1925 年的淨利累計達到 2.4 億美元，僅向普通股股東支付了 1.12 億美元的分紅，向優先股股東支付了 2200 萬美元的分紅，紅利總額共 1.34 億美元，占該時期累計利潤的 56%。

● 1926 至 1929 年的新擴張期

我們在 1925 年之前的銷售量增加，表示我們需要進一步投資工廠和設備。因此，從 1926 年起，我們又開始了一輪新的擴張，這次擴張一直延續到 1929 年。

這次行動很快就得到了肯定，因為 1926 年我們售出了 123 萬 5000 輛汽車，這打破 1925 年的銷售紀錄，幾乎成長了 50%。但是，這次和以往不同，這次使用的資金主要來自我們的可分配利潤、折舊準備金和新

---

①所用資本由各種證券持有人對業務的投資組成。資金來源包括公司股票（普通股、優先股）發行、債券發行、額外資本投入（資本盈餘）以及淨利潤提留（利潤盈餘）。所用資本主要用於兩個領域營運資金和固定資產。

②淨營運資產代表了當前資產（現金、短期債券、應收款和庫存）超出當前債務（應付帳、稅、工資以及各種各樣自然增加的負擔）的部分。

發行的股票收入。這 4 年來，我們在不參與財務報表合併的子公司以及其他單位的投資總額達到了 1.21 億美元，並對我們的工廠（其中包括 1926 年收購的費雪車身公司的工廠和設備）和設備追加投資 3.25 億美元。

這些專案使我們的設備從幾個方面都有所增加。我們的汽車製造能力得到了提高，尤其是雪佛蘭事業部，在這 4 年裡，它的銷售量幾乎翻了一倍，而且我們還新增了龐帝克品牌。

在汽車裝配能力提高的帶動效果下，我們又擴大了零配件製造事業部的生產規模，我們製造了更多的零件。我們還加強了行銷的力度，採取了包括建立海外總裝配廠和倉庫的措施，從而使我們的產品能夠更接近消費者。

此外，我們還得到了一個小製造基地，即 1925 年得到的英國佛賀汽車（Vauxhall）；1929 年我們還收購了另一個有著更大基地的公司 80% 的股份，即德國的亞當 · 歐寶（Adam Opel）。我們的業務還在其他領域得到了擴展，比如富及第（Frigidaire）事業部以及在航空和柴油機關車的投資。

總的來說，1926 年 1 月 1 日至 1929 年 12 月 31 日期間，我們在工廠上的投資從 2.87 億美元翻長到 6.1 億美元，我們在不參與財務報表合併的子公司以及其他單位的投資總額從 8600 萬美元上升到 2.07 億美元，提高了大約 2.5 倍。公司總資產從 7.04 億美元上升到 13 億美元。

多虧了財務控制和營運控制，我們才能夠在基本僅依靠可分配利潤以及折舊準備金投資這些計畫的同時，還能把將近三分之二的淨利潤還給股東。這段期間內唯一的外部融資就是在 1927 年發行了 7% 的優先股，票面價值 2500 萬美元。

1926 年收購費雪車身公司時，公司動用了 664720 股股票，其中新發行的股票占了 63 萬 8401 股。公司淨收益在 1926 年是 1.86 億美元，到了 1928 年達到 2.76 億美元——這是一個新紀錄。1929 年回到了 2.48

億美元。這 4 年間我們累計收益達到了 9.46 億美元（派發紅利達 5.96 億美元），折舊費用累計 1.15 億美元。

這裡將 1923 至 1925 年和 1926 至 1929 年這兩個時期的資料一起同 1922 年的做一個對比。

通用汽車在美國和加拿大的汽車、卡車銷售量從 1922 年的 45 萬 7000 輛增加到 1929 年的 189 萬 9000 輛，成長了四倍；銷售額從 4.64 億美元提高到 15.04 億美元，超過了三倍。

我們的庫存的成長並不大——與上述生產、銷售情況相比，我們的庫存只上升了 60%（淨營運資金從 1922 年 12 月 31 日的 1.25 億美元上升到 1929 年底的 2.48 億美元，其中現金和短期證券從 2800 萬美元上升到 1.27 億美元）。工廠資產從 2.55 億美元成長到 6.1 億美元，可使用的資本從 4.05 億美元翻長到 9.54 億美元。在這 7 年期間，我們的盈利總計 11.86 億美元，派發紅利 7.3 億美元，剩下的 4.56 億美元投入了再生產。

● **1930 年代，經濟衰退和復甦**

1930 年代早期開始出現衰退，中期逐漸穩定，並繼而進入擴張期。整個 1930 年代在濃烈的二戰準備氣氛中結束。

在 1930 至 1934 年的大蕭條期間，通用汽車也採取了緊縮行動。但這次和 1920 至 1921 年的情況不同，儘管這次的形勢更為嚴峻，但我們的緊縮非常有序。

當然這段時間的分紅水準要比前一段時間來得低，但每年都有盈利，每年都會分紅。1931 至 1932 年，公司拿出部分繁榮時期的利潤積累用於分紅，所以這 2 年的分紅都超出了當年的盈利。

總的來說，1930 年代總分紅達到了同期淨利潤的 91%，因為我們發現，在當時那種衰退的經濟形勢下，我們很難為手中的資金找到能夠盈利的投資途徑。

當然，最艱困的時期是股市崩潰之後的 3 年。我在前文提到過 1929 至 1932 年美國和加拿大的汽車、卡車產量從 560 萬輛下降到 140 萬輛，減少了 75%，整個產業的銷售額下降得更厲害——零售額從 51 億下降到 11 億美元，減少了 78%。然而在這 3 年裡，通用汽車仍然盈利 2.48 億美元，並向股東提供了 3.43 億的紅利——超出公司盈利達 9500 萬美元。儘管分紅超過了盈利，公司的淨營運資金卻僅減少了 2600 萬美元，而且實際上公司的現金和短期證券還增加了 4500 萬美元，成長了 36%。你可以認為，公司透過清算的方式取得了這些成果。

在這種很多耐用消費品生產商陷入困境甚至破產的情況下，公司卻取得了這種反常的成果，這是什麼原因導致的呢？將它歸功於我們的先知先覺顯然不合理，因為實際上我們和別人一樣沒有看到衰退即將到來。我認為，前面所有的故事所傳遞的資訊就是，這僅僅是因為我們學會了如何迅速做出反應。這可能就是我們的財務控制和營運控制系統給我們帶來的最大回饋吧。

當銷售量開始下跌的時候，我們的反應速度使我們能夠使庫存降低與銷售量降低保持一致，並且合理地控制成本，從而保證能夠盈利。我們的銷售額從 1929 年的 15.04 億下降到 1932 年的 4.32 億美元，減少了 71%，但是我們壓縮了價值 1.13 億美元的庫存，減少了 60%。與銷售額下降超過 10 億美元相對應的是，我們的淨利潤少了 2.48 億美元，但是在付出 6300 萬美元的紅利之後維持了 16 萬 5000 美元的收益。

之前提到，1930 年代早期我們並不覺得需要大量投資新工廠和新設備。從 1930 至 1934 年的 5 年中，這類支出總計 8100 萬美元，1932 年在這方面的投資只有 500 萬美元，而且這些年我們還關閉了一些多餘的工廠和設備。後來，我們根據需要恢復了部分工廠的正常生產。

到了 1935 年，我們在美國和加拿大的汽車和卡車銷售量恢復到超過 150 萬輛，大概是 1929 年高峰期的 80%，幾乎是這 3 年銷售量的三倍。次年，我們在美國和加拿大的銷售量接近了 1929 年的紀錄，並在 1937

年創造了 192 萬 8000 輛的新紀錄。

但是，1937 年淨利潤只有 1.96 億美元，還沒有達到 1929 年的 2.48 億美元或者 1936 年的 2.38 億美元。1937 年的收入受到了當年年初長達 6 個禮拜的罷工，以及由此引發的提高工資的影響。

比如，1937 年美國公司正規工作時間內的平均計時工資率比 1936 年提高了 20%，比 1929 年提高了 28%。由於我們的投資需求相對較低，因此 1936 年我們的分紅又創下了歷史新高，達到了 2.02 億美元，而 1937 年的分紅只有 1.7 億美元。這 2 年裡，紅利占淨利潤的比例達到了 85%。

銷售和產出的迅速恢復意味著我們的生產設施再次面臨壓力。前文已經提到，我們開始重新啟用部分還沒有因為產品或技術的變革而遭淘汰的工廠。同樣，我們也開始需要新設備。隨著 1935 年產出水準的迅速提高，我們對公司在國內外的製造能力進行一次全面性的調查和評估，從而為未來銷售的可能變化做好準備。

我在 1935 年的年報中這樣寫道：

汽車產業中因車型年度更新而不斷發生的急速變革，導致生產設備很快就會過時。

因此，考慮到變革的存在，必須提供必要的工具和機器以保證產量能夠與下一年的預測銷量保持一致。鑒於這些原因，在經濟衰退時期，公司降低了各工廠的生產能力。另外，為了提供足夠多型號的汽車以涵蓋整個目標市場，公司的車型越來越多，這使得公司感到了對產能的限制。

風格的變化以及新技術特色的不斷添加提高了製造的複雜程度，這一點也非常重要。

還有一點也非常重要。儘管生產工人每週工作時間一直在縮減，但是在衰退時期，這種縮減工作時間的壓力表現得更加明顯……和往年相比，不考慮環境變化而一味地縮減工作時間，使我們基本上不可能維持往年的平均產出水準。

因此，公司於 1935 年撥出一筆經費專門用於重組、調整和擴張生產設施，這筆款項最終累計超過了 5000 萬美元。

公司的產銷量繼續迅速增長，因此我們參照公司產品的當前需求和預期需求，對公司的營運設施進行了再一次的調查。**我們主要考慮了三種和產能相關的因素：縮短每週工作時間所帶來的趨勢、營運效率降低的可能性以及由於勞工問題導致生產中斷的可能性**。對後面兩個因素預測的正確性在 1937 年得到了驗證。

考慮到這些因素的存在，我們認為雪佛蘭事業部的產能並不合適。在後續的 3 年裡，雪佛蘭事業部都將無法滿足日益增長的市場需求（1935 至 1936 年，雪佛蘭事業部汽車、卡車的產量都超過了 100 萬輛）。還有幾個事業部也遇上了這種產能不足的情形——儘管它們的情況要稍好一些。而且，通用發動機群體和家用設備群體所開發出的新產品，將它們推到了必須擴大產能才能充分挖掘這些產品盈利能力的處境。此外，產能短缺的問題並不是由局部的瓶頸環節所導致的；實際上公司的生產設施規劃得非常合理。

但是，這種情況恰恰意味著在產能上的一點點提高都會要求對整個生產相關領域進行投資。因此，在撥出巨額款項用於現代化和更新換代之外，我們還推出了一個耗資超過 6000 萬美元，旨在擴充產能的計畫。1938 年，這個擴張項目終於結束了。

1937 下半年及 1938 上半年，整個經濟形勢急劇惡化，然後又重新以非常快的速度再次攀升。美國汽車的銷售情況通常總是和經濟變化密切相關。由於歐洲戰爭的爆發，1939 年上半年經濟陷入停滯狀態，然後於下半年開始在波動中上漲。

整體上看，1930 年代公司在新工廠和設施上的投資達到了 3.46 億美元。考慮到 1930 年代始終以清算為主要特徵，這筆資本支出（captial expenditure）絕對稱得上是龐大了；但是和 1920 年代相比，這筆錢又算不上什麼了。1930 至 1939 年間，我們共回饋股東 11.91 億美元的紅

利，占總利潤的 91%，相比之下 1920 年代的分紅總計才 7.97 億美元。而且這還是在不損害公司流動資金的情況下取得的。另一方面，公司的淨營運資本（net working captial）從 1930 年 1 月 1 日的 2.48 億美元成長到 1939 年 12 月 31 日的 4.34 億美元。現金和短期證券總量從 1.27 億美元成長到 2.9 億美元，而占用資金的上漲幅度則甚為有限，僅僅從 9.54 億美元上升到 10.66 億美元。

● 1940 至 1945 年二戰時期

這 6 年裡，通用汽車面臨著巨大的需求。我認為，和當時美國大多數產業一樣，公司的表現非常優異。二戰開始的時候，通用汽車迅速從國內最大的汽車製造商轉變為國內最大的戰爭物資生產商；戰爭結束後，通用汽車又迅速地進入和平時期的生產狀態。無論在何種狀態下，通用汽車都展示出了良好的管理能力和卓有成效的規劃能力。但是，在國防計畫開始從整體上刺激採購力的 1940 年，公司的汽車、卡車銷售量實際上只成長了 32%。

當年通用汽車針對國防的軍需用品生產總值僅有 7500 萬美元（相比之下，當年商業銷售收入達到了 17 億美元），但是，該年年底訂單開始接踵而來，至 1941 年底，美國政府及同盟國政府的防務合約額累計達到 6.83 億美元。

1941 年國防生產超過了 4 億美元（當年商業銷售收入為 20 億美元），珍珠港事件之後，國防產品的交貨速度達到了每天 200 萬美元。

當然，一旦美國成為參戰國，我們的任務方針轉變為滿足國防生產的要求。1942 年我們的國防生產總值達到了 19 億美元，而商業產值只有 3.52 億美元。1943 年，我們全力展開我們的設計和生產能力，當年的國防生產總值達到了 37 億美元。1944 年，數值又稍稍上升了一點，達到戰時生產的高峰，即 38 億美元。產量的增長（15%）甚至比產值的增長（3%）還要高，因為我們在產量增長的同時降低了產品的價格。

當然，歐戰勝利日（V-E Day）③之後，由於取消了部分的軍購合約，公司開始部分轉向和平時期的生產狀態；對日戰爭勝利日（V-J Day）④之後，公司開始全面轉向和平時期生產。因此，1945 年公司的軍用品生產下降到 25 億美元，而商業收入稍稍上升到 5.79 億美元，通用汽車總計共生產了價值 125 億美元的軍用品。

在設計與製造這一龐大數量的軍用產品時，我們儘量利用各種現有的設備，並且又改造、新建了很多設施，1940 至 1944 年間，公司在這方面共投入了 1.3 億美元。我們還負責經營屬於政府機構、價值 6.5 億美元的工廠。

戰爭年代並不是賺取高利潤、派發高額紅利的年代。儘管我們的銷售額從 1939 年的 13.77 億美元成長到 1944 年的 42.62 億美元，但我們的利潤並沒有增加。

早在戰爭之初、利潤再協商還沒有通過之前，我們就透過了這樣一條政策，即儘管處於自由競爭市場經濟狀態，我們仍將我們在軍用品方面的稅前利潤限制在 1941 年民生用品利潤 50% 的水準上。只要有可能，我們就儘量以固定的價格去簽訂軍用品合約，而且一旦我們能夠降低成本，我們就肯定會調低價格。

因此，1940 至 1945 年間，我們從 176.69 億美元的銷售額中僅賺到了 10.7 億美元的利潤。我們從這些利潤中抽出 8.18 億美元作為紅利分給了股東。我們在 1940 年向面值 10 美元的普通股派發了 3.75 美元的紅利，而 1942 和 1943 年，每股派發紅利降到了 2 美元，到了 1944 和 1945 年，我們為每股派發了 3 美元的紅利。

儘管股東們在 1940 至 1944 年間收到了占淨利潤 77% 的紅利，但是由於戰爭時期的短缺以及優先順序問題，公司無法按照正常的步驟更換設備，因此公司的流動資產大幅成長。我們 2.22 億美元的資本支出甚至低於我們這 5 年來的折舊費用。因此，1940 年 1 月 1 日至 1944 年 12 月 31 日期間，我們的淨營運資本從 4.34 億美元增加到 9.03 億美元，

我們的現金和短期證券從 2.9 億美元上升到 5.97 億美元。1945 年，我們的資本支出達到了創紀錄的 1.14 億美元，我們的淨營運資本和現金及短期證券分別下降到了 7.75 億美元和 3.78 億美元。

公司財務歷史的舊時代——它體現著經濟週期和我們的投資決策，這個因素有時單獨發揮作用，但是，更多的時候它們會同時出現——已經過去，我們開始新一輪偉大的擴張。這是我們所知二戰之後最偉大的擴張，因此，在繼續這段文章之前，有必要事先闡述清楚幾件事情。

假如你想針對現有的業務做些事情，你在融資方面遇到的政策問題就是如何將這一業務中的諸多因素最優化。在這個問題上的討論非常多元化。但是，我認為通常大家都會在原則上認可這樣的推論，即債務可以提升股東投資的報酬，但是與此同時也會加重相應的風險。

我還認為，大家一致認為杜蘭特和拉斯科博花錢的欲望特別強烈，而且幾乎從不抗拒舉債。杜蘭特的這種態度讓通用汽車 1918 至 1920 年陷入了過度擴張的困境，使得在隨後的 6 年裡，公司一直都在消化上次擴張的後果。

儘管如此，若 1918 至 1920 年間公司能夠加強營運控制和財務控制，也許公司並不會陷入危機之中。從杜蘭特個人的角度看，很明顯地，正是這些債務在 1920 年的衰退中給他帶來了災難。

同樣明顯的是，1921 至 1946 年間，公司並沒有長期債務的負擔。這可能與我的經歷有關，我個人對借貸反感。但是，我也不能說當時我們已經制訂了反對借貸的政策。事實上，真正的原因是我們當時並不需要借貸就能完成我們的目標。

③ 1945 年 5 月 8 日，德國納粹在柏林正式簽訂投降書，宣布無條件投降，此後美國與西歐國家將每年該日訂為歐戰勝利紀念日，而俄羅斯等東歐國家定為 5 月 9 日。
④ 第二次世界大戰對日戰爭紀念日，是以二戰中日本投降而戰爭結束的日期作為紀念日。由於各國戰爭終止的日期不同，因此此日期也不同。如美國為 9 月 2 日，而中華民國政府訂 9 月 3 日為「抗日戰爭勝利紀念日」。（1955 年中華民國政府將其改為「軍人節」）

直到 1926 年，我們需要的支出一直都很少；從 1926 至 1929 年，在支付了我們認為合理的紅利之後，我們的淨收益還能支持我們的擴張策略。換句話說，1920 年代，我們還清了債務，得到了成長，並且沒有再向銀行借貸。

1930 年代是一個緊縮的年代，因此也沒有出現債務問題。戰爭時期，我們通過政府從銀行獲得 1 億美元的貸款來支持我們的應收款和庫存，但是這種借款也得到了嚴格的控制。我們的借款額最高才不過 10 億美元，而且時間也沒有超過 1 年。

戰爭結束之後，儘管我們的資產流動性很好，但是我們仍然再次面臨著各種財政問題，比如公司必須提供大量資本支出，必須透過融資和股票發行來獲取額外的資金等等。

● 1946 至 1963 年 戰後時期

1946 至 1963 的 17 年間，我們在工廠上的支出超過了 70 億美元。這個數字幾乎是 1946 年前後時期工廠總資產的七倍。由於通貨膨脹引發的設備、建設成本增加在戰後支出增長中占了很大比例，因此這個增長比例並不代表著物理設備的真實增加情況。

這 17 年裡，公司的淨營運資本從 7.75 億增加到 35.28 億美元，增加了 27.53 億美元。整個設備支出的 61%（即 43 億美元）用在了設備折舊上，其他資金主要來自於增資或新資本的投入。

這 17 年通用汽車的收益達到了 125 億美元，未分配的利潤占 36%，達到 45 億美元——由於業務發展的需求，這個比例比我們以往的紀錄要高。即使提高了未分配利潤的比例，為了滿足擴張計畫的需要，17 年間我們仍然需要通過資本市場（自 1920 年代早期以來，除了一些小例外之外，公司很長時間沒有借貸了）舉債 8.465 億美元；其中，我們於 1962 年償還了 2.25 億美元。

另外，1955 至 1962 年間，為了推行員工計畫，公司發行了 3.5 億美元的普通股。因此，通過增資和新股票發行，這一時期公司的占用資本

從 13.51 億美元上升到 68.51 億美元。

我們在戰爭結束很久以前就開始規劃戰後的發展了。我於 1943 年在向全國製造商協會所做的一個題為「挑戰」的演講中，提出了戰後計畫的概念。

在這次演講中，我認為戰爭結束之後，整個工業界都將面對著曾長期被壓抑的巨大需求，人們將需要大量的產品，基於這一假設，我們做出了一個大膽的計畫。在計畫的過程中，我反駁了經濟學界的觀點，他們預言戰後經濟將走向毀滅。

對我而言，這不僅是一場辯論，更是如何投資的問題。換句話說，我們認識到即將存在迫切的需求，為了滿足這些消費者的需求、提供和平時期的工作機會、履行對股東的責任，當戰爭結束之後，必須儘快將工廠從戰時生產狀態轉換到和平時期生產狀態——而在這期間，都存在著很多機會。**我們也開始讓我們的顧問們針對長期需求展開研究，並以經濟形勢走勢、可能的消費需求，以及我們滿足這些需求的生產能力和財務能力為基礎來預測我們未來的地位。**

根據這些研究的基礎，我公布了一個預計耗資 5 億美元的戰後發展計畫。這在當時是一個大數目，引起了很大的反響。這個計畫比通用汽車在 1920 和 30 年代投資於所有設施的支出總和還要多，超出我們 1944 年底工廠總資產的四分之三。

我們在年度報告中是這樣總結這個項目的：

……對通用汽車和平時期生產產品的工廠、機器和其他設施進行重組與重新布局。這就要求用新機器取代戰時賣給別人的那些設備，並為戰時負荷過重的舊設備的汰換更新和整體設施的現代化提供了機會。

具體內容包括：增建設施以滿足戰後的需求，以及在短期和長期目標之間取得均衡……

就這樣，我們在距離戰爭結束還有 2 年之前，就開始為恢復大規模生產而做準備。我們針對各個事業部制訂了詳細的擴張計畫，我們還為與

戰前成百上千家的供應商和轉包商（他們之中有大多數在戰時仍然與我們關係密切），重續和平時期的供應、轉包關係而做好了計畫。

比如，一有機會就會向我們戰前的老供應商們提出建議，告訴他們一旦形勢許可就儘快針對和平時期的商品訂單做好計畫。通過這種方式，我們讓他們提前做好了戰後計畫，從而縮短了轉換所需的時間。

制訂戰後計畫時，我曾認為通用汽車僅僅依靠每年的利潤、折舊費用以及其他的儲備，就可以解決我們的資金需求。比如在我們轉向戰時生產的 1941 到 1943 年，我們就撥出了 7600 萬美元的儲備金以供從戰時生產轉回商業生產之需，我們還為了購置新設備和廠房而準備了大量的流動資產。因此到了 1944 年底我們擁有的淨營運資本已經達到了 9.03 億美元，其中包括總計為 5.97 億美元的現金和短期債券。

考慮到通貨膨脹的影響，我們在戰時對戰後擴張計畫的成本需求預測得非常準確。我們轉換時實際投入的成本總計為 8300 萬美元，而我們的儲備金是 7600 萬美元。從 1945 至 1947 年第一次大擴張完成時，工廠方面的支出總計達到了 5.88 億，而我們的估計值則是 5 億美元。

但是**我們對戰後營運成本的估計卻偏低。這不僅是我們戰後業務規模急劇擴張的結果，還是由於戰後出現了顯著的通貨膨脹**。在大戰之前的 1935 至 1939 年，我們每年年底的淨營運資本平均為 3.66 億美元，庫存則是 2.27 億美元，而在 1946 至 1950 年這戰後 5 年間，我們的淨營運資本平均達到了 10.99 億美元，庫存 7.28 億美元。

1945 年底，公司大部分的車廠都因美國汽車工人大罷工而關閉，我們的現金和短期證券也降到了 3.78 億美元，減少了 2.19 億美元。到了 1946 年 3 月 13 日罷工平息的時候，我們的流動資產甚至更低。部分工廠的勞工問題還繼續持續了 60 天，而其他產業的罷工又帶來了原材料短缺的問題。儘管已經解決了自身的勞工問題，但是這些問題仍然拖住了我們成長的步伐。於是，儘管存在著龐大的需求，但公司在經濟復甦的前期仍未能獲得滿意的利潤。1946 年我們的盈利只有 8750 萬美元，

比我們當年的分紅數額還少了 2140 萬美元。

早在罷工結束之前，公司就已經確信還需要額外的資金以供公司的擴張，因此公司要求對可能的融資問題展開研究並製成報告。1946 年中期提出了一個從 8 家保險公司集團以 2.5% 的利息借貸 1.25 億美元 20 年或 30 年的方案。當時還提出了其他的備選方案，但是將債券全部售給擁有長期盈餘資金的機構投資者似乎是最便捷、最便宜的融資方式。這一過程的談判進行得非常快，避免了公開銷售證券時的等待時間，也省去了填寫各種表格的時間。

這筆融資於 1946 年 8 月 1 日撥到了公司的帳戶，提高了公司處理資金需求時的靈活度。但是，財務政策委員會認為公司還需要更多的永久性資金，因此於 1946 年 8 月 5 日授權布蘭得利與股票承銷商談判，「以爭取達成再銷售 1.25 億美元優先股的意願」。委員會也考慮過採用其他形式獲取資金。我們當時考慮的問題就是在特定的情況下我們可以根據自己的意願收回這些優先股，而不用事先為自己限定一個時間。但是最後除了一些我們認為附加條款過於嚴厲的優先股外，大眾市場對其他優先股的消化情況並沒有達到我們的期望。公司被迫將融資數額降低到 1 億美元，即 100 萬股票面價值為 3.75 美元的優先股。

這些股票最終於 1946 年 11 月 27 日發行，在支付了承銷商提成之後為公司帶來了 9800 萬美元的現金。這是公司近 20 年來首次公開發行股票，而且非常成功。

下面的一些事實可能可以反映出我們公司資源枯竭的情況。儘管我們融資 2.23 億美元，但是 1946 年我們的淨營運資本仍然減少了 700 萬美元，現金和短期證券減少了 4200 萬美元。如果我們沒有求助於資本市場的話，我們當年的淨營運資本將會再減少 2.3 億美元。

有了這些新資金，加上早已開始準備的擴張計畫，公司現在已經做好了前進的準備。1948 年我們在美國和加拿大的銷售量已經上升到 214 萬 6000 輛（幾乎達到 1941 年的戰前最高紀錄），淨收益也從 1946 年

的 8800 萬美元和 1947 年的 2.88 億美元增加到 4.4 億美元。儘管整體經濟下滑，但 1949 年的銷售量卻創下歷史新高，而且淨利率（profit margin）也有提高，因此公司的淨收益上升到 6.56 億美元。我們還大幅度地提高了存貨周轉率（Inventory Turnover Ratio）：在銷售額增加 10 億美元的同時，庫存降低了 6500 萬美元。另外，由於擴張計畫已經結束，所以工廠支出相對不高——1948 和 1949 年只有 2.73 億美元，僅比折舊費用高出 6400 萬美元。我們的資金也大有改善，實際上我們準備於 1949 年 12 月提前支付那筆 1.25 億美元的貸款，從而消除我們的債務。我們的流動性資產也提高了，並且支付了巨額的紅利。

另一個主要的擴張是韓戰的副產品。我們已經從經驗中認識到戰爭會將無法得到滿足的需求累積起來。因此需要進一步擴張產能才能因應汽車市場的長期趨勢，因此公司調整了投資重點，將資金重點投入能夠轉向戰後民用的軍事生產設施。我在 1950 年 11 月 17 日致財務政策委員會成員的一封信中簡要說明了我的觀點，並提出了一些建議：

1. 我們應該進行一項調查——實際上，它正在進行中——確定未來 10 年，尤其是未來 5 年裡的需求趨勢。重整軍備引起的民用產量縮減將抑制人們的需求，應該重點考慮這些需求延期爆發所導致的高峰。

2. 針對這種預期的產量增長，我們應該做一個大概的整體規劃。這個規劃應該包括我們推行這次擴張的最佳途徑和方法。它還應該涵蓋公司當前的所有產品線，而且還應該包括每個產品線未來發展的分析。這個整體規劃將隨著計畫的進展而不斷擴充。

3. 重整軍備計畫將會占用我們的部分生產設施。整體規劃中也應該考慮這一需求，從而保證我們能夠在環境許可的情況下更迅速、更高效地發展。如果能夠對公司的長期地位有所幫助的話，那麼我們就應該使用公司基金來投資生產工廠。由於加速折舊和高額稅收的存在，這樣使用公司資金就顯得更為合理。我們應該避免轉換，我們的政策就是擴張。

於是，公司的政策確實轉向了擴張。1950 至 1953 年這 4 年間，我們

用於新工廠和新設備的投資達到了 12.79 億美元，其中的三分之一用於提高軍用品的生產能力。

但是，這一時期我們的營業收入受到了過分利得稅（excess-profits tax）的影響，而且我們規定軍用品淨利率不可以超過民用品，這也影響了我們的收益。綜上所述，在將淨收益的 65%，即 16 億美元作為紅利派發給股東之後，我們僅能拿出 8.71 億美元用於再投資。未分配的利潤和 5.63 億美元的折舊費用加在一起也不過僅比當年 12.79 億美元的工廠費用高出 1.55 億美元。因此，能夠用於其他需求，如給鋼材供應商的預付款及軍事生產的裝備費用，就只剩下這 1.55 億美元了。通貨膨脹對成本的影響給公司的財務結構帶來了衝擊。從 1949 年 12 月 31 日至 1953 年 12 月 31 日，儘管我們的銷售額增加了 46%，也需要更多的資金，但是實際上我們這段期間的淨營運資本卻略有下降。

1954 年初，我們的財務資源已經受到很大壓力，因此我們宣布了一項前導計畫，該計畫要求在 2 年內對工廠投資 10 億美元。這一計畫的目的在於為我們的汽車事業部擴充產能、更新現代化設備以滿足日益成長的市場需求，我們還必須追加投資自動傳動設備、動力方向盤、動力煞車和 V-8 發動機。

考慮到這項投資計畫的規模以及通貨膨脹所產生的成本壓力，很明顯地，如果我們還想保持每年都能派發巨額紅利的話，就必須再次融資。因此，財務政策委員會於 1953 年底評估了當前的問題，並決定發行債券。但是，與 1946 年的情況不同，現在保險公司和其他機構投資者手中也沒有餘錢——儘管它們此前曾承諾購買公司的債券。因此，我們只能求助於公開市場，並於 1953 年 12 月發行了總計 3 億美元的 25 年期、利息 3.25% 的債券，其淨收益（除掉承銷商的費用）為 2.985 億美元。這同樣也是一個巨大的成功。

但是，這還不夠。1955 年 1 月，我們前導計畫的工廠費用需求從 10 億美元成長到 15 億美元（後來增長到 20 億美元）。因此，分析了我們

的財務需求之後，我們決定籌措更多的外部資本。當時的公司總裁柯帝士（Curtice）在當年 3 月對美國參議院銀行貨幣委員會這樣說道：

我們決定進一步尋求外部資本，這是我們預期財務需求分析的結果。這一分析的基礎是我們對經濟形勢的預測和對汽車市場激烈競爭的判斷。這一分析得到這樣的結論，即如果我們意圖與國家經濟共同成長、滿足消費者對我們產品的日益增長的需求並維持合理的分紅，我們就必須再擴充大約 3 至 3.5 億美元的長期股本。

因此，1955 年 2 月我們向普通股持有人提供了優先購買 438 萬 683 股新股（票面價值 5 美元）的權利（每 20 股舊股可以購買 1 股新股）。新股的認購價為每股 75 美元，到發行結束時，價格已經上漲到了 96.875 美元。股票由 330 個承銷商組成的團隊共同發行，但是他們自己只能購買 12.8% 的股票，支付了承銷商費用之後，公司實際融資近 3.25 億美元，這在當時是美國歷史上最大的一次股票發行，無疑是一次不同凡響的成功。很多專家曾經認為這麼巨額的股票發行無疑是一次巨大的冒險；但是事實證明，我們對市場的評估非常正確。

股票和債券的發行使我們有能力在慷慨分紅的同時，繼續推行我們的擴張計畫。在 1954 至 1956 這 3 年擴張期中，我們在新廠房、新設備上投資額總計 22.53 億美元，將我們的工廠總資產從 29.12 億美元提高到 50.73 億美元。總折舊費用達到了 8.74 億美元，用淨收益的 57% 即 16.2 億美元支付了紅利之後，我們還進行了 12.22 億美元的增資。

由此產生的結果就是，經過了這段超常投資擴張之後，我們的淨營運資本增長了 5.1 億美元，我們的現金和短期證券（不包括指定用於稅務的證券）從 3.67 億美元增加到 6.72 億美元，幾乎翻了一倍。由於擴張計畫結束之後資本支出下降速度較快，我們在折舊費用持續增加的情況下仍然保持了良好的資產流動性。

這一關鍵擴張計畫基本上就這樣結束了，我們的財務狀況比以往都要穩健。1957 至 1962 年裡有 2 年（1958 和 1961 年）發生了衰退的情況，

但是 1962 年銷售額和利潤再創歷史新高。回顧這段時期的發展，我認為它們以無可非議的事實證明了公司在財務方面的成熟。在經濟衰退的 1958 年，公司的銷量比前一年下降了 22%。**銷量的下降通常會在利潤上得到放大的體現，但是公司有效地控制了銷售量下降對利潤的衝擊。**1958 年每股 2.22 美元的收益僅比 1957 年每股 2.99 美元的收益低了 25%。能有這種結果，無疑應該歸功於公司有效而及時的財務控制——經過多年的努力，這些制度和政策已經融入了整個公司中。

1958 至 1962 年，包括了海外業務擴張在內的工廠支出達到了 23 億美元，和 1954 至 1956 年間擴張計畫動用的資金基本相同。不過，折舊費用足夠美國本土項目的支出，而德國的擴張專案則部分通過當地借款解決。最終的結果就是，這一時期公司共分紅 33 億美元，達到了總淨收益的 69%。另外，淨營運資金也增長 17 億美元。

從整體來看，戰後公司對股東的報酬非常優厚。儘管我們的總資產從 1946 年 1 月 1 日的 10.12 億成長到 1962 年 12 月 31 日的 71.87 億美元，超過了六倍，但主要是由利潤和折舊取得的，在這種情況下我們仍然提供了股東總計 79.51 億美元的分紅，達到該時期總淨收益的 64%。股票分割之後，每股分紅從 1945 年的每股 50 美分提高到 1962 年的每股 3 美元，每股股價從 12.58 美元上漲到 58.13 美元。

通用汽車的財務故事就是一個成長的故事——產品和服務的成長、參與人數的增加、物理設施的擴增、金融資源的增長。由通用汽車公司於 1917 年 8 月 1 日變成通用汽車有限公司開始，至 1962 年 12 月 31 日結束，其間公司員工數從 2.5 萬人增加到 60 萬人，公司的股東人數從不到 3000 人發展到超過 100 萬人。

公司在美國和加拿大生產的汽車和卡車，從 1918 年的 20 萬 5000 輛增加到 1962 年的 449 萬 1000 輛；而且海外集團製造銷售的汽車和卡車也達到了 74 萬 7000 輛。營收成長速度更為迅速，從 1918 年 2.7 億增加到 1962 年的 146 億美元，總資產從 1.34 億美元增加到 92 億美元。

通用汽車對美國經濟的重要性，由此可窺一斑。

但是，從商業的角度對商業企業進行的評價不能僅僅侷限於銷售成長或資產增長上，還應該考慮股東們投資所獲得的報酬，因為是他們的資本在承擔風險，也正是以他們的利益為出發點，通用汽車才一直採取著私營公司的營運方式。我相信，歷史顯示了我們的工作既值得股東的信任，又沒有疏忽對員工、客戶、經銷商、供應商和社會的責任。

我在 1938 年的年度報告中這樣描述了我的財務成長理念：

在經濟需求的牽引下，經過一系列的演進，整個產業的產銷量越來越大。產生這種現象的原因正是由於能夠以不斷降低的價格為消費者提供更有用的商品，所以刺激了市場規模的持續成長。與這一演進過程相伴而行的，是製造過程在不斷地向大規模生產的方向發展，這些因素對資本結構的影響就是公司需要的資金越來越多。

通用汽車的財務成長歷程遵循了這樣的路線。在沒有加重股東負擔的情況下，透過增資的方式將業務占用資金總額從 1917 年的 1 億美元提高到 69 億美元。在這增加的 68 億美元中，大概有 8 億美元是透過資本市場取得，6 億美元是透過新股發行取得，其中 2.5 億美元是為了獲得現在這個公司的所有權，另外的 3.5 億美元則是為了推行員工福利。除此之外所增加的近 54 億美元都來自於增資。然而，和某些高速成長的公司有所不同，我們的增資並沒有妨礙對股東的分紅。這 45 年間，股東分紅總計接近 108 億美元，占總利潤的 67%。通用汽車營運資金的增加反映了公司的發展。**在基於競爭的經濟環境下，我們試圖儘量做一個理性的商人，這也是我在對我們的管理方法細緻描寫的過程中所試圖展示的事實。其結果就是一個高效能的企業。**

應該注意到，像美國這樣上升而成功的經濟不僅代表著機遇，它還需要那些胸懷壯志的人擁有駕馭機遇的能力。我們不斷生產並銷售出對社會有益的產品，這一事實不斷地證實著我們的成績。我很高興通用汽車能夠獲得這樣的成績。

PART TWO

第十二章　汽車的發展史

> 汽車比馬車快很多，遇到道路不平整時就會劇烈地回饋給乘客。
> 提供流暢平穩的駕駛經歷，自一開始就是最複雜的問題之一。

在汽車工業早期，工程師和發明家們的直接目標僅僅是可靠性，也就是讓一輛汽車可以憑藉自身的動力到達某地並返回。過去，很多關於汽車的聰明想法往往終止於一匹馬、一根繩子和一陣捧腹大笑。

儘管進步的代價昂貴，然而美國的駕駛們仍然愉快地買單。由於他們對個人交通的狂熱，這些人購買了可靠的或是不可靠的汽車，從而為實驗和生產提供了很大一部分風險資本。不是很多產業都能得到客戶如此厚愛。20年間，相比當時的道路狀況，汽車的可靠性也得到了很大的提高。作為人類進步過程中的偉大成就之一，個人交通工具機械化已經成為生活中的普遍現象，每個人都可以享受。

儘管1920年以來工程技術取得了巨大進步，但我們今天使用的仍是與這個產業最初20年所生產的幾乎相同的機器。我們仍然使用由汽油發動機驅動的車輛；發動機的心臟仍然是汽缸中的活塞，活塞由燃燒汽油和空氣的混合物所推動，再由火星塞的電火花以固定間隔點燃。活塞衝力所產生的能量推動曲軸；而曲軸通過機械傳動來帶動後輪。彈簧和橡膠輪胎會減輕駕駛和乘客的顛簸感，而煞車則是透過對輪胎施加阻力從而停止汽車。

然而，自1920年以來，汽車的各方面也得到了很大的改進：發動機的效率大為提升，相同的燃料可以更平順地提供更多的動力，而燃料本身也得到很大的改善。傳動系統經歷了複雜的進化才終於達到今天的全自動狀態。懸吊系統也經過了相似的演化，輪胎也一樣，它們一同為我們提供了40年前難以想像的駕駛體驗。駕駛可以使用額外的動力源來

控制煞車和改變方向，同時還配有儀表板、座椅和收音機。車身通常完全由鋼材製成，並且配有安全的玻璃，車身閃耀在各種色調之中。隨著汽車的發展，它在日常生活中日益重要，同時也對道路和公路提出了更高的要求。很難想像今天這樣的道路可能會對 1920 年代早期的汽車發展帶來怎樣的影響。

當然，毫無疑問地，今天的駕駛不會滿意 1920 年代的典型汽車。當時的四缸式汽車，其發動機的曲軸、活塞和連接它們的連桿一直存在著不平衡。當時的汽車通常採用兩輪煞車，透過限制後輪的轉動來控制，也沒有獨立的前輪減震，動力通過滑動齒輪來傳動，發動機效率很低。這種車經常震動和晃動，操控時往往會自行轉向、有時候還會打滑，而且離合器如果抓得過緊，齒輪在移位時還會經常發生撞擊，並且由於可提供的動力很低，在坡度明顯的地方齒輪需要不停的轉換。然而，這種車卻經常往返於這種起伏不平的地方。幸運的是，當時的汽車所能行駛的速度和距離都不足以讓它的很多缺陷成為致命的障礙。這種汽車基本上能夠適應當時的環境，並且它的主要部件之間能夠相互合理地配合，然而其集成度和效率都相對較低。

汽車發展所面臨的問題主要是提高效率水準，而這往往意味著提高汽車的集成度。今天的汽車，不再是 50 多年前鬆散的零部件和機械裝置的集合，取而代之的是一部非常複雜而精密的機器。如果不是最近幾年機械技術的發展，我們根本無法將高性能、操作便利性和舒適度有效地結合起來，從而造就今天的汽車。

通用汽車的實驗室和工程技術人員，在過去 50 年的汽車發展過程中扮演了重要的角色，並且將會繼續處於技術進步的領先地位。我無法詳細講述通用汽車和這個產業對於這個社會的所有貢獻，因為這將需要另外一本書。這裡我只介紹一些重要並且相關的進步。

● 乙基汽油和高壓縮比發動機

汽車技術的核心問題，已經成為如何使燃料和發動機之間的關係更加

令人滿意。活塞發動機的效率，即其高效使用燃料，從而由一定量的燃料得到最大動力的能力，這取決於發動機的壓縮比。

壓縮比（compression ratio）的概念非常簡單，但是大部分的讀者可能需要一些說明和解釋。活塞位於發動機的汽缸，它運動時有一個最低點和一個最高點。當活塞位於一次往返運動的最低點時，汽缸中會充滿燃料——汽油和空氣的混和體；而當活塞到達往返運動的最高點時，燃料被壓縮。通過火星塞的點火作用，燃料被點燃而爆炸，其所產生的高壓氣體將會膨脹，同時推動活塞向最低點運動。利用這個向下的運動推動曲軸，從而將動力傳送到車輪而轉動。**壓縮比指的是當活塞往返運動時，其活塞位於最高點和最低點時，兩者在汽缸中剩餘的體積比**。這個比率僅僅比較了混合燃料的體積在未壓縮和壓縮後的比率。在 1920 年代早期，平均的壓縮比是四比一左右。

正如前文所述，要在固定尺寸的限制下設計一個更高效而強大的發動機，就意味只能提高壓縮比。然而這裡出現了一個嚴重的問題——敲缸（爆震）。為了將活塞向下推動，汽油和空氣的混合燃料應該燃燒得比較慢。如果燃料提前被引爆，也就是燃燒得過快，活塞將不能在正確的時間點移動，只能產生不均衡的力量，甚至失去動力。而且敲缸不僅會造成能量的損失，同時，突來的瞬間力量將會給發動機的部件帶來嚴重的壓力，從而可能損壞發動機。

獲得高壓縮比的關鍵在於尋找減少敲缸的方法。但造成敲缸的原因是什麼呢？在汽車發展的早期，人們發現透過調整點火的時間可以減少敲缸的機率。在很長時間裡，大部分的汽車上都有手動操作的點火調整控制桿，駕駛可以根據不同的道路條件選擇最佳的點火設定，例如在上坡時延後點火時間，從而讓發動機在高壓力工作時避免敲缸。

查理斯・凱特林長期以來對點火、燃料和相關問題有高度興趣，他開啟了針對敲缸的重要研究，並且突破性的解決了這個問題。現在，每輛汽車和使用汽油發動機的飛機，都離不開凱特林所研發抗爆燃料的發

展所帶來的幫助。他將自己對這個問題的早期研究帶到了通用汽車，並在他擔任通用汽車首席研究員時完成任務。這個解決方案概括地說就是採用乙基汽油（Ethyl gasoline）――在汽油中添加四乙鉛。

一直到第一次世界大戰期間，人們都認為敲缸的產生是由於點火位置太遠而點火又太早。第一次世界大戰之後不久，人們發現了另外一種敲缸，被稱為「燃料敲缸」，因為僅僅藉由改變燃料和燃料的參數而不調整火花就能夠減少或者消除這種敲缸。研究這個問題的人員包括了後來的小湯瑪斯・米德格利(Midgley)。他在代頓工程實驗室的工作經歷（擔任凱特林的助手），使他於1920年代早期成為了通用汽車研究公司燃料部的主管。米德格利的好朋友，前印第安那標準石油公司的董事長羅伯特・威爾森（Robert E. Wilson）博士說：

……（米德格利先生）已經明確地證實，與人們一般想像的完全相反，敲缸和提前點火不同，敲缸是由燃料的化學特性所造成的。他指出，苯和環己烷發生的敲缸現象明顯少於汽油，而汽油則遠遠少於煤油。後來他成功地在代頓實驗室製造出了苯和環己烷。

幾乎每次見到湯姆都會有一些關於爆炸機制和抗爆行為的新理論，而我對於這些理論則持職業性的懷疑態度。繼承的理論往往會被進一步的實驗所質疑，同時它們也激勵著研究人員，也經常引導重要的發現。最顯著的例子出現在他工作的早期，當時他嘗試理論化地解釋為何煤油的敲缸現象比汽油嚴重，他發現兩者的揮發性明顯不同，然後有了如下的假設：大部分煤油在開始燃燒之前都保持在液滴的狀態，之後由於過於迅速的爆炸而突然蒸發。如果這個解釋是正確的，那麼他推斷，通過將煤油染色或許可以讓煤油液滴從燃燒室中吸收熱量從而更快地蒸發。

如果湯姆是一個優秀的物理學家，那麼他可以通過計算發現這個理論其實站不住腳，但作為一名機械工程師，他認為實驗比計算更加方便判斷。因此他去實驗室尋找可溶於油的染料，和一般的情況一樣，他想要的東西實驗室恰好沒有。這時佛瑞德・蔡斯（Fred Chase）建議他用碘，

因為碘可以溶於油也能給煤油染色，於是湯姆將大量碘溶解到煤油中，然後用適度的高壓縮比發動機進行了測試，發現了令人高興的結果：敲缸現象得以解決了。

湯姆迅速走遍代頓蒐集了所有可用的油溶性的染料，並且於當天下午連續測試了很多種不同的樣本，然而並未從任何一種中得到哪怕是最細微的結論。為了確認這一現象，他又把無色的碘化合物加到汽油中，結果沒有發生敲缸。就這樣，關於爆炸的第一個理論壽終正寢，而伴隨這個理論的讓位，新生了一位化學家湯姆。在未來的幾年中，他成為一名在任何一個化學領域都孜孜不倦的學生，這些努力都是為了幫助他解釋他的發現，並且合成新的化合物來嘗試充當抗爆試劑⋯⋯

之後，湯姆對苯胺產生了特別的興趣，儘管每次發現新的抗爆試劑時似乎都是類似的狀況，他仍然持續改善這種試劑的生產方法以降低成本，直至這種試劑符合經濟效益。他同時還對碘乙烷抱有希望——這是他第一個乙基化合物，前提是他能找到足夠的碘。

1922年1月在紐約所舉行的的汽車工程師協會（Society Of Automotive Engineers）年會上，湯姆向我展示了盛放在一個試管中的一點點四乙鉛，他極其興奮又神秘，告訴我那個試管就是整個問題的答案。他說這種試劑的有效性遠遠高於之前發現的任何化合物，並且沒有出現之前任何一個解決方案中的問題。當然，那時候他還沒有意識到毒性或是沉澱的問題。

於是，經過了凱特林、米德格利和通用汽車研究公司這些年的所有實驗，我們有了這項發明。但是完成一項發明和將它推向市場完全是兩回事。簡單來說，1924年8月，為了向市場推廣新的防爆化合物四乙鉛，乙基汽油公司成立了。該公司是由通用汽車和紐澤西州的標準石油公司分別出資50%創辦的。最初乙基的液體是由杜邦公司簽下專屬合約製造的，一直到1948年乙基公司才開始自行生產所有產品。

四乙鉛只是高壓縮比發動機發展過程中必經的一步。儘管它改善了

燃料的品質，但是在 20 世紀初，燃料本身的品質也千差萬別。事實上，沒有一種已知的方法能夠比較出汽油發動機中使用的兩種燃料哪一種性價比更高。

通用汽車研究了這種狀況，找出了一種比較汽油防爆性能的方法，或者說比較發動機在等量的燃料條件下能否產生更高的壓縮比。即根據燃料的「辛烷值」來衡量。辛烷是一種幾乎不發生敲缸現象的燃料；在當時的技術條件下，辛烷等級 100 就被認為是完美的燃料。乙基汽油公司的格雷厄姆・埃德加（Graham Edgar）博士於 1926 年發現了辛烷，凱特林和其他研究人員則製造了第一台單汽缸、可變壓縮比的測試用發動機，通過這台發動機可以測試用以衡量燃料品質的辛烷值。一台使用了可變壓縮比的測試發動機後來成為了汽車業和石油業的標準。

當然，加入四乙鉛可以提高辛烷值，然而還有另一種方法，就是通過更合理的過程來精煉原油。科學家們對原油精煉的過程進行了相當多的研究，在分裂和重組原油中的碳氫化合物這一領域取得了無數成果。這些成果一方面增加了每桶原油所產出的汽油量，一方面則提高了加入四乙鉛前汽油的辛烷值。這又是另外一個戲劇性的研究故事，也是凱特林和他的夥伴們所宣導的研究之一。一般加油站提供的油品，辛烷值從 20 世紀初的 50 到 55 之間提高到了目前的 95 以上甚至超過了 100（航空汽油的辛烷值甚至更高）。這對燃料經濟性產生了深遠的影響——燃料經濟性是以標準性能下，汽車每公里所消耗的燃料數來衡量的，從而大大影響了我們今天使用石油資源的效率。[1]

另一個減少敲缸的因素是發動機的設計。我們知道，在發動機的燃燒

---

[1] 通用汽車在乙基公司所扮演的角色結束於 1962 年。當時通用汽車和標準石油公司同時把自己的乙基股份賣給了位於維吉尼亞州奇蒙的雅寶造紙公司（Albemarle Paper Manufacturing Company）。通過這次併購業務，通用汽車在其發展方針的指導下轉讓了最後一個擁有部分股份的子公司。目前，通用汽車所有的業務活動都運行在其自身的部門和全資子公司中。

室中燃料的爆炸會引起非常複雜的衝擊波。這些衝擊波會使燃料的溫度急劇上升,從而引起爆炸和敲缸。關於各種燃燒室集氣裝置和相關的研究,發現了一些特定的技術來獲得最少的敲缸現象和最高的壓縮比。

這裡我需要附帶地提到一個關於發動機設計的問題,這和燃料幾乎沒有關係,但是卻對發動機的發展有嚴重的限制,這個問題就是發動機的振動。振動在任何時候都令人不快,然而隨著汽車速度和功率的增加,振動漸漸成為一個嚴重的工程問題。發動機的不平衡旋轉和往復部件成了破壞性振動的源頭,並且成為汽車整體發展進步的限制因素。通用汽車的工程師們對這個問題的解決做出了卓越的貢獻。

曲軸(Crankshaft),是引起振動的主要源頭之一,它是「發動機的中樞」,任何不平衡都會延伸到汽車的所有角落。通用汽車研究公司於 1920 年代初開始關注發動機平衡的問題,他們製造了第一台曲軸平衡器並於 1924 年應用於凱迪拉克的發動機上。現在全世界有許多這種機構,由於這是通用汽車獨家發明製造的,所以它使我們在汽車產業的發動機平衡這一領域取得了長期的領先地位。正如我們很多其他領先的技術一樣,我們將這個機構賣給其他發動機製造商。良好的平衡是減少整個汽車結構磨損和破裂的一個重要步驟,同時它也推動著整個汽車工業利用我們製造的發動機加速朝功率更大、速度更快的方向發展。

隨著我們對敲缸現象的瞭解越來越深入,高壓縮比發動機漸漸成為可能。發動機的壓縮比由 20 世紀初的四比一提高到了目前的十比一,甚至更高。燃料和發動機的發展帶動了跳躍式的進步:**高壓縮比的發動機需要更好的燃料,而品質更高的燃料出現又刺激了效率更高發動機的產生**。在汽車工程師們的強烈要求下,石油工業研究人員開發出了能夠廣泛使用、具有越來越高辛烷值的燃料。通用汽車也為石油業提供了很多高壓縮比的試驗性發動機,幫助他們提高燃料的辛烷值。

正是通過四乙鉛和高辛烷燃料這種方式的發展,使得內燃發動機長期持續的進步成為可能。

● 傳動技術的發展

　　這裡，我們先假設所有人都知道傳動的目的就是將發動機產生的動力傳送到汽車車輪，這將涉及到汽車發動機和車輪之間速度關係的變化。發動機產生的動力取決於很多因素，但是基本上主要和發動機曲軸的旋轉速度相關。駕駛老式低功率汽車的人，透過一次爬坡就能清楚地瞭解這一點。汽車在爬坡時，發動機往往需要強勁的加速，然後將傳動裝置移動到較高扭力的低速檔來獲得所需的動力。回到1920年代，當時的主流是三速手排系統，用手動方式將傳動裝置移動檔位時往往會導致相當大的撞擊，除非駕駛員擁有相當高超的技術。

　　從通用汽車研究公司1920年創立以來，傳動就是一個重要的研究討論課題。由於最初大部分的工程師具備的是電力背景，所以開始時我們關注的是各種類型的電傳遞。我們製造出了一種電力驅動器，並且在當時通用汽車生產的公共汽車上使用了這個類型的設備。電傳動在汽車發展史的初期就出現了（在哥倫比亞和歐文電磁客車中使用），但最終在大型車輛領域才找到了自己主要的商業價值。這種特殊的傳動形式今天還在我們的柴油機關車中使用。

　　1923年以來，我們的研究組織對用於客車的電傳遞的興趣漸漸消退了。我們開始研究各種類型的自動變速，包括「無段變速」（即駕駛員可以採用各種連續的速度，而不是像標準自動變速中只能使用幾個固定的速度）和分段比率（step-ratio，即駕駛員可以自動選擇固定數量的速度）。同時，1920年代中期，人們開始研究一種使用渦輪葉片的水力變速。到那時候，製造全自動變速設備所用到的絕大多數基本原理已經為我們所知，並且得到深入的研究，然而至少又過了15年，自動變速才真正在商品汽車中得到使用。

　　1920年代晚期，通用汽車開發了同步嚙合變速箱，使用了這種變速裝置後，幾乎所有的駕駛都可以在不撞擊齒輪的情況下從一個速度轉換到另一個速度。這個重大的進步在1928年由凱迪拉克實現成品化。通

用汽車其他車輛部門的工程師也應用了這一原理，並進行了進一步的開發，且在我們原來的曼西（Muncie）產品事業部投入大規模的生產。到了 1932 年，我們已經能夠將同步嚙合技術延伸到包括雪佛蘭客車在內的整個通用汽車的產品線了。

　　1928 年，實驗室的研究人員對一種可能滿足要求的自動傳動形式形成了共識。這就是使用了兩種堆疊鋼片摩擦推進的無段變速裝置，該裝置採用了類似於滾珠軸承的機械原理。鑒於我們那時沒有綜合的工程人員，因此由別克承擔開發該傳動系統的工作。他們製造了很多原型，進行了很多測試，並最終於 1932 年決定生產這種類型的傳動裝置。

　　然而，我們付出了最大的努力，卻始終無法克服涉及到傳動的所有問題，儘管我們在實驗室測試了很多零部件，這種傳動裝置也從來沒有在任何向大眾出售的通用公司的汽車裡出現過。當然我們學到了很多關於無段變速傳動的問題，但是事實告訴我們這種特定的堆疊鋼片摩擦推進的方式不是解決這個問題的方案。我確信繼續下去只不過是再耗費一些人力、物力、財力，於是我決定放棄這種系統。

　　我們的研究人員繼續從事各種自動傳動類型的研究。1934 年，凱迪拉克的一批工程師終於找到了一條通往我們目標的道路——他們研製出了首批用於大規模生產的現代化客車自動傳動裝置，即液壓自動化傳動系統（Hydra Matic）。這個特別設計小組於 1934 年底轉入通用汽車工程設計部，成為傳動開發團隊。他們所開發的傳動系統更接近分段比率傳動而不是無段變速；然而它和今天所有自動排檔的汽車一樣能夠在扭力（Torque）的變化下自動切換（扭力是由發動機向傳動軸傳遞的旋轉效果）。這個小組還根據大小的區別為這種零件準備了一系列的生產方案，以滿足通用汽車全系列中不同動力和負載的需求。

　　研究人員建造和測試了一系列的試驗性模型，並將其移交給奧爾茲的工程師們。該模型在 1935 至 1936 年間在美國國土的東西二端行駛了上萬公里。1937 年，奧爾茲和別克（1938 年的車型）發布了這些半自動傳動裝置（該裝置能夠提供一系列分段檔位，其中一個或幾個是由手動

選擇的，另外一個或幾個是自動選擇的）。車輛由別克製造，但它們仍然需要主離合器踏板來起步和停車。我們的工程師發現，主離合器以及它的踏板可以由集成在傳動配件中的液壓聯軸器（fluid coupling）替代。這一發現連同全自動控制的發展，導致了液壓自動化傳動系統的產生，它由新組建的底特律傳動事業部所製造，於 1939 年發布，並於 1940 年首次出現在奧爾茲的新車上。凱迪拉克是下一個接受這種新傳動技術的事業部，他們在 1941 年的車型中採用了此項創新。

同時，吉姆西卡車和長途客車公司（GMC Truck & Coach）的工程設計人員研製了另一種自動傳動系統。該系統以閉路、流體渦輪扭力轉換器而知名。這種裝置包含了一組裝有葉片的葉輪，所有的葉片以一定的角度組合，所以其中的一個由發動機的旋轉直接驅動的葉片葉輪能夠抽大量流體到第二個葉片葉輪，而該葉輪與主動軸相連，因此能夠給該輪軸帶來轉動力。這裡需要另外一個葉片葉輪來改變流體流動的特性，從而影響發動機和主動軸之間的速度差，即它們的速度比率。在流體扭力轉換器中這個比率的變化是細微漸變的，而不是一系列的飛躍。因此，最終的驅動作用非常平穩。

由通用汽車的工程師們首先設計的流體扭力轉換器在歐洲也得到了發展。他們設計出了一種更符合美國公共汽車操作標準的裝置。1937 年第一次在我們自己的公共汽車上使用了這種傳動器，而該設備也很快得到了普遍的接受。1941 年 10 月，大戰前夕，我們的傳動技術團隊的工程設計人員開始致力於將流體扭力轉換器應用於客車上。

隨著美國的參戰，我們被迫終止客車自動傳動系統上的領先研究，但與此同時我們又開闢了一個自動傳動的新領域。對於駕駛而言，自動傳動的價值在於其便利性和操作簡化，在駕駛汽車時很少需要考慮其他問題。但當我們面對的是公共汽車、卡車、坦克、牽引機和現代戰爭中的大型交通工具時，自動傳動更重要的作用是保證其可靠性。

早在 1938 年，軍方的工程師們就要求我們為像 M3 和 M4 坦克那樣的大型交通工具設計傳動系統。當時這些戰車是由操縱桿來控制方向，有

時候操作員需要放開操縱桿來轉換齒輪。在這個過程中他必須暫時放棄對方向的掌控。此外，更換齒輪時車輛的速度會急劇下降，有時候會因動力不足而熄火，從而成為敵人的目標。傳動技術團隊的工程設計人員為這些坦克設計了重型液壓自動化傳動系統。但是為了裝置更大的炮管和裝甲，需要更重的坦克，因此我們在這些車輛上探索了應用流體扭力轉換器的可能性。在我們參戰後不久，工程師們研製了一個模型，該模型解決了發動機速度和操控車輛時仍能夠維持車輛運動的問題。在二次大戰期間通用製造了大量的這類傳動裝置。

我們的傳動技術團隊還設計了一種特殊的坦克傳動、轉向系統，被稱為「十字」傳動系統（cross drive）。該裝置使駕駛能夠相對輕鬆地控制一輛超過 50 噸的車輛，無論是在駕駛、操控或在傳動等方面。這種裝置廣泛應用於裝甲車、水陸兩用車和常規運輸工具，以及其他的大型重車。戰爭結束之後我們在這個領域的研究工作仍然在繼續。

隨著戰爭的結束，我們的工程設計人員開始深入研究流體扭力轉換器應用於客車的課題。這個項目非常成功，其直接成果就是 1948 年別克的流體動力傳動（Dynaflow）系統和 1950 年雪佛蘭的動力滑翔（Powerglide）系統。流體動力傳動系統是第一個體積適用於客車的流體扭力轉換器。就這樣經過很多年的研究和技術發展，到 1948 年，通用汽車向大眾提供了兩種不同的全自動傳動裝置——液壓自動化傳動系統和流體扭力轉換器。這兩種裝置具有低成本和高效率的特點，甚至可以用於低價位的汽車上。

在上市之初，自動傳動裝置（現在所有的汽車上都具備了該裝置）就得到了一般購車者的認可，他們願意為其支付額外的費用。其他汽車製造商也紛紛趕緊開始在他們的汽車上使用這種裝置，也有廠商直接使用了通用汽車為他們生產的自動傳動裝置。以 1962 年為例，當年美國市場上銷售的汽車（也包括通用所生產的汽車）中，大約 74% 都安裝了自動傳動裝置。而在通用汽車生產的汽車中，67% 的雪佛蘭、91% 的龐帝克、95% 的別克、97% 的奧爾茲和 100% 的凱迪拉克都配有自動傳動

裝置。同樣以 1962 年為例，這一年汽車業共銷售了大約 500 萬台自動傳動裝置，其中大約 270 萬台用在通用的汽車上。就這樣，這個可選部件成為了美國汽車的一個重要特色。

● 低壓輪胎和前輪懸吊

由於汽車的速度比馬車要快很多，所以汽車遇到道路不平整時，就會劇烈地回饋給乘客。因此如何提供更加流暢和平穩的駕駛經歷，自一開始就是汽車工程技術中最複雜的問題之一。內燃機的振動也給汽車本身增加了一個不舒適的來源。因此，改善駕駛和乘客的緩衝非常重要，並且隨著汽車速度的不斷提高，這個需求也不斷增加。

這個問題的一個基本解決手段就是輪胎。早期汽車使用的是硬質橡膠或帶孔的硬質橡膠輪胎。這些材料很快就被充氣輪胎所代替，但是在早期，充氣輪胎的橡膠材料和結構都不是很好，所以沒完沒了地更換輪胎就成了長途旅行中令人沮喪的一個必經環節。

一直到 1920 年代早期，橡膠公司已經投入了很多精力來學習結構方法、化學、橡膠加工和材料的選擇。輪胎的品質得到了很大的改善，此外，工程師們開始考慮低壓輪胎的可能性，因為低壓輪胎能夠在車輪底下創造一個更加柔軟、有彈性的氣墊。研究人員遇到了很多問題，尤其是在操縱和行駛的連接上。工程師們需要應付前置不穩定性、輪胎面滑傷、轉彎時的刺耳噪音、緊急煞車狀況下操控，以及一種由輪胎和車輪旋轉的輕微不平衡所引起的特殊情況——車輪偏動。這些現象最初並不明顯，但是當駕駛們開始高速長途旅行時，就成了主要問題。

在現代化低壓輪胎的發展過程當中，通用汽車的工程師們做出了巨大的貢獻，我們在各種情況下進行了大量公路測試。綜合技術委員會一開始就與輪胎產業保持了緊密的聯繫，雙方在尺寸標準化和最佳類型、輪胎面、部件的確定上都進行了很好的合作。我們基於自己研究而給出的建議，每年都在更好和更安全的輪胎中得到了應用。

第二個改善行駛狀況的基本方法，也是工程上更加複雜的方法，就是透過改變懸吊方式，即連接車輪和底盤的方式。

在我早期的某一次出國旅行途中，我的注意力被歐洲汽車產品中的一項工程進步所吸引，這就是前輪的獨立懸吊裝置。截至那時為止，美國汽車廠商所提供的所有產品中都沒有使用過獨立懸吊裝置。而使用了該原理將理所當然地顯著提高乘坐汽車體驗的舒適性。

在法國，我與一位名叫安德列·杜本內（Andre Dubonnet）的工程師取得了聯繫，他對這個問題已經有了相當深入的研究，並且獲得了一項關於某種形式獨立懸吊裝置的專利。我把他帶回美國，讓他和我們的工程師建立了聯繫。與此同時，凱迪拉克的總經理勞倫斯·費雪也雇用了一位曾在勞斯萊斯工作過的工程師莫里斯·奧利（Maurice Olley），他同樣也對乘車舒適性這個問題的研究非常感興趣。

奧利在給我的一封信中談到了他關於獨立懸吊裝置研究發展過程的回憶。這裡我將用他的話來繼續我的故事：

您向我詢問起關於通用汽車上獨立懸吊裝置的回憶……請您原諒以下紀錄帶有濃厚的個人色彩，它可能會給您錯誤的印象——獨立懸吊裝置是一場個人表演。實際情況與之相去甚遠，這項技術很大程度要歸功於亨利·克萊恩（Henry Crane）、歐尼斯特·西霍姆（Ernest Seaholm，凱迪拉克的總工程師）、凱特林，以及許多凱迪拉克和別克的工程師們。還有費雪的容忍和支持，當時他說我是通用第一個花費25萬美元來製造兩輛實驗車的人！

您應該能想起，我是1930年11月從勞斯萊斯來到凱迪拉克的。坦白說，我很驚訝勞斯萊斯是如此地受歡迎。一輛勞斯萊斯汽車才在通用的試車場結束一項異常測試，然後就被拆卸檢查……

過去幾年中，勞斯萊斯一直集中精力致力於提高乘坐品質。這家英國工廠對此產生了極大的興趣，其原因是在英國道路上可以接受的汽車一旦出口就遠遠無法滿足客戶的要求，哪怕是在美國經過改良的道路上。於是我們開始認識到，這並不是因為……美國的道路要差一些，而是因為那裡道路的起伏是一種不同的形態。

勞斯萊斯的工程師們做了大量實驗，從高架樞軸上沿著擺動著的汽車的線路來測試它們的轉動慣性……測量底盤結構和車身設計的硬度……

以及測量彈簧安裝在實際汽車之後的懸吊剛度（suspension rates）。這個英國工廠還設計製造了最早的幾個實用測震儀之一，這個儀器事實上只是簡單地測量了廣口容器中的水在不同的速度下行駛同樣測試距離時所溢出的水量。

1930年，凱迪拉克也開始進行一些類似的試驗。很快，我們也有了擺動的汽車，我們也開始測量安裝好的彈簧常數（spring rates）等。我們還延續勞斯萊斯的技術發展建立了自己的「顛簸平臺（bump rig）」（第一台顛簸平臺安裝於底特律），並用它在固定的汽車上模擬駕駛場景。

在1932年早期，我們建立了「K2平臺（K2 rig）」。它由一輛完整的七人座豪華轎車組成，在這個平臺上，我們可以通過移動砝碼來產生前後彈性裝置和車輛轉動慣性等各種必要的變化。沒有任何儀器可以對這個乘坐環境進行測量。為了檢驗我們努力的成果，在亨利·克萊恩的幫助下，我們只是簡單地問自己，在什麼情況下我們曾獲得了最舒適的乘車體驗。

這是最好的辦法。因為我們那時不知道，現在同樣也不知道，究竟怎樣才算是好的乘坐環境，但是我們可以在一天的車輛行駛中為乘坐這輛車的經歷創造如此多的根本變化，以致於我們的印象始終是新鮮的，只有這樣，直接的比較才成為可能。

正是在這個階段，也就是1932年初，我們開始認識到對獨立懸吊裝置的迫切需要。K2平臺十分明確地告訴我們，如果我們在前輪使用了比後輪更為柔軟的懸吊裝置，就可能獲得一種全新的平穩乘車經歷。但是你應該記得，所有在傳統前車軸上使用極度柔軟的前輪懸吊裝置的嘗試都以失敗告終，原因是晃動……，以及缺乏操作穩定性……

於是，繼K2平臺之後，我們的下一步走向了兩輛凱迪拉克實驗車的製造……這兩輛車擁有兩種不同的獨立前輪懸吊裝置……（其中一種是由杜本內先生設計，而另一種Y字型的則是由我們研製的）我們同時使用了獨立後輪懸吊裝置，因為我們很清楚，一旦有可能，我們應該儘快拋棄傳統的後輪軸（這個變化在我看來現在已經遲到了好幾年）。

公司的很多工程師駕乘了這些汽車，發現我們所採用的方法改善了乘

坐和駕駛的感覺,但也遇到了其他的問題,其中最主要的是在我們的實驗車上,尤其是採用Y字型懸掛的那一輛,操控時會產生無法避免的晃動,我們不得不屢次重新設計轉向機制。

終於,1933年3月,我們做好了一切準備來迎接盛裝上臺的到來。3月初,綜合技術委員會在凱迪拉克工程大樓召集會議,他們來乘坐我們的兩輛實驗車和一輛沒有獨立前輪懸吊裝置,但是採用了I.V.型(無段變速)傳動系統的別克轎車……

我記得(您)和格蘭特先生乘坐的是其中一輛(Y字型裝置)汽車,而歐尼斯特・西霍姆和我在另一輛陪同車中,在紅河(River Rouge)的一個紅綠燈處我們停在了(您)旁邊。我們能夠看到(您)向後座的狄克・格蘭特(Dick Grant,銷售副總裁)微笑,並且將您的手掌平平地上下左右移動。在從凱迪拉克工廠開始行駛的兩英里之內,平穩的搭乘體驗證明了一切!

三輛車在到達門羅(Monroe)並返回之後,委員會在凱迪拉克工廠中開始了他們的討論,而我和西霍姆則在後面焦急地等待,虔誠地期待在接下來的1年裡,凱迪拉克可以領先其他公司單獨使用新的獨立懸吊裝置。我也記得亨特(管理工程技術的副主席)開始問格蘭特如何看待新的系統。

您應該記得,在1933年3月美國沒有任何一家銀行開業,任何擁有土地的人都覺得非常幸運,至少他有食物。在當時的環境,狄克・格蘭特的反應並不出人意料。他拒絕採用新的傳動系統,從而省去了百餘美元的成本,而這些成本無疑是一個別克的購買者不願意支付的。「不過」,他說,「如果我可以只支付15美元而享受你們所展示的行駛體驗,那我願意為你們想辦法找到這個錢。」

在別克工作的荷蘭人巴沃爾(總工程師),已經表示了他對於新的前輪懸吊技術的支持,同時奧爾茲和龐帝克的工程師們也決心要在明年11月份讓這種裝置於紐約亮相。

最終雪佛蘭的總經理努森簡單明瞭地說,雪佛蘭不會落後。亨特試圖勸他,說美國沒有足夠的工具機來幫雪佛蘭螺旋彈簧的金屬部件加工。

然而努森非常堅定，他說，工具機產業已經停滯很多年了，不過他們馬上就要開始忙了——至少在接下來的幾年中。

雪佛蘭確實在 11 月的紐約車展中展示了他們採用杜本內懸吊系統的 1934 型。龐帝克從雪佛蘭那裡繼承了這個懸吊系統，而另外三間公司則採用了 Y 字型懸吊系統。

這個會議讓我記憶猶新，因為它是大型企業面對決策的重要範例，公司承擔上百萬美元的研發所帶來了一種激勵，這在我的職業生涯中是一種全新的經歷。我仍然記得凱特的話：「這似乎是在告訴我，我們已經不能負擔不做這個專案的成本了。」

我們就這樣同時引入了兩種不同的獨立前輪懸吊系統。然而透過對 Y 字型懸吊系統的進一步改良之後，這種系統相對於杜本內懸吊系統在造價方面的優勢又開始明顯起來，並且還更易於製造；同時，操作中出現的問題更少，於是很快我們所有的汽車生產線都採用了這種系統。

● 迪科漆（DUCO）

從空中俯視城市時的一個特色，就是從每個停車場可以看到斑駁閃耀的多種色彩。這些顏色種類繁多，並且車漆的表面幾乎很難破壞。

這與 1920 年代早期汽車的外觀不同——當時福特、道奇（Dodge）、歐弗蘭（Overland）以及通用大規模生產的汽車都只採用黑色的瓷漆。當時汽車的外觀成為消費者抱怨的話題。馬車業不用經過太大的變動就延續到了汽車製造的領域；汽車在其出現的第一個 20 年裡使用的是馬車的油漆和清漆。但顧客不能理解為什麼馬車的外觀能夠維持更長的時間，而當他們購買了汽車之後，油漆經常很快就剝落了。事實是，馬車和汽車機械裝置的差別非常大，汽車經常需要面對更加艱苦的任務；汽車所使用的天氣狀況更為廣泛，發動機所產生的熱也使汽車車身各部分產生溫差，其結果就給漆面帶來了災難性的影響。

我們夢想著能有這樣一天：不管汽車在什麼天氣下行駛，其外表都能始終如一，這該是多麼美好的一件事情啊！我們同時開始認識到，一種優質、快乾的塗裝漆，可能給我們的計畫時間和產品的最終成本帶來革

命性的變革。

那時候的塗裝工序使用的是油漆和清漆，技術非常麻煩並且需要大量的時間。一輛汽車從開始處理外觀到塗裝工序完全結束，大約需要 2 到 4 個星期，具體的時間取決於溫度、濕度等外部環境。很明顯地，這給我們帶來了嚴重的庫存問題。

很多汽車製造商暫時從油漆和清漆轉向了烘乾的瓷漆，以試圖解決其中的一些問題（比如道奇兄弟的敞篷車，完全是烘乾的，沒有使用任何油漆和清漆。），這是一種黑色的瀝青瓷漆，非常持久耐用。然而，烘乾只是一個過渡方法——這個問題還有更好和更加廉價的解決方法。

1920 年 7 月 4 日，我認為這更是一種巧合而非有意的，杜邦一個實驗室裡記錄了一個化學反應，正是這個化學反應導致了硝基纖維漆的發展，最終被命名為迪科（Duco）。研究人員觀察到以一層硝基漆作為基礎可以使懸浮液中負載更多的顏料，並且產生更明亮的顏色。研究人員花了 3 年的時間做實驗和改進技術來解決新產品中的問題。

這個項目是由凱特林所領導的通用汽車研究公司和杜邦實驗室合作進行。1921 年，通用汽車內部組建了一個油漆和瓷漆委員會（但是具有諷刺意味的是，很快油漆和瓷漆都被取代了），而第一輛整車使用了硝基纖維漆的產品於 1923 年開始生產。這是奧克蘭德 1924 年生產的「正藍（Ture Blue）」。

這種叫做迪科（Duco）的新型硝基漆，1925 年開始供應給整個汽車產業。當然，這種新技術還存在很多有待解決的問題，而杜邦和通用汽車的實驗室仍在繼續進行相應的研究。由於最初研製的迪科黏性較差，經常會從金屬上剝落，所以這項研發工作中非常重要的一部分就是內層漆技術的開發。迪科還需要使用天然樹脂，而這種材料數量有限並且品質不穩定；人工合成材料的及時發明使我們擺脫了對這些變動性極大的天然材料的依賴。

不管是在油漆和清漆時期，還是在之後的瓷漆時期，汽車的表面都是有色彩的，但價格相當高，並且顏色的選擇有限。迪科降低了彩色表面

的成本，而且增加了很多種顏色，這使現代的色彩與外觀設計時代成為可能。此外，迪科的快乾性解決了大規模生產的瓶頸問題，使車身生產的速度大幅提高。今天，一輛汽車可以在 8 小時的輪班中完成所有塗裝工序，而不再是油漆和清漆時代的 2 至 4 週。

讓我們僅僅考慮一下空間的節省：假如 1 天要生產 1000 輛汽車，在油漆和清漆時代的生產過程中就需要存放 1 萬 8000 輛汽車的空間（因為塗裝工序平均需要 3 週的時間），也就是 20 英畝（約 8.1 公頃）的室內空間。試想，對於現在每天 1 萬 5000 輛，甚至更多的生產速度，這意味著什麼？

從 1920 年代開始使用硝基纖維漆以來，人們一直持續它的研究工作，以改進硝基纖維漆並降低應用成本。在 1958 年，通用汽車又引入了一條新的基於丙烯酸樹脂的塗裝生產線。這同樣又是我們在實驗室裡與樹脂製造商 8 年合作研究的成果。丙烯酸樹脂漆比硝基纖維漆更持久且耐用，同時能夠生產出更多大眾喜歡的顏色。

通用汽車還在很多其他重要的變革中扮演了重要的角色。1920 年的曲軸箱通風解決了一個導致發動機磨損的關鍵問題。通用汽車於 1959 年開發的「內部」曲軸箱通風減少了空氣污染，並且於 1962 年成為產業實用技術。

四輪傳動系統和油壓輔助的發展，為汽車的安全與性能提供了極大的貢獻。他們雖然不是通用汽車的獨家發明，但我們參與了這項技術的改進工程，幫助它實現了大規模生產，並且創立了一個單獨的事業部來為我們的汽車生產這種設備。通用汽車還在動力煞車、動力方向盤以及空調裝置和其他無數汽車用品的改善過程中扮演著領導角色。

這裡要感謝成千上萬的研究人員、工程師和其他所有曾對安全、舒適的個人交通運輸付出了自己專業興趣的人們，上述的一切成果只是他們孜孜不倦的創造性工作成果中的一些精選事項。

第十三章　年度車型推出歷程

年度車型的研發與創造的過程，讓整體廠商致力於開發新技術以及拓展不同領域，提供消費者更佳的體驗。

現在，年度車型在美國人的生活中已經成為非常自然並廣為接受的一部分，以致於我認為很少有人會想到這些年度車型的背後蘊含著管理層非常龐大的努力。**我們在設計一輛典型的美國乘用車時所遵循的過程，與設計國外車型和特定地區車型的過程存在著非常大的差異。**

我們每年必須推出一系列具有先進技術和外觀設計的汽車，同時，這些汽車還要在價格上具有競爭力，且要能夠滿足零售客戶的需求。這一系列汽車必須有一些共同的外觀特點，讓它們都能具備「通用汽車的樣子」，與此同時，每一輛汽車之間也必須有明顯的區別。所有的車在價格上必須相互銜接，這也就意味著，每一輛車的成本因素與其具有競爭力的售價都必須在生產之前就經過很好的評估。

通用汽車內部除了製造工人之外，還有成千上萬員工的工作與新車型的研製有關。這些人包括了設計外觀的藝術家和工程師們、科學家、金融和市場專家、各個部門的技術人員，以及企業管理層和公司的技術人員，還有外部供應商。

要協調好這些人之間的各種活動無疑是一個非常複雜的難題。一般而言，從我們首次做出要研製一個新車型的決定，到這種車型出現在經銷商的樣品陳列室裡，中間大約需要 2 年左右的時間。一般情況下，這 2 年中所發生的事件排列主要是由車身製造的需求所決定的。車身的變化通常無疑是從前 1 年到第 2 年最重要，而車身的相關工作也占據了大部分的時間。底盤的部件當然也有連續的變化，但一般只是偶爾在某一年我們才會對底盤的所有部件整體更新，這些部件包括了車架、發動機、傳動裝置、前後輪的懸吊系統。

為了廣泛地推廣新車型，研發的第 1 年往往專門用於設計新車型的基本技術和外觀特性；第 2 年則主要用於解決將這種車型推向全能力生產所遇到的工程問題。要將其中任何一項工作壓縮到遠遠少於 1 年的時間是非常困難的。

如果我們過分壓縮確立基本風格概念的時間，那麼我們很可能會面臨將自己封閉在一個產品無法獲得零售使用者認可的危險中。而如果我們壓縮技術生產的時間，就需要付出額外的加班時間，造成庫存問題，並且可能會延誤我們能夠開始生產的時間，而這反過來也可能意味著延誤新車型發布的時間，並造成銷售上的損失。

另一方面，延長製造新車型的時間也是不明智的。當然，並沒有原則上的理由說明我們不能提前 3 年甚至 5 年來啟動改變車型的計畫，並且事實上我們確實在這麼早的時候就開始進行一些思考，然而這裡會遇到非常實際的難題，即計畫者們與他們所設計的車型將要發表並接受檢驗的市場之間的距離過於遙遠，甚至是目前採用的 2 年週期也常常給公司正確評估市場的能力施加了龐大的壓力。

我們也許可以用這樣的方式來看待這個問題：像其他汽車公司一樣，通用汽車被迫投入幾百萬美元來設計新產品，然而這個新產品必須經過很長一段時間才可以銷售。在這個過程中，客戶的品味、收入和消費習慣都有可能發生根本的變化。而在這個問題上，我們甚至不能確定這種新車型在最早構思的時候是否是「正確的」。對草圖和調查問卷的回應通常不可信賴。

市場研究的理論告訴我們，**在看到擺在面前的實物之前，汽車消費者們從來都無法知道他們是否足夠喜歡到會購買這輛車**。然而當我們有一個可以向他們展示的產品時，我們必須堅定地將這輛車銷售掉，因為將這輛車推向市場已經耗費了巨大的投資。每個汽車製造商都有因受到消費者的打擊而遭遇嚴重失敗的可能。然而，理所當然地，我們必須計畫並且共同努力來將新車型推向市場。

這種特別的合作方式是從很多年的計畫經驗中進化而來的。我已經講

述了 1921 至 1922 年期間通用汽車遇到的幾乎是災難性的經歷，而引起這種災難的原因正是由於沒有建立起一種合作方式，來保證幾個不同的管理部門共同合作執行一個新車型專案。在那之後，我們逐漸把系統和方法加到公司開發新車型的過程中。

　　1935 年，我們（我認為是）首次制訂了書面規範來管理新車型生產的過程。這規範是一個手冊，其設計的目的首先是「為獲取所需的核心資料提供一種確定和有固定程序的方法，從而能夠正確地評估所提出新產品的經濟、金融、工程和商業狀況；其次為，建立新產品從通過計畫到生產的整個過程中所涉及到的所有資訊」。這個產品的批准過程在 1946 年進行了重要的修訂，並且它的具體內容在一定程度上也在持續變化。這裡需要強調的是，這些書面的規範並不完全是規定我們的車型開發必須遵循的「時間表」。

　　儘管我剛才提到，我們的新車型開發過程平均需要的時間是 2 年，但我的意思並非說我們的每個車型從出現設計草圖到製造出來的平均時間是 2 年。舉例來說，負責外觀風格的設計人員們始終在為較遠的未來車型進行試驗性的新設計，因此在任意一個時間點上我們都會擁有數目可觀的新外觀樣式設計的資料，其中有一些比較傳統，而有一些則是比較革命性的。同時每個汽車事業部也在不斷地設計一些新的零部件，尤其是底盤。其中一些零部件可能是直接來自於實驗室和工程技術人員，或來自於零件部門，然後經過車輛部門的推敲加工使它可以在合適的時候成為新車型的一部分；另一些零部件可能完全是由車輛部門自己的生產車間和實驗室來研製開發的。

　　通常，在一個新車型的首次正式會議之前會有很多非正式的討論。例如，汽車部門的管理層和外觀設計人員會回顧過去生產項目的優勢和劣勢，研究客戶調查報告和市場分析，並且討論一系列新車型通用尺寸和外觀風格概念的組合方案。這其中的一些問題可能會提交給中心辦公室的工程技術人員和費雪車身公司以及通用汽車的主要管理層。

　　儘管關於未來車型的一些重要工作始終都是在公司內進行的，我們之

中的大多數人仍然會把一個由工程設計政策組所召集的會議看作是每個新車型項目的「開端」。讀者可以回憶起這個小組是直接向執行委員會彙報，它的成員包括公司的總裁、主席和主要的核心管理層。工程設計政策組的主席是負責工程設計的副總裁。由於這個小組給自己的定位是關注整個公司的設計政策，所以小組成員並不包括各車輛事業部和費雪車身事業部的總經理們，儘管這些人和這些事業部的主要工程師們經常會受邀來參加小組的會議，並對他們所涉及的專案評價和討論。

首次會議的主要工作是確定新車型的項目：外觀風格和相關技術的大綱，也就是說，確定這些汽車的大致外觀和尺寸特性，並且簡要指明進一步的外觀設計和各事業部開發工作的方向。

我們會加入新車型所希望的座椅寬度、頭部和腿部的空間，同時還需要考量整車外部的高度、寬度和長度。外觀設計人員會展示全尺寸外觀樣式的草圖，這樣在場人員可以對車輛的外觀、尺寸和寬敞特性有一個較為明確的認識。並且，我們通常還會與草圖一起來展示全尺寸模擬座椅排列，這個模型往往被稱為「座椅構架（seating bucks）」，這是為了模擬這輛計畫中汽車的內部情況。這個「構架」讓我們能夠模擬檢查進車門時的空間狀況、視線、寬敞程度和座椅位置。你可以說，小組的成員仔細查看了外觀設計人員提供的所有資訊。

在這次「啟動」會議所通過的一致認知的構想下，外觀設計人員逐漸為我們這一產品線中的每一種汽車，設計出一系列的全尺寸外觀草圖、全尺寸黏土模型和座椅構架。

為了實現項目所期望的目標，同時保證與加工和製造同步，在首次會議之後，外觀設計部門必須與車輛事業部和費雪車身事業部進行緊密的合作。一般而言，為每種汽車確定基本外觀是外觀設計人員的職責。換句話說，外觀設計人員為通用汽車公司所有的轎車、小汽車、金屬頂蓋式汽車、旅行車和敞篷車設計出外觀，而且通常就是以這種順序來進行設計的。

每個事業部在外觀設計部門中都有自己的工作室，這些工作室的職責

是為每種系列的汽車設計各自獨特的面貌，比如區別雪佛蘭和龐帝克系列的特點。

在項目開始的最初幾個月裡，各種黏土模型不斷變化和修改；在每個階段中，為了符合由黏土模型所提出的外觀要求，座椅排列必須進行相應的修改。很多這種變化都是在草圖和小比例黏土模型的幫助下完成的，而這些草圖和模型都是由外觀部門設計——他們試圖通過實驗得到更新、更吸引人的概念。

其間，車輛事業部和費雪車身的工程設計部門，會與外觀設計人員繼續合作研究，以期在底盤尺寸（包括了車輪支架、離地距離、輪胎面，以及發動機和驅動機構所需要的空間）上達成共識。對外觀設計部門而言，在這些基本資料上達成共識，是他們「堅定」新車型設計概念的一個必須條件。

在首次會議之後大約 2 個月，外觀設計部門會向工程設計政策組提交一個為轎車所設計的外觀設計建議方案——同時提交的還有一個全長的黏土模型和座椅構架（這個方案應該已經得到了感興趣的車輛事業部和費雪車身公司的認可）。在工程設計政策組後續至少 1 個月一次的會議中，還將陸續提交其他類型車身的設計方案；然而按照規定順序提交並不意味著最後也將按照規定的順序通過這些方案。比如說，經過一定時間的討論和修改（這個階段可能持續 4 至 5 個月）很有可能小汽車的方案會在轎車方案之前得到全面的認可。然而，至少在開始生產 18 個月之前，工程設計政策組需要通過轎車的黏土模型，從而外觀設計部門可以開始向費雪車身公司發放外觀設計設計圖。

在黏土模型通過之後，外觀部門再製作廉價的塑膠外部模型——塑膠模型對於檢查外觀概念非常有用。黏土模型不可避免地會比真車的實際樣子要笨拙，而塑膠模型經過油漆之後可以得到與真車一樣的光線反射效果，同時在安裝了玻璃窗和模擬的鉻合金之後，塑膠模型看上去確實與成品車幾乎相同。

在生產開始前大約 18 個月左右，新車型的一些成本計算具備了可行

性。汽車的尺寸和估計重量在那時候已經成為已知條件，費雪車身也開始計算生產技術成本，也就是沖模、夾具加工、工件夾具等技術工序的成本。費雪通常的做法是在工程設計政策組批准該黏土模型之前就開始估算這些成本。在這個階段，就可以對特定技術或外觀特點的銷售吸引力及其成本進行權衡取捨；如果需要，就對設計進行一定的修改。近年來，汽車的加工成本已經降低，這在一定程度上是因為通用汽車的生產能力提高了，從而能夠在很多不同的車身上應用相同的結構特點和內部面板。

當技術設計政策組、費雪車身公司和車輛事業部批准了黏土模型和初步的塑膠模型（經常是經過一些修改的）之後，外觀設計部門的工程人員們就開始製造更為精細的新塑膠模型，這些模型從裡到外都與將要離開生產線的新車型完全相同。這些強化了功能的塑膠模型最初被用於快速、經濟地建造為車展準備的汽車和其他的實驗用車。後來我們開始使用這些塑膠模型來讓我們對即將投入生產的汽車「做最後的確認」。在強化塑膠模型發展起來之前，我們不得不使用木頭和金屬的外觀模型來達到這個目的，而製作一個這樣的老式模型需要長達 12 至 14 個星期。與之相對應的強化塑膠模型只需要 4 至 5 個星期就能製作完成，這給了我們更多的時間來準備加工和模具。

在接下來 6 個月左右的時間裡，圍繞新車型的協同工作問題變得十分複雜。在最終塑膠模型的製作過程中，外觀設計部門將主要的鈑金表面設計圖和一些諸如門把手、成型部件之類的細節描述送到車輛事業部和費雪車身。得到這些資訊之後，費雪車身以最快的速度開始生產加工技術的設計，而這將從一些比較大並且複雜的部件開始，例如整流罩、門板、底面、車頂等，然後從這些部件出發向更小、更簡單的部件推進。

生產開始前的 12 個月左右，工程設計政策組必須對最終的強化塑膠模型給予一個決定性批示，然後費雪車身公司才能最終定稿加工工序的設計，並且開始準備生產。

工程設計政策組此次的認可顯示公司已經全然接受了這一系列汽車的

設計。此後，車輛事業部開始與外觀設計部門直接合作來協商一些特定的細節，例如車身成型、裝飾、儀器面板，當然還包括車前部、側面和後部的處理方案——這些將由獨立的外觀設計工作室來設計完成。這些細節同樣也會提交給工程設計政策組來獲得他們的批准。與此同時，車輛事業部將開始手工加工測試用試驗底盤，並向費雪公司提供底盤的具體設計圖。

換句話說，大約是新車型出現在經銷商陳列室的1年前，這些車輛政策中的絕大部分都已經決定了——至少如果一切順利的話應該是這樣的。工程設計政策組和費雪車身的代表、外觀設計部門和車輛事業部都已經仔細研究了完成的塑膠模型（這個模型過關）。從這時候開始，任何對模型的具體改動都將涉及到重新設計製作昂貴的沖模、一些附加的加工成本，還有嚴重的時間損失，這將意味著額外的準備和生產費用。然而有時候，這些修改是不可避免的，因為雖然經過了第1年的仔細研究，計畫方案中的建議車型仍然可能存在很多嚴重的缺陷。各車輛事業部的管理層和公司的主要主管現在要把整個系列的汽車看作是出現在樣品陳列室中，與之比較通用汽車現有的汽車系列、目前市場上能與之競爭的汽車系列。

有些車身設計在設計圖上看來非常好，並且黏土模型和首次的塑膠模型也同樣給人很好的印象，然而現在卻需要修改，這種情況的可能性也很大。儘管這一階段的設計改動可能代價昂貴，但是與最終上市後由於車型不夠吸引人而造成的銷售損失相比，還是非常值得。很多時候我們不得不面臨這種嚴峻的選擇。

這時候我們大致站在了什麼位置呢？是這一系列車型開始付諸設計的1年後，還是新車型向大眾發布的1年前？外觀設計部門已經完成了他們在新車型中的基本工作，現在已經存在了許多看上去與最終的成品車完全相同的強化塑膠模型；當然外觀部門仍在進行新座椅、儀表　面板、內部裝飾和新材料的設計工作。

然而，外觀設計部門可以暫時推遲一些關於車內裝飾材料、顏色以及

相關的決定，從而使設計史符合新產品上市時面對的消費者潮流品味。此時，費雪車身正在迅速推進製造關於技術設計圖和沖模及其他生產加工工具設計的工作。各事業部對新車型底盤的技術設計的工作基本上已經完成，底盤的原型也做好接受測試的準備了。此後，費雪車身和車輛事業部的工程人員必須在工作中緊密合作，以保證車身和底盤工作的良好協調。

產品加工階段現在已經一切準備就緒了。車輛事業部的總經理會通過工程設計政策組向通用公司的總裁提交最終的「產品規劃」。這些規劃描述了新車型的一系列特色：新車型的動態特性、車輛的尺寸、預計重量、估計成本（其中包括車間重新布置所需的費用、加工費用和設備或新建廠房的成本）。

工程設計政策組會進一步將車輛的詳細規格與目前競爭者的車型做一個比較與市場分析，同時權衡新產品的吸引力和生產所需的成本。總裁和其他工程設計政策組的成員們，也需要整體研究整個新車型的規劃。當他們通過了這個規劃時，每個部門都會開始提交撥款要求，請負責該部門的小組成員批准，請主管製造的副總裁審查，然後請執行副總裁、總裁、行政委員會、執行委員會和財務委員會批准。接著，就開始製造產品加工工具。

車輛事業部的技術設計部門現在開始大量發布新車型的零部件設計圖。這些設計圖被送到熟練技工的部門，由他們決定這些零部件應該自己生產還是購買（在某些事業部中，這將由一個「購買或生產」委員會來決定）；同時送到生產部門，讓他們準備技術流程計畫表，這個表詳細說明了該零部件加工的操作順序；還要送到標準化部門，由他們決定每項操作的直接工時定額；另外還有成本部門，他們要為所有零部件建立包括人工和材料成本的成本計畫表。

製造部門和熟練技工、現場工程部門一起，決定如何設置生產線（也就是需要一些什麼樣的新設備和新機器，以及將它們安置在哪兒）和需要怎樣重新布局工廠動線。

也是在這個時候，外部供應商和公司內部的實際生產加工也同時開始了。一旦我們最終通過了新車型的方案，我們會跟包括車輪、車架、橡膠產品以及其他很多的供應商商議，以推動他們的技術和設計工作，並且幫助他們制訂生產計畫。

在新車型上市前 7 至 8 個月的時候，費雪車身公司應該已經完成了第一個原型車身，其中包括了很多手工製作的零件。我們現在可以組裝出完整的原型汽車來進行測試了。生產之前的 3 個月，我們通常會在費雪車身的一條試驗線上為每個車型製作很多車身。這些車身是為生產沖模而製造的，因此試驗線為車身生產的沖模和加工提供了一個測試，同時也鍛煉了生產管理者。很多這種在試驗線上製造的車身被安裝在原型底盤上，用於在試驗廠和車輛事業部的工程部門進行附加測試。最終，來自試驗線的汽車可以由銷售和廣告部門用於推廣，例如對經銷商的提前展示之用。

直到新車開始出售前的 6 個星期左右，真正的生產線才投入運轉。在正式向大眾推出我們的新車型那天，我們的工廠當然在高速地滿負荷生產，成千上萬輛新型汽車也已經到了經銷商手中。新車型項目結束了，而我們也已經準備將更多的精力集中於此後 1、2 年會出現在經銷商手中的新車型上。

完整的新車型項目就這樣包括了三個階段。外觀設計階段主導了項目的第 1 年；技術設計階段幾乎延續了整整 2 年，直到大規模生產開始前才結束；設備和加工階段開始於外觀設計部門結束工作前，這個階段包含了製造一輛汽車真正需要的各式各樣具體的步驟。這裡的關鍵點或許在於整個過程的中途，也就是在第 1 年結束時，當時新設計得到了批准，而我們則在生產階段開始時「將自己封鎖了」。

這就是我們研製推出新車型的步驟和過程。然而，一旦我們為實際情況「繪製了藍圖」，我們立刻就開始改變這個計畫。**近年來，競爭環境有時需要我們設計生產新車型的時間比 2 年更短一些。與此同時，逐漸加快的競爭步伐已經要求通用汽車和其他製造商提高新設計和新技術開**

年度車型的設計時程

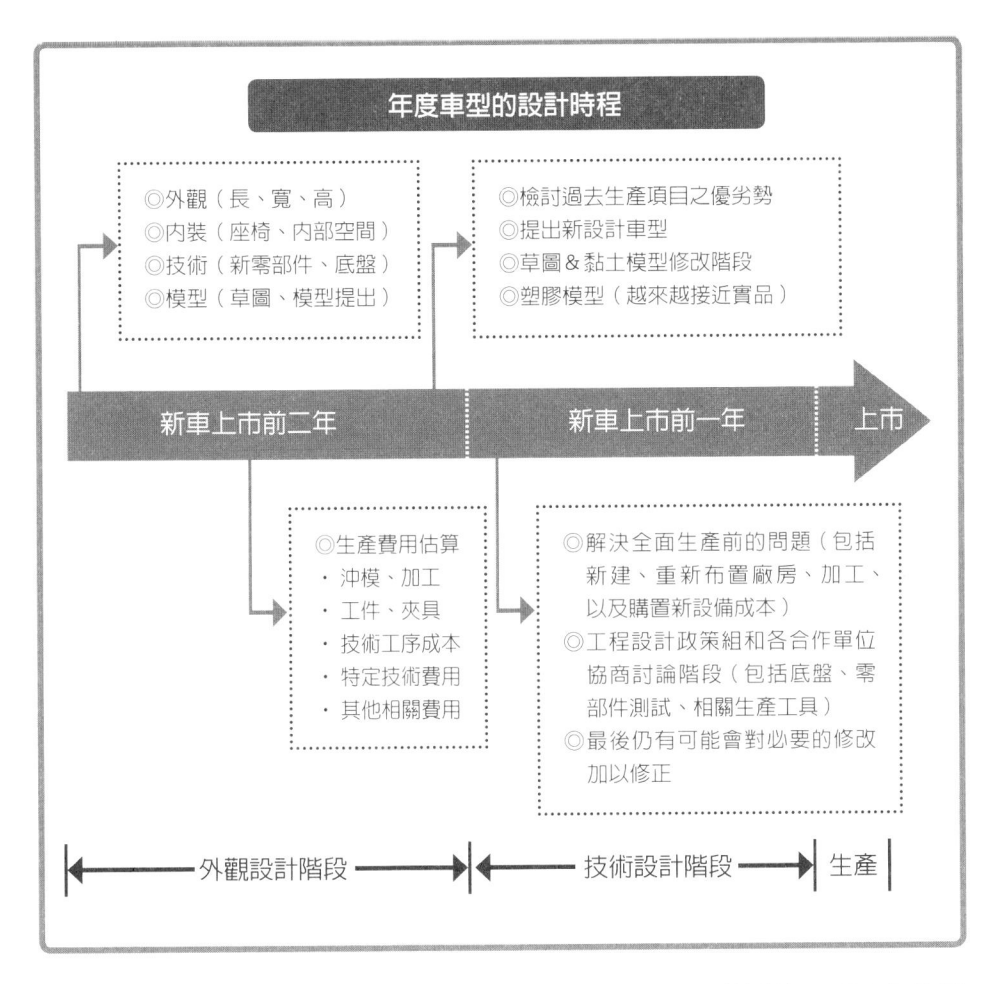

```
┌─────────────────────────────┐      ┌─────────────────────────────┐
│ ◎外觀（長、寬、高）            │      │ ◎檢討過去生產項目之優劣勢      │
│ ◎內裝（座椅、內部空間）        │      │ ◎提出新設計車型               │
│ ◎技術（新零部件、底盤）        │      │ ◎草圖＆黏土模型修改階段        │
│ ◎模型（草圖、模型提出）        │      │ ◎塑膠模型（越來越接近實品）    │
└─────────────────────────────┘      └─────────────────────────────┘

════════新車上市前二年════════╪════════新車上市前一年════════▶ 上市

┌─────────────────────────────┐      ┌─────────────────────────────┐
│ ◎生產費用估算                 │      │ ◎解決全面生產前的問題（包括    │
│  ・沖模、加工                 │      │   新建、重新布置廠房、加工、   │
│  ・工件、夾具                 │      │   以及購置新設備成本）         │
│  ・技術工序成本               │      │ ◎工程設計政策組和各合作單位    │
│  ・特定技術費用               │      │   協商討論階段（包括底盤、零   │
│  ・其他相關費用               │      │   部件測試、相關生產工具）     │
│                             │      │ ◎最後仍有可能會對必要的修改    │
│                             │      │   加以修正                   │
└─────────────────────────────┘      └─────────────────────────────┘

|◀──── 外觀設計階段 ────▶|◀──── 技術設計階段 ────▶|生產|
```

發的速度。自然地，如果一個新車型更多的部分是「新的」，那麼必然會為設計過程和產品準備帶來更大的壓力。

我們始終處於製造更新更好的汽車的過程中。儘管新車型項目從概念到實施這整個過程有很多複雜步驟都需要付出很高的代價，但這些都是值得的。現在，年度車型變化已經成為汽車工業發展中非常理所當然的一部分。

從最初的那一刻起——這要遠遠早於使用「年度車型」這個詞的時間——創造、研製新車型的過程就已經推動了汽車的進步。

第十四章 技術部門

以基礎科學研究而著稱的科學家加入工業企業，通常會顯著提高工業企業的實驗室與企業本身的士氣和聲望。

通用汽車是一個工程組織。我們的工作是切削金屬並透過這個過程使之增值。公司裡大約有 1 萬 9000 名工程師和科學家，其中 1 萬 7000 人在分公司工作，其餘 2000 人是在總公司的設計部門。通用汽車的很多高階管理者，包括我本人，都擁有工程技術背景。這很自然，因為我們始終應該瞭解，我們的進步是與技術的發展緊密相連，我們想要獲得進步，就必須永不停息地付出努力。1923 年，我在建立綜合技術委員會時提出了一個方針：**在通用汽車裡，研究和工程技術與公司業務應該處於同一個組織層次上。**

汽車產業研究與工程的永久驅動力就是加速技術進步，使科學技術的進步與產品和製造一體化，縮短研發和製造之間的時間。為了實現這些最終目標，我們很久以前就從營運功能中區分了一部分員工的職責。我們於 1920 年組建了一個研究部門，並在 10 年之後又組成了一個工程技術部門。今天在通用汽車，除了生產運作以外，我們有四個技術部門：研究實驗室、工程技術部門、製造技術部門和外觀設計部門[1]。他們相互之間以自然接近度進行組織，以一種現代化大學的氛圍共同存在於底特律附近以 1.25 億美元投資的通用汽車技術中心。

在地理上將這些部門集結起來有邏輯上的原因。他們之間有著一定的相似性——工作都具有創造性並且都涵蓋了廣泛的科學和技術問題，同時他們之間有著興趣和活動的重疊區域，這就需要很好的合作。

● **研究實驗室**

通用汽車的研究方法是長期演化發展的結果。公司中各式各樣的研究

大約在 50 年前開始。

1911 年，亞瑟・利特爾（Arthur D. Little）為通用汽車組建了一個實驗室，其職責主要是指導材料分析與測試。而通用汽車研究的主流則來自於由凱特林（和迪茲一起）於 1909 年單獨組建的代頓設計實驗室（在他來通用汽車之前），其目的是在汽車領域的發展中發揮作用。

凱特林毫無疑問是通用汽車研究工作演變過程中非常傑出的一個人。與我自己類似，很多年來他都是公司技術活動的領袖。

1912 年，在他與通用汽車開始有聯繫之前，他就研製了第一台實用的電動啓動裝置，從而開創了汽車工業的新歷史。他的其中一間公司，代頓技術實驗室，負責購買啓動裝置所需要的零部件並且開始組裝，從而使這個研究性的實驗室同時也成為了一個成功的啓動裝置製造商。3 年之後就有 18 家能夠生產電動啓動裝置的公司。由凱特林公司名稱首字母組成了一個現在鼎鼎大名的註冊商標——德爾考（Delco）。當德爾考於 1916 年和我的公司凱悅一起加入聯合汽車公司時，我開始與凱特林有了密切的接觸。

凱特林是一位世界聞名的發明家、社會哲學家、工程師，同時我也可以說他是一名超級商人，他投入了大量的時間和精力來進行各種領域的研究，這些領域毫無疑問吸引了他的興趣和想像力。在他於 1919 年加入通用汽車之前，他的實驗室已經開始了在燃燒方面非常偉大的研究工作。他的企業被通用汽車收購，並且於 1920 年與其他設計部門結合成立了通用汽車研究公司，這個公司位於俄亥俄州（Ohio）的默瑞（Moraine），而凱特林是公司的總裁。

1925 年，我們將研究公司遷移到底特律，並且將所有通用汽車的整體研究工作都歸結到凱特林麾下。凱特林於 1947 年退休，由來自奧爾茲公司的傑出工程師查理斯・麥克庫恩（Charles McCuen）接替他的

①此處和本書其他章節所論述到的組織結構，可參考書末的通用汽車組織圖。

工作。麥克庫恩延續了先進的工程技術方法，並且在通用汽車很多的重要領域裡取得了很好的研究成果，並一直持續到 1950 年代退休。

1955 年，通用汽車的研究工作進入了一個新階段，這始於傑出的核能科學家勞倫斯‧海福斯坦德（Lawrence Hafstad）成為負責研發的副總裁。當然海福斯坦德博士所接受的專業訓練並不是以汽車工程師為目標的，而且，在此之前他從來沒有跟任何一家汽車公司接觸過，他的上任反映了一個事實，就是通用汽車研究實驗室的工作重心正逐漸朝著更新、更廣的方向邁進。

今天，研究實驗室的活動主要有三個方面。首先，他們負責為整個公司的各個部門解決各類問題。研究人員可能隨時受到召喚去說明任何需要他們專業知識的地方，例如消除齒輪噪音、材料鑄件的缺陷檢測、減少振動等。其次，他們藉由解決問題實現改善了公司產品和生產的創造性。這些問題的範圍十分廣泛，包括了從傳動流體、油漆、軸承、燃料等類型，到高層次的應用研究，比如對燃燒的研究、高壓縮比發動機、冷凍系統、柴油發動機、燃氣渦輪、無活塞發動機、鋁制發動機、金屬材料和合金鋼、空氣污染以及類似的問題。第三，他們也鼓勵一些新科技的基礎研究。

近年來，科學的飛速進步已經激發了每個人的想像力，從而讓整個工業界進入了一個「研究時代」。「研究」這個詞以很多不同的方式應用於工業界：可以表示科學發現、先進技術，甚至傳統和日常的產品改進，最後一種明顯是對這個名詞的不恰當使用。要定義一種方式來區別基礎研究和應用研究是件非常困難的事情。客觀地說，沒有一種嚴格且得到普遍認可的標準來規定什麼樣的研究才能稱為「基礎研究」。而目前似乎得到廣泛認可的定義是，基礎研究就是出於自己的興趣來追求知識。從這個意義上來說，我們這個國家做得還很不夠。

解決這個問題的主要手段在於大學和政府行為，但是近些年來，私有工業在這個問題上的地位已經開始上升。顯然，這個責任的主要部分應

該由各個大學來承擔。他們擁有學術觀點、意圖、傳統、氛圍和以自己的興趣來追求知識的人才。我的個人觀點可以用艾弗雷德・史隆基金來表述——這項基金用於支持各個大學中物理科學的基礎研究項目。考察這是否是一個基礎研究項目的標準不僅僅是項目本身，同時還包括研究人員本身，即該研究人員是否根據自己的個人興趣、意願和能力來選擇他的研究專案。

同樣明顯的是，有些基礎研究所需要的獨特而昂貴的設備已經超出了大學的資源能力，顯然這種研究由政府的相關部門來組織更為恰當，例如標準局（Bureau of Standards）、原子能委員會（Atomic Energy Commission）以及美國航空和太空管理局（NASA）。

至於工業界在基礎研究中的參與問題，主要在於兩方面：工業組織內部的研究，以及在組織外部進行但是由工業組織資助的研究。首先，我認為由於基礎研究的成果正是工業界所需知識的基礎，工業界將基礎研究委託給外部的大學非常恰當，同時也是啓蒙利己主義的一種寫照。換句話說，工業界應該這麼做，因為從長遠角度來看，這將對工業界本身有幫助。我相信原則上股東和管理層會同意我在這一點的看法。

工業界應該在怎樣的範圍內進行內部基礎研究是一個非常複雜的問題，同時從某種程度上講，這個問題還有待解決。我無法瞭解工業界如何能夠適當地將注意力從自己的實際項目中轉移出來。從基礎研究是出於自身的興趣來追求知識這個觀點來看，基礎研究很明顯地並不應該屬於工業界。

然而，這並不能說明工業界完全不應該參與基礎研究。在一定的範圍內，我認為這是應該的。這裡需要一個折中。科學家主要以自己的興趣來追求知識；工業界則為了最終的應用來追求知識。然而，工業界在某些特定領域內參與基礎研究也是合乎情理的，因為在這些領域內的任何進展——雖然這只是一種投機行為——都可能會轉化為工業界的最終用途。從某種意義上講，這是一種科學復興。換句話說，工業界可能會正

當地雇用科學家來進行基礎研究，而這些研究領域與科學家們的興趣領域一致，儘管兩者各自的出發點不同。

舉個例子，一個科學家可能會說：「我的主要研究興趣在於金屬個體性質與合金性質的關係。我並不在乎這將應用在哪裡，我只是想知道為什麼會這樣。」合金的製造商可能很難給予這個科學家幫助，但是對他的研究結果卻非常感興趣。只要科學家和工業界的目的沒有偏移，他們之間要建立一種工作關係也是合情合理。折中並不在於目的，而是在於感興趣的目標領域間的重疊；科學家的「基礎研究」領域可能恰好是工業界的「探索性研究」領域。我認為這就是工業界應當參與的基礎研究的種類，因為雖然科學家的研究目的是無私的，但是對某些應用的期待是合理的。為了避免任何對研究行為可能的限制，我們同時既需要工業的方法，又需要學術的方法。

總而言之，我的觀點是：基礎研究的定義是出於自身興趣而對知識的追求，基礎研究工作主要屬於各個大學；工業界應該支持各個大學的基礎研究；工業界對於在其組織本身內進行某些有著廣闊前景的基礎研究有著特別的興趣。迄今為止，來自於基礎研究的有用成果出現的速度更快了，所以在工業企業內部的基礎研究小組成為了物理科學領域中非常有價值的智囊團。與此同時，**以基礎科學研究而著稱的科學家加入工業企業，通常會顯著提高工業企業的實驗室與企業本身的士氣和聲望。**

● 工程技術部門

工程技術部門在研究實驗室和各事業部的設計研究活動之間起了一個中間聯繫媒介的作用。他們主要研究新的工程概念和設計，並且鼓勵將其推向商業應用。

1931 年以前，通用汽車裡並沒有任何一個部門的名稱叫做「工程技術部門」。但是組成這個部門的各種職能和人員已經存在，其中的一些可以追溯到 1920 年代早期，比如 1924 和 1925 年，亨特和克萊恩在雪佛蘭事業部內逐步創建了全新的龐帝克車型，這是一種為了一個特殊的

目標而臨時組織特定人員的運作方式。1923 年成立的綜合技術委員會是向工程技術部門這一概念邁出的另一步。公司相應部門的研究工作從此以後就發生了重大變化，同時發生變化的還有設計研究工作的品質。我們的一些產品設計得非常好，而另一些則不是那麼好。我已經提到當時通用汽車的事業部間缺乏廣泛的資訊交換，或者是能夠保證這種交換順利運行的方式，也不知道綜合技術委員會怎樣才能整合研究部門、事業部的工程師以及總部的管理層來為這個目標服務。隨著我們在研製銅冷發動機過程中所得到的經驗而成長起來的綜合技術委員會，是通用汽車所有的設計研究合作的開始。

從這個委員會開始，通用汽車有了第一個常規的檢測項目。此後，通用汽車所製造的所有汽車都會在公共道路上進行測試，而之前一直沒有什麼方便的辦法，用以判定測試的駕駛員是否曾經在路邊小憩片刻，然後以超過測試計畫的速度來行駛，從而達到測試計畫所需要的里程數。曾經有一次，我們的一個工程師在一家舞廳的門口發現了一輛測試車，而這輛車的發動機處於運轉狀態——這種做法可以使里程表上的里程數達到目標。

在我們標準化和改善測試過程中，最重要的一個步驟就是 1924 年建立的通用汽車試驗場，而這個試驗場是整個汽車工業中的第一個。我們的想法是，我們應當有一片寬闊的場地，這個場地應當受到恰當的保護，並且完全封閉、對外保密。試驗場中應該能夠提供各種類型的道路，以因應各種汽車所需——從高速、各種等級的斜坡、平坦的道路、粗糙的路面，到汽車的涉水能力（這在劇烈的暴風雨中往往是必須的）以及類似的情況。在試驗場裡，我們能夠保證我們所生產的汽車在受控的情況下（不管是生產前還是生產後）都具有良好的性能。同時，我們還能對競爭對手的汽車進行綜合測試。

這個想法得到了認可，所需的資金也到位了。下一個問題是為我們的試驗場尋找這樣一個合適的場地。我們所需要的是一個多樣化的地形，

同時要位於我們蘭辛（Lansing）、弗林特（Flint）、龐帝克（Pontiac）和底特律（Detroit）的製造場地的中間位置。密西根州（Michigan）的土地有些平坦，所以起初我們很難找到一片足夠大的土地來滿足我們的各種級別的需求。然而，美國幾乎每一英尺的土地都經過了地形學家的測量，並且所有的紀錄在華盛頓都可以查詢到。我們去了華盛頓，從那裡能夠得到的地質探勘地圖中發現了一個地方，看起來可以滿足我們的需要。然後高階管理者們還有我和各個部門的工程師們一起，在這個預期的地方度過了1天。我們走遍了這片地方，中午在樹下野餐，並且最終得出結論：這片位於密西根州的米爾福德（Milford）、占地面積1125英畝的土地（現在是4010英畝），將滿足我們的所有需求。

我委派了我的一個執行助理，戴維森（Davidson），來負責建造試驗場的工作，他又任命了海爾丁（Holden）為第一位常駐經理。不久後海爾丁自己要求去奧克蘭德，科魯瑟（Kreusser）接替了他在試驗場的職位。這三個人都對這個項目的成功有極大的貢獻。

我們對土地進行了嚴格的測量；我們建立了直線跑道以用於檢測不同風速下車輛受到的影響；我們還建立了一條軌道並為其設置了圍欄，以保證車輛在時速達100公里，甚至超過時，還有可能安全運行。工程師們的辦公樓拔地而起，從而保證了與室外測試相關的室內測試的進行；我們還為工程師們提供了自己的總部大樓以及各種設備。各個事業部工程技術部門最終都配有獨立的工程技術中心和維修等相關設備，從而使他們能夠保持測試過程中的部門自治性。比如，在公司的測試之外，雪佛蘭還可以根據自己的需求來進行相應的測試。由於試驗場本身離任何能夠提供相關物資設施的市鎮還很遠，所以我們還在那裡建立了一個俱樂部會所，為那些在試驗場工作的員工提供食宿等條件。

在那段時間裡，我習慣每隔1個星期在試驗場度過1天1夜，有時候甚至還會更長。我會仔細檢查與比較通用汽車和它的競爭對手的汽車工

程設計，還會檢查末來產品的測試方式有什麼需要改進之處。因而，試驗場給我和我的同事們一個很好的機會，讓我們可以從工程的角度來認識汽車工業中正在發生什麼。在最初那個試驗場的基礎上，我們又在亞利桑那州的梅瑟（Mesa，Arizona）增加了一個特殊的沙漠試驗場、在科羅拉多州的曼尼托「派克山頂」（Manitou Springs "Pike's Peak"）增加了一個山地駕駛試驗場，並建造了修車場以及商場設施來為我們在當地的車輛測試提供服務。

這時我們應該記起綜合技術委員會，由於它所擁有的協調，以及在整個通用公司內部對工程過程標準化的職能，綜合技術委員會在 1920 年代的試驗場中扮演了一個董事會的角色。委員會還負責一些其他總部部門活動的管理工作，比如專利、新設備部門（主要負責評估由外部人員向公司遞交的新設備），以及一個國外設計研究工程聯絡部門。

然而，綜合技術委員會沒有自己的工程設計人員。在 1920 年代，影響整個公司更大範圍利益的先進設計研究工程是由研究實驗室或獨立運行事業部的工程技術部門具體負責的。經過幾年的實踐，我們形成了一種由每個事業部、子公司負責研究一些長期重要問題的機制。這些 1920 年代位於各個事業部、子公司的工程技術部門就是公司現在的工程技術部門的先驅。然而這並不是最好的安排方式，因為事業部主要負責的是該事業部製作的產品。每個事業部每年都要負責推出一個新車型系列，因此經常會遇到一些不屬於它主要職責的新問題。當你要將一個長期研究和開發項目納入這個軌道中時，你相當於給一個已經排滿任務的組織添加了新的負擔，而這個新任務未必能吸引它的注意力。對這一點的認識導致了公司總部負責工程技術的部門建立。

這個設計研究領域的巨大進步開始於 1929 年，當時雪佛蘭的亨特成為了通用汽車負責工程設計的副總裁。亨特後來接替了我的職務，成為了綜合技術委員會主席，並且接受了協調組織整個公司內部先進設計研究工作的任務。在亨特的指導下，各個事業部的先進設計研究轉變為公

司一個部門的職責。原先屬於綜合技術委員會的職能逐漸被公司其他的部門所吸收。比如，特殊產品研究小組就是為了解決特定的主要問題而建立的；產品研究小組是一個由分配到特定任務的工程師們組成的「特別工作組」。儘管大多數情況下這個小組會實際位於公司一個特定的事業部，但一個產品研究小組是公司的一個活動，並得到公司預算直接資助。高層執行團隊將會努力為汽車的設計研究發展確立方向。就這樣，我們可以確定一名有能力的工程師，並且以他為中心建立一個小組來進行研究一些篩選過的問題。

1929 年，我們為了配合雪佛蘭使用英國的佛賀，建立了第一個產品研究小組；這個小組同時也為德國的歐寶和其他一些小型汽車製造商設計汽車。之後，我們在凱迪拉克事業部（後來還涉及到了奧爾茲事業部和吉姆西卡車和長途客車事業部）建立了懸吊產品研究小組和傳動產品研究小組，在別克事業部建立了發動機產品研究小組。其中第一個小組負責研製獨立前輪懸吊系統；第二個小組為客車和大型商務車輛的相關部件研製了全自動液壓傳動系統；第三個小組負責對汽車的發動機提出很多改進意見。

隨著時間的流逝，我們將產品研究小組的工作型式（原本來自公司任務的工作，但實際卻位於某個獨立事業部內的形式），轉變為在四個重大領域內從事連續研究和測試過程的永久性獨立組織，這四個領域分別為：動力系統研究、傳動系統研究、結構和懸吊系統研究，以及新車型的設計與開發。最終，我們將這四個領域從各個事業部中分離出來，並和工程技術部門中組織在一起，稱為研發小組。這幾個小組就是今天的工程技術部門的核心。

工程技術部門與工程設計政策組之間透過負責工程設計的副總裁緊密聯繫，他既管理工程技術部門，又是工程設計政策組的主席。由於這個工程設計政策組負責制訂新車型研製過程中的主要步驟，並確定改善現有工程設計實踐的方向，他與各事業部的工程設計工作有密切的接觸。

因此，工程技術部門最好的想法是能夠直接對事業部的研發工作造成影響。我堅信，目前的組織結構保證了最快發現新的工程設計理念，並將其轉化到目前運行的汽車中。

● **製造技術部門**

按照邏輯的觀點，我們的**整個製造工作可以分為兩個領域：第一個以產品為中心，另一個則以產品製造過程為中心**。製造技術部門的工作包括推測、實驗和模型製造這些概念；當解決了問題，並證明了這些概念成功之後，它們就以改進的製造加工工具、設備和方法的形式，融入到我們的常規製造流程中。製造技術部門原則上需要處理生產製造的各個方面，包括從原材料進入工廠到成品被運走的整個過程。這個過程涵蓋了機器和工具的設計、產線布局、原材料處理、工廠維護、設備維護、工作標準、方法研究、材料利用，以及製作過程和設備的研製、最終裝配和產品檢驗[2]。這個部門的主要目標是改善產品品質、提高生產力和降低製造成本。

將這些活動集中於一個單獨的公司部門，是我們一個管理人員康克爾在 1945 年時的發想，他認為在製造領域也需要一個部門來扮演與產品研究小組在產品設計開發領域中所扮演的角色。汽車的製造正在迅速變成一個越來越棘手的過程，這個過程需要持續研究新材料、新機器和新方法。因此，設計過程中採用專家意見的方法應該也同樣適用於製造過程。而按照邏輯，這應該是一個部門的職能，並且這個職能如果由一個屬於公司的團隊來承擔，可能會比由單獨的事業部來承擔效果更好。

製造技術部門的技術工作，主要集中於其中製造開發部門的技術研究活動，這裡出現了自動化的問題。技術設計中包括了必要的自動操作。在半自動和自動的機器基礎上出現了半自動和自動工廠的遠景，這整個模糊的領域可以用一個詞來概括，那就是「自動化」，而且這種描述往

[2]製造部門還有一些包括房地產所有權管理、工業攝影、控制，以及物資供應等職責。

往難以區分科幻小說和現實製造可能性之間的差異。

在通用汽車公司，製造技術部門在這個領域中扮演了一個非常重要的角色。自動化應該達到什麼樣的程度是一個非常困難的問題，這將不得不由公司的最高決策層來決定。在這個領域，通用汽車和製造技術部門希望能夠比其他製造商表現得更為謹慎。坊間曾有一種非常普遍的看法認為「自動化就一定好」，但是經驗告訴我們，這並不適用所有的情況。

1958年，通用汽車為工程技術和科學教育家們召開的一次會議之前，當時負責技術研究的羅伯特·科里奇菲爾德（Robert Critchfield）提交了一篇論文，其中闡述了對這個問題的平衡觀點。他說：

近年來，我們都聽到了很多關於自動化的討論。在我看來，絕大部分討論所起到的作用僅僅是使很大一部分人，包括一些職業的工程技術人員，混淆了這個詞的涵義。正如你們所知道的那樣，自動化並不是什麼新東西；它僅僅是一個相對較新的詞彙，而描述的則是製造業中已經運行了半個多世紀的過程，這個過程甚至可以追溯到伊利·惠特尼（Eli Whitney）試圖為歐洲軍隊大量生產步槍的時候。我記得通用汽車35年前就已經擁有了一些自動傳送機和其他自動化生產設備，而這些都遠遠早於「自動化」這個詞開始使用的時候。我們的誤解似乎來源於這樣一個事實，即近些年的文獻中充斥著太多這樣的觀點：自動化顯然是大規模生產，它涉及到大量高度重複手工勞動的特定部件或產品的解決方案。沒有什麼比這個觀點更遠離事實了。要決定一個產品的生產技術或某個操作是否應該採用機械化，相關的問題遠遠多於重複操作的數目；它涉及到很多經濟基礎……

我們說要通過經濟手段來解決，指的是要如何為我們的資本投資提供最大的報酬這個問題；並且毫無疑問，生產一件產品需要遵循一定的規範和所需的品質要求。這種表達方式——對手工勞動和機械元件最有效的利用——希望能夠傳遞這樣一種想法，當一個生產過程或一個操作要實行機械化時，手工勞動並不需要完全消失。

在整體的自動化工廠成為一種非常有趣的可能性的同時，在降低生產

成本、建造更好的機器、改善工廠布局和設計更好的工廠這些方面仍然有許多實際工作要做，而所有這些領域正是製造技術部門做出主要貢獻的地方。

● 技術中心

1956 年，通用汽車技術中心落成，它因優雅建築和街景而聞名；毫無疑問地，設計者艾利爾・薩里南（Eliel Saarinen）和艾洛・薩里南（Ereo Saarinen）創造了一些獨特的設計。技術中心位於底特律的東北方，占地面積大約 900 英畝（約 364 公頃），離通用汽車大廈大約 12 英里。場地的中心是一個 22 英畝（約 8.9 公頃）的人工湖，周圍三邊都環繞著建築群。人工湖的北邊是研究實驗室、東邊是製造技術部門和工程技術部門的大樓、南邊是外觀設計部門的大樓，包括了一個與眾不同的圓頂禮堂，禮堂裡可以容納相當人數的小組，聚在一起來展示員工的工作。技術中心現在總共有 27 幢大樓，其中大約容納了 5000 名科學家、工程師、設計師和其他專家。南邊和西邊樹木繁茂的區域保護了技術中心不受其他房地產發展商影響而保持自己特色。這所有的一切使得通用汽車技術中心有些類似於「校園風光」的氛圍。

但是毫無疑問地，與所有通用汽車的機構一樣，技術中心的主要職能是為了讓工作能夠順利完成；而技術中心真正的不尋常之處在於，它既提供了良好的運行功能，又不失優雅。為了理解為什麼說它是通用汽車公司一項很有價值的投資（公司輕易掙回了為其所投入的 1.25 億美元），讀者就需要瞭解一些它的起源。

甚至早在第二次世界大戰結束之前，我們早期設備的不足就已經顯而易見了。那時候，公司不同部門的員工分散在整個底特律地區各種勉強湊合的地方；外觀設計部門的不幸狀況尤其令我震驚，該部門的加工產線位於古老的費雪車身大樓內，離部門總部有好幾英里。這個大樓靠近我們的重型機器——尤其是柴油發動機——製造場所，厄爾的部屬們受到噪音的迫害。而且，無論如何，他們都沒有足夠的空間。

在戰爭期間，不同的部門開始為各自在戰後年代的設施制訂計畫。在考慮研究和工程之間關係的過程中，出現了這樣一種想法，也就是為所有的技術部門專門設立並建設一個區域，「這當然意味著一些組織結構的調整」。我在 1944 年 3 月 29 日寫給凱特林的一封信中與他探討了這些變化，並第一次提出了一個類似於新的部門中心的想法：

親愛的凱特林：

我一直在思考一些能夠影響公司長遠發展和地位的問題，如果可以，我希望能夠徵求你對我所看到的一個問題的意見。

我並不是要向你提出一個關於技術進步重要性的觀點。我們都已經認知到，這是我們未來地位的基石。在公司這些年來的研究活動中，我們在科學和工程之間找到了不可思議的平衡，我感興趣的是，是否我們現在擁有的這種不可思議的平衡能夠並將會持續……如果要我大膽提出一個觀點，那麼我傾向於認為，從現在開始的 10 到 20 年中，通用汽車的研究將會比現在更加注重科學領域……對於這個「科學領域」，我……（指的是直接與我們感興趣的領域）相關的問題，或者並非直接的，但也與工程這個詞通常所代表的意義完全沒有關係。

現在我腦子裡出現的是你經常向我提出的一點（當然我也贊同），也就是在縮短產品研究開發和工程設計的結合，這一過程所遇到的困難以及這一過程的重要性……

這些年以來，為了加快我們產品的設計研究開發進程，我已經嘗試了很多不同的方法。首先，將一種特定前向裝置（例如同步嚙合傳動 synchro-mesh transmission）的開發全權交給某個事業部的工程設計部門……你知道，其結果是我們建立了在總部工程設計部門領導下的產品（研究）小組……透過這樣的方式，我們可以使公司的工程設計達到實用的程度，此後，產品就可以由技術或生產的方式來處理，具體的情況會決定……

我相信，我們應該在公司副總裁中設立專人來負責設計研究開發……有一個適當、可信任的核心工程活動來研究汽車整體發展……

讓我來將這項活動的實際發展表述得更形象化一點：這個組織將位於

底特律的附近，而不是外圍。試驗場③……可能會距離太遠，不便聯繫……我相信這樣一個組織……將會有助於縮短我們研製產品和繼續進展研究工作的時間……

……這裡不需要以任何方式更改工程與科學領域的合作，這正是……現在正在進行的研究工作……而如果未來我們研究工作的趨勢是更重視科學領域，那麼我們應該有一個組織來彌補這一過失……

凱特生用一個具體的計畫對這個建議做出了回應，該計畫擴張了研究設施，並將所有這些設施（除了機床、模型產線）都搬遷到一個新的廠房。1944年4月13日，我給亨特寄了一封信，包括了這些要點：

首先，我認為我們都同意……不管我們可能需要付出多大的代價，與我們將會從中收穫的相比都將是微不足道的……畢竟，增加設備的需求也應該算是我所稱為的終極需求了……我們只能出售……健全的、顧客需要的，並且技術上領先的產品。

第二，我確信我們的研究工作需要增加設備（同時）……目前的設備不僅不足，而且與我們想要的相比，這一分布很不合理。我絕對反對把更多的錢花在與現在相同類型的事情上……因此，我相信這個計畫是可行並且必須的，也就是建立一個全新的場所，當我們展望明天的時候，在那裡運轉情況將會變得更加協調有序……。

我總結了這封信的內容，為凱特林的建議提出了一個修改意見，並且建議：

讓我們建立這樣一個組織，可以稱之為：通用汽車技術中心

……我提到的這個技術中心將會包含凱特林提出的擴展的研究活動，還應該包括哈利・厄爾的車身設計以及其他與擴大的產品活動相關的、類似於我們現在正在底特律所進行的……

到1944年底，我認為這個建議已經到了可以提交給行政委員會討論並通過的時候了。我引用了1944年12月13日委員會會議的紀錄：

---

③位於米爾福德（Milford），密西根州（Michigan），底特律西北方42英里處。

史隆先生向小組提議，應該形成一個計畫，根據這個計畫，公司將在底特律的鄰近地區建立一個技術中心，這與公司提高技術地位的政策一致。他指出，這個計畫目前處於試驗性階段，完整的資料將會在稍後提交。他建議，這個中心應該包括現在由研究部門和藝術色彩部門所進行的活動；同時為工程設計研究提供設備，這個工程設計研究與目前由中心辦公室的工程技術部門所進行的產品研究類似，而現在這些研究工作既不是由專門的研究部門來開展，也不是各個事業部的工程研究小組所開展的獨立研究工作。

委員會主席徵求意見時，出席會議的相關人員都表達了自己對這個建議中的技術中心的支持和濃厚興趣。

而當時還存在一個相當大的問題，即這個技術中心的選址。經過一些討論，大家形成了共識，技術中心應該遠離人口密集的市區、但要靠近鐵路、距離通用汽車大樓大約 25 至 30 分鐘車程，並且鄰近住宅區。同時達成的共識還有，每種活動應該保留各自獨立的個性。1944 年 12 月中旬，我們在研究中心附近的位置找到了一塊滿足我們各種要求且面積合適的土地，位於底特律東北沃倫鎮（Warren）9 號地區的西半邊，所有相關的人員都同意在這個地方建設技術中心。

這時還存在一個問題，就是我們應該採取什麼樣的建築和審美標準。哈利・厄爾一開始就主張我們應該建造一座標誌著成功的建築，並且該建築還應該擁有與眾不同的特色。很多其他的設計者認為，任何對高審美標準的強調都有可能會對中心的實際運作有害，所以他們希望通用汽車自己來設計和計畫這個項目。大約在這個爭論的過程中，我恰好參觀了剛剛完工的底特律乙基公司實驗室，那些漂亮的建築給我留下了深刻的印象，於是我開始更傾向於厄爾的觀點。

很多人對一個著重美學觀點的技術中心表示了關注，這其中也包括拉馬特・杜邦。他的看法非常恰當，他表示除非自己對特定的觀點表示滿意，否則他將無法完成作為一個董事的責任。我於 1945 年 5 月 8 日

寫信給他，闡述了保留外觀建築的好處，5月17日他回信給我，對這個觀點表示滿意。他在信中這麼說：

完整的布局和對準備工作的闡述給我的印象是，美學處理的問題，或者我想將其稱為「裝扮這個地方」，從一開始就是一個非常重要的因素。我對另一種觀點有了疑問，一個專案中，唯一的目標是得到技術結果，那麼外觀的事情就不重要了。正是由於有了這種想法，在給予評論時我支援了建築公司提出的布局規劃設計方案，儘管根據我的思維方式，將這個規劃設計交給一家工程公司或通用汽車的工程師會更為合適。

我從你的信中推斷，公司並沒有允許外觀方案影響技術或者為整個專案增加可觀成本的目的。有了這兩個保證，關於這個專案我所剩下的唯一問題也得到了回答。

我們請厄爾本人為我們的技術中心來設計合適的建築。他參觀了很多先進的建築學院，也吸收了在這個領域內其他專業人士的意見，最後發現，事實上每個人都給出了同樣的推薦。選擇薩里南來設計技術中心並不是一個困難的抉擇。

到1945年7月，我們已經有了建築物的初步設計方案、詳細的比例模型，各個大樓的透視圖。7月24日，我們公開宣布了這個項目，並得到了新聞媒體廣泛、良好的評價。到了同年的10月份，各種建設物資已經大致完成了等級劃分工作，並得到了完全的防護。

興建時有兩個原因影響了大樓的建設，導致延期：首先是從1945年秋天一直延續到1946年3月的戰後大罷工；其次，是由於戰後市場的繁榮，我們發現當時最需要進行的工作是擴張生產設施，這一需求遠比建設任何大樓，甚至是技術中心都要迫切。

1949年建築工程繼續進行，1956年技術中心正式投入使用。我很滿意當初的這個合理而令人高興的決定，正是這個決定為我們的技術天才們提供了這個既美觀、功能又齊全的技術中心。

第十五章 外觀的變革

外觀的設計由早期以工程設計為導向的出發點，逐漸轉變為以消費者的喜好為考量，是以市場需求為主的商業考量。

年度車型的演變以及汽車設計的高度藝術化，造就了近年來外觀在汽車市場上的顯著地位。在汽車工業裡，是通用汽車率先於 1920 年代末將外觀設計作為一項有組織的活動而開展起來的。自 1928 年以來，公司的外觀設計和工程設計部門在持續的互動中逐漸融合，並造就了現代通用汽車的風格。

直到 1920 年代，在汽車工業起始的 30 年間，工程設計主導了整個汽車的設計過程。亨特在給我的一封信中總結了這種背景：

最初的時候連舒適性都只能位居第二位，而樣式、經濟性等因素即使得到了考慮，也沒有多少比重……工程設計吸引了全部的注意力，工程師通常居於設計的主導地位，甚至會固執到要求不允許更改他們的一筆一劃的地步。他們毫不顧及製造的可行性以及維修的方便程度，也不關心這些相關活動所需要的時間和金錢。甚至廣告和銷售部門都曾大聲要求工程師們考慮一下汽車上的什麼特色能夠成為賣點……

1920 年代之初，我們一共有兩種工程師，分別為：產品工程師和生產工程師，他們之間的關係有些緊張。生產工程師主要在解決大規模生產創造技術時所面臨的問題，這使生產工程師們非常希望能阻止產品的設計變動。因為即使是些微的設計變動也能讓他們非常頭疼。

但是，到了 1920 年代中期，產品工程師開始感受到銷售部門的影響，從那時起，儘管仍然主要從純粹的工程設計出發，但是他們也會開始考慮與市場相關的因素。隨著時間的推進，產品工程師們將他們的技術水準提高到了如此高的地步，以致於他們設計出的東西，不僅僅是極好的

作品，而且還非常成熟──相對於現在的汽油機汽車而言。於是，他就開始將他的大部分技能運用到外觀設計上去。

今天的消費者已經認識到了這一點，他們理所當然地認為不同的汽車在不同地方會有自己獨特的優勢，因此他們在購買的過程會受到外觀差異的強烈影響。當時，汽車設計並不是單純的時尚，但是，說巴黎裁縫的「金科玉律」已經成為汽車業中的一個重要考慮因素則一點都不為過，忽視了這一點的企業都慘遭不幸。

作為一個生產者，通用汽車和這種產業趨勢以及消費者期望保持了一致。二戰結束的時候，我們預測一段時期之內，產品的吸引力將主要來自於外觀、自動傳動和高壓縮比發動機，並且吸引力的優先順序也是如此。儘管當時我們無法估計這個時期有多長，但是後來的市場表現驗證了我們的判斷。

決定每種車型應該進行多大程度的外觀變動是一件非常棘手的事情。新車型的變動應該足夠新穎、有吸引力，從而能夠創造出需求，為公司帶來新價值。

換句話說，新車型的引入必須要達到能夠讓消費者對舊車型產生一定程度不滿的目的，但是與此同時，又要保證當前車型和舊車型在二手市場上也能夠具有足夠的吸引力。此外，通用汽車的每條產品線都應該擁有獨特的外觀，從而使每個人一眼就能分辨出雪佛蘭、龐帝克、奧爾茲、別克和凱迪拉克。每條產品線的車型設計都必須在各自的細分市場上具有足夠的競爭力。

為了滿足這些複雜的外觀設計要求，需要精湛的技術和敏銳的藝術感作為後盾。通用汽車擁有超過 1400 名從事這一領域工作的外觀設計部門的員工。

大規模生產為外觀設計帶來了一些限制。向市場導入新車型的巨額成本──有幾年甚至超過了 6 億美元──迫使我們必須對每個車型變更建

議所涉及的成本權衡再三。**通用汽車在同一基本車身上採用通用件作為主要結構件的方式，在一定程度上降低了機械重新整備的成本。我們還儘量將車型的主要設計變動頻率限制在 2 到 3 年一次的程度，這進一步降低了工裝成本。**

外型設計人員對設計的控制力度可以根據幾個因素進行衡量。他們和汽車製造事業部、費雪車身事業部以及工程師們之間存在著互動關係；他們的工作必須和工程設計政策組的決策保持良好的協調。儘管過去的新設計必須服從汽車製造事業部所制訂的工程限制，但是現在對他們的評價更多地是從吸引眼球的角度出發。在外觀設計必須遵從大規模生產要求的同時，工程設計和生產也需要遵循外觀的需求。

美國早期汽車各種各樣的零部件之間，存在著一些固定的關係，而製造商多年來一直墨守陳規，比如散熱器必須和前軸保持一致，後座椅必須安置在後軸的正上方，這些決定了那個時期的汽車高度，因此那時的老式汽車必然非常高。但是，直到 1920 年代中期之前，當敞篷車還是汽車業的主流時，這些關係都還無足輕重。

敞篷車是一個令人非常滿意的設計方案。1919 年裡製造的汽車有 90% 是旅行車或跑車。旅行車看起來非常乾淨俐落，它的車身表面非常光滑、車門齊整、有著高聳的加長引擎罩，這些都是旅行車最顯著的特點。它所代表的時期，正是將汽車主要用於運動和娛樂的時期，而不是用於日常和通勤的時期。

當然，它所面臨的主要問題就是天氣問題。最近 20 年的時間裡，我們使用橡膠雨衣、帽子、圍毯和其他臨時替代用品來保護自己免受天氣的侵害；但是，不知道出於什麼原因，我們花了很長時間才認識到保持車內乾燥的方法就是將天氣的威脅拒之車外這一事實。隨著封閉型轎車的發展，外觀設計逐漸得到了人們的重視。

通用汽車 1921 年的產品計畫專案強調了「外觀在銷售中極其重要的

意義」。但是，直到 1926 年轎車日漸成爲產業的主流時，我才首次務實地考慮外觀設計的問題。

當時轎車的外觀與消費者的需求還有相當大的差距。汽車在發展的初期是一種優雅的代表，當時的汽車由手工製造，並且還遺留著馬車的風韻。然而，這一時期早已過去，幾乎已經被人們所遺忘。發展成熟的敞篷車已經過時了。新型的封閉轎車車身較高，模樣笨拙，車門很窄，而且在已經很高的車篷上還有一道帶狀線（位於窗子和車身下半部之間）。通用汽車 1926 年的車型大概有 70 至 78 英吋高，或者更高一些，而 1963 年的車型則只有 51 至 57 英吋高；而且，由於車身和框架並不重合，因此它們顯得非常狹窄——1926 年的車型只有 65 至 71 英吋寬，而 1964 年的車身則大概 80 英吋寬。

儘管做工與品質精良，但是它們的車身高度卻不具有吸引力。與此同時的狀況是，由於發動機效率提高，汽車的速度也越來越快，因此車輛重心若是越高，危險就越大。

這些汽車之所以笨拙部分原因出自於設計過程。當時車輛生產主要分成完全獨立的車身的生產和包括部分影響外觀的零部件在内的底盤生產兩部分。通用汽車的汽車製造事業部就是將底盤的設計製造與車身、擋泥板、踏板、引擎罩等完全分開來；費雪車身公司當時設計、製造的車身包括車身、車門、窗戶、座椅和車頂，它們也都是獨立製造裝配的。這兩部分的相互獨立在成車的最終外觀上也得到了體現。

1926 年 7 月 8 日，我給別克總經理巴塞特的信中表達了我對外觀項目必要性的整體觀點：

親愛的哈利：

……對於我的第一輛凱迪拉克……爲了讓車子和地面的距離儘量近一些，我選擇了小型金屬輪。作爲一名汽車人，我一直都不明白爲什麼我們會這麼明確地不願意從增加車型外觀吸引力角度出發做一些事情。克萊斯勒在推出新穎車型的時候顯然充分發揮了這一理念，我認爲他的巨

大成功……就是因為做了這件事。儘管緩慢，但是我們肯定正在……逐漸降低我們的車輛與地面的高度……當然，在一定程度上這是個機械問題，但是無論如何，它也涉及到外觀問題。

我確信我們都已經瞭解到……外觀和銷售的關係；在所有車輛的機械狀況都很不錯的情況下，外觀就成為了決定購買意願的最關鍵因素。像我們這種個人意願對最終選擇起很大作用的產品，就意味著對產品特點的巨大影響。談起車身設計，我相信無論從哪個方面來看，費雪車身公司的品質、技術和構造都受到很大的認可。它們的優勢不言自明……

但是，儘管如此，仍然出現了問題：從設計美觀、線條和諧、配色方案魅力、設備整體輪廓等方面來看，我們是否足夠先進？我們在這些方面的優勢，能否和我們在技術以及其他機械成分偏多的產品上的優勢一樣明顯？這就是我提出的問題，我相信這是一個非常基礎性的問題……為了美化外觀，我們已經從車身上去掉了一道非常重要的線……

我在這封信最後一行所提到的舉動開創了外型設計的歷史。凱迪拉克當時的總裁勞倫斯·費雪對外觀重要性的觀點和我一樣。他在國內四處走訪了一些經銷商和分銷商，加州洛杉磯的李堂（Don Lee）就是其中一位。除了銷售汽車之外，他還擁有一家訂製車身的商店，這個商店為好萊塢明星們和其他加州富人們提供特製車身，並安裝到各種美國產和外國製造的底盤上。

費雪被這些由加州製造的車身和外型深深震撼住，並且專門拜訪這家訂製車身的商店。也就在那裡，他遇到了年輕的首席設計長兼總監——哈利·厄爾（Harley J. Earl）。

哈利·厄爾是馬車製造商的兒子，曾在史丹佛學習；他在他父親的馬車商店裡接受了訓練，後來李堂收購了這家商店。費雪從沒見過他那種做事方式：首先，他使用黏土鑄模而不是傳統的木模來製造各種汽車零部件，並手工製作各種金屬零件。

不僅如此，他甚至還會自己設計整輛汽車——他處理由車身、引擎罩、擋泥板、前燈、踏板的造型設計，並將它們組裝成一輛漂亮的汽車。這

也是一種新穎的技術。費雪看到厄爾藉由截斷車輪基座並插入一段材料而延長了前後輪間的距離，最終完成的又長又低的訂製車身受到很多明星的青睞。

這是一次非常重要的會面，因為費雪對這位年輕人才能的興趣最終影響了從 1920 年代末至 1960 年代期間汽車的外觀——這一影響超過了 50 年。

費雪邀請厄爾東行前往底特律加入凱迪拉克事業部。費雪構思了一個項目：設計一種在品質上與凱迪拉克家族基本一致但是價格便宜一些的車。我們認為這種車存在著不斷成長的市場。我們的辦法就是採用新理念來設計：即從美化外觀、減少車身上明顯的角度、降低車身高度的方向出發來統一處理各種零件。我們希望得到一種與當時訂製汽車一樣漂亮的量產車型。

於是，哈利‧厄爾與凱迪拉克簽訂了特殊的合約，並於 1926 年初來到底特律成為了費雪和凱迪拉克事業部的顧問。他和凱迪拉克的車身工程師共同努力設計新車。這就是我給巴塞特的信中提到的那款車，當時它還處於設計階段。這款名為 La Salle 的車在 1927 年 3 月初次亮相就引起了轟動，並成為了美國汽車工業史上一款重要的車型。

La Salle 是第一款由外觀設計人員主導設計，並在大規模生產中取得成功的車型，與 1926 年別克轎車的對比可以看出這次新設計的效果。La Salle 看起來更長、車身也更低，它的「飛翼」擋泥板比以往的擋泥板都要深；邊窗的比例重新分配了，側線也換了一種造型，各種直角和銳角也圓滑處理過，再加上其他的設計細節，最終我們發現它的整體風格正是我們所追求的。

厄爾的工作給我留下了深刻的印象，以致於我決定請厄爾也在通用汽車的其他事業部中發揮他的才能。

1927 年 6 月 23 日，我採納了執行委員會提出的，關於建立一個專門部門來研究通用汽車產品中藝術和色彩組合問題的計畫。這個部門

將由50個人組成，其中10個是設計師，其他是工人、職員和行政助理。我邀請厄爾負責這個被我們稱之為藝術及色彩部（Art and Color Section）的新部門。厄爾的職責就是指導量產車身的設計工作並管理特殊車身設計的研發專案。

儘管這個部門從費雪車身事業部獲取資金，但是我們仍然將它看作是總部的一部分。我當時很關心這個部門和各個事業部之間的關係，並且感覺到厄爾需要得到支援和威信——就像凱迪拉克事業部總經理費雪曾經給予他的那樣的支持與威信。

於是，作為公司執行長，我向厄爾提供了我的個人支援。他曾經向我講過一件往事，當他在通用汽車開始工作時，我說：「哈利，我認為在我能夠看出他們怎麼與你合作之前，你最好先為我工作一段時間。」我希望在費雪和我的支援下，這個部門能夠很快得到各個汽車製造事業部的認可。

厄爾必須處理的第一個問題，就是尋找計畫中所需要的設計師。1927年還是有一些汽車外觀設計人員，比如紐約拉巴倫有限公司的雷‧達特里奇（Ray Dietrich）和拉爾夫‧羅伯茨（Ralph Roberts），1920年代末分別任職於美國默里有限公司和布里格斯（Briggs）製造公司；還有位於康乃狄克州布里奇波特市（Bridgeport）的自力機關車製造公司（Locomobile）的威廉姆斯（Williams）和理查‧伯克（Richard Burke），還有其他一些設計師。

但是，當時並沒有固定的設計師職業或相關的教學，吸引年輕人去從事高級汽車設計的工作。

藝術及色彩部成立後不久，費雪和厄爾就準備動身到歐洲考察汽車設計——當時很多歐洲車在外觀和機械性能都比美國車要好，但是它們的產量相對較小。我突然想到吸收外國工程師可以提高我們這個新部門的水準。1927年9月9日，我給費雪寫了一封信，建議他考慮這個措施的可能性：

考慮到您和哈利·厄爾即將出國考察，不知道和大洋彼岸那些能夠為我們的藝術和色彩工作做出貢獻的人們建立聯繫，是不是一個建設性的想法？

　　起初我覺得這個想法不可行，因爲我認知到不同地方的人可能會有不同的出發點，或者其他的差異。但是，我進一步想到，未來的一個重要問題就是讓我們的車型互不相同，並且每年都有所變化。儘管我們已經認知到哈利·厄爾在這方面的卓越才能，但是必須承認，即使如此，考慮到我們業務範圍的廣泛以及各種可能性之多，我們還會需要更多有才能的人加入我們的工作……

　　厄爾不斷從歐洲帶回一些汽車設計師到他位於底特律的工作室。與此同時，通過多年的努力，他設立了一所美國汽車設計師學校。設計外國車和美國家用車是兩個不同的問題。歐洲車的行李廂通常很小，甚至沒有行李廂，通常是兩座或四座，對經濟性的要求也不一樣。馬力稅和燃油稅之高，導致歐洲車型設計傾向於小功率發動機以及燃油方面的高經濟性；而美國市場則要求更大、更強的發動機，能夠容納更多的乘客，行李廂也要儘量大，要足夠滿足長途駕車旅行之需。**效用方面的根本差異導致了歐美車型外觀設計的極大差異。**

　　儘管 1927 年 La Salle 車型得到大眾很高的認可，但是通用汽車內部接受藝術和色彩部的速度卻依然很慢。以致於一些負責生產和設計的管理人員，對一開始汽車外觀設計師提倡如此之大的變革時都大吃一驚。銷售部門也有自己的擔憂，難道汽車的外觀看起來就要差不多了嗎？

　　1927 年 12 月 5 日，銷售部總監科瑟（Koether）寫道：「有幾個人向我表示一定的擔憂，即如果公司產品的藝術和色彩都交給一個人來負責，那麼未來通用汽車的產品多多少少都會太過相似……」我給科瑟回了一封信：

　　……新部門的建立工作還沒有徹底完成，但是如果有辦法，我將盡我所能來影響這個項目。這個項目將會爲我們提供一個具有藝術設計

能力的部門，它的營運將由一個人來負責，與此同時，它還將擁有足夠的設計人員來保證藝術的多樣性。

厄爾先生對他所面臨問題的評價非常客觀，他認為以該部門現有的能力，幾乎不可能保證公司每年八、九種車型的設計修改工作能夠修改得更好、更有藝術性，而且還能保證造型的差異性——至少他自己一個人無法完成這些事。在我們看來，這個部門還應該承擔配色設計和裝飾的責任。但是，過去的一段時間裡……很多事情還沒來得及做。

另外，我個人認為還應該或多或少地設立一些規模較小、功能類似的單位，從而保證公司內部的競爭氣氛……

事實證明，這種事業部式的做法是不可行的。但是，我們堅持認為需要在外觀設計部門中再設立一個工作室，以為各事業部提供服務。

銷售是關係到藝術及色彩部取得認可程度的另一個決定因素。

市場反應已經逐步明朗。新的配色在克萊斯勒的銷售中已經取得了好成績，而且在其他採用了這一理念的地方市場反應也很好。我們啟動藝術及色彩部的那一年，也就是1927年，同時也是福特T型車結束其職業生涯的一年。作為一個時代結束、另一個時代來臨的標誌，外觀設計就這樣踏上了歷史的舞臺。

1927年9月26日，我在給當時費雪車身事業部總裁威廉・費雪的信中這樣寫道：

總的來說，我認為車身的奢華程度、外觀和配色的賞心悅目程度，以及與競爭對手的差異程度，將構成汽車的主要吸引力。通用汽車的未來就完全取決於這些吸引力。

公司內部在利用「美麗業務室（beauty parlor）」——有時他們這樣稱呼藝術及色彩部——方面的猶豫正逐漸得到克服。藝術及色彩部第一份凱迪拉克事業部之外的工作來自於雪佛蘭的亨特，他對藝術及色彩部在公司內部建立威信方面也提供了很多幫助；工作內容是對1928年的雪佛蘭進行翻新。

從大眾的角度來看，第一輛完全由藝術及色彩部完成外觀設計的車型

是一個極大的失敗作品——也就是 1929 年的別克。該車於 1928 年 7 月引入市場，很快就被大眾戲稱為「懷孕的別克（pregnant buick）」。這輛車上有很多在當時其他車子上都不曾看過的先進設計。

不過，過低的銷售數字顯示這種過於先進的設計還未能得到大眾的認可，因此在公司準備好替代產品之後，這個車型就立刻停產了。這個車身設計上的爭議之處，主要在於緊貼著側腰下方有一個輕微的突起，或者說一些捲曲，並且這個突起的設計從引擎蓋開始繞著整個車身一圈。實際測量時顯示，由於這一彎曲部分的設計使車身擴大了一又四分之一英吋。這一外觀設計的失敗表明，這樣的品味僅和那個特定的時代相關。

現在我們通常允許車身上留有 3 至 5.5 英吋的突起。1929 年「懷孕的別克」就是一個經典的例子，它顯示大眾通常傾向於接受逐漸的變化，而不是過於激烈的變化。

對此事件，厄爾有一種藝術家的解釋。他在 1954 年說道：

……我設計的 1929 年款別克，在側腰地方有一圈輕微的突出。不幸的是，在投產時由於操作的原因，工廠將這塊側鑲板的位置後移了一些，而且在高度上也高了 5 英吋，其結果就是我原來設計的弧線在兩個方向上都被移動了，讓這道線的位置非常彆扭，效果也很差。

當時的外觀部與其他事業部的關係還沒有像現在緊密配合，因此直到我後來看到汽車成品的時候，才知道發生了什麼事。當然我像一隻文圖拉海獅那樣大聲咆哮，但是這已經太晚了，根本不能阻止顧客們將它命名為「懷孕的別克」。

長期以來，藝術及色彩部占據著底特律通用汽車大樓附屬建築中四分之一的面積，工作區的關鍵就是黑板廳。費雪車身以及各個車輛事業部的高級管理人員們都來過這間黑板廳。高級管理人員和設計師、工程師、木工、黏土模工等都討論得非常熱烈，並對黑板上的設計方案指指畫畫、做出比較。黑板周圍是黑色的天鵝絨幕簾圍繞著，與黑板上白色的車身線條構成了強烈的對比。

在1930年代這種催人奮鬥的氣氛中，你會發現很多人圍繞在黑板的周圍，比如雪佛蘭的努森、奧克蘭德（龐帝克）的艾弗雷德・戈蘭西（Alfred Glancy）或歐文・路透（Irving Reuter）、奧爾茲的丹・艾丁斯（Dan Eddins），和別克的愛德華・斯特朗（Edward Strong）、凱迪拉克的費雪，或者他的一、兩位來自於費雪車身公司的兄弟們。

在藝術及色彩事業部的「銷售廳」裡，我們都是櫥窗購物者。他們提出新設計、展示新概念的草稿、推銷他們的進展；隨著時間的流逝，這些計畫的可行性日益增強。隨著公司內部贊同這些理念的人日益增加，新的事業部客戶也逐漸成熟起來。

而且，我們還更進一步雇用了一些女性汽車造型設計師來表達女性的觀點。我相信我們是最先採取這種做法的，而且今天我們的女設計師人數在業內也是最多的。

哈利・厄爾和他的部門的主要問題之一，就是要先將他們的工作範圍固定到幾個特定的汽車造型專案上。如果當時有人瞭解汽車外型將如何演變或者應該如何演變，我們就會隨著年度車型項目的要求而逐年地對車型進行連續地改進；同樣地，也就可以引導消費者們為更加激烈的造型做好準備，這樣就有可能避免1929年別克、1934年克萊斯勒「氣流型」車（這輛車的造型過於流線型）發生的巨大失誤了。

哈利・厄爾對汽車外觀設計走向非常有信心。他在1954年這樣說道：「我這28年來的主要目的就是加長和降低美國汽車的外型——有時確實降低了它的高度，或者至少讓它看起來比較低。為什麼？因為我關於比例的感覺告訴我長方形遠比正方形更具吸引力……」

在這個造型發展的主線之外，還有一條副線，即將車身上的突出物整合到車身內部去。自藝術及色彩部建立以來，厄爾和他的事業部的主要成就都是圍繞著這兩條線。1930年，我將藝術及色彩部更名為外觀設計部。在汽車產業的術語中，大家逐漸都把車型的樣式稱為「外觀」，

相應的設計帥就是外觀設計師。

　　1933 年的車型，是最初被稱之為雪佛蘭 A 型車身再融入一些重要的修改。車身在各個方向上都有所擴大，以包容所有難看的突出部分和底盤的露出部分；被設計工程師們稱之為「海狸尾（beaver tail）」的設計蓋住了油箱，散熱器被包在了水箱罩（grille）後面。1932 年的車型用弧線風擋代替了傳統的外置遮護裝置，而 1933 年的車型中，擋板——從門底到踏板之間的面板，只是起到遮蓋車架的作用——的高度得到了縮減。最後一步就是添加了葉子板（fender skirts），它可以避免擋泥板下的泥漿凝固結塊。

　　厄爾試圖降低車身高度的工作，引起了工程設計上的問題。正如我所指出的，20 世紀早期的汽車車身並非像現在這樣降低到前後輪之間的設計，而是直接安裝在車軸上面，因此與地面的距離非常高，所以必須要有擋泥板或踏板才能上車。

　　厄爾試圖拉長前後輪的距離，並且希望能夠將發動機移動至前輪的前面或上方，從而可以降低車身框架和車身的高度，直接讓乘客們坐在後輪的前面，而不是正上方。但是，如果車身降低到這種程度，就引出了一個如何放置傳動系統的問題。工程師們持不同意見，他們認為加長車身將增加重量，而且改變發動機的位置將改變傳統的配重方式，從而引發一些新難題。

　　解決這些問題的方法有很多種：其中一種就是「降低框架」，即將框架插入到車軸之間。藝術及色彩部就如何降低車身的高度進行了一次生動的演示。有一次，他們在一個檯子上用傳統的方式組裝了凱迪拉克車身和底盤；然後，幾個工人將車身從底盤上抬下來，並用乙炔焰將底盤框架切成了幾塊，再按照某種方式將框架焊到一起，車身高度降低了 3 英吋！最後他們將車身又裝回到改裝後的底盤上——不僅車身降低了，而且看起來更漂亮了。

車頂也引起了外觀設計師的注意。通用汽車的車身仍然使用木質主體框架配以薄金屬包裹表面，但是車頂除外。車頂的中心位置是一塊合成橡膠，它與周圍的金屬板連在一起。但是，這種結構所積聚的雨水、灰塵以及其他東西會導致車頂逐漸損壞——在含鹽量較高的地方，這個過程更會加速。費雪車身當時正承受著尋找可靠替代品的壓力。而且，外觀設計師們從心裡壓根就厭惡這種「一半一半」的車頂造型。

當鋼鐵工業的現代高速帶鋼軋機技術成熟並出現了第一批 80 英吋寬的鋼板之後，我們才具備了製造單片車頂的能力。公司很多人極力反對這項革新，有些是汽車界的老前輩還記著當前全鋼車頂帶來的鼓點般的噪音，不過老式車頂是方盒子型的，而新設計方案則是大方的王冠型，而且其弧形的側邊有助於降低「鼓點」噪音。就這樣，汽車外觀發展史上又掀開了新的一頁。

但是，新車頂在公司一些主要高級執行人員之間引發了一些激烈的討論。當一個事業部的總工程師譴責新設計帶來了噪音時，另外一位高級執行人員就會說這個問題不是這項設計造成的，噪音的根源來自於發動機的振動。

不過，改進車頂的想法占據了上風。1934 年，公司的 1935 年款車型登場時就已經配上了全鋼的車頂，這就是現在大名鼎鼎的「炮塔頂（turret top）」。這是一項非常具有建設性的行動，是汽車設計、汽車安全，以及製造技術等方面的大躍進，它使得我們能夠以一種不可阻擋的氣勢去解決所有的車頂問題。

1930 年代早期，外觀設計部（原藝術及色彩部）建議整體製造行李廂與車身，這和當時廣為接受的分離製造方式大相徑庭。這種理念最初在 1932 年款的凱迪拉克和其他奢侈車型上得到了實驗，隨後則採納用於 1933 年大量生產的雪佛蘭。這種內置行李廂的設計以及固定它們的艙板的意義非常重大，因為它們改變了汽車的整體外觀，並且顯著地加

長以及降低了車身。

　　行李車廂還可以為備用輪胎提供空間，從而消除了另一個突起物。這還是一個外觀變化引起某些人抵觸的例子，因為這些改進意味著行李箱架、輪胎蓋以及其他類似附件提供商的明顯損失，而在當時，汽車附件是一項非常賺錢的業務。但是，這就是進步的代價。

　　第一輛提供給消費者擴展艙板的轎車，是1938年凱迪拉克的Sixty Special。這個車型在汽車外觀發展史上占有重要地位。這是第一輛「特殊」的轎車，目的在於引入這些新特色，並以較高的價位銷售，後來就相繼出現了福特的林肯大陸型以及其他特殊車型；這也是通用汽車以及整個現代大規模製造史上第一輛沒有踏板的汽車。

　　至於其他突出物的處理，由於消除了踏板就可以將基本車身拓寬到整個輪距的寬度了，也因此標準轎車就可以容納6位乘客了。這是第一輛造型類似敞篷車的轎車，也是1949年被別克、奧爾茲、凱迪拉克成功引入的「金屬頂蓋」型的前驅。這種車型的市場反應非常良好，證明了外觀設計的價值，因為為了購買這種車型，消費者願意將舊車的價格折得更低一些。

　　1940年9月3日，哈利・厄爾就任通用汽車公司副總裁，這標誌著車輛外觀設計的重要性日益增加。他是第一位得到這個職位的外觀設計師——實際上，我相信在任何主要產業，他都可能是第一位成為副總裁的設計師。

　　二戰期間，由於沒有生產新車型，因此汽車外觀設計中斷了，外觀設計部有一段時間都在從事軍用偽裝的設計。正如我所述，在戰爭快結束的時候，我們斷定戰後消費者將把外觀排在第一位，自動傳動排在第二位，高壓縮比發動機排在第三位。

　　但是實際上，在緊隨二戰之後的一段時間裡，汽車設計上並沒有立即出現很大的變化，因為所有製造商都只是在那裡填補戰爭遺留下來、滯

後的需求缺口。然而，通用汽車在戰前長期積累下來的外觀設計優勢在此時開始獲得了回饋。

這是因為通用汽車率先擁有了外觀設計的部門，並且長期以來只有通用汽車擁有這樣的部門。戰後福特和克萊斯勒雖然開始建立外觀設計系統，並將外觀設計與生產整合起來，但這僅是和通用汽車採用相同的做法而沒有任何的超越。

他們還招聘了很多曾跟隨哈利・厄爾學習的人組成新的外觀設計部門。也因此由厄爾和外觀設計部所首創，運用草圖、全尺寸圖、不同大小的縮小模型、全尺寸黏土模型、玻璃纖維加強塑膠模型等展示方法，到現在已經成為產業的標準做法。

隨著競爭的重新展開，外觀設計在產業中的角色變得越來越重要。直到 1940 年代末，每隔 4 年、甚至是 5 年更換一次車身，並順便做一做翻新還是很平常的事情，但隨著對新車身外觀的需求日益明顯，這一週期逐漸變得更短。

對這種日漸縮短的外觀變化節奏頗有貢獻的一個因素就是實驗車。第一輛實驗車「Y-Job」於 1937 年由外觀設計部和別克事業部製成。實驗車的概念就是在全新的車上測試外觀設計及工程設計的新構想。戰後我們製造了很多實驗車，並向大眾展示以測試他們對這些車先進理念的接受度。無數「夢之車」觀眾的反應表明，大眾希望且正積極準備接受外觀設計和工程設計等方面更大膽的做法。

外觀設計人員也有一些先進設計，但並不打算影響近期汽車生產的實驗車。XP-21 FIREBIRD I（火鳥 I 型）就是其中之一，這是在 1954 年與研究實驗室合作製造，是美國歷史上第一輛燃氣渦輪汽車。

實際上，在很多人看來，1940 年代末和 1950 年代汽車外觀設計方面的迅速發展似乎有些過於極端，出現了很多根本沒有功能性可言的外觀特點，但是它們似乎確實抓住了大眾的胃口。

戰後的汽車設計中最能體現這一點的就是「尾鰭」，最初出現在 1948 年款的凱迪拉克車上，後來幾乎每種車上都能找得到它的蹤跡。尾鰭的故事開始於二戰期間，哈利・厄爾的一位朋友邀請他去參觀一些新型的飛機，其中就有著 P-38，這種飛機使用了艾利森（Allison）的雙發動機，擁有雙機身，同時還有兩個尾鰭。厄爾看到之後便問能否讓他的設計師也來看看這架飛機。在接受了安全調查後，他們仔細觀察了這架飛機，他們也和厄爾一樣對此印象深刻，幾個月後，他們的草圖上就出現了尾鰭的影子。

　　一個重要的新發展就是日益強調特殊用車（跑車、客貨兩用車、金屬頂蓋車和其他價格較貴的特殊車型）的重要性。

　　多年的繁榮使得很多家庭都能夠擁有兩輛車，甚至是三輛車，因此第二輛或第三輛車不選擇轎車也就很合理了。

　　出於這樣這樣的原因，小型車的需求也開始抬頭，因此整個低價和高端市場同時拓展了。由於日益重視休閒活動導致人們對旅行車的需求越來越大，這一點和汽車產業之初的情況比較相似。就像哈利・厄爾所說的：「你可以設計一輛每次進入時，就會放鬆的汽車——每次都能享受到一個小小的度假時光。」與此同時，美國的汽車已經脫離了原來主要作為地面交通工具的時代。

第十六章 分銷和經銷商營利模式

讓經銷商代表參加公司的會議，這個想法促成了通用汽車內一個特殊機構——通用汽車經銷商顧問委員會——的建立。

一旦汽車市場從買方市場轉變成賣方市場，或者由賣方市場變為買方市場，整個產業裡就會發生激烈的變化，同時也會擾亂了生產商和經銷商。為了應對這種變化的形勢，必須採取一定的調節措施。

儘管一些調節措施已經司空見慣，但是歷史從不會完整地重複，因此總是會有一些新鮮的事情發生。當今的經銷商分銷系統以及該系統的整個發展史都證明了這一點。

在我擔任通用汽車執行長期間，我將大部分的注意力都放在了與經銷商的關係上，又是幾乎達到了專業的地步。我之所以這樣做，主要是因為在 1920 年代這段期間，是現代汽車分銷問題逐漸開始形成時期的經歷，它告訴我，在這樣一種產業裡，**為了企業的穩定和發展，必須擁有穩定的經銷商組織**。

與此相反的是，1920 年代早期汽車業的主流就是製造商全程處理產品、定價、廣告和促銷等各項事務，其餘的分銷任務留給經銷商承擔。還有一些人儘量縮減了經銷商的責任。他們認為在消費者進入經銷商的銷售大廳之前就基本上已經確定了購買意向，因此他們忽視了開發穩定的經銷商組織的重要性。製造商並沒有考慮個體經銷商地位的合理性及其內部組織與市場問題的複雜性。

在我看來，超過 1 萬 3700 家通用汽車經銷商的幸福和他們約 20 億美元的投資必須成為公司的主要考慮因素之一。只有擁有一群健全、繁榮的經銷商作為業務夥伴，分銷專賣系統才能發揮作用。我從不會對無論從什麼方面都不能為我帶來好處的業務關係感興趣。我一直認為，在這

種關係中，每個人都應該站在自己的位置上，並得到相應的回報。

經銷商在汽車分銷中的重要性可以從兩方面來看。首先，和很多產業一樣，經銷商和客戶直接打交道，是他在與顧客做生意。另一方面，生產商和經銷商做生意，而不是和消費者；除非生產商透過廣告、車展或其他形式直接向消費者傳遞資訊。我還應該加上一句，大街上和高速公路上跑著的產品對消費者而言也是一種勸誘。

其次，汽車產業裡經銷商擁有專賣權。什麼是專賣經銷商？這可以想像一下美國零售業的情況。

我們先考慮一種情況，比如說；一個街頭轉角的雜貨店通常經營很多種產品，這些不同廠商所製造的產品之間通常總是會彼此之間構成競爭關係，對任何一個製造商而言，雜貨店都只是一個傳統的購買者。

接著再考慮一種相反的情況，比如說加油站，它是某一個製造商或者該製造商的子公司或分公司的代理機構。

而專賣汽車的銷售商和製造商之間的關係則介於這兩個極端之間。從法律的角度來看，銷售商並不是某一個製造商的代理，但是在他所經營區域的群體裡，這家銷售商掛上了他的產品所對應的製造商的標籤，也就代表擁有該製造商的商品專賣權。一般說來，製造商會將某一地區的銷售權分配給他，但並沒有限制他不能到其他地方去銷售，同樣地，別的經銷商也可以到他的區域來銷售。

每個經銷商在他所在的社區通常都是聲名顯赫的商人，他們和客戶（通常是他們的鄰居）接觸、交易，並為所售出的產品提供服務。經銷商作為本地商人的人格特質、交際圈以及聲望對專賣分銷的類型都有影響。我們整個銷售方式就依賴這種自籌資金的商人，我們以通用汽車的專賣權為基礎向他們提供有盈利可能的機會。

經銷商和製造商在彼此的關係中都擁有特定的權利，並承擔相應的義務，他們會簽訂一份包括各種條件的銷售協定；換句話說，經銷商和生產商的關係就透過這種專賣權來管理。經銷商同意提供資金、場地、適

當的銷售人員、服務機制，以及其他類似條件。他需要培養該地區的市場，並儲存、銷售多餘的零部件。

根據專賣協定的規定，製造商主要藉由該專賣經銷商完成幾乎全部的銷售。作為一個整體，經銷商取得了銷售製造完畢、打好商標的產品的權利，並且可以得到製造商對銷售活動的一般性支援。製造商在為年度車型變化而做的加工準備，以及在相應的研發與工程設計上投入巨額投資來保證他的車擁有良好的銷路。

這種專賣體系的特色就是製造商向經銷商提供的數量和種類，這其中包括技術支援和對經銷商交易時各個階段的服務，比如銷售、服務、廣告、業務管理、特殊工廠推出的培訓項目等，從而幫助經銷商處理好自己的業務。

汽車並不像一般消費者經常購買的現貨供應類商品那樣不需訂製。它是一種高度複雜的機械產品，對於大部分的買家而言，它也是一筆巨大的投資。買家可能希望每天都能駕駛它，然而大部分的買家卻只擁有很少的機械知識，甚至根本就一無所知，這時他就只能依靠他的經銷商來為他服務，幫他維護車輛。

因此，經銷商絕對不能只是大量投資展示和銷售商品的設施及組織——這只是普通零售商所具備的單一功能，它還必須為產品售後服務和終生維護相關的設施和組織進行投資。除此之外，他還必須做好收購舊車、修理復原，以及平均每銷售一輛新車就需要賣掉一輛或兩輛舊車的準備，因為他也需要在能夠盈利的基礎上完成舊車的轉售。

製造商和專賣經銷商都要承擔道德和相關的經營風險，對於經銷商而言，是對銷售和服務設施的投資，對於製造商來說，是對生產設施的投資——包括工程設計開發費用以及年度加工成本。雙方都依賴製造商賦予產品的吸引力，以及專賣經銷商銷售和服務的效率。

我們分銷方面的兩個目標——產品的經濟性和穩定的專賣經銷商組織——多年來一直是我們思考和工作的重點，因為它們太過複雜，在某

種程度上會隨著環境的變動而變化，而解決方案通常並沒有立竿見影的效果。一段時間內的最佳政策與實踐可能在後來就不再是最好的解決方案了。可以說，在經銷商關係方面還需要一種「新模型」。

1920 年以前，汽車的分銷主要依賴於分銷批發商，他們再根據自己的判斷將汽車分包給各個經銷商。但是，隨著時間的演進，製造商逐漸接管了分銷批發商的職能，而經銷商仍然維持了他們的零售職能。

有人可能會問，為什麼汽車業會採取這種分銷方式。我認為，答案在於汽車製造商很難在不造成太大困難的情況下來零售自己的商品產品。當舊車於 1920 年代大規模地以折價的形式出現之後，汽車的買賣就更像是一種交易而不是一種銷售了。對於製造商而言，要組織並監督成千上萬的交易所非常困難；交易並不是能非常容易融入傳統管理控制的組織架構中。因此，隨著專賣經銷商這種組織的發展，汽車的零售業務也在蓬勃發展。

1923 至 1929 年間，新車需求進入停滯期，整個產業自然就必須將重點從生產轉向分銷。從銷售這一端看，這就意味著銷售的難度增大。全新的經銷商問題出現了。

為了因應這種形勢，我在 1920 及 30 年代早期逐個訪談經銷商。我以一節鐵路車廂作為辦公室，和公司的幾位助手幾乎跑遍了美國所有的城市，每天拜訪四、五位經銷商，在他們的「交易廳」與他們隔著桌子會談，並請他們就與公司的關係、產品的特點、公司的政策、消費者需求的趨勢、對未來的看法等很多和業務相關的問題發表意見和建議。我們仔細記錄著每個出現的問題，回去之後仔細研究。

之所以這樣做，是因為我認為無論我們常規組織方式的效率如何，個人會談總是有它特殊的價值；而且，作為公司的執行長，我的興趣就在於這些整體政策。這種耗時耗力的方式在當時非常有效。我們所得到的很多概念都能反映在後來的經銷商協議中，特別是藉由各種討論會建立起了溝通的管道，其他的方式也部分滿足了這種需求。

從我們的現場調查中，我發現了1920年代中晚期時正在發生的曆史性變革，即經銷商們的經濟地位不如原來那麼令人滿意，而且我們的專賣商的需求在降低。很明顯地，不僅需要採取行動來保護我們危如累卵的經銷商們的利益，而且還需要從公司的整體利益著手進行。我們必須在健全而經濟的基礎上完成公司產品的分銷。

1927年9月28日，我在密西根州的米爾福德測試場所舉行的一個對《美國時報》汽車編輯的演講中，曾經提到經銷商們對這一變化環境的預言。從整體談起這個產業過去的實踐時，我做了如下評論：

……唯一的想法就是盡工廠所能製造出儘量多的汽車來，然後銷售部門就會強迫經銷商們進貨並付款，而毫不考慮這種做法的經濟性。我的意思是，不考慮經銷商們銷售這種車型的能力，這當然是錯誤的，而且不僅在我們這個產業裡是錯誤的，在其他產業也一樣是錯誤的。

只思考如何更快地將原料加工到成為最終消費者所購買的商品，這樣的銷售過程會讓原本更高、穩定性更好的產業變得浮動……這絕對違背了通用汽車要求經銷商的購入量要高於應該採購數量的政策。一旦我們停止了某種車型的生產，經銷商們自然就必須幫助我們。他們非常清楚自己的責任，並且也從未反對這樣做……

這在1927年發表的聲明為通用汽車提供了一種新的經銷商製造商關係，這種關係主要基於公司和銷售商對雙方分擔和獨立承擔的義務的清楚認知。

汽車分銷中關鍵而又懸而未決的問題最早出現於1920和30年代，並且和業務的本質密切相關。**這些問題就是：市場的滲透、車型生命週期結束後的庫存清算、經銷商經濟性以及製造商和經銷商之間就雙方業務進行雙向溝通的難度。**

我們的目的就自然地放到了儘量有效地進行市場滲透上了。由於這一計畫最終必須由我們的經銷商負責實施，因此必須找到一些地段和規模都很合適的經銷商。問題的難度在於決定他們的位置。1920年代，我們對汽車市場的瞭解並沒有現在這麼多，因此我們開始對市場及其潛力

展開了經濟學研究，並採用人口、收入、過去的性能、經濟週期以及其他內容來進行市場的經濟性研究。

結合這類資訊，我們就可以根據相應的市場潛力來處理經銷商的地理分布問題。比如，在一個擁有幾千名居民的地區，這個問題相對就比較簡單，只要一個經銷商就可以完成全部市場滲透所必須的工作；我們和經銷商就可以以我們的研究為基礎判斷應該為他設定怎樣的目標，並以此目標為基礎衡量他的績效。但是，在那些人口超過百萬的城區，這個問題就變得複雜起來。

因此，首先必須整體研究這個地區來確定每條產品線在該地區的市場潛力，然後我們將其按照相鄰的原則分解開來。結合這些資訊，我們就可以在鄰近地區市場潛力的基礎上布置經銷商了。當然，經銷商必須擁有與該地區規模相適應的資金、場地、日常開支以及相應的組織。

這種理性化的分銷問題解決構思是我突然想到的。它為經銷商和製造商提供了最基本的好處。正如我所說，經銷商在他的範疇內是專家，他們比任何其他人都更瞭解該地區及居民的特點。

同樣地，對於客戶而言，從很多方面來看，他們都更願意與本地商人進行交易，包括服務。這種方式還為製造商提供了一種從微觀視角瞭解分銷問題的途徑。我們很自然地希望經銷商能夠把他的直接市場放在他所考慮的第一位，並盡力做好。除非是典型的賣方市場，否則對於為新車開道而清空舊車庫存，並且最小化的損失的問題永遠都是經營人員的難題。這個問題，最早於 1920 年代末表現出它的重要性。

由於經銷商必須提前 3 週基於預測市場需求來評估他們的訂單，這個問題就出現了。在制訂最終生產計畫時，公司會考慮這些預測，因此生產計畫提前量是以月為單位計算的，如果因為環境變化導致預期市場需求發生了變動，當前車型的庫存清理工作就會發生異常。但是，無論正常還是異常，最終這都是一個必然需要面對的問題。

1920 年代早期，經銷商們必須在發布新車型時，自己掏錢清空手中

的舊款庫存。經過大量的研究，我們認為唯一公平的方式就是公司也承擔部分責任。我記得我們就是早在 1920 年代中期開始，在每個車型年結束時提供經銷商們清算補貼。1930 年，我們在每個車型年結束時幫助經銷商處理多餘存貨的政策成形了。

對於那些「完成了合約」的經銷商，我們對他未售出的庫存新車提供補貼。只有庫存新車數量超出經銷商預計新車數量——這在銷售合約中有明確的紀錄——的部分才可以享受 3% 補貼。補貼款項的多寡由通用汽車決定。隨著時間的變動，計算基準也會變化。當前的政策是對新車型發布時庫存的老車型以及停產車型的新車庫存提供 5% 的折扣。

我相信在汽車業裡我們是率先實行這一政策的。它反映了我們保護經銷商避免受到不合理的產品換代損失，也反映了我們希望各事業部的管理層在車型年尾端提高生產計畫**合理性的願望**。無論出於什麼原因，一旦出現了過度供應的情況，這一機制就會自動對工廠進行懲罰。

可能有人會認為，年度生產、銷售週期問題的解決方案理論上應該是在年度新車型發布時，讓經銷商手裡沒有舊款的新車。但實際上，從經銷商和製造商雙方來看，出於若干個原因，這樣子的構想不但不可能實現，也不受歡迎。這是因為，我們在全年的每個月份都應該儘量多做生意，而每個車型年結束的時候，應該清空分銷管道以保證新車的通暢流入。而且，通常在新車型年剛開始的時候，也都還需要一些舊款車庫存來保證業務的延續性。基於這些原因，這個問題就成為了一個永恆的問題，並成為了我們工作的重點。

儘管 1920 年代通用汽車的經濟狀況得到了很大的改善，但是並沒有事實能夠證明我們經銷商的經濟狀況也有相對應地提高，因此我們在考慮經銷商問題時就遇到了障礙。當一位經銷商的盈利下滑時，我們無法確定這究竟是因為新車的問題，還是舊車的問題，或者是服務問題、配件問題，還是其他問題。缺乏這些事實依據，就很難制訂正確的分銷政策並收到成效。

在前文提到的測試場演講裡，我就這一問題發表了如下評論：

……我想向你們簡要描述一下我所認爲的當前汽車業中所存在的巨大問題，以及通用汽車爲糾正這一問題正要採取的措施。

幾乎在所有美國城市裡，我都非常坦承地向我們的經銷商承認，我非常關注他們中的很多人（甚至是那些以非常合理的效率完成任務的人）都沒有得到他們應得的投資報酬這一事實。在這裡，請允許我宣布：就我目前掌握的事實，我認爲在過去的 2 到 3 年裡，情況已經得到了很大改善，但是作爲通用汽車的管理人員，我必須關心從原材料到最終客戶的所有環節。我認知到這整個環節的強度不會高於它最薄弱的環節。我很擔心我們整體的經銷商組織營運情況的不確定性。

我希望關於這不確定性的擔心是沒有根據的。我相信，肩負如此的重任，我們必然能夠消除這些所有的不確定性，我們的經銷商將清楚、科學地瞭解他們的營運情況，就像我們瞭解通用汽車的營運情況一樣。

這又讓我們回到了……兩個詞：正確的、會計。我們很多經銷商也同樣適用於其他組織的經銷商——都擁有良好的會計核算系統。還有很多經銷商的會計系統普普通通。我很遺憾地說大部分經銷商實際上並沒有會計系統，很多經銷商並沒有有效地利用會計系統。換句話說，這些會計系統還沒有達到爲經銷商提供能夠反映經營實際情況的地步：什麼地方有漏洞？他應該如何改善自己的狀況？正如我前面所說的那樣，必須消除不確定性。不確定性和效率之間的距離就像南北極那樣遙遠。

如果我對著我們的經銷商組織揮舞魔杖就能夠讓每個經銷商都擁有正確的會計系統，就能讓他們知道自己業務的所有情況，並以睿智的方式來處理所有偶發事件，我願意爲此付出巨大的代價，而且大家也都會認爲這一舉動非常合理。它將成爲通用汽車曾經做過的最好的投資。

因此，我們於 1927 年創建了一個名爲汽車會計公司的組織。我們開發了一種適用於所有經銷商的標準會計系統，並派出一名高級職員去說明該公司實施的這一系統，還建立了審計系統。後來，隨著經銷商們財務問題處理經驗的不斷積累，而且當時也處在經濟衰退的壓力下，我們對審查政策做了修訂。我們開發了一種抽樣審計系統，藉此可以進行跨

部門分析。我們定期分析大約 1300 位汽車經銷商（占經銷商數量大約 10%，占通用汽車銷售額的 30%）的會計紀錄，而且這部分的費用由通用汽車承擔。另外，通用汽車還會每月從占經銷商總數達 83%、銷售額達 96%的經銷商那裡獲取財務報告。

這是一項龐大而昂貴的工作，但是它可以讓通用汽車的每個事業部和總部都能夠檢查整個分銷系統——即可按照經銷商來檢查，也可以分組檢查——並確定問題所在，找出問題的解決方法。而且，經銷商本人不僅能夠睿智地判斷他自己的業務，還可以比較自己的情況與整體平均情況。採用這種方式之後，就可以在危害出現之前就將隱患消除掉。

當然，偶爾隱患也會自己暴露出來。1920 年代末，通用汽車投入了可觀的資金來挽救幾家戰略經銷商脫離破產的處境，因此承受了 20 萬美元的損失。但是，我們總結了這個構思之後，發現我們的目的不應該是透過穩定特許經銷商來降低經銷商的調整率，而應該是進一步幫助那些有能力但缺乏資金的人成為能夠帶來利潤的通用汽車經銷商。當時的通用汽車金融服務公司副總裁艾伯特 • 迪恩（Albert Deane）和唐納森 • 布朗（Donalson Brown）負責將這個想法變成可行的計畫。我們於 1929 年 6 月採取了措施：我們組建了通用汽車控股有限公司（Motors Holdings Corporation），由迪恩出任首任總裁。

1936 年，這家子公司變成了汽車控股事業部。這個事業部的職能就是為經銷商提供資金，並臨時享受相應的股東權利與義務。我們投入了 250 萬美元用於啟動這個子公司。當我們度過了試驗階段之後，我們發現這實在是我們在分銷領域所能想到的最佳辦法。我們還認識到它的真正價值並不在於最初的拯救破產經銷商的目的，而在於以優惠的條件向有能力的人提供幫助——不僅是資金幫助，還包括提供管理建議以及對他們進行正確的經銷培訓。

汽車控股公司開發了一些管理技巧供經銷商使用，這確實幫助經銷商

提高了盈利的可能性。它發現了一些合格的經銷商，並為他們提供了適當的資金支持，幫助他們盈利以返還汽車控股公司的利息，並最終獲得獨立。

在我那個時代，事情就是這樣處理的；而現在，儘管某些財務細節發生了一些變動，但是事情的處理方式仍然沒有多少變化——潛在的經銷商將他可用的資金投入到專賣權上；汽車控股公司則提供不足的部分（現在經銷商通常要至少提供總投資額的 25%）。

當經銷關係確立之後，經銷商將獲得一份資金，外加一定的分紅——由汽車控股公司放棄一部分投資利潤做出的讓步。這份紅利相當於汽車控股 50% 的利潤（汽車控股將從經銷商的 8% 收入中收取投資額作為資金成本）。直到汽車控股的投資都被經銷商贖回之前，他都一直保留著股份控制權。

後來紅利分配方案發生了一些變化。現在的紅利直接由經銷公司派發給經營者，因此成為了經銷公司的直接費用，這大概等於扣除 15% 資金成本後的三分之一利潤。

最初要求經銷商必須將他的全部紅利都用來贖回汽車控股的投資，但是後來發現經銷商的個人所得稅使他無法執行這一規定，因此現在無論經銷商是否願意將他的全部紅利都用於贖回汽車控股的股權，但是公司規定他只可以將紅利的 50% 用於買回股權。這種方式的結果就是隨著收入的積累，經銷商就可以逐漸成為自己公司股權的全部所有者。後來的事實證明，通用所提供的幫助得到了經銷商的高度評價，以致於他們經常拒絕贖回汽車控股的最後一份股權。

從建立之初到 1962 年 12 月 31 日，汽車控股在美國和加拿大共投資了 1850 家經銷公司，總投資超過 1.5 億美元。

在這些經銷商中，1393 家贖回了汽車控股的投資，截至 1962 年底，汽車控股在剩下的 457 家經銷商的投資額仍近 3200 萬美元。大約 565

家完成贖回工作的經銷商在 1962 年仍然經營，並且其中有很多已經躋身美國和加拿大最傑出經銷商的行列。也有一些各方面能力都足夠但僅僅達不到最低資金額度要求的人，借助汽車控股的力量擁有了自己的公司。有些人從很微薄的投資起步，最終成為了百萬富翁。這項計畫也讓通用汽車受益匪淺。

無論是從銷量還是從淨利潤的角度看，汽車控股所管理的經銷商和通用汽車其他具有相似潛力的經銷商的成績基本相同，因此，這一計畫基本實現了最初的目標。

汽車控股在美國和加拿大所投資的 1850 家經銷公司中，只有 198 家因營運失常而遭清算，其中有 62 家是在 1929 至 1935 年的經濟大蕭條時期關閉，其餘的 136 家則是在此之後關閉。

儘管汽車控股經銷商的新車銷售額從未達到過通用汽車總銷售額的 6%，但是，自 1929 年汽車控股公司成立以來，他們共銷售了超過 300 萬輛新車，經銷公司分紅前收入超過了 1.5 億美元。

公司授權增加汽車控股在美國和加拿大的投資基金數額，於 1957 年 5 月，可動用的投資資金上限達到了 4700 萬美元，其中 700 萬美元可以用於投資房地產。

借助於汽車控股和經銷商的緊密接觸，通用汽車現在對經銷商問題的瞭解更加清晰、更加全面了。汽車控股也幫助公司更好地瞭解零售市場及消費者偏好。但最重要的是，**它對於發展和維持牢固、管理有序並有適當金融聯繫的經銷商體系非常有幫助。**

我相信通用汽車肯定是在美國和加拿大的汽車業中，最早採用這種以股本投資（equity captial）的方式向小企業提供支援的公司，並且最早認識到經濟發展中，最重要的需求之一就是為小企業提供足夠的風險基金。通用汽車的兩個競爭對手現在也在開展類似的計畫——福特自 1950 年開始、克萊斯勒自 1954 年開始。汽車控股前任總經理赫伯特·

古爾德（Herbert Gould）這樣說道：「當你的競爭對手開始仿效你的時候，這就是最好的勳章。」

1920年代末，製造商和經銷商最需要的就是更好的溝通途徑和可靠的契約關係。當然，我們也擁有地區和領域的高階執行人員，他們和經銷商就日常工作保持定期的聯繫。但是，公司的政策還是存在著一定的問題，需要更深入的合約以及更深入的資訊來促成某些具體的合作。正如我所說，其他總部主管們會經常和我一起拜訪經銷商。

這些拜訪再度讓我明白了經銷商非常希望在與區域經理建立聯繫的同時，也能夠與公司保持聯繫。同樣清晰的還有一個事實，就是和這些偶爾的拜訪相比，還需要一些更具體的方式。因此，透過這些早期的實地考察旅行中，我們又得到了一個想法，也就是讓經銷商代表參加公司的會議。這個想法促成了通用汽車內一個特殊機構——通用汽車經銷商顧問委員會——的建立。

通用汽車的經銷商顧問委員會最初擁有48名成員，分成四組，每組12人，他們可以和公司的高層管理人員會面。之所以成立這個顧問委員會，就是為了保證圓桌會議能夠持續來討論分銷問題。這個委員會的人選多年來每年都會變動，使其能夠代表所有的製造事業部、國內所有的單位、各種類型的地區、不同的資本構成方式，他們為顧問委員會帶來了各種各樣的經銷商問題，並提供了不同的構思。

作為公司的總裁，我成為了這個顧問委員會的主席；負責分銷的副總裁以及一些其他高級管理人員也成為了該顧問委員會的成員。顧問委員會的第一項任務就是制訂出能夠改善經銷商關係的政策。我們的會議主要是處理政策問題，而不是政策的行政管理問題。

顧問委員會具體負責的主要工作就是討論，這些討論能夠有助於構建平等的經銷商銷售協定的基礎政策。這種銷售協定開發出來以後，對通用汽車的專賣權提供了增值的效果，並支撐了近年來的零售業務——平均每年銷售額高達180億美元。

在 1937 年 9 月 15 日與經銷商顧問委員會的交流中，我回顧了我與這個委員會打交道的經歷：

在過去 3 年裡，公司裡各式各樣的顧問委員會成為了營運歷程中的亮點。我高度重視這一過程中的個人交往和友情。從我個人的觀點來看，僅僅如此就足夠有價值了，討論這些有趣問題的機會也很難得。它可以激發我們的思維，並且我確信它確實起到了加速這一過程的效果。委員會成員從多種角度剖析這些問題的方式，給我留下了極深刻的印象，我也被大家這種希望從根本上解決問題，而不是治標不治本的願望所深深鼓舞。

非常有趣的是，一段時期以來治標不治本曾經是我們這個國家的思維模式，因此第一次會議上提到的從根本上解決問題的概念讓我印象深刻。我們剛剛從大蕭條中走了出來，幾乎每個從業者都遭受了重大損失，經銷商系統也不例外。

焦慮混合著對未來盈利可能性的期望，自然就成為了顧問委員會當前的主導話題。大家提出並且分析、討論了很多建議。非常令人欣慰的事情，就是大家一致認為我們應該處理盈利的本質問題——而不是從通貨膨脹的角度找原因，這就讓我們的業務更有秩序、能夠找出使我們的預測更為準確的方法。換句話說，就是追求更高的效率，而不是簡單地將我們的低效用更高的價格轉嫁到消費者身上。實際經驗已經證實了這類決策的正確性（借助於分析，也可以肯定它總是正確的）。

作為顧問委員會的主席，在我們所有的會議上我都盡力向與會成員們傳遞這樣一種資訊，即公司誠摯地希望能夠積極主動地推進經銷商關係，並且公司希望這些舉措能夠儘快實施、長期實施。當然，在像通用汽車這樣的大企業裡，需要徵求、調和很多方面的意見，因此決策的制訂必然比較慢。

我相信，有些不熟悉情況的顧問委員會成員以及經銷商可能會認為我們應該行動得更快些；當然，他們會那樣想非常自然。在紙上寫下一條政策是件非常簡單的事情，但是在美國這麼大的地方、在我們這種從事複雜業務的公司裡，採用行政管理的手段推行這種政策，必然是一個循

序漸進的演進過程而不可能是一個革命的過程，所以耐心非常必要，這一點無論怎麼強調都不過分。在這些困難之上，還有一件更困難的事情，即去改變一個大組織一直以來用某種特定的方式去處理某件特定的事情的觀點。我們都知道人類思想的惰性有多麼大。

在合作業務方面，經銷商銷售協議無疑是一項開創性的工作。

多年來它的技術細節發生了不少演變，甚至某些地方已經變得非常複雜了。協定中有些部分是專門針對汽車業的特點制訂的。

無論對經銷商還是製造商而言，取消合約都是一件非常嚴重的事情。如果一位原負責某個區域的經銷商沒有做他該做的工作和應該完成的銷售額，或者由於某些原因而效率低下，應該採取什麼措施？

首先應該記住，通常他在這項業務中也投入了大量的資金——他擁有舊車，他還有展廳和產品標誌。

在汽車產業早期，遇到這種情況就簡簡單單地停止那個經銷商的專賣權並再指定一個新專賣商，清算銷售公司的事情就留給了原來那個經銷商。1920年代期間，產業裡通用的合約通常規定製造商提前90天通知，或經銷商提前30天通知就可以解除合約關係。同樣還規定了製造商可以基於一些原因取消這種專賣權——當然，這些原因成立與否就依賴於法庭的裁決了。

考慮這個問題時，必須認識到，正如前文所述，經銷商可以賣掉他所擁有的一切資產，但是他不能賣掉專賣權，因為他並不擁有它。

因此，需要為經銷商提供明確、自由的政策來保護他們在取消合約時不會有大筆資金損失——即使是因為它自身的營運績效太差而導致了合約的取消。我們採納了這樣一條政策，並將它寫到了協議裡面：公司會以經銷商付出的價格收回經銷商手中的新車庫存。公司還會收回一定的產品標誌以及某些特殊工具，此外，還將收回他們手中的零件——只要距相應車型推出期不超過一定年限。甚至如果經銷商因租用的某些物品無法移交給新經銷商而造成損失，公司可以承擔一部分。公司會向經銷

商提供一張支票來彌補他沒有抵押等負擔的資產，並承擔部分因租約帶來的債務。

1940 年，我們瞭解到如果經銷商在旺季正要開始的時候放棄自己的專賣資格仍然會引起一些抱怨。其結果就是即將退出的經銷商在銷售合約結束之前的很長一段時間裡只能以微利甚至不賺錢的方式經營，而新指定的經銷商則一開始就遇上了容易賺錢的銷售旺季。因此，我們在銷售協議中加了這樣一條，即終止合約必須提前 3 個月給出書面通知，而且這個通知必須在 4、5 或 6 月提出，從而保證最終的交接在 7、8 和 9 月執行。

1944 年通用引入了一種針對特定時期（戰爭導致的不確定性）的新銷售協議，它允許暫時中斷協議，並且直至戰後恢復生產 2 年之後，這種銷售協議才自動作廢（實際上這一時間超過了 3 年）。後來這時間被設定為 1 年。現在的經銷商可以選擇 1 年、5 年或者無限期的合約期。儘管並沒有做出在這些合約到期之後接著續簽的保證，但是雙方可以根據情況決定終止合約。

另一個非同尋常的通用汽車經銷商組織——經銷商關係理事會——創建於 1938 年，它起了檢查評估的作用，可以讓心有怨言的經銷商直接向公司高層執行人員面對面訴苦。我是這個理事會的第一任主席，當時還有三個高層執行人員加入了這個理事會。有時候我們會整天都在聽一個案例。在得到了經銷商和事業部的完整報告之後，我們為通用汽車制訂了一個決策必須遵守的規則。這個理事會的主要作用就是阻止作用。各事業部必須確信他們的行為非常正確、可靠，並且不斷尋找以改正他們在處理經銷商問題上的不當之處，因為現在事業部以及經銷商都已經進入了高層執行人員的審查範圍。

我是帶著深刻的感情以及某種程度的自豪來講述這個故事的。1948 年，當我從執行長的職位退下來之後，三位通用汽車經銷商來到我的辦公室跟我說，作為一個團體，經銷商們想向我表達一下謝意，感謝我為

經銷商們創造了很多的機會。他們說他們瞭解到我對癌症研究的興趣，願意幫助我在這個領域建立一項基金。1年後，他們又來了，還帶來了一張價值152.5萬美元的支票供我建立艾弗雷德·史隆基金，而且經銷商們此後還不斷向基金捐款。後來這項基金就演變成了著名的支持癌症及醫療研究的通用汽車經銷商感謝基金。我主要使用通用汽車的普通股來投資這一基金。現在這項基金已經成長到875萬美元，並且每年都能帶來超過25萬美元的收入。

我想在這裡將幾個主要構想整理一下，並且用它們來分析當代面臨的問題。1939至1941年間，通用汽車和它的經銷商們分享了飛速成長的繁榮時期。然後戰爭就緊接而來，這讓我們有機會體驗一種新的生活方式。戰爭期間根據政府管制的要求，美國沒有製造汽車，我們將庫存的新車全部銷售出去。一些經銷商自願清算了他們的業務，同時有很多人加入了軍隊。雖然有一小部分人在從事軍用品分包業務，但是對於大多數仍然活躍在汽車業務領域的人而言，他們的主要工作就是服務以及舊車交易。

隨著人們對戰爭期間維持車輛狀態重要性認知的不斷提高，經銷商的服務工作就開始大幅度增加。於是我們就在政府管制許可的範圍內為經銷商製造功能性的零配件，這就為經銷商維持美國汽車運輸系統的正常運轉提供了保證。

美國宣戰引發了一波關於取消所有經銷商關係的恐懼。在我們參戰後不久，我專門向經銷商傳遞了一個消息，簡單介紹了公司所採取力圖維持經銷商體系和經銷商士氣的政策決定。

這些政策包括：

1. 在滿足一定限制條件的情況下，公司可以回購新車和零配件。這是為了保護那些可能被徵召入伍的經銷商以及出於任何原因希望終止銷售協議的經銷商的利益。

2. 如果經銷商和事業部能夠在彼此滿意的情況下終止銷售協議，則

戰後重新指定經銷商時可以優先考慮他們。

3. 對於在戰爭期間仍然從事經銷業務的人，我們會為他們做好一個在戰後 2 年內的特別分配計畫。

戰爭期間，通用汽車經銷商的數量從 1941 年 7 月的 17360 家減少到 1944 年 2 月的 13791 家，減少了 3569 家，減少的經銷商中大部分規模都偏小。有些堅持下來的經銷商的區域分布也不再非常符合戰後的人口分布——當時出現了從城市到郊區，以及從東部和中部到東南、西南和太平洋海岸各地的人口遷徙。我們沿襲我們的分銷政策對局部地區進行了調查研究，我們發現某些地區可以支持不只一家經銷商。直到 1956 年宣布暫停為止，我們一直在持續擴展經銷商。這一暫停一直持續到 1957 年末。但是，由於都市裡經銷商的減少以及其他原因的存在，儘管汽車市場在成長，但是直到 1962 年，通用汽車的經銷商也只達到了 1 萬 3700 家，和 1944 年的水準差不多。

在經銷商數量降低的同時，通用汽車乘用車的持有量卻不斷增加，從 1941 年的 1170 萬輛增加到 1958 年的 2460 萬輛，增加了約 1300 萬輛，增幅達 111%；1962 年增加到 2870 萬輛，比 1941 年增加了 1700 萬輛，增幅達 145%。因此，經銷商的平均業務水準也得到提高。

戰前高峰時期的 1941 年間，通用汽車經銷商平均銷售 107 輛車。1955 年銷售 222 輛新車，成長了 107%，而到了 1962 年則銷售了 269 輛新車，比 1941 年成長了 151%。

1941 年使用中的通用汽車產品平均起來是每個經銷商 710 輛，這就是他所提供的服務的全部潛在市場。到了 1958 年，這一潛在市場增加到了 1601 輛，成長了 125%。到了 1962 年，這一潛在市場增加到 2095 輛，成長了 195%[①]。以不變價計算，1960 年以來經銷商的平均業務量是 1939 至 1941 年間平均值的 2.5 倍。他們的淨收入超過了 20 億美元，是 1941 年相應數字的 2.7 倍；這顯示了，通用汽車經銷商保持了與通用汽車以及整個經濟相同的成長速度。

戰後市場形勢立即發生了劇烈的變化。我們必須面對因為戰時停產而抑制很久的巨大需求，而現存車輛的磨損老化也是個必須面對的問題。當前生產的瓶頸環節是原料短缺。但是，通用汽車認識到真正的問題是積累顧客、經銷商和工廠。客戶的問題就是需要交通工具，他通常願意為此支付一定的額外費用，在大多數情況下，他會自主選擇適合自己的交貨方式。**製造商的問題就是如何組建經銷商網路；而經銷商的問題就是如何將他的定額推銷出去。**

通用汽車於 1942 年 3 月 2 日制訂了一個向經銷商分配汽車的計畫。由於該計畫是由我公布的，因此人們將這個計畫稱為「史隆計畫」。我們於 1945 年 10 月至 1947 年 10 月 31 日期間執行該計畫，事實證明它不僅公平，而且令人滿意。它保證了經銷商們能夠在 1941 年績效的基礎上得到一個公平的分配數額，並儘量降低了流露出偏愛某些經銷商的可能性。在這種處理不慎就會導致失控的局面下，它為我們提供了一個規則。短缺時代裡並不存在自由競爭的市場條件。我們建議的市場銷售價格遠遠低於消費者願意支付的價格，因此我們的經銷商經常自己制訂零售價格。

①現在通用汽車的汽車、卡車經銷商雇用了大約 27.5 萬名技工、推銷員和其他人員，相比之下，1941 年的資料為 19 萬名。他們的設施包括展示廳、辦公室、庫存和服務區域，占據了 2.27 億平方英尺的面積（戰前只有 1.17 億平方英尺）。經銷商所擁有的場地不僅擴大了，而且也已經現代化了，或者得到了改善以處理我們戰後不斷複雜的車型。戰後汽車持有量以及產品技術含量不斷的提高（比如，自動傳動、高壓縮比發動機、動力轉向、動力煞車以及空調系統）要求經銷商更新技工結構。當我們於 1953 年建立一個永久的服務培訓中心以協助經銷商培訓人手的時候，我們還通過了一項非常重要的政策，幫助我們實地處理好經銷商關係。培訓中心配備了受過特別訓練的指導教師，提供了對我們的產品進行維修和服務時所需的最新資訊。技工的最高工資得以提高。為了滿足新形勢的要求，服務品質也得到了改善。培訓中心還為銷售人員提供培訓以迎合經銷商的要求。1962 年這 1 年間，超過 18.7 萬人在中心就各種主題接受了超過 250 萬人／小時的技術培訓，約 26 萬人參加了銷售培訓以及其他非技術培訓。

但是，面對著這種緊迫的需求，不可避免的狀況就是第二市場或者說「灰色」市場出現了。經常發生這樣的事情，當一位顧客駕著新車離開經銷商的銷售大廳後，他通常還沒有走出第一個紅綠燈就會被某些人——可能是位舊車經銷商——攔下，並用比他剛剛支付的價格高得多的價格將車輛買下。這就是戰後出現的一些新分銷問題之一。

最困難的問題中有個「違規偷運」的問題，即專賣經銷商將新車批發給舊車經銷商。這種現象在供給充足以及像二戰後這種供給短缺的時候都發生過。隨著形勢的發展，一直到1953年某些產品線才開始逐漸填補了消費者的需求。我之所以強調「開始」，是因為很多產品線的供應短缺情況一直持續到1954年，像凱迪拉克，一直延續到了1957年。

大約從1950年左右開始，一些對於銷售方面的不好現象開始廣泛出現。有些情況雖然戰前也有，但是直到1940年代才開始成氣候，還有一些則代表了戰後初期的反常環境。比如，違規偷運的問題戰前在某些地區也存在，但是現在在新法律環境的鼓勵下，它開始流行起來，並且影響越來越糟。

我所謂的新法律環境產生於1940年代末，主要是因為法院司法解釋的結果，司法部還對這些解釋還進行了擴張。這些法律見解的變化告訴我們，我們在與經銷商的銷售協議中關於違規偷運和限定區域銷售的條款可能會被認為是不當限制了經銷商的行為自由。1949年，在法律顧問的堅持下，我們非常不情願地從銷售協議中去掉了這些條款。我們很早就預見了這種不合理的經銷商布局所帶來的危害，儘管當時因為經銷商所得到的供貨補充，還無法充分滿足自己銷售範圍內的需求，而使得這種危害表現得並不明顯。

違規偷運在1950年代前期開始變得嚴重起來。通用汽車新車型在違規偷運市場上出現的時間，甚至還會發生在通用汽車能夠為經銷商提供必要的庫存以供展示和銷售之前。

公司敦促經銷商不要讓新車流入違規偷運巾場。同時提請司法部考慮一項新的銷售協議條款，即要求經銷商必須在將新車送入違規偷運管道之前交由通用汽車回購。司法部長的回覆，大意上就是「對於這種合約條款，司法部無法放棄司法處理的權利。我們決定，如果通用汽車計畫採用這種銷售協議，我們就要審查它的合法性，因為它們向反托拉斯法提出了一個重要的問題」。

　　這就打破了我們回購經銷商手中多餘車輛的希望。通用汽車只好建議經銷商，為了保持 1955 車型年的平衡，公司「準備由其他地方的其他經銷商，按照原經銷商的價格再次收購任何被認為是多餘的新車和未使用過的車」。這一舉措的目的在於透過得到授權的管道來清理多餘的庫存。只有少數經銷商沒有利用這一措施，其原因或者是因為沒有多餘的庫存，或者是因為他們願意將汽車轉賣到違規偷運市場以獲取少量的利潤。大多數人沒有出於個人的私利而拒絕這一措施，這確實出乎我的意料。正是專賣經銷商供應支持了違規偷運者，因為後者只能從前者手中得到汽車。我們的努力仍然只能侷限在盡力調整我們的生產計畫，使其能夠更加如實地反映市場和競爭形勢。

　　我們多年來各種消除違規偷運的努力，受到了各種超出我們控制的力量的牽制。但是，1950 年代後半，違規偷運現象確實減少不少。我們相信專賣分銷系統，並儘量提供機會讓優秀經銷商能夠茁壯成長，但是專賣經銷商和公司都必須支持這些機會才能持續繁榮。

　　「通用汽車優秀經銷商計畫」這一概念正是以地域分析基礎上的經銷商合理分布為前提。這一概念可以追溯到 1920 年代，是通用汽車的偉大業務主任（sales executive）理查・格蘭特（Richard Grant）和威廉・霍勒（Willam Holler）最早提出來的。但是，基於這一概念的政策似乎有些過於理想化。一些正確的政策通常會因為外部不可控因素的影響而被迫修訂。

另外一個週期性的 曾經一度影響經銷商取得優異成績的問題就是「價格打包（price packing）」，這個現象的存在對消費者來說也很不公平。**價格打包指的是在製造商的建議零售價之外再加上一些額外的費用。**這就讓經銷商能夠在舊車折價時提供許多的補貼。但是如果經銷商能夠隨意為新車定價，他也就可以將舊車隨意折價。**這種行為既不正確，也無法令人滿意**，我在和經銷商的溝通過程中也經常強調這一點。但是譴責並無法讓這種行為消失，尤其是在失去控制力量的時候更是如此。我們試圖打擊這種打包行為 但是阻力非常之大。最後我們得到這樣的結論，即除非個體經銷商能夠自願採取行動，否則這種有害的行為永遠都不會消失。

1958年國會要求**製造商在向經銷商交付新車之前必須在車窗玻璃上貼上一個標籤，在這個標籤上包含了經銷商建議零售價為主，所構成的詳細資訊**。事實證明，這項法令的實施最終徹底消除了價格打包這種有害行為。

從賣方市場到買方市場的轉變，以及與之相伴的「閃電戰」（或者說高壓銷售），使1954至1958年間的市場更複雜化，否則這一過渡可能會和緩得多。或許公開的責難和輿論對於尋求注意力以調整當時的形勢確實有所助益，但是在我看來，經銷商和製造商之間的公平合作關係並不應該透過立法的方式來解決。這是一個經銷商和製造商之間共同的責任。我們從事著一種競爭激烈的業務，一旦落後就意味著困難重重，並且有時就再也無法東山再起了。

1955年通用汽車就新形勢發展進行了研究，並制訂了一份新的銷售協定，於1956年3月1日開始使用。這裡我只介紹其中的幾個重點：可以選擇5年、1年或者無限期的合約（99.2%的經銷商選擇了5年合約）；容許經銷商指定一位合格的繼任人，可以在他去世或失去經營能力後接管他的業務；清楚地說明了評價經銷商銷售業績的基礎；部分地

方也有所變動以在當時的情況下提高經銷商的經濟水準。

儘管存在著因業績不良而提前90天通知解除合約的可能，但是，這種5年期的長期銷售協議必須考慮很多重要的分銷因素的限制，比如：人口變動、產品潛力、經銷商效率、經濟趨勢、競爭等等，它們都有可能發生變化。這種政策對經銷商組織的效率及積極性的影響，需要時間和經歷的檢驗。

通用汽車分銷政策調整中還有一個非常重要的變化，就是任命一個外部中立仲裁人——一位美國聯邦地方法院退休法官——代替經銷商關係理事會來處理經銷商對事業部決定的投訴。在事業部經銷商關係理事會的選舉方式上也發生了一些變化。經銷商首先按地域進行選舉，然後由選出來的地區代表經銷商從而組成全國性的理事會。

構成通用汽車理事會（現在叫做總裁經銷商顧問理事會）的經銷商分組，都是由通用汽車指派而不是選舉選出。我們認為，由於通用汽車的構成特殊——五個汽車事業部、一個卡車事業部——因此如果以選舉為基礎來形成理事會，就需要非常複雜的協調和安排。理事會中不同組別成員人數，反映了相應經銷商和經銷商群體的規模、地域分布以及與各事業部的對應關係。

儘管已經做了很多事情，但是還遺留著很多問題沒有得到解決。如果我們所瞭解到的這些問題遲遲不能解決，或許就可能意味著通用汽車專賣經銷體系的崩潰。

那麼，有什麼替代方案嗎？就我所知，只有兩條道可走：或是製造商所有、經理們管理的經銷系統，或者像香煙那樣任何人都可經銷，而製造商則必須繼續承擔服務的職能。我對這兩種方案都不屑一顧。我相信長期占據汽車業主流地位的專賣系統是最好的解決方案——無論是對製造商、經銷商，還是消費者。

第十七章 通用汽車金融服務公司

GMAC依循保護消費者利益的原則，提供一套與產品相關的服務模式。它的存在為消費者、經銷商和公司帶來了不少好處。

一個對汽車產業歷史感到陌生的人可能會疑惑為什麼通用汽車擁有美國一家最重要的金融機構——通用汽車藉由這個機構為消費者提供消費金融服務。

首先，我們先回顧一下歷史事實。通用汽車的子公司，通用汽車金融服務公司（General Motors Acceptance Corporation，GMAC），過去的幾年裡在美國汽車信用消費方面擴張了16至18%。通用汽車金融服務公司僅在通用汽車的經銷商中尋找業務，並且還需要與銀行、其他自籌經費的公司、信用卡聯盟以及地方借貸機構展開競爭。之所以說「展開競爭」，是因為這並不是一個封閉的業務；通用汽車的經銷商們可以自由選擇服務供給方，他的客戶也擁有同樣的權利。現在通用汽車金融服務公司在零售信貸消費方面的年業務量達到了40億美元，在支持經銷商從通用汽車購車的批發信貸消費方面，年業務量達到了90億美元。

我們大概在40多年前，首次出現為汽車分銷商提供金融服務的需求時就開始進入這一領域了。大規模生產帶來了提供多種消費金融模式的需求，而當時的銀行並不樂意從事這些業務。他們忽視了，或者說他們拒絕去滿足這一需求；因此，為了大量銷售汽車，汽車業必須尋找一些其他方法。當通用汽車金融服務公司於1919年成立之後，全國尚未建立起為消費者提供信貸消費的措施。根據我的記憶，以及別人告訴我的更早的情況，商人們很早就為大多數使用現金購買住房、傢俱、縫紉機、鋼琴和其他昂貴物品的人提供貸款；我認為銀行肯定會在審核之後對那些向他們尋求幫助的一部分人提供貸款。

因此，在原則上，消費金融並不是一個新概念。我認為莫里斯‧普蘭銀行（Morris Plan Bank）大概於1910年前後就開始提供汽車消費金融服務，這種業務最初就發端於此。但是，在1915年，將消費金融作為汽車業的常規方式應用仍然是一件新鮮事。那一年，我的朋友，當時威利斯－奧佛蘭德（Willys-Overland）公司總裁、最成功的汽車製造商之一約翰‧威利斯（John Willys）勸我成為擔保抵押公司的董事——該公司為威利斯和其他品牌汽車的銷售提供消費金融支援，即使不是第一，它也肯定是汽車史上最初的幾家汽車消費金融機構之一。它填補了常規金融機構所留下的空白，也是我和分期付款計畫的第一次接觸。當時由於我還在凱悅，自己並不生產或經銷汽車，因此對這一計畫興趣缺缺。作為通用汽車財務委員會主席的約翰‧拉斯科博，對通用汽車金融服務公司的創建發揮了重大作用。當我成為執行委員會成員之後，我也開始支持這一概念了。

在一封寫於1919年3月15日的信中，公開聲明了通用汽車金融服務公司的成立。這是封由杜蘭特寫給通用汽車金融服務公司第一任總裁阿莫利‧海斯克爾（Amory Haskell）的信。杜蘭特說了這樣一段話：

業務規模的成長為金融帶來了新問題，銀行似乎沒有足夠的彈性來解決這些問題。

對我們的產品，尤其是客車和商用運輸工具，需求的持續增長相對加大了我們的經銷商在最需要資金支援的季節裡從銀行獲取適度資金的難度。他們需要解決由他們的銷售能力和我們產品的優點所造成的與銷售規模相關的金融問題。

這一事實讓我們得出如下結論，即通用汽車有限公司應該幫助解決這些問題。為此，公司創建了通用汽車金融服務公司。其職能就是為地方金融機構提供補充，以保證當地經銷商業務的充分發展。

就當時銀行和製造商心理狀態的差異討論，我猜測當時銀行家的注意力肯定都放在知名賽車手巴尼‧歐菲爾德（Barney Oldfield）在禮拜天乘坐敞篷車（landaus）沿著林蔭大道郊遊上了；也就是說，他們認為

汽車只是一項運動和樂趣，而不是自鐵路之後交通運輸史上最偉大的變革。他們認為將信用貸款消費的模式，擴展到普通消費者身上的風險太大。而且，因為當時相信任何鼓勵消費的行為，都被視為破壞節儉的美德，所以他們從道義上就反對消費奢侈品。因此，汽車通常都是以現金交易的方式交付到消費者手中。

分銷商和經銷商也必須開發自主的金融方式，資金來源主要以自有資金為主，還要依靠客戶現金訂貨和銀行信用對他們的支持程度。在汽車產業的早期，當時分銷商掌握著較大的區域性專賣權並採用現款銷售，這種情況下這種方式運行得還不錯，因為這時候他們處理資本需求的難度還不算大；但是，隨著業務的增長，製造商繼續要求貨到付款，而經銷商卻沒有足夠的資金來維持庫存，更不用說用於支持零售的分期付款了。

就這樣，1915年，就在汽車業正要成為美國銷售額最大的產業之前，它的分銷系統仍然沒擁有常規的零售信用機構——除了正常的銀行管道之外，而這些管道服務範疇還非常窄。汽車業必須發展自己的信用機構。

現在經銷商的存貨大部分都得到了金融服務的支援，整個美國大約三分之二的新車和舊車都是透過分期付款銷售出去的。那些對消費信用的懷疑現在證明是毫無根據的。

對於通用汽車金融服務公司，1919至1929年分期付款零售賠付率大概是零售總規模的0.33%。這個資料僅限於通用汽車金融服務公司，不包括經銷商在處理因買家未付已到期的分期付款而重新占有車輛後的情況。1930年這個比例上升到0.5%，1931年為0.6%，1932年為0.83%，1933年這個比例為0.2%。就這樣，在衰退最嚴重的時候，這個比例也從未到達過1%——一個標誌著系統安全性和買家誠信與否的關鍵分水嶺。

當我們第一次系統地對通用汽車產品的分銷和銷售提供金融服務時，

我們從未想過這個系統將會遭受像大蕭條這樣嚴峻的考驗。但是，我們相信，如果我們有適度注意到其中的風險，則為我們產品的批發、零售和銷售提供金融服務，以解決因缺乏信貸消費所帶來的限制，促進市場對我們汽車的需求。

現在的通用汽車金融服務公司，在美國和加拿大以及其他幾個海外國家，或者直接操作，或者通過子公司操作。通用汽車金融服務公司的設立目的及存在目的在於滿足通用汽車經銷商和分銷商的信貸消費需求，它一直將自己的活動限定在為經銷商分銷和銷售通用汽車的新車和舊車提供金融服務的範圍內。

通用汽車金融服務公司同時為批發和零售業務提供金融支援。它的批發金融計畫為通用汽車經銷商提供支援，從而使他們能夠使用信託收據或其他擔保來建立通用汽車產品的庫存。經銷商在支付了相應的債權之後就獲得了產品的權利，然後就可以零售這些產品了。如果他無法按要求支付債務或無法遵循其他事先商定的協議或條件，通用汽車金融服務公司有權收回產品。

從 1919 至 1963 年，通用汽車金融服務公司一直為分銷商和經銷商提供金融支援，共支援了 4300 萬輛新車以及其他通用汽車產品的銷售。與此同時，通用汽車金融服務公司為消費者 4600 萬輛汽車的交易提供了金融服務，其中 2100 萬輛是新車、2500 萬輛是舊車。

通用汽車金融服務公司的零售金融服務被稱為「通用汽車金融服務公司分期支付計畫」，其內容就是在通用汽車經銷商與零售客戶達成協定之後，從經銷商那裡購買得到雙方認可的分期銷售零售合約。但是，通用汽車金融服務公司並沒有買下所有經銷商所提交的合約的義務；同樣地，經銷商也沒有義務將合約都賣給通用汽車金融服務公司。這一交易必須立基於雙方都自願，通用汽車金融服務公司有權利拒絕它所不願意承擔的風險。經銷商將合約提交給通用汽車金融服務公司之後，如果所有的信用因素都令人滿意，則通用汽車金融服務公司就會購買下這些債

權。然後就由通用汽車金融服務公司而不是經銷商，承擔起向消費者收取月供的責任。

在美國之外的地區，由於法律的差異，通用汽車金融服務公司支付計畫的技術細節可能也會有所不同，除此之外的其他部分都與美國本土基本相同。我們的經驗顯示，我們產品的謹慎批發、零售與分銷金融支持計畫在海外取得了與在美國一樣的效果。紀錄指出，國內外汽車信貸業務的風險水準都很低。

1919 至 1925 年期間，通用汽車形成並完善了自己的基本政策。

起初我們有兩個出發點，**首先是確立系統的有效性，然後是追求合理的利率**。我們對有回報的業務非常感興趣，同時，保護好客戶，避免因利率過高而影響客戶對我們的長期好感，更是我們的興趣點。

消費信貸的風險主要集中在不履行責任、收回違約汽車、舊車市場這三個因素上。因此，預付定金和還款期限就變得非常重要，消費者的還貸能力、信貸機構對收回違約舊車的處理的重要性也逐漸提高。對於經銷商而言，作為消費者債務的背書人，最重要的事情就是獲得一定的抵押物品。如果沒有抵押，經銷商的金融負擔就變得非常沉重。

我們曾資助傑出的經濟學家塞利格曼（Seligman）教授，沿著這些構思來研究消費貸款。他的報告讓我們受到了很大的鼓舞。其著作《分期付款銷售經濟學》(The Economics of Installment Selling) 於 1927 年出版，成為這一領域的權威代表作品。我認為，他的工作大大地影響了銀行家、商人和大眾對分期付款的接受程度。

塞利格曼教授得出了一些結論，儘管這些結論現在已經作為公理得到了人們的認可，但在當時還是非常新穎。他指出，分期付款的信貸消費不僅加強了個人的儲蓄動機，還提高了個人的儲蓄能力；它不僅促成了提前消費，還透過與經濟的互動進而實質地提高了購買力；它穩定了生產，而且還提高了生產水準。因此，信貸消費利大於弊。

早期我們必須解決的一個問題就是經銷商應該承擔多重的金融負擔。經銷商們對消費者的債務毫無節制地背書，而我們對這種風險的評價毫無經驗。除了再次出售收回汽車所需承受的價差損失之外，還存在著作為抵押品的汽車可能會因消費者的改裝、政府的沒收，或是撞車事故而消失的風險。

1925 年，當時通用汽車金融服務公司副總裁迪恩的一份詳盡的研究報告，導致了我們修訂協議以約束經銷商的風險。根據修訂案，在客戶第一次不履行合約後的 90 天內，如果因某些合理的問題導致經銷商無法取得抵押品，全部損失則由通用汽車金融服務公司承擔。另外，還決定通用汽車金融服務公司拿出一定比例的財務支出設立準備金，以彌補因這種情況造成的損失。就這樣，經銷商的銷售利潤就基本上不受信貸消費的影響了。

與此同時，通用汽車的另一個子公司，即通用汽車交易保險有限公司也開始提供火險、盜險和撞車事故險。這家公司根據客戶的要求為車輛的物理損壞提供保險（但是不包括公共責任及財產損失險）。這對於經銷商非常重要，因為當時為汽車提供保險的公司都非常挑剔，不是所有的消費者都能購買保險。由金融公司提供物理損害險的做法後來得到了一致的認可，並且成為了金融公司與經銷商間關係的標準模式。現在為分期付款消費者提供物理損害險的公司是汽車保險公司——通用汽車金融服務公司的一家子公司。

當時這些金融公司將經銷商從因消費者不履約所帶來的責任中解脫了出來。這種無追索權的系統具有一個缺點，即經銷商缺乏足夠的興趣去審查分期付款申請。而且很明顯地，這種運作方式相對比較昂貴——至少在銷售收回的汽車時，金融公司的情況就肯定不如專賣經銷商。消費者最終還是要為因金融費用稍高導致的成本增加而支付費用。

出於幾個原因，通用汽車金融服務公司起初並不希望走無追索權的路

線。其中一個原因就是增加了消費者成本；通用汽車金融服務公司認為，解除經銷商在分期付款業務中的所有責任是不可取的。它認為，在得到了抵押品的保證之後，它就可以在有效保護經銷商利益的同時儘量降低消費者成本了。經驗證明，這一論斷是正確的。但是，由於競爭的壓力，通用汽車金融服務公司還是在它的計畫中加上了無追索權條款。

金融消費本身就是車輛售價中很重要的一個元素，多年來通用汽車和通用汽車金融服務公司一直在強調這一事實。通用汽車金融服務公司指出，消費者在沒有必要的情況下延長還款時間或降低首付比例，就會帶來不必要的額外開銷。通用汽車金融服務公司一直都在打擊超額金融收費——我認為，還是稱之為爭取這件事的領袖地位比較直接。和通用汽車金融服務公司關聯最大的就是小約翰・斯庫曼（John Schumann, Jr.），他於1919年進入通用汽車金融服務公司，並從1929開始長達25年的總裁生涯。他是一個宣導實踐的領導人，他的行為為這個公司打下了深深的烙印；他以可受時間考驗的誠實和公平交易的原則發展了政策與實踐，並添加了一些非妥協條款。

在通用汽車1937的年報中，我寫下了如下支持斯庫曼政策的話：

……向消費者收取超出合理水準費用的做法，並不符合通用汽車爭取讓大眾以最低的合理價格來獲得經銷商合理服務的目的。

在這一點上，歷史有時也會有趣地重現。1935年，通用汽車金融服務公司宣布了所謂的「6%計畫」，這一計畫宣稱大眾可以為期初未支付的餘額——計算金融收費的傳統方式，也是比較不同金融機構收費的基礎——申請每年6%的金融支持。

當然，按照實際發生的利息計算之後，實際利率稍高於這個數字；但是，通用汽車金融服務公司的做法符合產業慣例，並以此為名進行了宣傳。通用汽車金融服務公司相信「6%計畫」為消費者提供了一個透明度很高，可以衡量多家金融機構的對比指標。但是，有人向聯邦貿易委員會投訴這是一種「不公平的貿易方式」，它誤導了大眾，使大眾相信

金融收費只是一個簡單的利率問題。我認為在我們的廣告中就已經指出了這個「6%」是一個乘數（即不是利息率），但是委員會裁定通用汽車金融服務公司必須停止繼續使用「6%」這種說法。我認為，這種做法保護了高費用率金融公司的利益，卻損害了消費者的利益。

1938 年政府攻擊通用汽車和通用汽車金融服務公司，指責通用汽車的經銷商被迫使用通用汽車金融服務公司的業務。通用汽車駁斥了這一指控，並強調我們僅在於保護消費者的利益，僅僅基於這一出發點，我們才勸導我們的經銷商遵循我們降低客戶費用率的政策。

但是，政府在印第安納州的南灣（South Bend）對通用汽車、通用汽車金融服務公司、兩個子公司、18 名執行人員進行刑事訴訟。審判於 1939 年秋天舉行，達成了一個非同尋常、前後矛盾的判決：宣布所有執行人員無罪，而四個公司有罪。此後，政府又開始了針對通用汽車、通用汽車金融服務公司和上述兩家子公司的民事訴訟，起訴的罪名同樣是通用汽車的經銷商被迫使用通用汽車金融服務公司的業務。在經過與司法部反托拉斯局多年的抗辯之後，1952 年雙方都接納了為通用汽車和通用汽車金融服務公司之間的關係設置章程的做法。

我們在這些章程下運轉得很好，而且通用汽車金融服務公司仍然獨立地與其他金融機構進行激烈的競爭。

1955 年年底，我與一些通用汽車執行人員被要求出席一場由參議院反托拉斯、反壟斷分委員會所主持的聽證會。在這次圍繞「大」而展開的聽證會中，通用汽車金融服務公司的形勢得到了詳盡的討論。

有些人認為通用汽車金融服務公司應該脫離通用汽車。我對這個委員會報告的結論很感興趣，它聲稱由於擁有一家銷售與金融合二為一的公司，通用汽車比其他汽車製造商更有競爭優勢，因此應該將汽車的銷售與金融分開。

但是，為什麼要這樣做？其他汽車銷售商賺的錢已經夠多了。通用汽車金融服務公司為通用汽車帶來的優勢在於為消費者提供了一種公平且

綜合的關係。我很高興我能夠宣布通用汽車金融服務公司在為消費者和經銷商提供經濟服務的同時，還為通用汽車拓展了一項盈利的業務。

在其他多少有些相似之處的產業裡，很多人也意識到了這種銷售金融子公司的價值——比如，通用電氣公司和通用電氣信用有限公司、國際收割機公司和國際收割機信用有限公司。我對這個將讓消費者謀利的分銷和銷售工具從通用汽車和其他公司中剝離出去的提案感到非常震驚，因這與我們的預期相去太遠了。在我看來，正是以這些遭受攻擊的因素為基礎，才得以發展出通用汽車金融服務公司早期充滿遠見、關注大眾利益的政策和措施——必須在服務及服務的成本上受到公平對待。

我相當贊成通用汽車金融服務公司當時的總裁，查理斯·斯特拉迪拉（Charles Stradella），於1955年向這個分委員會所陳述的事實。

他指出：

通用汽車金融服務公司可能借助於通用汽車的關係，取得了一定的優勢。確實有一些經銷商很有可能會受到服務的連續性、利益的一致性、公平的待遇或其他因素（這些因素都是這種關係帶來的）的影響。適度資本化的保證、健全的管理、保守的金融政策及實踐則對（通用汽車金融服務公司的）貸方產生了一定的影響。另一方面，除非這些優勢得到了通用汽車金融服務公司歷史業績的支持，否則，在相關團體的眼裡，這種關係也沒有什麼作用。

在汽車業初期，通用汽車金融服務公司幫助汽車消費金融走上了歷史的舞臺，它在保證首付比例及保守的還款期限方面具有一定的影響。它有組織地追求合理費用的努力逐漸影響了立法：超過一半的州現在都已經設定了最高費用率。我相信，所有州都對費用率立法的日子已經不遠了。在我個人看來，由政府設定合理的低費用率上限正是保護消費者的正確方式。

儘管立法對於有效控制大眾在享受分期付款的好處時所需支付的最高費率非常有幫助，但是我從未認為經銷商和消費者交易過程中的其他因

索也需要法律的調節，比如除非國家出現緊急情況，否則首付比例和還款期限不應需要法律的調節。這並不意味著我和某些人一樣沒有意識到消費信貸氾濫的危害。很明顯地，通用汽車金融服務公司一直都不主張過低的首付比例和不合理的還款期限，這已經表明了我的態度。我認為我還應該加上一條，即保守的金融服務對汽車業的健康發展非常關鍵。那些首付過低、還款期限過長的人是不可能很快就擁有再買一輛新車的資金的。

1955年末，很多團體極其關注消費信貸過度膨脹及首付比例與還款期限控制過鬆。在我看來，這一結論並沒有得到事實的支援。實際上，當時有人在煽動通過立法控制消費信貸來抑制通貨膨脹。在1956年的經濟形勢報告中，艾森豪總統提出了一個問題，即對於其他穩定措施而言，永久地授權政府機構對消費信貸進行應急控制是否是一個有益的補充。總統將這一問題的研究任務，通過經濟顧問委員會交給了聯邦儲備系統。

和其他人一樣，我們也積極填寫了這一研究過程中的調查問卷，並陳述了我們認為沒有必要採用這種做法的原因。我們認為，除非國會規定了某些例外情況或國家發生了緊急情況，否則一般情況下消費信貸的控制還是應該交給消費者和貸方來處理。聯邦儲備委員會於1957年發布的聲明指出：「消費性分期付款的漲落並沒有超出迅速增長、充滿活力的經濟所能夠容許的範圍」，並且「不建議在和平時期設立一個機構來調控消費性分期付款業務」，「如果通過一般性的貨幣措施和應用正確的公共或私人財務政策，對消費信貸的潛在不穩定發展趨勢進行調控，更符合大眾的利益」。我同意這些觀念。

簡而言之，我認為通用汽車金融服務公司遵循著保護消費者利益的原則，提供了一種和產品相關的服務，非常明顯地，它的存在為消費者、經銷商和公司帶來了不少好處。

第十八章 海外公司的拓展

管理能力會隨著組織在國內和海外的擴張而不斷稀釋,如何對其有效的控管,是我們在1920年代所面臨的主要問題之一。

美國和加拿大之外的自由世界,1962年消化了超過750萬輛汽車和卡車;1963年,則超過了800萬輛。通用汽車在海外市場占據了重要的地位,1962年銷售的車輛總計達85.5萬輛;1963年的預測銷售量預計將達110萬輛。我們的海外營運事業部現在已經成為一個大型的國際組織,擁有超過130億美元的資產,超過13.5萬名員工,負責22個國家汽車的製造、裝配和倉儲,美國和加拿大的汽車出口,以及美國和加拿大之外的自由世界(大概150個國家)的分銷和服務。1963年該事業部的銷售額預計將達230億美元。

回顧這一事業部在過去40年中的迅速成長歷程,人們會認為我們在海外的發展是我們在國內發展的自然而不可避免的延續。實際上,沒有什麼事情是不可避免的。我回顧了幾份與通用汽車海外政策形成相關的資料,這些資料又讓我回想起這些政策漫長而又複雜的歷史,它們還讓我想起了制訂影響我們發展進程深遠的決策時的艱難——因為海外市場並不僅僅是美國國內市場的擴展。在組建海外營運事業部時,我們幾乎在一開始就遇上了幾個重大的基本問題:我們必須判斷海外是否存在著美國車的市場,以及該市場容量有多大;而且,如果存在的話,哪種美國車的成長潛力最大。我們還必須明確是否希望成為出口商或在海外建立製造基地。當我們必須在國外從事一定的生產這一判斷日漸明確後,接下來的問題就是建立我們自己的公司還是買下現存的公司。我們被迫在一些嚴格的法規和義務的約束下發展出生存的方法。我們必須開發出適合海外形勢的組織形式。

當基本政策制訂以後，我們於 1920 年代的幾年中，一直在審慎地考量這些問題。

現在的通用汽車採取兩種方式參與海外市場：一、作為美國汽車、卡車的出口商，二、作為在海外生產小型車輛的生產商。比如，1962 年從美國和加拿大以整車出口（Single-Unit Pack，SUP）形式出口了 5.9 萬輛汽車、卡車。這意味著，這些車輛在外運的時候就已經完成了裝配，只需要少量的調節就可以上路行駛了。還有 4.6 萬輛以零配件出口組裝（Completely Knocked Down，CKD）的方式出口，即它們必須在通用汽車國外的十個裝配廠中任一完成裝配（通常 CKD 並不包括某些可在本地得到供應的零件，比如車輛裝飾、輪胎等）。總的來說，通用汽車每年從美國和加拿大出口的汽車和卡車超過 10.5 萬輛，它們包括了通用汽車各事業部在美國國內供應的各種車型。

另外，1962 年大約有 75 萬輛車在海外設計並生產，1963 年預期將達到 100 萬輛。1963 年的收益反映了歐寶新引入的一種小型車的優異銷售業績。通用汽車三個海外主要汽車製造子公司，分別為德國的歐寶（Opel）、英國的佛賀（Vauxhall）、澳大利亞的通用汽車——霍頓（GM Holden）。按照美國的標準來看，這些公司製造的車型都比較小，當時這些小型車主宰了整個海外市場。近年來在巴西建立了一個製造廠，1962 年生產了 1.9 萬輛卡車和商用車輛；我們還在阿根廷創建了一家製造廠，負責發動機整機製造以及沖壓工作。

公司的海外業務主要依靠我們的海外生產設施。1962 年通用汽車約 88% 的海外銷量都是在海外製造的。海外產量不斷增長，並且近年裡仍將得到顯著增長，因為我們的海外生產廠已經完成了一些重要的擴張計畫。另一方面，通用汽車從美國、加拿大的出口量並不比 1930 年代高，實際上，這一數字比 1920 年代晚期要低（1928 年出口達到高峰，公司從美國和加拿大出口了 29 萬輛車）。

美國人很容易就忘記了這個市場仍未充分發育的問題。它的成長潛力近乎無限，在世界上的大部分地區，摩托時代（motor age）才剛剛露出曙光。在使用汽車的問題上，即使是西歐許多工業國家的技術與進展也遠遠落後美國。歐洲共同市場整體上，平均每 9 個人才擁有一輛汽車，而美國則是每 3 人就擁有一輛汽車。通用汽車現在的海外銷售量已經達到了它於 1926 年在美國本土的銷售量。

在我們早期海外業務的探索中，我們很快就清楚地認識到因經濟民族主義（Economic Nationalism）而產生的問題。從汽車工業早期開始，美元儲蓄少的國家就對進口美國汽車（以及其他美國產品）徵收極高的關稅，並進行嚴格的配額管制。這種民族主義導致很多國家迫切要求國內生產相應的產品，甚至在國內市場規模不足以維持汽車工業的效率和完整性的情況下仍然這樣做。

1920 年，整個海外市場消化了 42 萬輛汽車和卡車，其中大約半數都是在西歐的四個工業國家銷售：英國、法國、德國和義大利。西歐的市場最為富有，但是也最難滲透，因為這四個國家所購買的汽車中，大約四分之三都是他們自己國內製造的，而且他們已經下定決心要拒絕美國的競爭。另外一半的銷售量分布在全球各地相對不夠發達的地區。在這些「第二市場」，美國製造商通常都可以自由進入。

儘管我們採用不同的方式處理不同國家的市場，但是 1920 年代我們也逐漸從海外業務的營運中提煉出了一些經營模式。我們逐漸認識到海外市場上的兩種主要情況：第一種主要侷限於西歐。表面看來，我們向歐洲大陸的出口似乎非常繁榮，但是長期來看，我們在歐洲的出口及分銷體系受到民族主義威脅的趨勢越來越明顯。我們繼續盡力做好我們在這些國家的出口業務，並且透過在幾個歐洲國家建立裝配廠來鞏固這種優勢。組建裝配廠使我們可以利用當地的管理和勞工，從而儘量與當地經濟相融合。

而且，隨著我們對當地供應經驗的積累，我們也可以更好地利用當地的資源，比如輪胎、玻璃、裝飾和類似的東西。換句話說，我們從美國出口的零件可以不再包括這些零件，然後在本地採購這些材料並組裝。和出口整車相比，這樣做還有一個優點，就是可以降低部分稅率（現在美國汽車主要由比利時、丹麥、瑞士的通用汽車組裝）。但是，我們相信公司在歐洲的未來就依靠將汽車生產在地語系化了。我們出口公司的負責人詹姆士·穆尼（James Mooney）對歐洲的生產形勢進行了激情而堅定的陳述，但是，直到1920年代快要結束的時候，以我為首的公司執行委員會仍然對在海外設廠生產是否明智持懷疑態度。

在歐洲以外工業不夠發達的地區，則是另外一種市場形勢占了主流。這些地區長期以來一直不能完成製造工作。相對地，我們在這些地區的工作也只能以出口（整車出口和零配件出口組裝）為主。我們現在在歐洲以外地區的裝配業務主要在南非共和國、秘魯、墨西哥、委內瑞拉、澳洲、紐西蘭和烏拉圭。

儘管自1925年來我們的海外銷量成長了八倍，但是我仍然認為我們的營運特點及基本戰略都是在1920年代確立的。

在鞏固歐洲生產基地方面，我們首先考慮了法國的雪鐵龍公司（Citroen）。關於收購雪鐵龍一半股份的談判持續了1919年的整個夏天和早秋，長達好幾個禮拜。前文已經提到，那年杜蘭特曾派出一群高階行政團隊到歐洲考察歐洲汽車工業狀況，正是這個小組——海斯克爾擔任組長，成員包括凱特林、莫特、克萊斯勒、尚普蘭和我——負責了實際的談判工作。安德列·雪鐵龍是一個積極進取、想像力豐富的商人，談判之初他曾對出售他的公司很感興趣。直到我們臨離開法國的時候，我們還無法確定收購這筆資產是否明智。

我記得，在我們準備乘船回國前的那個晚上，我們在克里雍大飯店（Hotel Crillon）一直坐到了第二天早上，針對這一問題展開了詳盡的

辯論。總的來說，我們支持收購，但是還是有一些具體問題。

比如，法國政府並不願意由美國資本接管一家對戰爭做出重大貢獻的企業；還有，雪鐵龍的生產設施對我們的吸引力也不大，很明顯地，接管雪鐵龍所需的投資遠超過我們原來預計的成本。而且，雪鐵龍當時的管理還存在一定的問題。晚上討論中我們還曾一度討論過如果接管這家企業，可能就需要派克萊斯勒或我長期駐守此地以經營雪鐵龍。我個人對這個提議不感興趣，並辯解說我們本土的管理也不夠穩健，無法外派高層管理人員。

我有時也會想，如果克萊斯勒或我同意為通用汽車經營雪鐵龍，歷史會變成什麼樣子？當時這個產業還很新，正在爆炸性地膨脹，它的未來取決於一部分處於領先地位的人；一般情況下，總是資本流向這些人才，而不是這些人去遷就資本。無論如何，在我們起錨前的幾個小時，我們決定不收購雪鐵龍。這家公司後來被米其林公司（Michelin）收購，經營得非常好。通用汽車從未在法國建立過任何一家生產廠，不知道為什麼總是沒有合適的時間和機會。無論如何，我們在法國的電冰箱業務量很大，我們還是三家主要火星塞提供商之一，並且還為法國汽車工業提供一些其他的零配件。

我們另一項確保公司在國外汽車製造中地位的行動發生在英格蘭。1920年代早期，美國車在大不列顛的市場前景似乎非常黯淡，所謂的麥肯納稅（McKenna duty）為所有進口車輛構築了可怕的關稅壁壘。另外，汽車牌照的費用也以發動機的馬力數為基礎進行計算。計算馬力數的公式很明顯傾向於小缸徑、長衝程的高速發動機，這對美國車非常不利，因為美國車氣缸的直徑與衝程的長度基本相等。

由於保險費通常和牌照費相關，因此擁有美國車的人就遭受了雙重損失。總的來說，雪佛蘭旅行車相關的費稅、保險、油錢大約為每週1英鎊（約每年250美元）——這都是以平均標準為基礎進行的計算。相

對而言，一個英國產奧斯丁的車主每週只需支付大約 11 先令（約每年 138 美元），而且，他的購置成本也較低。

在這些環境阻礙美國車出口英國的同時，英國的製造商也面臨著一些困難。1920 年代中期，英國湧現出大量汽車製造商，但是他們的規模總量僅達汽、卡車年產 16 萬輛的規模，並且各自的設計、價格相差甚遠。所以，英國生產商缺乏美國大規模製造所帶來的各種優勢，因此長期以來，他們的價格都始終遭到美國車的壓制。如果要獲得一個製造基地，我們就必須長遠考慮，不可能很快就取得較大的收益。

我們的第一項努力就是爭取收購奧斯丁公司。該公司於 1924 年生產了將近 1 萬 2000 輛汽車，這在當時的英國是相當龐大的產量。從 1924 至 1925 年間，當時的通用汽車出口公司（今天的海外營運部）副總裁穆尼就收購奧斯丁公司的前景，與我及其他人討論了很多次。

我們看到，即使是在保護性的麥肯納稅被暫緩的情況下，奧斯丁公司的銷量和利潤仍然得到了增長（他們於 1924 年 8 月 1 日搬遷，於 1925 年 7 月 1 日重建）。穆尼於 1925 年春天時前往奧斯丁公司考察了資產狀況，並寫了一份報告建議我們收購。於是，7 月份公司組成了一個委員會赴英格蘭深入考察。這個委員會的成員包括佛瑞德・費雪、唐納森・布朗、約翰・普拉蒂，當然還包括穆尼。8 月，考察團給我發來如下的電報：

委員會一致認為這個英國公司將為通用汽車帶來好處。我們認為可以耗資 100 萬英鎊買下奧斯丁所有的普通股，而留下已公開發行的 160 萬英鎊的優先股——後者需要支付 13 萬 3000 英鎊（合 549 萬 5050 美元）的紅利。我們認為藉由這次投資，我們不僅能夠保護並改善我們製造公司的盈利狀況，還能夠獲得至少 20% 的報酬。保守估計，扣除債務後公司淨資產可達 200 萬英鎊，其餘的 60 萬英鎊則是善意支付（總計 1261 萬美元）。我們能否得到授權以執行委員會這項一致認可的結論呢？

當天我就給他們回了一封電報：

財務委員會在 6 月 18 日的會議上聲明：他們將批准執行委員會的任何建議。如果你們委員會能夠就收購的願望和公平的價格毫無保留地達成一致，我們就授權給你們自行判斷，我們不可能在這裡對收購的優先順序及支付的價格進行判斷。收購成功後請回電報，以便我們發布相應的聲明。這邊情況很好，致禮！

這交易一直沒有成功。除了在奧斯丁資產評估方式上的分歧之外，這裡我不想再提起談判中出現的各種阻礙了。9 月 11 日，穆尼打電報告訴我，他們決定取消這項計畫。

我回想起當時聽到這個消息後我鬆了一口氣。因為在我看來奧斯丁和 6 年前困擾我的雪鐵龍有著相似的問題，它的設施狀態很差，管理也很糟糕。而且，我還懷疑我們的管理是否已經強到能補足奧斯丁的不足。實際上，**我們的管理能力隨著海外擴張及國內擴張而不斷稀釋，正是我們在 1920 年代所面臨的主要問題之一。**

讀者們可能會疑惑，為什麼在這種情況下我仍然會授權我們的英國考察團來完成奧斯丁的收購。實際的答案是，我總是試圖以調和的方式來經營通用汽車，而不是採取高壓的方式；當大多數人反對我的想法的時候，我通常都會決定放棄原來的想法。而且，當時涉及此事的通用汽車高層管理人員都是天資很高、信念很強的人，作為總裁，我認為我應該尊重他們的判斷。

但是，請注意，在我給英國考察團的電報中，我將是否進行交易的責權壓在了他們的肩上，他們必須證明自己決策的正確性。

奧斯丁的交易失敗後不久，我們就開始了執行收購佛賀汽車的談判。這家公司在英國名不見經傳。這場於 1925 年下半年完成的收購在通用汽車內部沒有引發太大的爭議。

佛賀製造一種相對昂貴的汽車，大小和我們的別克差不多，年產量只有 1500 輛左右。它絕不是奧斯丁的替代品；實際上，我只把它看作是

一場海外製造的試驗。然而，這場試驗似乎非常有吸引力——它需要的投資僅有 257 萬 5291 美元。

我們接管佛賀的最初幾年一直賠錢。我們逐漸達成一個清晰的認知，就是如果希望在英國市場上得到更大的市場占比，就需要開發出一種更小的車型。穆尼也急切地希望儘快開始開發新車。在他的眼裡，佛賀是通用汽車的產品營運，是在其他國家開始擴張的前奏；和他相比，我自己對我們海外營運前景的看法就模糊多了。隨後幾年，我的構思基本就是在我們為海外營運制訂出一個明確的政策之前，應該小心謹慎地緩慢行動。

事情就奇怪在儘管我們在爭取海外生產方面已經做出了上述表示，並且也接管了佛賀，執行委員會卻仍沒有形成明確的海外政策。1928 年，公司內部開始就這個關鍵問題辯論起來。1928 年 1 月，當時我還在考慮如何保持我們的靈活度，因此執行委員會提出了如下要求：

考慮到公司利用外部資金提高公司盈利水準、發展業務的願望，執行委員會原則上歡迎在執行海外製造計畫的國家中適當利用外部資金。這種外部資金利用方式既可以是獨資，也可以是外國製造商一起合資。

就這樣，我原則上表達了對海外製造的期望。執行委員會於 1 月 26 日充分考慮了我的這一建議，但是沒有提出任何具體的措施。很明顯，我們仍然處於探索政策的過程中。這一次，關於政策的廣泛討論終於逐漸集中到幾個具體問題上：我們是應該繼續擴大佛賀，還是應該將它視作一筆失敗的投資而放棄？是否真的有必要在歐洲製造汽車？還是應該將改良後的雪佛蘭從美國出口到歐洲參與歐洲市場的競爭？我們尤其拿不準在德國應該如何行動。

如果我們決定在那裡製造，我們是應該將柏林的裝配廠擴建成一個製造基地，還是應該和其他生產商聯合起來？我們的海外營運人員，尤其是穆尼，傾向於擴建現有設施，而我則傾向於與一家德國廠商聯合經營。當然，這兩種觀點的背後都有大量的事實作為依據。

執行委員會於3月29日和4月12日又討論了海外製造的問題；在第二次會議上，我們特別討論了是否應該在英國和德國專門製造一種小車型的問題。事實上，執行委員會1928年整年都在討論這個問題。當時一種認為應該將我們出口部門的職責限定在將美國車銷售到海外，而不應從事海外製造的情緒非常強烈。與此同時，有人建議在美國國內創建一個部門以設計一種小塊頭的雪佛蘭——一種能夠避開英國和德國的馬力稅的車型。我對此非常感興趣，我認為如果此事可行，就不需要為佛賀或德國再開發一種新的小型車了；即使以後證明不需要在國外生產這種車，我們至少還能得到一種新車型。無論採取什麼方式，我都希望在海外採取行動之前儘量多掌握一些能夠使各方都滿意的事實。

1928年6月4日執行委員會的一次會議上，懷著透過討論來使我們的構思更加清晰的期望，我讓每個人都與穆尼進行一次個人談話。7月份穆尼給我寫了一份很長的備忘錄，詳細闡述了他對所有問題的看法。幾個禮拜後，我將這份備忘錄以及我對穆尼所提出問題的評論都轉交給執行委員會。描述這些激烈爭論並重塑當時氣氛的最簡單方式，可能就是從他的備忘錄中摘抄一些內容。

穆尼的首要觀點之一，主要和出口公司對外持續擴張的願望相關。他指出，「在過去的5年裡，出口部使出口額從2億美元成長到2.5億美元……我們的主要問題……就是要儘快將出口額從當前的2.5億美元成長到5億美元，並尋找出保證未來持續增加的方法……」

穆尼更進一步地指出：「……我們現在在全球市場上所能提供的最低價位的車型——雪佛蘭——比美國國內購買價格要高出大約75%，而全球市場用戶的支付能力卻僅有美國國內用戶的60%左右。因此，投放到全球市場上的雪佛蘭並沒有落在市場規模最大的細分市場上，相反地，它還屬於一種高價車。」

順著這個構思，穆尼為佛賀的擴張計畫做出了辯護：

1．我們已經啓動了一個製造計畫，在這個計畫中，我們建議通過增加一種新車型以實現擴張。

2．我們在英國擁有一個龐大而不斷增長的分銷體系，並且在佛賀也擁有一些投資，這些投資需要得到保護。

3．在將英國作為一個出口物件考慮的時候，必須考慮大英帝國的市場容量在除了美國和加拿大之外的全球市場上，約占38％的這一個事實。

然後，討論開始轉向未來在德國的後續工作這一問題。穆尼就這一問題從幾個重點上做出了回答：

1．我們在柏林已經以通用汽車裝配廠的形式，創立了一個分支機構。

2．我們建議在這個廠製造一種車型，而不是獲取歐寶的股份。

3．由於德國的汽車工業還處於形成期，而這個階段正適合成功地建立製造營運基地。

4．我們現有的投資必須得到保護。

5．德國不僅國內市場潛力相當巨大，而且在向鄰近國家出口時也占據地緣優勢。

我非常贊同他的一些主要觀點，但是對於其他的觀點，我仍然猶豫不決。我和穆尼對於在德國應該採取的政策明顯不同。我認為這個問題簡單地說基本是這個意思：如果打算製造一種非常小的車──一種比雪佛蘭小得多的車──假設這主張有利可圖，那麼我們不如就直接和歐寶合作。這樣我們將會獲得一個良好的開端，而不必靠自己在一個不熟悉的國家裡單打獨鬥。

隨後的6個月裡，我們確定了在德國的政策。1928年10月，我在查理斯·費雪以及通用汽車法律顧問約翰·湯瑪斯·史密斯的陪同下，前往歐洲視察公司在歐洲的出口部門及裝配營運部門，還拜訪了亞當·歐寶汽車公司。這次訪問進一步鼓勵了我收購歐寶的興趣，因此我與歐寶協商為通用汽車爭取了排他性收購權。這個排他性收購權期限至

1929年4月1日。我們雙方達成一致意見，即通用支付3000萬美元收購歐寶，具體收購價格可根據後續對歐寶公司的審查再作調整。

我於1928年11月9日向公司彙報了這次協商的情況。委員會基本上同意收購歐寶的建議，但是認為需要對歐寶進行進一步的審查。1928年11月22日的委員會會議上，我們決定要派遣一個考察組去處理這件收購案。委員會最後批准以史密斯為首的考察組成員，還包括財務副主管艾伯特·布蘭得利、別克製造部門負責人達拉謨（Durham），工廠布局及物流規劃專家溫納倫德（Wennerlund）。在考察組啟程之前，我交給史密斯一份正式、講述我對整個形勢認識的備忘錄。我要求他時刻記住下列問題：

1. 各種加諸於我們身上的限制將導致美國出口的車被限制於高價位市場；從規模的角度看，真正的市場將在很大程度上轉向本地製造的汽車，並在不斷的發展中將由此產生的影響約束在較高價位的細分市場中。這種看法是否正確？

2. 無論是在歐洲大陸、英國或海外國家，對於比現在的雪佛蘭簡樸一些的車型，如果通過適當的設計和開發使其能夠以比現在的雪佛蘭低得多的價格出售，是否存在著機會？

3. 假如以上二點是正確的——即使現在還不正確——則隨著德國工業的發展，成本方面的差異將低於關稅和進口費用，尤其是考慮到馬力稅的問題，將導致從國外進口越來越受到限制。這種看法是否合理？

4. 通過在歐洲大陸和英國的運作，公司是否有機會保護自己龐大的組織、巨大的銷量和巨大的利潤？或者在為了保護海外業務而在國外投資製造業的時候，公司是否擁有足夠的資金並能在投資過程中獲得可觀的報酬？

我用以下的警告結束了這份備忘錄：

……作為主席，我特別想告訴委員會中的每個人，特別是你，你們心中不應預設任何傾向——必須用開放的心態去研究、處理每件事，不要帶有偏見，唯一的目的就是掌握事實，而不要考慮它們將把我們引向何

處。事實上，從投資的角度來看，這是最重要的步驟之一，也是公司現任管理層一直遵循的原則。無論在工業圈，還是在政府領域，通用汽車進入國外製造領域這件事註定要引發很多爭論，因此必須用我們做一件建設性的事情，以及以一種建設性方式做事情的名聲，與其取得平衡。在分析這個問題上，委員會肩負著很大的責任——不僅是對自己，還要對整個公司負責。

考察組大約於 1929 年 1 月 1 日出發，我於 18 日向財務委員會提出了歐寶提案——事實上也是公司整個海外生產提案。財務委員會整體上很有默契地處理了歐寶的交易，並一致通過了如下決議：

決議：對執行委員會派遣出國考察是否可以投資，並結束或延長通用汽車有限公司用 1.25 億馬克收購歐寶汽車公司的優先權期限問題的分委員會而言，公司授予他們在保證通用汽車利益最大化的前提下全權負責處理與此案相關的事宜；公司認為，在歐寶管理層擁有歐寶公司部分所有權的情況下，保留這種關係對公司較為有利（未來在歐洲擴張時，公司可能還會需要這種形式的關係），並且公司也可以在最初價格的基礎上加上積累利潤完成全部收購。

上述紀錄表明，執行委員會和財務委員會現在取得了共識。得到完成歐寶交易授權的分委員會成員包括佛瑞德·費雪、一位公司董事、一位財務委員會和執行委員會的成員，還有我自己。3 月初，我們啓程前往歐洲並與考察組在巴黎會合，考察組向我們提交了一份他們對歐寶的調查報告，報告上標明的日期是 1929 年 3 月 8 日。報告非常完整，相應的建議乾脆而具體。作為公司總裁，我收到考察組給我的一份簡報。考察組指出：「我們強烈建議行使優先收購權，並根據修訂後的條款完成收購。」報告中的相關發現總結如下：

1. 德國國內市場的發展情況大概與 1911 年的美國相近。
2. 德國煤炭、鋼鐵供應情況很好，熟練工人很多，是一個天然的製造型國家。為了發展國內經濟，德國必須生產和出口剩餘的產品，而且還必須維持低廉的製造成本。顯然，如果想在德國汽車市場取得成功，

就必須在當地製造。

3. 亞當·歐寶公司是德國最大的汽車製造商；它引領著低價位市場，並於1928年在德國製造、銷售的汽車中有著44%的占比，占德國市場的26%。

4. 亞當·歐寶公司位於呂賽爾斯海姆（Russelsheim）的製造廠設備很不錯，建築設計也很好。該廠70%的機器都是過去4年精挑細選後採購的。基本上所有的特殊工具都已經註銷了。工廠的靈活度很強，隨時可以適應新車型，而且熟練工人數量充足。

5. 歐寶擁有736家經銷點，形成了德國最好的經銷商組織。

6. 在該公司1800萬美元淨有形資產的基礎上再支付1200萬美元的善意費用是合理的。對於我們來說，如果想在德國建設一個新工廠，至少需要2到3年的時間才能讓效率和利潤走上正軌，這麼長的時間足夠把支付給歐寶的溢價費用賺回來了。

7. 這次收購將會讓通用汽車擁有歐寶的經銷商組織，我們將擁有「德國背景」，而不再是以外國人的身分來經營。

考察組的建議得到了綜合考察報告的支持，這一點對於費雪和我來說是非常清晰的。因此我們決定批准這次收購，並前往歐寶的基地。接下來我們達成了一項協定，其內容與我上次取得優先收購權時的協議只有細微的不同。最終協議的結果是我們以2596萬7000美元收購了歐寶80%的股份，另外，我們還獲得了以739萬5000美元的價格優先收購剩餘股份的權利，歐寶家族可以在後續的5年中將剩餘的20%股權按照一定的價格逐步賣給我們。歐寶家族最終於1931年10月行使了這一權力，通用汽車就這樣共以3336萬2000美元獲得了亞當·歐寶公司的全部所有權。

儘管歐寶是一家經營狀況良好的公司，但是仍然存在著管理問題，尤其是在最高階層。就我們所知，他們和經銷商之間也存在著一些問題。就是經銷商中有很多人都建立了自有的、過於複雜的機械廠，因此可以製造所需的備件。當時歐寶還沒有開發出互換件系統。一旦客戶需要某

種備件，經銷商就必須為那輛車專門製作；即使他能從工廠取得一些零件，他也要對它進行再加工。

對於已經以互換件為基礎、大規模製造的美國生產商而言，這一點沒有什麼意義，於是我們開始著手處理此事。

收購歐寶公司使我們在德國占據了有利的位置。以美國的標準來看，歐寶公司1928年大約生產4萬3000輛汽車、卡車的產量還是偏低，但是我們也沒有對我們準備急劇增產的計畫保密。交易完成後不久，歐寶公司總裁格海姆拉特・威爾海姆・馮・歐寶（Geheimrat Wilhelm von Opel）在法蘭克福將所有的經銷商和分銷商召集起來開了一個大會，總共有大約5、6百家代表到場，他們來自德國各地及鄰近的出口區域。我向他們陳述了通用汽車的政策。我指出，儘管德國是一個高度工業化的國家，但是以美國的標準來看，汽車產量仍然非常低，我預測歐寶的年產量有一天可能會高達15萬輛。當時，我被視為一個不務實的空想家。但是，當我正在寫到這一段的時候，歐寶的年產量已經達到了65萬輛。

接管歐寶後不久，我們派路透（Reuter）擔任管理總監——他曾擔任我們奧爾茲事業部的總經理。他是一位營運管理人員，擁有設計背景，還具有生產和銷售經驗；他還擁有德國血統，德語說得比較流利。我花費了很大工夫才勸動路透接受這一工作。1929年9月，我和他以及幾個選作他助手的員工一起前往呂賽爾斯海姆，並舉行正式的就職儀式。

我的觀點在德國營運政策中占據主導地位的同時，穆尼關於英國運作政策的建議也得到了採納。已經清晰的是，到1929年為止，我們要麼擴建佛賀，要麼就放棄英國的市場。穆尼在主張佛賀應該開發一種形體較小的轎車方面取得了成功。

1930年增加了一種價格較低的六缸車型。這一年也因佛賀首次進入商用車市場而備受矚目。公司在卡車業務領域優勢明顯，但是在客車領域仍然令人失望。因此，我於1932年初任命了一個委員會前往英格蘭，

讓他們就產品計畫寫一份報告並提交相關的建議。

在當時任職財務副總裁的艾伯特・布蘭得利的領導下，這個委員會建議佛賀應該停掉當前的客車生產線，並生產一種更小、更輕的六缸乘用車，然後再開一條四缸生產線。新「輕六缸」型於 1933 年引入市場，而馬力更小的四缸車則於 1937 年引入市場。委員會的建議對佛賀的影響持續了很長時間。現在佛賀客車和卡車的年產量已經達到了 39 萬 5000 輛。

在收購歐寶及擴建佛賀的過程中，通用汽車也經歷了一場非常重要的挑戰。它從一家國內製造商轉變為一家國際製造商，時時刻刻為自己的產品尋找市場，並在環境許可的情況下在製造、裝配設施方面儘量為這些市場提供保證。公司終於在較高的層次上確定了自己的策略。

我們在 1920 年代末能夠收購佛賀以及歐寶真是一件非常幸運的事。因為當 1929 年爆發全球經濟大蕭條之後，我們的出口業務和其他美國生產商一樣急劇下滑。通用汽車在美國和加拿大的出口量從 1928 年的 29 萬輛下滑到 1932 年的 4 萬輛。此後出口量開始增長，但是我們的海外產量增加得更快。1933 年佛賀和歐寶的銷量第一次超越通用汽車美國製造的汽車在海外的銷量。

戰前所有海外銷售（包括海外製造的車和美國製造的車）的高峰出現於 1937 年，那一年我們從美國和加拿大出口了 18 萬輛車，並銷售了海外製造的車 18 萬 8000 輛。

當然，二戰爆發後我們整個海外業務的前景就非常令人擔憂。即使最終失敗的是軸心國，我們也仍然很難判斷戰後世界大部分地區盛行的政治經濟環境會變成什麼樣子。在我的建議下，1942 年我們在公司內部組建了一個戰後規劃政策組，並要求他們承擔起預測戰後政治形勢的重任，還要求他們對通用汽車未來的國外策略提出建議。

我是這個政策組的主席，通用汽車副總裁、海外營運事業部總經理愛德華・賴利（Edward Riley）負責為我和政策組就戰後海外各地區政治

經濟形勢的思考提供詳細的總結。一封日期為1943年2月23日的信中包含了絕大部分的發現結果。由於它是我們在戰爭時期對未來海外業務思考的指導原則，因此我稍微詳細地引述其中的一些內容：

……這是我們的信念，而我非常樂於提出來分享（賴利先生寫道）……美國在戰後將取得比一戰結束後更強大的地位和姿態，而且這一點不會受到國內政治發展的影響……在過去四分之一世紀經驗的指引下，美國不會再在世界問題上退回到以往的孤立狀態——離開美國的指導、干預和支持，這些國家的發展將再次轉向有損我們利益的方向……

在英國……我們相信已經確認了一些能夠暗示未來發展的事件。

在我們看來，其中之一就是英國重要人士已經決定以低成本、高效率的生產為基礎，以全球貿易國家的身分參與國際競爭，而不再繼續以戰前那種卡特爾保護的方式來保護它的基礎工業。那種方式導致了高昂的生產成本，並且進而需要保護市場。

另一個可以看清的趨勢就是，英國正在逐漸地認識到在政治上與美國緊密合作是保護大不列顛未來興旺與安全的最佳方式。

……就現有的資訊來看，我們覺得俄國政治思想的主線將繼續保持在和平發展，而不會採取戰爭的侵略行為以實現外部征服……

俄國的影響不僅向西擴散到歐洲，還直指南方和東方：波斯、印度、中國，甚至日本過去都曾感受過這種影響……戰後俄國將繼續努力在各個方向維持這些影響。

我們感到……俄國的政治社會哲學……將超越俄國的國境線而繼續在那些適於接受並發展這種哲學的國度裡傳播……對抗這種擴散的最佳方式就是破壞或緩和那些適於它傳播的環境，並向人們展示我們還可以向他們提供一種美國、英國的生活方式……

總的來說，未來的總體趨勢……就是可能會在蘇聯的西方、南方和東方形成一條分隔線，這條線裡面俄國的思想占主流，而線之外則是美國和英國的觀點占主流。

……根據過去的經驗判斷，戰後強大的俄國所影響的區域基本上不會是我們這種生意的沃土。

儘管這些預測是以臨時性「經驗猜測」的方式得出，但是後來的事實證明它們總體上還是非常正確的。我認為我們對於戰時的預測結果可以被看作是某種形式的冷戰預言；但是，與此同時，我們相信戰後我們的海外業務將在全球廣大地區繁榮興盛。

在研究了賴利的資料和其他大量材料之後，我們海外政策組在主席布蘭得利的領導下，於1943年6月採納了一項處理公司海外擴張計畫的綱要。政策組所面臨的問題是戰後我們是否應該再收購一些製造廠。該綱要注意到了世界範圍內的工業化趨勢，並認為這種趨勢將繼續下去，並且還會得到加強。綱要繼續指出，通用汽車希望能夠在海外業務涉及的地區參與並支持這些趨勢。綱要指出，「然而，對於那些戰前不具備整車生產條件的地區，公司不認為它們在戰後能夠具備完整製造汽車所需的基本條件。澳洲是上述論斷的一個例外……」換句話說，戰後除了澳洲，我們不準備再收購其他的製造基地了。

戰後我們所面臨最緊迫、最重大的問題就是歐寶的財產問題。戰爭開始後，德國政府控制了歐寶。1942年我們在歐寶的累計總投資達到了3500萬美元，根據財政部制訂的敵控資產的規定，我們這段時期可以不用繳納所得稅。但這項規定並沒有終止我們對歐寶的興趣和責任。隨著戰爭結束的日子越來越近，我們逐漸認知到我們仍然被視為歐寶的所有者，並且作為所有者，我們有義務繼續承擔相應的責任。

當時，我們在是否繼續控制歐寶問題上懸而未決。我們不知道歐寶的狀況究竟如何，而且我們的納稅地位也還不明朗。一個旨在研究這些問題的委員會，於1945年7月6日向海外政策組提交了如下的報告：

1. 由於缺乏該公司狀況的相關訊息，因此關於應否處理掉這批投資，我們沒有結論……

2. 認為現在以象徵性的價錢賣出這部分股票，就可以避免因恢復對歐寶資產的控制而引發的進一步納稅問題是不正確的。

3. 就現有的戰爭損失恢復法規而言，目前在恢復稅、稅收限制、恢復日期、評估方法等方面仍然還不明朗……

俄國要求接管歐寶以作為對他們的賠償，而且一度顯得似乎即將成為事實，這讓整個形勢變得更加複雜了。但是，到了1945年後半年，戰爭結束後，美國政府在這個問題上採取了強硬的反對態度。也許我應該指出，通用汽車在這個過程中沒有採取任何行動。實際上，當時我們並不認為歐寶是一個賺錢的生意。在1946年3月1日給賴利的信中，我這樣寫道：

無論正確或是錯誤，我個人始終認為在現在這種情況下……就我們目前所瞭解，從盈利的觀點來看，無論通用汽車擔負起怎樣的營運責任，都很難達到戰前的水準……在我看來，對於這個您所認為的有限市場，我們似乎並不一定要闖過去……

恐怕我的悲觀結論代表了公司裡大多數人對戰爭及隨之而來的災難的情緒，而且歐寶裡面很多未知的因素也加劇了我的緊張情緒。隨著這些未知領域的逐漸揭開，這種感覺逐漸發生了變化。

通用汽車和位於美國控制區的同盟國軍政府之間的談判持續了2年。美國軍政府總督盧修斯・克萊（Lucius D. Clay）將軍明確向我們表示，他支持我們儘快收回歐寶的資產。他強調，如果我們不確定收回歐寶的時間，那麼德國將組織人員監管它。

1947年11月20日，營運政策委員會向財務政策委員會建議通用汽車應該恢復對歐寶公司的控制。這一建議和海外政策組的發現完全一致——他們也建議恢復對歐寶的控制。

1947年12月1日，財務政策委員會考慮了這項提議，並指派一個研究組來評估當時所能蒐集到和歐寶公司相關的事實。這個小組是由當時公司的總裁威爾森任命。公司一位經驗豐富、能力出眾的營運執行主管康克爾（Kunkle）擔任小組主席，小組成員包括：來自海外營運部門的霍格朗德（Hoglund）、當時負責財務的弗雷德里克・唐納（Frederic Donner）副總裁、當時公司的法律顧問亨利・霍根（Henry Hogan），還有擁有著豐富工程設計及生產經驗的執行主管，而且多年從事海外業

務的副總裁埃文斯。

小組於 2 月 11 日離開紐約，3 月 18 日返回。在此期間，他們仔細檢查了歐寶的財務狀況，並與柏林、法蘭克福以及威斯巴登的軍政府代表會晤。他們還會見了很多德國人，包括歐寶的執行主管、重要的供應商、德國政府的當地代表、歐寶工會的官員等。他們還聯繫了英國、荷蘭、比利時以及瑞士的實業家、銀行家、政府官員以及華盛頓的國務院及美軍代表。

最後，研究小組的結論於 1948 年 3 月 26 日提交給了公司總裁。這個小組報告的組織形式類似於資產負債表，既列舉了支持繼續控制歐寶的理由，也列舉了反對的理由。而他們自己的建議則是繼續控制歐寶。但是，1948 年 4 月 5 日財務政策委員會在一次會議上質疑在當時恢復對歐寶控制的正當性。會議紀錄如下：

委員會已收到標註日期為 1948 年 3 月 26 日的報告（編號：580）。該報告是由公司總裁所任命、旨在考察是否適於恢復在西德的業務的特別小組所撰寫。

（財務政策）委員會認為，考慮到與這項資產運作相關的各種不確定性，公司當前並不適宜恢復對歐寶的控制……

海外政策組於 1948 年 4 月 6 日舉行了一次會議，討論了 4 月 5 日執行委員會的結論。仔細研究了特別研究小組的報告之後，海外政策組認為，財務政策委員會之所以不支持恢復對歐寶的控制權，主要是因為委員會中不同成員在考慮到當前形勢的某些方面時，心中充滿不確定性。海外政策組進一步認為，這些不確定性可以精煉成幾個基本的問題。

在討論中，我強烈地指出，如果我們能夠在一份簡明的備忘錄中清晰地闡述大部分的這些不確定因素，或許會讓財務政策委員會重新考慮恢復對歐寶的控制。我建議由賴利負責起草這份備忘錄，並聲稱如果完成後能夠得到財務政策委員會的認可，我願意再提交一份更深入的報告並請求財務政策委員會重新考慮整件事。

威爾森在 1948 年 4 月 9 日給我的一封信中曾提到，自從財務政策委員會採取了那樣的行動之後，他就一直惦記著歐寶的情況了。他在信中這樣說道：

……禮拜一的時候，我很驚訝地發現，除了唐納先生贊成並支持特別研究組（他也是其中一員）的一致建議外，財務政策委員會中只有我一個人願意繼續在德國的營運……

但是對於我來說，很明顯地，我不能讓事情一直停留在現在這種狀態，財務政策委員會必須再次考慮這個問題。直到義大利大選以及沃爾特‧卡彭特和艾伯特‧布蘭得利加入討論並願意承擔最終決策所賦予的責任前，我不相信他們會開始重新考慮此事……

在 1948 年 4 月 4 日給威爾森的回信中，我這樣寫道：

……你說禮拜一的時候，你發現你是除了唐納先生及布蘭得利先生（可能）之外唯一支持繼續德國業務的委員會成員，這種說法並不正確。就我的想法而言，我一直都支持繼續在德國的業務，而且我仍將贊成這種觀點……

我參與財務政策委員會的會議，主要是希望我們能夠順著你的假設確定一些原則。我要求他們考慮這一點。由於他們缺席，我被迫違背我的意願來代表他們的意見，並採取了反對的態度……

我同意你關於現在令人非常不滿的狀況的判斷。在禮拜一會議結束的時候，我也有這種感覺；而在禮拜二後續的討論中，這種感覺更加強烈了。正是出於同一原因，我在禮拜二繼續催促他們考慮我禮拜一的提議，即就各種不確定性提出具體的提案，從而使我們能夠繼續工作。我相信如果能夠做到這一點，財務政策委員會還是有可能轉變態度的。

隨後，我和賴利從營運的角度，對各種不確定性以及建立海外營運部能夠接受的實際限制進行了一連串的討論。作為觀點交流的成果，我草擬了一份報告，並於 1948 年 4 月 26 日呈交給財務政策委員會。在報告中，我強調了下列幾點：

1. 必須認知到，這次所面臨的問題和 1928 年當時的財務委員會所面

臨的問題不同。這並不是我們是否要在營運的層面上進入德國的問題，事實上，我們已經在那裡開展營運工作了。

最初的問題涉及一個我將會在後文詳加剖析的一個重要原則。說得更具體一點，就是1928年的問題主要是：需要向境外進行可觀的資本輸出、在外國組織完整且高技術的製造過程所面臨的不確定性、一個儘管類似但卻存在些微不同的產品的市場潛力、盈利的可能以及其他考慮。而現在的問題則不涉及任何資本輸出……

2. 毫無疑問，這份報告反映了任何企業都會考慮到的、與當前的經濟停滯密切相關的形勢。但是，如果我們不這樣做，又會怎麼樣呢？戰爭結束之後，整個德國的經濟一直都處於現在這種狀態，必須考慮一種深具建設性而又主動的方式來重建德國經濟……

3. 通用汽車是否仍應保持為一家國內企業而在國內製造，然後將產品出口到有市場的地方？還是註定會擴張成一個國際性組織，在出現機會的地方製造產品，以作為美國國內生產的補充甚至獨立於美國國內生產？這個問題在1920年代後期已經有了定論……我深信通用汽車必須——無論它是否願意——積極主動地遵循這一政策。我相信，考慮任何問題的唯一出發點都應該是從長期的觀點來看，這一機會所帶來的利潤值得我們去冒這個險。

我還特別寫下了以下建議：

1. 建議委員會重新考慮4月5日的會議上所達成的決定，並進一步考慮這一報告。

2. 建議委員會授權嘗試性地恢復對歐寶的控制，2年之後再根據屆時的情況進行評斷。

3. 我們恢復對歐寶管理的條件，將在後文來說明。制訂這些條件的目的並不是為了讓某些權威來保證這些條件，而只是為了設定在這2年試驗期內的退出條件，從而使我們可以在因業務管理或營運情況變動而無以為繼的時候退出。

我的第四點指出了第三點裡面所提到的條件：通用汽車不再繼續投資歐寶；應可以方便地獲得信用貸款；在人事政策和行政管理上應享有充

分的自由；歐寶公司所生產產品的種類完全由管理者決定；如果政府對產品價格進行管制，則必須保證合理的利潤回報。

1948年3月3日舉行的會議上，財務政策委員會評估了歐寶的情況。會議紀錄這樣寫道：

委員會從艾弗雷德·史隆那裡接到了日期標示為1948年4月26日的報告（編號：606），該報告建議委員會授權在一定的情況下恢復對歐寶的管理。委員會一致認為，委員會將以下列事實作為判斷的基礎：

①通用汽車有限公司將不再向歐寶公司投資，也不會給出任何形式的投資保證。

②恢復對歐寶的控制不可以改變通用汽車有限公司在美國所得稅問題上的處境。

接下來討論了通用的稅務問題。霍根和唐納指出，現在恢復對歐寶的管理不會改變公司在美國國內所得稅問題上的處境。

至於第二個討論的問題，委員會一致通過了如下的決議：

儘管財務政策委員會認為恢復對歐寶公司的控制並不需要通用汽車對歐寶公司進行投資，或者提供任何形式的投資保證，儘管委員會並不認為通用汽車在美國所得稅問題上的處境，並不會因為現在恢復對歐寶的控制而受到不利的影響；因此，達成決議：財務政策委員會建議營運政策委員會，基於上述原因，財務政策委員會不會反對恢復對歐寶公司的控制；並且，進一步達成。

決議：考慮到這些因素，恢復對歐寶的控制和管理這件事，必須要在營運政策委員會認為可取的條件下進行；並且，進一步達成。

決議：將艾弗雷德·史隆於1948年4月26日以歐寶公司冠名的報告（編號：606）抄送營運政策委員會，以供其參考。

公司的態度現在已經明確下來了。公司的目的就是在遵循財務政策委員會所設定限制的框架下恢復對歐寶公司的控制，並在與美國軍政府就轉交歐寶資產的協商中維護住數不清的細節。這些工作最終於1948年11月1日完成，並由通用汽車有限公司發布了一則聲明：

通用汽車宣布，今天已經恢復了對德國歐寶汽車公司的管理，該公司位於鄰近法蘭克福的呂賽爾斯海姆。前任通用汽車海外營運部歐洲區經理愛德華・齊當尼克（Edward Zdunck）被任命爲公司常務董事。本週選出九位美國通用汽車公司代表來組成公司董事會，並由通用汽車海外營運部副總經理伊利斯・霍格朗德（Elis Hoglund）擔任董事會主席。

到1949年爲止，歐寶公司汽車和卡車的銷售累計達到了4萬輛，而且，和德國其他產業的迅速恢復相似，歐寶公司的後續成長也非常迅速。1954年，歐寶的銷量接近16萬5千輛，已超過了戰前的最高水準。

當我們戰後初期還在就歐寶問題進行協商的時候，我們也從澳洲收購了一處新製造基地，鞏固了我們1920年代初在這個國家裡的落腳點。後來澳洲熱烈歡迎美國汽車，市場占比一度超過90%。但是澳洲政府爲進口美國車身設置了很多障礙，每輛旅行車車身需納稅60英鎊（依照當時匯率約300美元）。這項稅賦起源於第一次世界大戰，當時的運輸空間非常寶貴，但是後來這項稅賦也沒有取消，而且還被冠以一個熟悉的理由——保護國內產業。

由於高額稅賦，1929年通用汽車決定從位於阿德萊德（Adelaide）的霍頓汽車車身製造廠——該廠以往製造皮革製品，一戰之後開始製造車身——採購車身。我們與這家公司保持著緊密的聯繫，在1920年代後期幾乎消化了它的全部產量。1926年，我們組建了通用汽車（澳洲）有限公司，並開始在澳洲建立裝配廠，構建我們自己的經銷商組織。

1931年我們完全收購了霍頓公司，並將它與通用汽車（澳洲）有限公司合併，組成了通用汽車－霍頓有限公司，並開始製造一些零部件。這樣，到了二戰結束的時候，我們在澳洲不僅擁有製造經驗，而且還擁有自己的經銷商組織，並且還熟悉當地市場。

我們打算將霍頓擴建成一個完整的製造基地的決定，是在戰爭進行期間構思出來。我在本章前面有提到，以布蘭得利爲主席的海外政策組的聲明指出，直到1943年6月，澳洲可能是我們願意建設海外製造基地

的唯一選擇。

1944年9月，海外政策組進一步決定將在澳洲建設一個完整的汽車製造廠。後來證明這是一個非常及時的決策，因為當年10月澳洲政府正式邀請通用汽車及其他感興趣的公司就在澳洲製造汽車提出計畫。

由於我們在這一方面的構思已經基本成型，因此我們在接受這一邀請的時候反應相對更為迅速。在1944年11月1月提交給行政委員會的報告陳述了在澳洲進行製造的情況。該報告得到了海外政策組的批准。報告中指出：

1. 在一定程度上，我們已經開始在那裡製造了，現在所討論的問題只是一個程度的問題。

2. 對於汽車生產商而言，澳洲擁有熟練的工人、低成本的鋼材，以及其他有利的經濟因素，而且氣候也很好。

3. 其他製造方案，毫無疑問將降低我們在這個受保護市場中的市場占比。

1945年3月，澳洲官方對通用汽車—霍頓的情況表示贊同。從那時起到1946年，通用汽車在底特律組建了一個由30名美國工程師、生產工人及澳洲學徒組成的團隊，並對他們簡要地進行了如何啓動新製造業務的培訓。

該團隊離開美國之前，他們製造了三種原型車。1946年秋，這些人和他們的家人，共75人，乘坐加拿大太平洋火車公司的專列離開底特律前往溫哥華。他們攜帶了包括測試車、所有必需的工程資料、幾噸重的設計圖等物品以及底特律精神。

1946年12月，一艘汽輪將他們從溫哥華送到了澳洲。他們於1948年在澳洲投放了第一批產品，並售出了112輛車。1950年，他們的年產量已經達到了2萬輛，1962年年產量達到了13萬3000輛，並且正在準備將產能擴充到17萬5000輛。

第十九章 非汽車產業：柴油電力機關車、家電和航空

> 除了「耐久財」之外，通用汽車從未製造過其他物品，而且除了少量例外，其產品都和發動機緊密相關。

通用汽車不僅製造汽車和卡車，還製造柴油電力機關車、家用電器、航空發動機、運土設備以及其他各種耐久財（durable goods）；總的來說，汽車之外的業務約占民用物品銷售額的10%。但是產品的多樣化總是受到各種限制。除了「耐久財」之外，通用汽車從未製造過其他物品，而且除了少量例外，其產品都和發動機緊密相關。即使是杜蘭特，在他所有的擴張和多元化經歷中也從未偏離過公司的名字——通用汽車（General Motors，Motors既有汽車之意，也有發動機之意）——所暗示的界限。

這裡並不打算詳細介紹我們所有非汽車產品的歷史。我們在柴油機方面的開創性工作、富及第及電冰箱產品線的發展，以及我們的航空工業才是這一章的主題。

如果追溯往事時能夠發現通用汽車在汽車業之外的歷程也曾採取連貫的方式，會是一件非常美妙的事情；但是，這其中穿插的其他因素和機會的作用導致現實並不符合我們的期望。當然，**我們對多元化投資自然有產生興趣，因為這可以增強我們抵禦汽車業銷售下滑衝擊的能力**。但是，對於汽車以外的產業，我們從來都沒有一個總體的規劃；我們一直都是出於各種不同的原因才涉足這些產業的，並且在某些關鍵點上，我們也非常幸運。比如，我們之所以進入柴油機領域，完全是因為凱特林對柴油機的特殊興趣；早在1913年為農場照明系統尋找一種發電機的時候，他就開始試驗柴油機了。

杜蘭特讓通用汽車從事電冰箱業務也是出自個人原因；但是，正如我將要指出的，很明顯地，如果不是因為連續發生了一些古怪的事情，我

們可能會在早期就放棄電冰箱領域了。而我們之所以涉足航空業，也只是因為我們曾認為小型飛機會成為汽車的競爭對手。

需要指出的是，我相信，在我們開始對這些領域投資的時候，當時相應的新產品相對而言都還非常少。美國鐵路系統中還沒有能夠提供柴油機關車的業務；電冰箱還只是一種不現實的新發明，航空業的未來還只是別人的猜想。換句話說，我們並不是簡單地利用我們的財力和工程設計能力來「接管」汽車業外的某種新發明。我們在早期（45 年前）介入並幫助它們發展。我們在這些領域的業務得到了擴張，但是除了 1953 年收購歐幾里德道路機械公司（挖、運土工具製造商）、進入戰爭和國防工業之外，我們並不進入那些完全陌生的產業。

● 柴油電力機關車

通用汽車於 1930 年代早期低姿態地進入了機關車產業。當時，除了調車機關車外，美國鐵路業對柴油機關車基本沒有興趣。然而，不到 10 年間，柴油機關車的銷量已經超過了蒸汽機關車，而通用汽車的柴油電力機關車銷量也超過了其他機關車製造商的銷量總和。由於我們領導了這場柴油機關車革命，並且幫助鐵路業實現了極大的節約，因此現在電力動力事業部在機關車市場上占據顯著的市場占比。

我認為有兩個主要的原因推動了這一進程：第一個原因就是在生產適用於全美鐵路的高速柴油發動機方面，我們表現得更為頑強；第二個原因就是**我們將汽車製造業中的製造、工程設計、市場行銷的理念引進機關車產業**。直到我們開始製造柴油機的時候，機關車仍然是採取量身訂製的，鐵路部門以冗長的細節來描述他們的需求，因而導致美國鐵路上運行的機關車中，基本上不存在兩輛相同的機關車。

但是，幾乎從一開始我們就向美國鐵路提供標準的機關車――一種能夠以相對低價格進行量產的機關車。另外，我們還保證我們的機關車每噸／公里的淨成本要低於蒸汽機關車，並且構建了服務組織，還提供標準的替換零件。這一行動在機關車業中引起了一場革命，並鞏固了我們的地位。

當然，在通用汽車剛開始對柴油機產生興趣的時候，也沒有提出什麼新的原理。德國發明家魯道夫‧狄賽爾（Rudolph Diesel）於1892年申請了這種發動機的專利，並於1897年成功製造出一台單缸25馬力的柴油機；1898年美國製造出雙缸60馬力的柴油機。和現代柴油機相比，這些早期的設備所體現的壓縮點火原理並沒有發生變化。

　　四行程柴油發動機工作方式如下：汽缸活塞第一次抽吸時僅吸入空氣，活塞第二次推出時將空氣壓縮，使其產生每平方英吋500磅的壓力，溫度達到約華氏1000度（約攝氏538度）。在壓縮快結束的時候，柴油會在極高的壓力下噴射到燃燒室，高溫空氣引燃柴油。活塞的第三、四次運動就是做功和排氣──和汽油機一樣。差異是柴油機既不需要化油器，也不需要電子點火裝置，因此和汽油機相比，它結構簡單得多。

　　就像這段描述所暗示的那樣，柴油機直接將燃油轉變成能量來源。從這一點來看，它和蒸汽機不一樣，後者的燃料被用來產生蒸汽；它和汽油機也有所不同，後者在點火之前必須將燃料汽化。

　　和柴油機相比，這兩種機器都會損失效率──實際上，柴油機是日常使用中熱效率最高的設備。現代柴油機使用精煉過的石油燃料，但是過去也曾使用過其他燃油。魯道夫本人堅持使用炭粉，但是他的助手開始的時候曾勸他使用石油以避免汽缸被碳粉刮傷。後來一些實驗項目還遵循魯道夫的路線使用過炭粉，也嘗試過其他燃料。但是，最後石油成為了柴油機的標準燃料。

　　儘管效率很高，多年來柴油機的實際用途仍然非常有限。除了少量例外之外，柴油機通常都個頭龐大，非常笨重，而且運行緩慢，因此它們的最大應用領域就在發電廠、抽水站、大型船舶等處。平均下來每馬力的柴油機約重200至300磅，而這正是問題的核心──必須製造一種功率強大的高速柴油發動機，而且個頭還要相對較小。

　　前面已經提到，柴油機的原理並沒有什麼創新。我還應該加上一句，即通用汽車所發明的柴油機並沒有應用某些非公開的原理。當時所欠缺的，僅僅是在處理實用性問題上的想像力、主動性和才智。

在 1920 年代，歐洲已經在這一方面取得了一定的進展。1920 年，他們已經將一些柴油機關車投入了營運；到了 1933 年，一些美國柴油機製造商已經成功製造出一些柴油機關車，並用於調車服務。由於重量對於調車機關車而言是一種優勢，而且它們展現出了比蒸汽機關車更高的經濟性，因此它們取得了一定的成功。但是，製造適合美國鐵路系統上客運、貨運的柴油機關車的嘗試一直都沒有成功，因為重量、功率和大小對這兩種情況都非常重要。

將柴油發動機各項指標合理化，降低重量與馬力的比值，就成為了我們工程師的首要考慮。

在通用這種大型組織裡，通常很難將功勞或過失歸到某個人的頭上。但是在柴油機這件事上，查理斯‧凱特林幾乎就代表了整個故事。我們現在研究實驗室的前身——通用汽車研究公司，早在 1921 年就在凱特林的緊密領導下試製柴油機了。凱特林於 1928 年 4 月購買了一艘遊艇之後，這種發動機就吸引了他的注意。每個認識他的人都曾猜測他在遊艇上的時候，應該花更多時間待在發動機艙裡而不是在甲板上。他早就相信柴油機沒有必要那麼大，那麼重了。

大約在同一時期，我也開始逐漸對通用汽車發展柴油機的可能性感興趣了。如果沒記錯的話，有一天我曾來到底特律的研究實驗室對凱特林說：「凱特，為什麼人們在認識到柴油機的高效率之後仍未普遍使用它呢？」他以他一貫的方式說：「原因在於發動機沒有按照設計者所希望的方式運轉。」然後我又和他說：「很好——我們現在已經涉足柴油機業務。你告訴我柴油機應該怎樣運轉，然後來看看我們可以投入什麼設施來完成這項計畫。」當然，說已經涉足柴油機業務只是一種說法，我的意思是我將在公司裡支持他。

1928 年，凱特林和一個研究團隊開始在實驗室裡針對柴油機進行一系列的實驗，並且隨後將這種柴油機提供給了各個製造商。經過對實驗結果以及當時各種研究文獻的分析，團隊在凱特林的領導下得出結論：對問題的解決方案就是採用二行程柴油機。實際上，凱特林的結論中最

精彩的部分就是他深信雙循環原理最適合製造小型柴油機。儘管當時這一技術已經得到了充分研究，但是由於在大型低速柴油機外基本上無法應用而被業界所捨棄。

在二行程柴油機中，吸入新鮮空氣和排出燃燒後的氣體同時發生。活塞每運動兩次就做功一次，而不是像在四行程柴油機中那樣每四次運動才做功一次。由此產生的結果就是，在同等馬力輸出的情況下，二行程柴油機的重量只有四行程柴油機的五分之一，體積只有六分之一。但是，它也帶來了一些令人望而生畏的工程難題。

至少凱特林所設計的二行程柴油機在油料噴射系統上就需要高得多的精度，特別是研究實驗室要求生產，並且最終也生產出來了的油料噴射器，這種零件的安裝間隙只有一英吋的三千萬至六千萬分之一，而噴射泵每平方英吋所承受的壓力則高達3萬磅，這樣它才可以迫使油料從直徑大約千分之十至十三英吋的小孔中噴射出去。二行程柴油機必須配備一個外部空氣泵。這成為了另一個問題，但是最後研究人員取得了需要的結果：一個輕巧緊湊的設備，它能夠以300至600磅的壓力抽吸空氣。

1930年底，二行程柴油機的實用前景已經非常清晰了，凱特林也在柴油機技術上取得了重大突破。同樣，我也需要按照先前的承諾為他提供製造設施了。我們四處尋找所需的特殊設備。我們主要透過溫頓發動機和電力動力工程設計這兩家公司完成了這部分工作，這兩家公司都位於俄亥俄州的克里夫蘭。

溫頓（Winton）是一家柴油機製造商，產品主要用於船舶（凱特林第二套遊艇發動機就是他們製造的），他們也製造一些大型汽油發動機；電力動力（Electro-Motive）是一家工程、設計、銷售公司，自己並不擁有製造設施，這兩家公司之間已經保持了近10年的密切關係。在此期間，它們已經在鐵路汽電機關車方面建立了一定的聲譽，並在短程運輸機關車市場占據極大的占比。製造這些鐵路機關車是溫頓公司自1920年代以來的主要業務。但是和蒸汽機關車相比，汽電機關車的經

濟優勢正逐漸消失，臨近 1920 年代結束的時候，電力動力公司發現很難繼續銷售汽電機關車了，這繼而影響了溫頓公司。

針對這種情況，溫頓和電力動力公司於 1928 至 1929 年間開始認真地探索將柴油機導入鐵路機關車產業的可能性。電力動力公司當時的總裁哈樂德・漢彌爾頓（Harold Hamilton）也遇上了凱特林正在努力的油料噴射問題。漢彌爾頓當時也致力於開發一種小型柴油機。獲得了凱特林所提供的技術之後，他所製造的最小的柴油機每馬力只需 60 磅的重量。他認為，一台機關車所需要的柴油機每馬力的自重不能超過 20 磅，而曲柄旋轉的速度不能低於每分鐘 800 轉。儘管當時有幾款發動機已經非常接近他的要求，但是他認為，它們還無法達到鐵路應用所需的性能和可靠性。

漢彌爾頓進一步認識到他所需要的柴油機將需要使用金屬管和金屬接頭，這樣才能在承受每平方英吋 6000 至 7000 磅壓力的情況下，保持更長的壽命。溫頓無法實現這種技術要求，漢彌爾頓也不知道該到什麼地方去尋找相應的加工技術。最終他得出結論，為了解決他和溫頓的問題，需要尋找 1000 萬美元的風險投資——大約 500 萬美元用於克服技術障礙，另外的 500 萬美元用於製造所需的設備和工廠。

很快漢彌爾頓和溫頓總裁喬治・考德瑞頓（George Codrington）就瞭解，他們無法從銀行借到這麼大一筆錢，鐵路工業也無法為他們提供這麼大的風險投資（鐵路營運方和製造商都缺乏對柴油機的興趣，不願承擔必要的研究費用）。大約正是這個時候，凱特林由於訂購第二套遊艇發動機認識了考德瑞頓。他之所以購買這種發動機，只是因為考德瑞頓答應（儘管不太情願）為這個發動機裝上一種他們的設計人員正在開發的燃油噴射裝置，而凱特林認為這種裝置非常有前途。我不知道是誰先建議溫頓加入通用汽車的，但是在 1929 年晚夏，我們開始正式與溫頓談判，直到該年 10 月巨大的市場崩潰模糊了市場前景時，才最終達成收購協議。

但是，我們始終都認為收購溫頓是一筆很好的交易。至少我們當時對美國汽車市場的前景非常不確定，因為它在 1920 年代晚期始終沒有成長。所以，我們對其他領域任何能夠為我們帶來合理的多元化的機會，都會自然而然地產生興趣。

1929 年 10 月 21 日，公司副總裁約翰・普拉蒂提交給營運委員會和財務委員會的備忘錄中陳述了收購溫頓的提案：

我們在過去的一段時間裡，考慮了收購位於克里夫蘭的溫頓發動機公司的可能，這也成為了前一陣子會議裡大家的非正式話題。

據說我國柴油發動機的發展已經達到了可商業化的地步，並且很有可能就處於大規模膨脹的臨界點。毫無疑問地，溫頓發動機公司是美國傑出的柴油發動機製造商……

溫頓公司管理層能力出眾，暫時不需另外派遣人員參與管理。如果業務持續擴張（我們相信會如此），我們可能會考慮為他們增派一名好的執行主管，或者是副總經理，或者是銷售經理……

……收購這家公司將使我們充分利用我們的研究部門發動機領域的研究成果，並使我們能夠緊跟柴油發動機的發展。

這樣業務的盈利性也很好，如果擴張能夠得以持續（大多數工程設計人員都這樣認為）我們最終會從收購溫頓所需的投資上獲取大量的報酬……

最後，1930 年 6 月，溫頓公司成為通用汽車的一分子，考德瑞頓繼續擔任總裁。溫頓的主要市場仍然是船舶發動機[①]。收購溫頓 5 個月後，我們又收購了電力動力公司，而且仍然由原公司管理層負責營運。在收購電力動力的協商，漢彌爾頓和凱特林繼續就輕型柴油機展開了漫長的討論。1955 年在參議院一個分委員會的聽證會上，漢彌爾頓描述了凱特林對開發柴油機的龐大熱情：「……就像響鈴刺激一匹馬。」他這樣回憶。事實上，漢彌爾頓很清楚，吸引他加入通用的力量並不僅僅是公司強大的經濟實力。「……我們從通用所得到的遠不只這些……我當時瞭解的公司，很多都擁有足夠的金融資源，但是沒有一家擁有能夠解決這

個問題的構思，也缺乏將柴油機推向成功的勇氣。至少我們在這個問題上是這個態度。

溫頓和電力動力的營運方式曾一度照舊。漢彌爾頓和凱特林都認為，製造鐵路上可使用的商用柴油機還需要很長時間。

與此同時，凱特林將他大部分的精力都投入改善二行程柴油機上。到了1932年，凱特林認為他能夠製造一種功率達600馬力的八缸二行程發動機。由於凱特林的新發動機與當時的四缸600馬力發動機相比優勢很明顯，尤其是在每馬力所需承擔的自重上優勢，所以他的發動機看起來很值得投入製造。

當時我們正準備參加1933年的芝加哥萬國博覽會。我們計畫推出一項生動的展覽——展出雪佛蘭客車裝配線的實際生產運作過程。我們需要為該生產線提供動力，因此我們決定選擇凱特林推薦的兩台600馬力柴油機。

當我們剛開始想到用新型柴油機為我們的萬博會項目供電的時候，我們當時所考慮的是檢驗一下發動機在實際操作環境下的長時間性能。我們認為凱特林的基本設計非常實用，但是我們並不認為柴油機很快就能投入商業運用。但是，在這次展覽還沒有結束的時候，我們對這件事的看法就已經發生了戲劇性的轉變。

引起這種變化的最主要原因就是一位鐵路公司總裁——伯靈頓的魯道夫·巴德（Ralph Budd）——對柴油機突然表現出了濃厚的興趣。巴德希望能夠建造一種全新的流線型輕型客車，並希望在外觀和營運經濟性上得到顯著改善。1932年秋，他中途路過雪佛蘭，前來拜訪漢彌爾頓，後者向他介紹了通用汽車的柴油機實驗進展，並幫助他和凱特林建立了聯繫。巴德先生對未來的前景感到非常激動。

---

① 1937年溫頓的名字改為克里夫蘭柴油發動機事業部，並於1962年與電力動力事業部合併；同年，我們成立了底特律柴油機事業部，以製造小型柴油機供船舶及工業用。儘管多年來它們的產品有些重疊，但是總的說來，底特律柴油機事業部更擅長於製造小型柴油機。

繼而他前往底特律拜訪了通用汽車研究實驗室。凱特林向他展示了二行程發動機的試驗樣品，但是警告他八缸發動機還需要很多的開發工作才能真正用到機關車上。巴德也瞭解到通用汽車將在萬國博覽會上測試這種發動機。

當博覽會最終開幕之後，每位關注柴油機發展的人就都可以透過玻璃牆看到我們的柴油機了。但是，我們仍然有些擔心，並要求宣傳人員不許發布與這兩台柴油機相關的資訊——其實在某種意義上，它們才是我們在這次展覽上最引人入勝的東西。儘管當時沒有採取宣傳行動，但是巴德仍對此非常關心。他非常瞭解我們在製造這兩台發動機上所面臨的困難，他也知道每天晚上都有一兩名工程師去維護這兩台柴油機，以保證它們第二天仍然能夠正常工作，他也知道凱特林的兒子尤金（負責維護工作）的意見。尤金後來曾評價說：「發動機上唯一好用的零件就是量油計。」

但是，巴德繼續要求我們提供他一種能夠在伯靈頓微風列車使用的柴油發動機，他比以往表現得更為堅持。1933 年，聯合太平洋公司公開宣布建造一種流線型列車的計畫。聯合太平洋公司規劃的列車是一種只有三個車廂、不需用機關車牽引的小型列車；也就是說，動力部分與三個車廂融為一體，動力由一個十二缸 600 馬力的汽油發動機提供，該發動機由溫頓製造。聯合太平洋的列車在技術上沒有什麼創新；但是，它的圖片廣為傳播，並得到了高度評價，整個國家突然之間對流線型列車爆發出了巨大的興趣。這一切甚至刺激了巴德堅定地將流線型列車投入自己的業務營運的願望。但是，他仍然希望採用柴油機動力。

我們原本希望能夠再花 1 到 2 年的時間來消除凱特林製造的發動機上存在的缺陷，但是巴德的堅持最終占了上風。1933 年 6 月，我們同意製造一台八缸 600 馬力的柴油發動機以供他的先鋒者微風號（Pioneer Zephyr）使用。它於 1934 年 4 月投入試車後就不斷發生故障，這正是我們所擔心的。但是我們逐漸改善了這些缺陷，巴德於 1934 年 6 月又訂購了兩台 201A 型通用汽車柴油發動機供他們所謂的雙子微風號(Twin

Zephyrs）使用。與此同時聯合太平洋並沒有坐等流線型列車的交期。他們於 1933 年 6 月向溫頓下了一個新訂單，這次訂購了一台十六缸 900 馬力的柴油機以供他們的六節臥鋪火車使用；1934 年，聯合太平洋訂購了六台 1200 馬力的柴油機以供他們的「城市」系列之用。

這些早期的柴油動力列車取得了輝煌的成功。最值得紀念的，是從丹佛到芝加哥的試行中，伯靈頓微風達到了每小時 78 英里的時速，全程僅花費 13 小時 10 分鐘；聯合太平洋公司的「城市」將從西岸到芝加哥原本所需的 60 多小時縮短到了不到 40 小時。在鐵路部門營運成本下降的同時，客源卻不斷增長。我們的客戶立刻要求我們提供更大功率的發動機，從而可以增加列車的長度。1935 年 5 月，我們向聯合太平洋公司提供了 1200 馬力的柴油機；我們還為伯靈頓公司提供了兩台各 1200 馬力的柴油機。這些柴油機能夠牽引 12 節車廂。

1934 年初的某一天，凱特林和漢彌爾頓前來拜訪我，我們討論了柴油機的問題。一直與鐵路產業人士保持密切聯繫的漢彌爾頓告訴我們，那些人認為我們的柴油機非常成功。

但是，他進一步告訴我，他們希望我們提供通用的柴油機，而不僅僅是用作列車動力的柴油機。凱特林暗示他願意承擔這項開發試驗性柴油機關車的工作。我問他大概需要多少錢，他認為大約需花費 50 萬美元。我告訴他，根據我自己的新產品開發專案經驗，我認為他很難用這樣相對不多的資金來完成這樣一個項目。「我知道」他回答得很溫和，「但是我想指出的是，如果我們花那麼多錢，後續工作你就會很順利。」他就這樣取得了這筆撥款。

實際上，當時我們和機關車工業的距離非常大。我們唯一相關的生產設施是溫頓那些相對過時的發動機製造設備；在製造電力傳輸設備和機關車車身方面，我們沒有任何基礎。因此於 1935 年早期決定在伊利諾州的拉格蘭齊（La Grange）建設我們自己的工廠。這家工廠最初僅製造列車車身——車廂和轉向架，而發動機則來自溫頓，其他部件仍然來自原有的供應商。但是拉格蘭齊工廠的設計使它可以將業務擴展到整個機

關車零部件的製造領域。工廠建設完畢後很快就開始進行生產。到了 1938 年，拉格蘭齊已經成為了一個完整的機關車製造廠。

正如我所述，我們在柴油機方面的早期經驗僅限於客車機關車。但到了 1930 年代中期，漢彌爾頓和他的團隊認為，在柴油動力調車機關車領域存在著龐大的市場。我們的一個競爭對手提供一種重達 100 噸、售價高達 8 萬美元的柴油動力調車機關車。這種機關車在很大程度上都是根據客戶的要求量身訂做的。漢彌爾頓認為，如果客戶願意接受一種現貨供應的標準柴油動力調車機關車，我們就可以以 7.2 萬美元的價格提供給客戶。在他的推動下，我們開始製造調車機關車。實際上，在沒有確定訂單的情況下，我們就開始生產 50 台調車機關車。

在 1935 年 12 月 12 日普拉蒂寫給我的備忘錄中，我們理解了這一新政策的重要性。其中有這樣一段：

有一條我們認為必須維持下去的基本政策，就是電力動力有限公司將製造一種標準化產品，而不是根據每家鐵路公司的不同要求來製作不同標準、不同規格的機關車。我們建議，在我們做出讓步接受各鐵路公司自己的規格要求之前，至少為我們建造標準鐵路機關車的工作提供一個相對公正的嘗試機會。

這一問題後來很快得到了解決。我們的第一批調車機關車從 1936 年 5 月開始銷售，很輕鬆地就全部銷售完畢。儘管起初的利潤率很低，但仍然很大地改變了電力動力有限公司的盈利前景。漢彌爾頓向鐵路部門承諾，隨著我們調車機關車規模的增長，我們會用降低價格的方式同他們分享因經濟規模所帶來的好處。直到 1943 年戰爭生產委員會將通用汽車從調車機關車領域脫離出來，並完全集中到貨運機關車領域之前，我們已經製造了 768 輛調車機關車；到了 1940 年 10 月，我們 600 馬力調車機關車的售價已經降低到了 5 萬 9750 美元。

與此同時，我們的客運機關車業務也得到了迅速成長。1939 年我們開始製造貨運機關車；1940 年，運行的客運機關車達到 130 輛。二戰早期這段業務曾一度中斷，當時我們工廠忙於為海軍製造 LST 發動機，

幾乎完全脫離了機關車產業。

讀者看到這裡，可能會疑惑當我們抓緊進行我們的柴油機業務時，機關車工業的其他廠商都在做些什麼？答案是除了少數例外，這些廠商都忙於蒸汽機關車。儘管 1940 年之前在美國和加拿大也出現了一些柴油客運機關車的嘗試，但始終沒有脫離原型機的範疇（1940 年一家競爭對手製造的柴油動力客運機關車終於投入營運）。除了一群營運商曾於 1920 年代晚期有過一次嘗試之外，可以說除了我們，二戰前的美國沒有別的製造商推出過柴油動力貨運機關車。除了調車機關車，在這個國家裡，我們是首家柴油動力產品行遍鐵路的公司。

就像 1955 年參議院一個分委員會曾指出的那樣，將我們推進機關車產業的主要動力，就是我們完全無視其他製造商認為柴油機不會有發展前途的事實。正如凱特林在一次國會調查中所指出的，當時我們在機關車產業最大的優勢就是我們的競爭對手認為我們都已經瘋了。

但是，柴油動力從一開始就顯示出比蒸汽動力好的優勢；魯道夫・狄賽爾於 1894 年首次指出了這種優越性，並在後來多次強調。1920 年代晚期，工程期刊和鐵路期刊上充滿了大量關於柴油機關車的詳細報告和營運成本資料，然後就是關於在歐洲的營運情況報告。對於任何樂意暸解的人，我們都可以向他們證明柴油機能夠提供更平穩、更快速、更乾淨的服務，並且能夠大量節約燃料和各種營運成本；在整個 1930 年代，鐵路業都急於從各方面削減營運成本，他們都十分關注這些進展。多數蒸汽機關車製造商仍然認為柴油機只是短暫的流行。這就解釋了為什麼一群歷史悠久、客戶關係牢固、經濟力量雄厚的機關車製造商卻被一個新人——通用汽車——很快超越的現象。

直到 1950 年代中期，製造蒸汽機關車的工作在這個國家徹底消失，徹底消失前的幾年裡出產的蒸汽機關車基本上全都出口了。現在美國大概還有 100 輛蒸汽機關車仍運行於鐵道上，除了在電氣軌道上使用電力機關車外，柴油機關車已經成為美國鐵路業唯一的選擇。推動美國鐵路業這項偉大革命的主要力量正是通用汽車。

雖然很難對柴油機關車的前景進行精確的預測，但是在美國，未來這個市場似乎會稍有萎縮。國內很多地方的鐵路已經停開，即使是貨運，近年來也有一定程度的下降。1930 年代服役的蒸汽機關車數量比現在的柴油機關車要多出 60%。這一事實反映出現在柴油機在功率和可靠性方面的顯著提升，但是也反映了鐵路業衰退的狀況。

海外大概還有 10 萬台蒸汽機關車仍在服役，它們最終都會換成柴油動力機關車、柴油水壓機關車或電力機關車。海外柴油電力機關車的市場容量大約有 4 萬台。電力動力事業部已經開發了一系列的輕自重機關車來滿足出口需求。這種標準的國內機關車已經出口到了那些能夠使用的地區了。現在，在美國以外的 37 個國家共有 4000 台以上——西半球包括加拿大在內共有 9 個國家，東半球共有 28 個國家。

現在的美國市場是一個替代品出現、更新汰換、重新調整的市場，而不是一個新用戶市場。所謂世代更新的市場現在越來越重要。而且，美國鐵路工業現在已經柴油機化，國內的這場革命已經結束。與此同時，海外市場的革命卻正在進行之中。

● 富及第 (Frigidaire) 家電

儘管公司高層早期興趣不高，但 45 年來富及第事業部仍然得到了穩定的成長，並在家電業中占據重要地位。現在的富及第產品線包括家用電冰箱、食品冷藏裝置、熱水器、洗碗機、食物處理機、空調設備、商用洗衣乾洗設備。現在，美國銷售富及第家電的商店超過一萬家。

通用汽車是如何進入電冰箱業務領域的奇怪故事始於 1918 年 6 月，當時的公司總裁杜蘭特收購了底特律的嘉典電冰箱公司 (Guardian Frigerator Company)。杜蘭特以個人的名義出資完成了該公司的收購，最終收購價格為 5 萬 6366.5 美元。這家公司於 1919 年 5 月以同樣的價格從杜蘭特手中轉賣給通用汽車。

當時它仍是一家小公司，沒有什麼地位。杜蘭特很快就將這家公司改名為富及第有限公司，並用富及第這個名字作為該公司開發、仍顯粗糙簡單的唯一產品的商標。我不瞭解他此項交易的動機。當然，他是一個

充滿好奇、十分積極的人，所以很容易理解地，嘉典公司所宣傳的「不用冰的冰箱」必然會刺激到他的這兩個特點。對他理解和把握該領域及汽車工業未來發展的天賦，我只有敬佩的份。

杜蘭特處理該項交易的時候，我對此一無所知。約翰‧普拉蒂曾告訴我，在他看來支撐這一交易的基本因素並不僅是一種積極性。他說，杜蘭特考慮到一戰的動員工作中曾宣告汽車業不是一個必須的產業，因此當時在尋找一種「必須」的產業以取代民用車輛產業。

考慮到一戰期間整個國家在儲備食品方面的巨大問題，杜蘭特認為一家冰箱公司或許非常必要。但是，政府也沒有採取任何行動去停止汽車生產；而且，到了11月，也就是他收購這家冰箱公司之後的第5個月，戰爭結束了。

最初的嘉典電冰箱，是由代頓一位名為艾弗雷德‧梅樂斯（Alfred Mellows）的機械工程師於1915年製造出來的，後來他在底特律組建了嘉典冰箱公司並開始製造、銷售他的設備。1916年4月1日至1918年2月28日，嘉典公司共製造並銷售了34台冰箱，而且全部安裝在底特律的家庭中。1917年，嘉典公司的設施只有2台機床、1台鑽床、1台銑床、1台電鋸和1台手動空壓機。

除了製造冰箱之外，梅樂斯還為客戶提供個人服務；他和那些買主保持了緊密聯繫，每2、3週就會走訪一次。我們可以確定的是，在我們收購這家公司的時候，所有的客戶對公司的產品都非常滿意。事實上，儘管存在大量的服務問題，很多客戶還是對梅樂斯的公司進行了投資。但是，他們作為投資者的滿意程度比作為消費者的滿意程度要低。嘉典公司在最初的23個月中虧損了1萬9582美元，就在杜蘭特購買這家公司之前的3個月，嘉典公司又虧損了1萬4580美元，虧損總計3萬4162美元，整個期間總共製造和銷售了不到40台冰箱，這就不難理解為什麼原來的股東會愉快地出售這項投資了。

當富及第併入通用汽車之後，我們開始在底特律的諾斯威工廠製造富及第A型冰箱（除了一些小的機械變化之外，這種冰箱和以往的機器並

沒有太大差異）。我們很快就認知到，我們最初關於即將迎來電冰箱大規模消費時代的判斷是錯誤的。富及第 A 型冰箱以及後來幾年裡的後續型號一直都還是種奢侈品。

更麻煩的是，我們一直都未能徹底消除產品中重複出現的缺陷。我們試圖在底特律以外的城市裡引入銷售和售後服務組織，基本上也是失敗了，似乎這種產品確實需要像梅樂斯那樣為一小群客戶提供個人服務，但這種服務模式顯然不適合針對大規模市場的產品。大約 1 年半之後，我們開始認真考慮是否應該放棄這項業務。1921 年 2 月 9 日在我的辦公室裡所開的一場會議或許能夠反映出我們的構思，會議紀錄中有以下的一段話：

富及第有限公司：位於密西根州底特律，製造冰箱，至今為止一直失敗；為了創造需求，曾不斷更改型號，但是都沒有成功。曾在很多地方設立分公司，但後來都關閉了……迄今，虧損了約 152 萬美元、庫存約 110 萬美元，總損失估計將超過 250 萬美元。

那一年通用正急需營運資金，無法承受這種持續損失及龐大庫存。如果不是因為發生了一件事情，很可能我們就已經放棄了富及第。這又是另外一個故事了。

在前面的章節中，我曾談到通用汽車於 1919 年取得凱特林的代頓資產的過程。這些資產中，就包括了家用工程公司和代頓金屬製品公司。家用工程公司（後來命名為德爾考公司，Delco-Light Company），是一家家用照明設備工廠，主要是對農場銷售。

代頓金屬製品公司（Dayton Metal Products Company）原本是一家武器製造公司，他們於 1918 年早期就開始研究製冷領域，企圖尋找一種產品以維持公司在戰後軍用品業務結束後的生計。

從某種程度上看家用工程公司和代頓金屬制品公司，都是從事家用設備業務。通用汽車還收購了凱特林相關的製冷研究成果。這個非正式的研究小組一直堅持這項研究直到 1920 年 6 月 12 日——即通用汽車研究公司這一通用汽車子公司正式成立的日子。

就這樣，通用汽車公司在獲得了一些傑出工程師的同時，還得到了理查‧格蘭特在管理和銷售方面的傑出能力。在 1920 年代早期和中期，格蘭特對公司冰箱業務的發展居功甚偉。

1921 年經濟大衰退期間，綜合考慮這些因素，我們決定繼續經營富及第。很明顯地，我們在代頓的研究背景及組織有力地支援了富及第的發展。德爾考則提供了遍布全國大部分地區的優秀銷售隊伍，而且一些未利用的生產能力也適於改為冰箱製造之用。因此我們將富及第遷到了代頓，並將它的營運與德爾考的相應部分結合起來，從而在比以往更大的規模上開始了冰箱工業的新篇章。

後來證明這個決策非常正確。1921 年，富及第的沉重損失在之後的 2 年內穩定減少；1924 年，富及第首次盈利，與此同時，富及第的產量也迅速提高。1921 年諾斯威工廠只生產了不到 1000 台；1922 年銷售了 2100 台，第一次實現了代頓工廠的滿載運轉；1923 年，銷售量提高到 4700 台，到了 1924 年更激增到 2 萬 200 台，1925 年則到了 6 萬 3500 台。到了去年，富及第已經成為新型冰箱產業的領頭羊，我相信它已超過 50％的市場占比。到了 1927 年，很顯然地，隨著富及第的飛速發展，它的規模已經不適合繼續放在德爾考底下運行了。

1928 年 1 月，富及第從德爾考中脫離出來，它的部分營運已經轉移到俄亥俄州的默瑞（Moraine）──我們在那裡原來就有一個工廠。在 1933 年 12 月，富及第成為通用汽車的一個事業部。

在我們決定開發富及第之後，我們就在機器的設計、製造方面取得了重大的突破性進展。可以肯定地說，如果沒有這些成果，冰箱想要得到大眾的接受，肯定還需要經過相當長的一段時間。

正如我所暗示的那樣，最初嘉典公司除了梅樂斯之外並沒有其他的研究人員；即使到了富及第轉到德爾考的 1921 年，它也只有 20 多名工程師、模型師、測試人員等在從事這項工作。

我們瞭解到，富及第的前途完全依賴於我們解決若干技術問題並開發出安全、經濟、可信賴的冰箱的能力；因此，我們在研發上投入了很大

精力。我們很快就設法去除最初富及第冰箱使用上浪費空間的鹽水箱和水冷壓縮機；我們應用直冷螺旋管和雙缸風冷壓縮機替代了冰箱中的重要部件。這些早期的冰箱面臨的一個問題就是濕氣有時會滲到冷藏室，污染食物；我們利用導入瀝青和軟木密封條解決了這個問題，1927 年導入全瓷內箱體的過程減輕了冰箱的重量，並改善了它的外觀。這些改良對 1920 年代富及第市場的擴張具有根本性的作用。這種擴張的另一個重要基礎是我們具有降低價格的能力。

1922 年，帶有鹽水箱和水冷壓縮機的 B-9 型冰箱，淨重 834 磅，售價 714 美元；與之形成對比的是 1926 年採用鋼質內箱體、風冷壓縮機和直冷螺旋管的 M-9 型冰箱，淨重則為 362 磅，售價僅為 468 美元。

1919 至 1926 年間，在冰箱的研究、工程開發、大規模製造方法、分銷和服務技巧等方面，其他製造商和公司並沒有做出什麼貢獻。我們在富及第遇到的最大問題，也是公司的終極貢獻，就是冷媒本身。

事實上，整個 1920 年代富及第和其他產業內領先公司所使用的冷媒都或多或少影響健康——冷媒溢出的粉末帶有毒性，並且確實發生一些吸入死亡的情況。出於健康原因的考量，這些早期的冰箱都是安裝在後門走廊而不是廚房；醫院通常根本就不使用冰箱。我們相信我們最初使用的冷媒——硫磺——儘管具有毒性，但是卻是所有冰箱冷媒中毒性最小的一種，還因為它刺鼻的氣味具有警告的作用。然而，儘管如此，還是必須找出更好的冷媒。

1928 年，通用汽車研究實驗室的董事凱特林對冷媒問題展開了一場攻堅戰。他委託他的前任助手小湯瑪斯‧米德格利 (Thomas Midgley Jr.)——四乙鉛的開發者——去尋找一種新的冷媒。米德格利、凱特林和富及第的執行主管們在經過了一連串的會議之後認為，他們所尋找的冷媒應該滿足以下的條件：

主要考慮因素：
①沸點合適　②無毒　③不易燃　④氣味獨特，但不令人討厭

次要考慮因素：

①不能溶於潤滑油　②相對便宜

這些「次要」考慮不可以與「主要」考慮衝突。但是，只有全部滿足頭四個條件，才能為電冰箱取得完全的成功。研究實驗室在凱特林的指導下對相關文獻進行了研究，以爭取發現符合這些條件的物質。這項研究指出了應用含氟碳水化合物的可能性。

1928一整年，米德格利和他的幾個助手，尤其是海因博士（Dr. Henne），一直在代頓的實驗室中致力於發現合適的冷媒，很快他們就認為甲烷的氟氯化合物可以完成這一任務。年底時，米德格利已經確認一種叫做氟利昂-12的氟氯甲烷可以滿足這四個主要考慮因素的要求。雖然無法滿足兩項次要因素，但無疑它是我們所能得到的最好的冷媒，因此米德格利和他的助手們就開始開發這種化合物的製造技術。1929至1930年間的秋冬兩季，我們在代頓設計和投產了一家實驗工廠。

1929年秋，我們對氟利昂的研究已經盡可能豐富了。富及第的化學家們已經就這種化合物的物理性質進行了詳盡的研究，他們研究了氟利昂-12對高碳鋼、低碳鋼、鋁、銅、銅鎳合金、錫、鋅、錫鉛焊料以及製冷系統中使用的其他金屬和合金的腐蝕作用，他們還檢驗了氟利昂-12對各種食物、花草和皮草的影響，實驗結果令我們非常滿意。在美國化學協會1930年的會議上，米德格利宣讀了一篇關於氟利昂的論文，並公開證明了它的不易燃性，他還親自吸入了一些氟利昂-12以證明它的無毒性。

但是，氟利昂-12並無法滿足米德格利的兩項次要因素。實際上，氟利昂-12非常昂貴；二氧化硫每磅只需6美分，而1931年氟利昂-12的最初價格卻是每磅61美分，即使現在，它的成本也比當時二氧化硫的成本要高——但是國家衛生部的規範不允許使用二氧化硫。

由於我們認為這種新化合物是最安全的冷媒，因此從一開始就向我們的競爭對手提供這一產品，到了1920年代中期，氟利昂-12已經在電冰箱領域廣泛應用。即使是今天，也還沒有發現更好的冷媒。

大約到了1932年，我們確信我們在富及第的投資具有極大的成長潛

力。1929 年,我們製造了第 100 萬台富及第冰箱;3 年後,我們的總生產量已經達到了 225 萬台。我們在開發氟利昂 -12 上取得的成就搬開了冰箱工業成長道路上最後一塊絆腳石。但是,很明顯地,富及第的市場規模和整個市場容量都將得到成長,而富及第在這個巨大市場中的占比卻不可避免地發生一定程度的下降。

到 1920 年代末將會出現幾家新冰箱企業。當然,Kelvinator 是其中的佼佼者。Kelvinator 有限公司最早於 1914 年進入電冰箱領域,並成為第一家在商用層次上製造家用機械冰箱的企業。通用電氣(General Electric)和諾奇(Norge)1927 年進入這一領域,西屋公司(Westinghouse)則於 1930 年進入。到了戰前商業生產不受管制的最後一年(1940 年),富及第在冰箱市場的占比從 1920 年代超過 50% 下滑到 20 至 50% 左右。但是,儘管市場占比少,絕對產量卻不少。我們電冰箱的出貨量從 1929 年的 30 萬台成長到 1940 年的 62 萬台。

在 1926 至 1936 年間,富及第的一些競爭者在銷售領域的收益和優勢已經超過我們了。他們開始製造和銷售收音機、電爐、洗衣機、電熨斗和洗碗機,然而富及第仍然專注在製冷機上。在 1937 年,我們開始在富及第生產線上生產廚房電爐,過了幾年,又開始在生產線上生產窗式室內空調設備。然而這對克服富及第的競爭劣勢幾乎沒什麼作用。很明顯地,想購買整套家用設備的家庭和住宅建商會選擇從一個能夠提供完整產品線的製造商那裡購買。

我們沒能夠在二戰開始前擴展富及第的產品線。但早在 1935 年普拉蒂就曾建議讓富及第更積極地進入空調領域,可是他的建議並沒有引起我們的注意,並且最終也沒有採納這個提議。

在戰爭期間,我們展望了富及第的前景,並得出一個結論,即在有限的基礎上來運作家用電器領域並不可行。在戰爭結束前,對富及第冰箱銷售商的調查加深了對這個理論的認識。對於「富及第是否應該製造其他的家用設備」這一問題,99% 的經銷商回答「是」。他們表示主要需要自動洗碗機、冷藏冷凍冰箱、傳統洗衣機、食物冷藏器、煤氣爐和熨

斗等設備，順序也是如此。這些設備中的大多數以及一些其他設備在戰後加入了富及第的產品線。

下列表格顯示了我們引入新的家用設備的年份：

設備名稱	生產年份	設備名稱	生產年份
家用食物冷藏器	1947	洗碗機	1955
洗衣機	1947	壁爐	1955
烘衣機	1947	折疊式烹調設備	1955
製冰機	1950	固定式烹調設備	1956

與此同時，最初的產品——電冰箱——生產規模也逐漸擴大、改善，後來幾乎變成了一種新設備。在1930年代早期，典型的電冰箱儲藏空間大約5立方英尺，樣子非常可怕，而且體積與其冷凍空間相比之下也非常笨重。現今的電冰箱通常有10至19立方英尺的冷藏空間。它們樣子好看，不需要除霜，並且有相當大的冷凍空間。

相較於早期的產品，毫無疑問現代的冰箱銷路更好。西北大學博斯坦（Burstein）的研究提供了很多詳細資料，令我受益匪淺。他計算1955年製冷服務的實際價格是1931年的23%。仔細想想就會發現，這句話的意思非常接近於發展一詞的本質。

● 航空

通用汽車參與航空業務的方式有好幾種。當然，大多數的航空業務是軍用業務，而且都是根據聯邦政府的合約所完成的工作——基本上都是在第二次世界大戰及其相繼的冷戰時期完成的。

但是，這不是全部的故事。

我猜想，許多讀者在知道通用汽車很久以前就努力想進入商業飛行領域時都會感到驚訝。邦迪克斯有限公司（Bendix Corporation）、北美航空公司（North American Aviation）、環球航空公司（Trans World Airline）和東方航空公司（Eastern Air Lanes），它們都與通用汽車有關。

我們於1929年開始探索商業飛行領域。那年，我們在航空領域進行了兩項大型投資和一項小型投資。我們購買了新成立的邦迪克斯有限

公司 24%的股份和福克飛機公司（Fokker Air-craft Comporation)）40%的股份。這兩項投資共花費了我們 2300 萬美元。另外，我們還購買了艾里森工程公司（Allison Engineering）的全部股份。這項投資僅花費了 59 萬 2000 美元，而且這項投資在我們進入航空工業領域的計畫中也沒有扮演什麼重要的角色。

我們 1929 年決定進入航空的背景非常有趣。我應該指出，當時通用汽車對航空工業並不是一無所知；在第一次世界大戰中，別克和凱迪拉克已經聯合起來，和福特、帕卡德、林肯以及瑪蒙（Marmon）一起為政府製造著名的獨立號飛機的引擎。

實際上我們製造了超過 2500 台的這種引擎，到 1918 年休戰前，我們的訂單已經超過了 1 萬台。從工程的角度看，飛機引擎與汽車引擎之間並沒有很大的不同，因此我們可以很好地利用汽車製造的經驗來建立在飛機引擎領域的口碑。另外，通用汽車 1919 年收購了代頓製造者航空公司（Dayton Wright Airplane），這間公司在戰爭期間生產了 3300 架飛機。費雪車身在被通用汽車收購以前，也是一個著名的軍用飛機製造商。

到了 1920 年代，航空成為美國重大成長性產業的趨勢更為明朗；在 1927 年林白完成不著陸飛越大西洋後，大眾對航空興起了極大的熱情，並且出現了一種廣泛流傳的信念——認為它將會完成更多的「奇跡」——我們也有這個信念。作為汽車製造商，我們特別關心飛機應用的可能性。

在 1920 年代末，有很多關於發展「福利佛（Flivver）」飛機的討論，也就是家庭日用小型飛機。我們知道，任何這樣的飛機將必須要比已有的型號更安全，也要更便宜。一個接著一個飛行奇蹟的成功堅定了我們的信念，使我們認為至少福利佛飛機是可行的，這種飛機的發展將會對汽車工業帶來巨大、不可預見的影響，因此我們察覺不得不藉由在航空工業「聲明自己的存在」以得到一些保護。

到了 1929 年，我們還沒有計畫要將邦迪克斯或福克作為通用汽車的

事業部去營運；我們只是將這些投資作為一種保持與航空發展直接接觸並持續接觸的方法。1929 年給股東的年度報告總結了我們在這個問題上的想法：

……通用汽車在形成這個聯合（與航空工業一起）的過程中，考慮到飛機和汽車在工程設計上或多或少的密切關係，它的營運組織、技術機構和其他機構應放置在有機會接觸航空運輸方面特定問題的位置。

現在沒有人能夠說出未來飛機可能會是什麼樣子，透過這個聯合，通用汽車將能夠評估航空工業的發展，並結合這些事實的具體知識來決定我們未來的政策。

上述顯示，汽車和飛機工業的工程技術在 1929 年仍然很相近——比它們現在要相近。這樣當我們得到航空公司股份時，我們也得到了一些與我們汽車業務直接相關的有用技術資訊，特別是邦迪克斯擁有並控制了一些可應用到汽車設備上的重要專利。實際上，它的零件產品線就包括了一些汽車零部件，如煞車、化油器和發動機的電動啟動器。公司擁有極好的技術人員——這使我們的投資更加吸引人。除了我們對這些公司的投資，我們對邦迪克斯和福克的主要貢獻就是在公司組織和管理的領域。

我們在福克 40％ 的股份花掉了 778.2 萬美元。在我們開始投資時，這個公司有兩個租借小工廠：一個在紐澤西州的哈斯布魯克高地 (Hasbrouck Heights)；另一個在西維吉尼亞州的格雷代爾 (Glan Dale)。安東尼‧福克是一個天才的德國飛機製造者，他起初建立這個公司是為了給他自己的作品尋找在美國製造的權利。他的飛機在早期航空史上就已聲名顯赫，它們的身影曾出現在多次歷史性事件中，比如首次橫跨美國的不著陸飛行、波德穿越北極的飛行、從美國本土到夏威夷的第一次飛行等等。

當我們買進福克公司時，這間公司主要在為美國政府製造飛機，並且也為商業運輸業者製造飛機。在我們投資不久之後，公司遭受了一些嚴重的營運損失。我們認為這些損失反映了公司管理的弱點。我們

將這件事告訴了福克，他不同意我們的觀點，但是在一系列交流之後，他退出了公司並回到了德國，然後我們開始了一系列完全改變該公司組織特徵的行動。

以下的關係非常複雜，我無法找到一種簡明的方法來描述它。

首先，我們將美國福克飛機有限公司更名為通用航空製造有限公司（General Aviation Manufacturing Corporation），並且鞏固了馬里蘭州鄧多克租借工廠的業務。1933年4月，我們採取了另一個重要的措施。我們將通用航空與北美航空合併；通用航空的所有資產全部轉換為大約150萬股北美航空普通股，隨後完成了對通用航空的清算，將它在北美航空所持有的股份分發給原股東。分發行動和在公開市場收購的結果就是，到1933年底，通用汽車在北美航空的資產淨值已經增加到近已發行股份的30%。

1928年，北美航空已經組建成一個控股公司。雖然即便在與通用航空聯合之前，它在航空製造工業領域頗有一些投資，但是它的重點還是定期航線業務。它擁有東方航空運輸（Eastern Air Transport，後來更名為東方航空公司）的全部股份，跨陸航空運輸（Transeontinental Air Transport）26.7%的股份和西部航空快遞有限公司5.3%的股份。通用航空還擁有西部航空快遞36.6%的股份。所以，合併後，北美航空擁有西部航空快遞41.9%的股份。此外，西部航空快遞和跨陸航空運輸分別擁有跨大陸及西部航空有限公司（現在的環球航空公司）47.5%的股份。所以，調整的結果就是通用汽車掌握了北美航空30%的股份，並且北美航空掌握了環球航空公司（TWA）30%的股份。因此，北美航空就能夠在環球航空公司的跨大陸業務和它自己東海岸系統的東方航空公司之間進行協調。

1934年的航空郵件法（The Air Mail Act）禁止從事直接或輔助飛機製造的公司擁有固定航線公司的股份。因此北美航空將它在環球航空所持有的股份分發給了股東。作為北美航空的股東，通用航空得到了環球航空13%的股份。1935年，我們將這些股份賣出。

一段時間內，北美航空將東方航空公司作為一個事業部來運作，後來於 1938 年 3 月放棄了這項業務。北美航空最大的單一股東——通用汽車——在它的董事會有幾個代表。在北美航空與華爾街商議出售東方航空公司時，某天我接到了來自艾迪・理肯拜克（Eddie Rickenbacker）的電話，他是第一次世界大戰期間美國的王牌飛行員。他活躍於東方航空的管理，並且現在有興趣投標購買這條固定航線的控制權，但他抱怨自己沒有一個機會，並且問我是否可以幫助他詢問此事。

　　我一直認為艾迪是一個有能力的經營者，並且我當然願意他有同樣的機會去投標東方航空；我覺得依靠他可以開發出一項高效率的業務。我告訴他我會看看自己能做點什麼。第二天早上，我詢問了這件事並發現東方航空的股份還沒有被賣掉，我幫艾迪提出了申請，結果他得到了 30 天的時間以爭取支持者。

　　然而，得到支持者卻沒那麼容易；截至最後期限以前，他對事情的結果變得非常緊張，當然這可以理解的。最後期限的前一天是星期六，艾迪在我準備睡覺前打電話到我公寓來，並詢問他是否可以在幾分鐘後過來。當他到我這裡時，他表示他籌資的前景非常樂觀，但是他可能需要更多的時間，他想知道他是否可以得到幾天的寬限期。我告訴他不要擔心，然後他高興地離開了。但結果是，他並不需要這個寬限期。他的支持者第二天早上給他打電話，並且告訴他他們已經做好了完成這次交易的準備。北美航空對東方航空公司業務的處理是一個令我們所有人都非常滿意的交易。

　　當 1934 年的航空郵件法案頒布後，北美航空公司進行了重組，變成了一個營運公司。它的製造業務得以鞏固並移至位於加拿大的英格伍德（Inglewood）的新工廠。在隨後的幾年裡，公司將重點放在軍用飛機發展上，並且在這個方向取得了顯著的突破。1930 年代末，公司在一些軍用設計競爭中獲勝，而這些勝利使公司成為了國家主要飛機製造商之一。

　　這次早期開發工作中涉及的許多飛機，在第二次世界大戰中都發揮

了重要的作用。其中，P-51 野馬戰鬥機（P-51 Mustang Fighter）是北美航空較為著名的一種飛機，並可能是這次戰爭中評價最高的盟軍戰鬥機；B-52 密歇爾轟炸機（B-52 Mitchell Bomber），曾被杜立德將軍用於歷史上著名的空襲東京；而無處不在的 AT-6 德州佬式教練機（AT-6 Texan Trainer）實際上變成了航空公司和海軍訓練基地的標準配備，並在其他盟軍國家得到了廣泛使用。

另外，AT-6 反映了通用汽車對北美航空的影響。作為一個汽車人，我們自然會根據「標準化」產品型號來思考，因為只有標準化才可以實現大批生產所帶來的經濟規模。北美航空開始尋找一種滿足這一考量的飛機，並很快認定一架優秀的基礎訓練機將會是最好的賭注。即便是在戰爭前，AT-6 也已經成了它的生命線。

從 1933 年起直到我們最終於 1948 年出售我們的股份，通用汽車不斷地在北美航空的董事會中發揮作用。在這段時間裡（尤其是在早期），我們透過我們在董事會的代表，提供了相當多的政策和行政指導，並且我相信，**在發展一種有效和有系統的公司管理方法上，我們對它是有幫助的。北美航空的組織結構和它的財政、生產和價格控制都是我們的特別貢獻。**歷史顯示，1939 年，北美航空是唯一具有與汽車業類似的產品與品質控制系統的飛機製造公司。

將通用汽車管理技術引入北美航空和邦迪克斯的丰要功臣，應歸功於歐內斯特・布里奇（Ernest Breech）。布里奇一開始是通用汽車的財務人員（1929 至 1933 年的財政主管助理），當他到北美航空後，他很快顯現出業務上的極高天賦。他是 1933 至 1942 年北美航空董事會的主席，在此期間，北美航空成功地完成了從控股公司到大型製造企業的轉型。此外，他還在 1937 年成為了邦迪克斯的董事。

我一直認為布里奇在高層管理上會有美好的前景，並曾爭取將他介紹到通用汽車的一個不錯的管理位置上。但是，當時擔任通用汽車的行政副總裁，後來成為通用汽車總裁的威廉・努森反對我的提議。但最終於 1937 年，我為布里奇找到了一個負責通用汽車家用電器的集團執行

主管職位。他在這個崗位上表現得非常出色，而且還繼續擔任了北美航空的主席和邦迪克斯的董事。

1942年，他成為了邦迪克斯的總裁，並放棄了其他的職務。再次回到邦迪克斯後，他在戰爭時期表現得相當出色，甚至遠超過我的想像。但是眾所周知，他的事業出現了一個諷刺性的轉折。他在通用汽車所有職務上的出色表現引起了亨利・福特二世的注意，他想找個人來負責重建福特汽車公司的計畫；布里奇於1946年得到了這份工作，並將通用汽車管理和財務技術引入新的現代福特組織中。

在布里奇擔任北美航空的主席時，他引進了道格拉斯飛機的總工程師肯德伯格（Kindelberger）來主持業務。肯德伯格於1934年末當選北美航空的總裁和執行長，他是一個非常有能力的工程師，在飛機設計和製造領域的不凡才能得到人們的認可；他後來成為了一個很好的行政管理人員，並被認為是一個可以以低成本生產優良軍用飛機的人。但是，在他來到北美航空之前並沒有管理經驗，他發現了自己的侷限性，並且在初期依賴通用汽車董事的建議和忠告。

布里奇、肯德伯格和亨利・霍根，還有通用汽車的助理總辯護律師組成了非正式的執行委員會，定期商議董事會會議中出現的重要問題。接著，布里奇和霍根向艾伯特・布蘭得利和威爾森報告，布蘭得利和威爾森除了他們在通用汽車作為執行主管的職責之外，還要負責我們在相關公司中的投資業務。

我們和邦迪克斯的關係與北美航空的關係非常相似。1929至1937年間，威爾森和布蘭得利是我們在邦迪克斯董事會的代表；後者在這段時間裡也是邦迪克斯財政委員會的主席。到了1937年，其他責任上的壓力迫使這兩個人放棄了他們在邦迪克斯的管理職位，布里奇和通用汽車會計主管安德森接替了他們在董事會中的位置。我們在邦迪克斯董事會的代表直接介入邦迪克斯的內部管理，我相信這對於改善管理效率是有幫助的。他們負責一些組織調整，並負責在半自治的事業部之間建立一種有效協調的新系統。

我們的代表也直接插手了瑪律科姆・福古森（Malcolm Ferguson）的升遷，當時他被提升到南本德自動化零件工廠的總經理職位。後來，他成為了邦迪克斯的總裁。

到 1930 年代末，我們對北美航空和邦迪克斯的看法有了相當大的變化。我們原來投資航空工業的動機（感覺航空工業可能以某種方式生產出可與汽車競爭的小飛機），在這些年過去後變得似乎沒那麼明顯了。適合「家用」的飛機從來都沒有生產出來過；實際上，在蕭條時期，整個商用航空領域的規模一直都很小。

北美航空和邦迪克斯繼續成長，但是兩家公司都發現他們的最大機會存在於軍用領域。1940 年，兩個公司的年銷售額大約都在 4000 萬美元左右，並且其中很大一部分在根據政府合約完成的國防工程上。在 1944 年軍工生產的頂峰時期，北美航空的銷售額大約是 7 億美元，而邦迪克斯的銷售額超過了 8 億。這些龐大的數字顯示，我們起初對小飛機的關注後來給我們帶來了深遠的影響。

我們在 1929 年收購的艾里森工程公司，有著不亞於北美航空和邦迪克斯的驚人成長歷史。前面我已經介紹過，我們只花了 59 萬 2000 美元就全部購買了艾里森。按照我們的標準，這是個小業務：這個公司在 1929 年只有不到 200 名雇員，並且它的製造工廠只有 5 萬平方英尺的建築面積。我們認為它在我們進入航空工業的計畫中只能起到很小的作用。然而後來的結果卻是，我們準備讓艾里森成為我們與航空工業的主要突破。

在我們於 1929 年收購艾里森公司時，這個公司已經存在了 14 年。在發展早期，它的業務並不在航空領域，它是主要為印第安納波利斯賽車競技場（Indianapolis Speedway）服務的機械配件製造廠，它的創始人詹姆斯・艾里森（James Allison）逐漸創建了一個機修工、機械師、工程師的組織，並開始為船舶和飛機生產一些船舶發動機和飛機、船舶用減速齒輪。

1920 年代早期，艾里森接到了修改第一次世界大戰自由式飛機引擎

的合約。常年來存在於曲軸和連接杆軸承上的故障嚴重限制了這些發動機的耐久性。但是艾里森開發了一種能夠支援更大馬力負載且不出現故障的鋼背鉛青銅曲軸主軸承。這間公司還開發了一種在鋼殼的內外表面澆鑄鉛銅的獨創性方法，該方法可用於製造強耐久性的連接杆軸承。這些進展成為了廣受好評的艾里森軸承的基礎——這些軸承在全球的大馬力發動機上得到了廣泛的應用。生產這種軸承以及修改自由式發動機成了這間公司 1920 年代的主要業務。

艾里森於 1928 年去世，這個公司隨即就被拍賣了，拍賣的條件之一就是必須繼續在印第安納波利斯營運。幾個有遠見的買家想買，可是都不願意接受這個條件。幸運的是，威爾森在他擔任位於印第安那安德森的德爾考 - 瑞密公司總經理時，對艾里森的企業就很熟悉，他知道這個組織擁有我們可以利用的有價值的機械技術。我們不反對在印第安納波利斯繼續運作，並且經威爾森的介紹，我們同意於 1929 年初購買艾里森公司。艾里森在世時擔任總裁和總工程師的諾曼·吉爾曼 (Norman Gilman)，在我們收購後繼續擔任總經理的職位。

1930 年代早期，艾里森開始從事一項後來表現出巨大軍事價值的專案，這就是由吉爾曼提出的 V-1710 發動機專案。經過當時仔細調查所有的軍用飛機發動機，吉爾曼推斷陸海空三軍將會需要一種 1000 馬力的往復式發動機；他還認為這種發動機應該是液冷式的（這樣在形狀上可以比氣冷式發動機的體積更小）。

1930 年代早期，軍隊為這種項目提供的資金非常少，但是吉爾曼仍然得到了一個合約，於是艾里森開始設計。1935 年取得了部分成功，開發出了可正常工作 50 小時的 1000 馬力發動機，但是我們的工程師未能使發動機的正常工作時間達到軍方要求的 150 小時。為了加快發展工作，我們從通用汽車研究實驗室調派一位傑出的工程師羅蘭·黑森 (Ronald Hazen) 到艾里森。他的工作非常成功。1934 年 4 月 V-1710 通過空軍要求的所有測試。它是美國第一個合格的 1000 馬力飛機發動機，也是美國第一台真正成功的高溫液冷式發動機。

在開發出 V-1710 之前，空軍部隊理所當然地認為氣冷式發動機非常優越，但是艾里森發動機很快證明了自己的價值。1939 年 3 月，一架以 V-1710 發動機為動力的庫爾提斯 P-40 贏得了空軍戰鬥機比賽的勝利，它比上一屆的獲勝者每小時快 40 英里，速度優勢十分明顯。當然，在此之後，對艾里森發動機的興趣突然高漲。不僅美國空軍部隊，英國和法國的軍隊也開始密切關注我們的產品了。

艾里森現在有一個嚴重的問題。雖然我們從 1929 年收購它之後也稍微擴張了它的規模，可是它本質上還是個小工程公司，只適合做試驗工作而沒有成批生產的設備。但是，在 1930 年代末，批量生產正是政府的迫切要求。

戰爭部秘書長路易士 • 詹森（Louis Johnson）親自會見了通用汽車董事長努森，想看看要怎樣做才能促進艾里森發動機的生產。當時公司只有 836 台發動機的訂單，並且詹森承認他不能肯定能否接到更多的訂單。如果僅僅將其視為一個商業建議，那麼建立一座工廠來生產 836 台發動機似乎非常冒險。實際上也存在著這樣的風險：國際形勢的新變化或技術上的新突破，可能在我們的工廠建設好之前就扼殺了這一點小小的需求。然而，仔細研究了這件事情後，我們決定在印第安納波利斯建立一個艾里森工廠，做出這個決定也是因為我們感覺未來可能對 V-1710 發動機的巨大需求。而且，人們不能輕易地拒絕政府為了國家安全而提出的要求。

1939 年 5 月 30 日，我們在印第安納波利斯競技場附近破土建立一個新的工廠，以生產艾里森發動機。後來事實證明，公司確實接到了很多 V-1710 訂單：法國政府在 1940 年 2 月訂了 700 台發動機，幾個月後英國又訂了 3500 台。到了 1941 年 12 月，艾里森已經在以每月 1100 台的速度製造發動機了。

戰爭期間，我們進一步強迫提高了這個速度——儘管發動機在最終達到 2250 馬力的戰鬥水準之前，一直不斷地進行設計方面的修改並提高動力。1947 年 12 月，在我們停止生產 V-1710 發動機之前，我們總

共生產了 7 萬台發動機。它們在戰爭期間都發揮得很出色，並在很多著名的戰鬥機上得到了應用，如寇帝斯 P-40 戰鷹、貝爾 P-39 空中眼鏡蛇、貝爾 P-63 眼鏡王蛇、洛克希德 P-38 閃電。

很明顯地，戰爭初期，我們捲入航空業的程度是如此之深，以致於我們發現有必要考慮在航空工業中的長遠位置問題。因此，我們開始重新定義關於航空的構思和我們應該扮演的角色。我在 1942 年寫給通用汽車戰後計畫組（Postwar Planning Group）的一份報告，體現了公司對這個重要問題的主要態度。這份報告中的建議最終得到了公司政策委員會的採納，並成為我們戰後航空工業規劃的基礎。

在這份報告中，我指出戰後飛機產業中將存在三個主要的市場——軍用、商業航空運輸和私人民用飛行。然後我提出了一個問題，即我們是否要作為整機製造商，參與其中某些細分市場或全面參與整個市場。我指出，軍用飛機製造業務方面將會隨著單件小批量機型的不斷修改而引入大量的工程設計和開發工作。另外，毫無疑問地，產業裡將出現生產力過剩現象，從而即使邊際利潤非常微薄，也會在業內引起嚴重的競爭。

在商業運輸領域，我預見包括客運和貨運在內的航空運輸速度都將迅速提高。然而，即便在這個擴張的市場中，一個製造商所能得到的潛在銷售量仍然會受到限制。我假設未來的訂單數量會增加到當前服役運輸飛機數量的十倍，粗略算下來總共有 4000 架飛機。但是，考慮到每架飛機的平均正常執行時間大約為 5 年，每個生產商在任意 1 年所能得到的潛在銷售量都不會太大。

我還懷疑我們製造小型私人飛機的行為是否明智。在我相信這種飛機（為生意或個人使用）的市場在戰後會有所擴張時，我同時還認為除非技術已經發展到了能夠保證足夠安全的高水準，否則這個部分的增長必將受到限制。我指出，除非在安全方面出現了革命性的突破，在可預見的時間裡，私人飛機不會對我們的業務構成嚴重的競爭。

簡而言之，三個飛機市場中，沒有一個能誘惑通用汽車。另外，我

還指出，如果通用汽車從事製造整機的業務，就可能會危害公司的其他航空業務。我們的艾里森事業部，過去是並且將來仍然會是一個飛機發動機和某些飛機部件的主要生產者。一般而言，這些在工程設計和製造特性上具有細微差異的零件可以應用到許多種飛機，並可能通常占據整個飛機成本的 40 至 50%，這個市場領域的銷售潛力相當大。但為了實現這一可能，零件製造商需要工程設計部門的配合，並且需要得到它的客戶，也就是飛機製造商的信任。如果我們自己生產整架飛機，我們將很難與我們的客戶建立這種關係。我們怎麼能夠指望一個投身於新飛機開發的機身製造商，向一個可能成為對手的零件生產商洩露它後續的設計呢？簡而言之，對我來說似乎不可理解的是，我們既能夠成功地售出我們製造的零件，又能同時與那些購買了我們零件的製造商圍繞著一種類型或更多類型機身的生產來競爭。

關於這個問題的討論持續了一段時間，最後，1943 年 8 月 17 日，公司政策委員會的決議規定我們的戰後航空政策：

第一，公司不應企圖在軍用或運輸領域生產整架飛機。

第二，公司應盡其產能和物質環境的可能來全面發展在零件製造上的有利地位。

讀者可能會注意到，我們在這個時期並沒有明確排除製造私人商務用飛機和個人小型飛機的可能性。我們還是懷疑這種飛機的量產規模能否吸引通用汽車的興趣；然而，我們察覺我們不能完全忽視這個可能性。在報告中，我的忠告是我們應該擬訂計畫來跟上在小型飛機業務上的技術發展，但是我們後來放棄了這個想法，因為它不可行。總之，北美航空沒有繼續設計和製造用於個人運輸的飛機。

戰後，我們航空政策的形成當然與我們對在北美航空和邦迪克斯的投資的態度密切相關。戰爭期間，北美航空成為了美國最主要的機身製造商之一，並且我們得出結論，在這個公司繼續的投資對通用汽車飛機零部件業務的影響不會低於公司自己製造機身。另外，通用汽車不能在機身工業上有效應用它的大規模生產技術這一事實變得日益清晰。所以，

我們確信，通用汽車和北美航空雙方利益的最好結合點就在於適當的時候處理掉我們在這個公司的股份。

邦迪克斯的情形稍有不同。這個公司已經在航空零件領域占據了穩固的位置；並且它的行動非常符合我們自己的營運方案以及戰後的政策目標。有一段時間我們曾對邦迪克斯進行了認真的研究，然後才決定完全收購邦迪克斯，並將它作為統一的通用汽車的事業部或子公司來營運。但是，最後的決定是不那樣做。我們逐漸形成了一個賣掉少數股份的政策，並於1948年賣掉了我們在北美航空和邦迪克斯的股份，所得的資本主要用於我們汽車業務的快速擴張。

我們在聯合期間對邦迪克斯和北美航空的貢獻不在工程和技術領域，而是在商業管理這種更無形的地方。總的說來，我認為我們的管理哲學已經植入到這些公司和整個航空工業之中，這才是我們對這個產業最直接的貢獻。

第二十章 對國防的貢獻

二戰期間，我們生產了120億美元的軍事用品。在此之前，我們並未覺察會成為全球最大的軍事「硬體」民營製造商。

美國防禦侵略的問題，似乎已成為一個長期課題。隨著時間流逝，國防問題日漸升高至難以想像，甚至無法維持龐大的軍事體制。對通用汽車及其他數以百計的企業而言，國防工作已成為現代企業生存必須面對的現實。自1959到1962年間，通用汽車公司的國防生意金額，1年約3億5000萬至5億美元之間，約為總銷售金額的3%。重要但相差並不大，也無法與通用汽車公司在戰爭時期的銷售相比。我們的國防工作經歷過許多事件，每個事件大部分與事件原貌並無相關聯。

這可以分為四個主要的時期。第一階段是第一次世界大戰，當時我們是製造軍用飛機引擎的重要製造商之一。在這段時期，我們軍事產品只有3500萬美金的產值，以現代軍需規模來說無足輕重。因在戰時並無被迫徹底「動員（mobilize）」的企業，而我們主要的汽車生產也毫無間斷，這使我們把軍事業務的工作視為兼職。隨著一戰結束，我們的軍備活動也結束。**我們有超過10年的時間少有參與國防的業務，當然也沒有覺察到未來我們會成為全球最大的軍事「硬體」民營製造商。**

這出乎意料外的成就，是在第二階段，也就是在第二次世界大戰之前及之中達成；在這段時間我們生產了高達120億美元的軍事用品，大部分這些產出被強制在我們完全為戰爭動員起來的數年間完成。在1942年2月及1945年9月間，我們在美國一輛汽車都沒有生產，早期在一戰中得到的經驗，大部分與第二次世界大戰時所面臨的問題不同。而事實上，在第一次世界大戰獲得的經驗中，能夠運用在第二次世界大戰時期的經驗，我記得少之又少，例如其中涉及嚴格控管庫存及兌現承諾，

必須與明確的合約內容一致等。

第三階段是在 1950 到 1953 年間，大約是韓戰時期。此時我們又面臨了一個新的局面，在第二次世界大戰結束時，實際上我們所有的軍需生意已經停止。我們渴望能實際致力於汽車製造及生產其他消費性產品。然而，我們提出停止為軍事工作效力，但實際上卻不斷生產一些軍需項目，該工作大部分集中在艾里森，除了飛機引擎外，也開始雙離合器傳動裝置的研發及生產，以供軍隊作戰時的鐵路運輸車使用。因此在 1950 年 6 月，當韓戰帶來對新的防禦產品需求之際，艾里森已經大量出貨供應戰鬥機的噴射引擎及生產戰車的傳動裝置。

除此之外，許多部門已著手特殊製程及研發任務。這次我們遇到的問題是一種「局部性動員」，政府加強控管工資及價格，並且嚴格限制一些材料的使用（例如橡膠和銅），但是我們被允許可繼續使用在多數消費性產品上，結果證明是，我們所生產的的軍事產品在韓戰期間不到整體業績的 19%，然而我們對於重新啟動完全動員的可能性保持著高度警戒，必須視情況規劃。

第四階段，也就是目前的階段，非常不同於以往的任何時期，對我們而言仍需要其他的調整。首先，軍事科技已經非常先進，以致於需要新的生產模式及研究方法。同時，整體動員的概念也幾乎過時。我現在知道我們再也不會為戰爭而組織動員。一般普遍認為，如果有其他重要戰事發生，將會在相對很短的時間內結束。

我認為我們在二戰期間完全動員的經驗，只不過是利益的關注。很少人瞭解當時加諸於我們的任務範圍或是所扮演的角色。

剛開始的目的是相當明顯的，通用汽車公司在戰爭中製造出許多不同的產品。在這方面，我們不同於其他軍事合約廠商，他們對戰備產品只做些微的改變。舉例而言，衣服製造商提供衣服給武裝部隊；建築商能為部隊建造軍營或裝置房屋；機身製造商負責製造大量炸彈及

少人乘座的飛機；但是只有很少部分的通用產品能適用於戰時。在第二次世界大戰時被動員的我們，有義務轉換幾乎全部的產能，並且趕緊學習和在龐大壓力下生產戰車、機關槍、飛機推進器，以及其他我們沒有經驗的機具設備。我們必須整修大型工廠及訓練數以千計的員工。一項統計數據也許值得強調：在第二次世界大戰期間，120億美元的軍事設備是由通用汽車公司生產；超過80億美元的產品對通用汽車公司而言是全新的產品。我們之所以能做到，是因為我們分權化。每一個部門尋找自己的承包商，而每年度的機種變更，給他們帶來知識與技術的彈性。

另一方面，也許更重要的原因是我們的經營因戰爭而轉變。當我們為戰爭動員時，我們是在一套新的經濟模式和其他規範下運作。通用汽車公司從一個在和平時期銷售汽車，在戰爭期間變成一個完全不同的組織，甚至連組織的成員也不同。在第二次世界大戰期間，超過11萬3000名員工離職參與武裝部隊，並且有許多我們的高階主管，在華盛頓擔任管理職，著名的努森（Knudsen），他是率領製造一項戰爭產品的負責人。對通用汽車公司而言，絕大部分事情的發生都相當突然，且眾多的改變被強制在1942年的幾個月內發生。

簡言之，那年我們的任務是將世界最大的汽車公司轉變為世界最大的戰時物料製造商。在珍珠港事件後該任務變得更加明確。1942年1月間，我們接到約20億美元的軍需物資訂單，這個數字幾乎等同我們在整個防禦計畫期間所接到的訂單金額總和。自1942年1月以後，政府又向通用汽車下了超過40億美元的軍需訂單。因此在1942年底，我們總共收到超過80億美元的軍事產品訂單，即使對通用汽車公司這樣大規模的公司而言，這也是個相當龐大的數字，我們在1941年戰前總產出達到24億美元。換言之，我們不僅改變了所生產產品的屬性，也增加了相當可觀的總產出。

值得慶幸的是，我們預先做了一些規劃，使我們能有系統地面對這些問題。1940 年 6 月當時我擔任政策委員會主席，開始研究企業大規模轉換製造戰爭產品的問題是否會發生在通用汽車公司。在接下來的幾個月內，委員會決定了幾項基本政策，其中一項是涉及戰時的生產規模。我們的結論是，既然通用汽車公司擁有國家設備的 10%用於生產金屬製品，企業應在戰時竭力於供給國家軍備武器所需。回顧過往歷史，很難說在當時我們是否達成此目標。

整體而言，美國在第二次世界大戰的時候，軍需硬體的支出約 1500 億美元，通用汽車公司戰時物資的銷售規模達到 120 億美元，只相當於國家軍事總支出金額的 8%。然而我相信我們的成本，遠低於戰時生產類似產品的其他承包商。

政策委員會達成的基本政策中，另一項與戰時的組織型態有關。三位政策委員會的成員：企業總裁威爾森(Wilson)、執行副總裁布蘭德利(Bradley)以及亨特(Hunt)，組成了一個「三人領導小組」，負責處理通用汽車整體的營運政策，其後於 1942 年正式成立戰時管理委員會(War Administration Committee)，負責所有戰爭期間的營運。該管理委員會共有 12 位成員，不久後增加至 14 人，包括三人領導小組擔任資深營運委員。

同時，我們對於組織的基本原則做出結論，那就是「互相協調的分權責任制」，既使戰時也要像平時一般，堅持不改變此原則，而彈性的組織政策，如其他政策一樣重要。這決定意味著，戰爭期間對於承包、價格及生產的重要責任取決於企業裡每個獨立的部門，當然目的以符合我們整體的政策為條件，這同時也意味著各部門在企業整合制度下與「承包商」互相合作，企業整合制度應受到維持原貌。在戰時情況下的企業內承包制，雖然需要很努力的協調但運作卻相當順利。舉例而言，M-24 坦克車，也就是在凱迪拉克開始生產的 1944 年，其零件由

其他 17 個部門提供。

我們也決定擴大委託企業外的承包商。我們與將近 1 萬 3500 家和平時期的供應商有生意關係；在戰爭期間，供應商穩定地增加並在 1944 年戰時生產達到高峰期，利用了約 1 萬 9000 家承包商的設備。

其他的政策，如持續提高生產效率計畫，提倡企業內土地及機器設備的移轉，並擴展至企業體系外。在戰爭時期，將近 5000 台機器屬於通用汽車公司，約 2000 台屬於政府，這些機器從一個部門轉換至另一部門，我們也租借工廠給其他企業，以充分發揮更佳的利用效能，因此我們在不同的時期使用各種不同種類的工廠。（在 1945 年初，通用汽車公司在美國 120 家工廠中，有 18 家是向政府承租，其他 6 家是向他人租借）。

我必須提及在 1940 年另一項非常重要的決定，就是我們通用汽車公司決定去尋求最複雜又困難的生產任務。

如同我所提及，我們所生產的軍事產品，對我們而言是全新的產品。但問題不僅只是生產而已，軍需武器科學在當時進展相當快速，我們經過不斷地設計及修改過程後才製造出了許多設備。戰爭逐漸結束時，我們依原始設計細分，籌備了一份軍事產品明細。依據 1944 年為止純屬軍需的訂單細分如下：

◎ 20％是戰爭產品，由通用汽車與武裝部隊合作所設計，這些產品包括輕型、中型以及重型坦克車、毀滅型戰車、裝甲車、飛機引擎及推進器、水陸兩棲登陸艇。

◎ 35％由其他企業設計完成，但重要的設計或生產製程改善是與通用汽車一起合作完成，包括 0.3 及 0.5 毫米口徑的波音機關槍、M-1 衝鋒槍、山貓戰鬥機和復仇者魚雷轟炸機。

◎ 17％是和平時期通用汽車的產品，因為軍事需求而重新設計，例如卡車、柴油引擎、電器設備。

◎ 13%為通用汽車不需更改重要設計，就可提供軍需使用的一般平時的產品，如商用卡車、汽油及柴油引擎、滾珠軸承和火星塞。

◎ 15%是其他企業所設計的軍事產品，由通用汽車負責生產且不需更改重要設計，例如普萊特和惠特尼（Pratt & Whitney，簡稱普惠）的飛行器 B-29 及 B-25 局部裝配零組件及軍火彈藥類。

通用汽車在戰爭期間，對以上這些軍事用品的產出負責至少 72%的重新設計。參考下表，可以發現直至 1945 年戰爭結束的期間，通用汽車所生產軍事產品的多樣性。

通用汽車公司戰爭物資出貨表

產品類別	-1942年底	1943年	1944年	1945年	總產出	總產出($)
軍用卡車：兩棲卡車，部品零件及配件	22.3	11.3	18.0	18.2	17.0	2,090,620
軍用飛機引擎	16.5	8.3	7.1	3.2	8.4	1,038,964
普萊特和惠特尼飛行引擎	8.2	13.7	11.0	9.8	11.0	1,356,640
噴射機引擎	-	-	-	1.2	0.3	32,565
整機和局部裝配	2.4	9.6	14.6	13.9	10.6	1,305,088
飛機零件、推進器等	5.6	9.8	9.3	11.3	9.1	1,128,452
軍用飛機合計	32.7	41.2	42.0	39.4	39.4	4,861,709
坦克、裝甲車、機動砲車	11.8	17.9	15.6	19.0	16.2	1,999,365
潛水柴油引擎	14.1	10.7	10.9	8.5	11.0	1,351,849
槍枝、槍架及控制器	12.2	12.6	7.5	4.8	9.3	1,148,369
彈殼、子彈、彈藥筒、彈盒等	4.2	3.8	3.0	4.7	3.8	468,135
其他	2.7	2.5	3.0	5.4	3.3	406,011
總計	100	100	100	100	100	
金額總合（十億美元）	2.4	3.5	3.8	2.6	12.3	

表格也顯示出了通用汽車其他的問題，也就是在戰爭期間的「產品組合」一直持續不斷的改變，造成改變的部分原因，是因為武器快速遭淘汰所致。在 1944 年戰爭部門（War Department）的報告顯示,「現

在已經不像在珍珠港事件時期，以相同型式或設計用於單一武器」。另外一部分是起因於戰術上軍事武器的需求改變，導致我們的產品持續變化，在這些情況下規劃產品的生產是個令人擔憂的問題。

舉一個典型的例子：通用汽車的德爾考（Delco）事業部，在 1945 年 1 月接獲 4 月要生產 95 套 B-24 的起落架支柱的通知。但到了 2 月時，要求 4 月的產出目標突然增加到 285 套。而 3 月又通知 4 月的目標降至 60 套，到了 4 月 1 日，目標又增加到 120 套。我們 4 月份實際的產出是 85 套，破紀錄地接近最終目標，德爾考的產品確實已經遇到規劃產品生產的問題。

雖然困難重重，但整體而言我們出乎預期地達成了出貨紀錄。為了使企業經營者們能持續追蹤此紀錄，我們設計了二種生產進度報告書，要求每個部門需定期提供。第一份是我們每月的進度報告書，需提供如所有重要戰時合約的每日最新總產能、未來 4 個月這些重要合約的產能預估、4 個月結束時預估總生產與合約需求的比較、每個合約終止日、合約需求高峰期、現今設備最大產能等訊息。另外需詳細說明最近或預期違約情況。

另一份報告，則涵蓋短期的前景，每半個月提交一次。每月 15 日或月底時，比較美軍在月初的規劃與實際生產的差異。再次強調，不論事情大小或重要與否，該部門需要對每個產品說明和報告合約延誤的情況。我也許會加註一些我們延誤的相關原因，而且主要是環境因素使我們無法有效率地控管人力資源或材料短缺、沒有出貨指示、政府需求改變等所導致。

當整體成功地達成生產計畫及維持高品質的產出時，我們面臨的是嚴重人力資源不足的問題。在戰時，我們必須雇用及訓練在美國數量龐大的新員工：1942 年 24 萬 4000 名、1943 年 33 萬 2000 名、在 1944 年 15 萬 6000 名。我們在戰時雇用了超過 75 萬新員工，這個激增的數

字已令人苦惱。除此之外，他們全是產業技能貧乏的新手，其中許多人體力無法勝任，特別是女性員工，之前完全沒有產業經驗。在 1941 年底及 1943 年底，通用汽車女性臨時員工占全體臨時工人數的比例大約由 10%提升至 30%。

這些不穩定又大部分缺乏技能的勞工，使我們必須盡可能簡化生產作業流程。舉例而言，當 M-24 坦克在凱迪拉克要進入生產時，該部門設計了如旋轉木馬的生產線，讓每位焊工負責單項簡易的工作以取代一系列複雜的焊工作業。1944 年時，技能熟練的人才非常短缺，其不可取代性在特定的工廠經常成為某些工作領域的領導的原因，甚至即使其他工廠有更好的機器可取代該工作，也渴望能有這樣的人力。

在戰時支撐通用汽車營運的基礎財務政策，是與業績表現息息相關的。在 1942 年初期，政策委員對戰爭時期的價格及利潤採取了一項新政策。我們陳述此項政策給戰時價格調整委員會（War Department's Price Adjustment Board）時，表示其目的在於「限制來自生產的整體利潤率，在還沒提撥收入和超額利潤率但扣除所有費用，包括提列特別準備金之前，把利潤限定至 10%或一半，用以呈現一定比例的業績，這使我們在 1941 年市場非常競爭的情況下受到保障」。換言之，即使很明顯的稅額將持續大幅提升高於 1941 年的水準，我們自願地平分稅前利潤。

與限制利潤政策相關的另外一個政策，是無論在什麼情況下都採取固定價格基準的軍需生產合約。我們偏好固定價格制合約，因為有利於效率的生產，而且更具誘因（相較於成本加固定費制）。當然，事實上我們瞭解，戰時承包生產的許多物資材料都是新的，沒有任何企業量產過，極有可能超過我們實際的生產成本。因此我們與戰時價格調整委員會約定，當我們成本下降時，會同步降低售價。

如我們所預期，在累積一些大量生產的經驗後，許多合約的價格明

顯下降。舉例而言，下圖為富及第（Frigidaire）0.5 毫米口徑航空機槍的歷年價格變化表，這些結果顯示，銷量和價格關係密切。1945 年初期，因計畫減少生產，故需略微調高航空機槍的價格。

富及第0.5口徑航空機槍歷年價格變化			（單位：美元）
	價格期間	銷售數量	每單位銷售價格
原始價格	1941/07 ~ 1942/01	5,674	689.85
第一次修正	1942/02 ~ 1942/03	4,043	515.80
第二次修正	1942/04 ~ 1942/07	10,281	462.29
第三次修正	1942/07 ~ 1942/10	15,922	310.21
第四次修正	1942/11 ~ 1942/12	14,744	283.75
第五次修正	1943/01	6,000	386.93
第六次修正	1943/01 ~ 1943/04	32,938	252.50
第七次修正	1943/05 ~ 1943/08	40,723	231.00
第八次修正	1943/09 ~ 1944/01	40,000	222.00
第九次修正	1944/01	10,257	207.00
第十次修正	1944/02 ~ 1944/03	21,579	197.00
第十一次修正	1944/04 ~ 1944/06	34,126	186.50
第十二次修正	1944/07 ~ 1944/08	21,031	180.30
第十三次修正	1944/09 ~ 1945/01	43,824	169.00
第十四次修正	1945/01 ~ 1945/04	12,819	176.00
第十五次修正	1945/04 ~ 1945/06	13,306	174.50

我們在多數軍事產品上，用降低售價和自願退稅的方式來重新議價，導致我們的稅前營利在 1942 至 1944 年間保持約 10% 的銷售額，取決於重新議價的結果。在 1945 年與戰事相關的稅前銷售利潤是低於 10%，部分因戰爭結束而大量取消訂單及重新恢復到和平時期所增加的營運成本。

這是左翼教派不可動搖的基本信念，即戰爭能為「大企業」帶來龐大利潤。直至目前為止，通用汽車認為這點是錯誤的。我們稅前利潤受到限制和加上高額企業稅，因而降低了相當可觀的淨收入。我們在 1940 至 1941 年的收益，遠低於戰爭時期的每一年。實際上在 1942 至 1945 年的平均淨收入，包括 1938 年的景氣衰退期，都低於 1936 至 1939 年間平均收益。

就我所知通用汽車公司比其他企業早開始認真思考戰後的定位，並採取行動發展特定及複雜的計畫。確切來說，就在 1941 年 12 月 4 日珍珠港事件發生的 3 天前，我對全國製造協會單位（National Association of Manufactures）發表「戰後的產業責任」演說，提及**因隨著戰事展開逐漸可察覺到戰後的一些情況，我們將再度面臨消費性產品的需求，特別是我們必須決定，是預估景氣會擴張還是會「戰後蕭條」，而這決定是經濟學者和企業經營者視為理所當然的。**

我非常驕傲地說，我們規劃是景氣復甦。實際上，我清楚表明我們的計畫是在 1943 年 12 月對 N.A.M（Non-Aligned Movement，不結盟運動）的演講中，因他們本身就是經濟復甦的一股力道，對其他規劃成長的企業是無庸置疑的誘因。我引用演講中的內容，來表示我們一些具體的預測：

以下是通用汽車的方針： 我們以戰前國家收益標準開始，且在戰前時期已經實行。身為國家的成員，由於戰爭的刺激，我們增加生產力、傳遞廣泛的知識與技能，這是證明大部分國人對提升發展順序的一個合理要求。我們龐大的公債和不斷擴張的政府及其他成本，需要大量產出和較高的國家收益基礎。否則，政府在企業單位和個體企業的負擔，將會對經濟擴張的可能性帶來損害。

讓我們假設，戰前時期的國家收入約 650 億至 700 億美元作為基準。依據戰後的環境條件，1000 億應為相同基準換算下合理的目標，然後我們決定每項產品不論新舊或服務的潛在量，在擴大生產機會的基礎上，認定每項產品有不同的需求彈性，其成效是衡量新的營運基準和決定生產所需要的如人力、組織、工廠及機器設備等經濟資源的方法。換言之，依據通用汽車公司的規劃，包括成本折算、提升現有設備至最新的科技標準、戰後產品的重新製作模具，總支出將會達到 5 億美金。協助維護企業自由競爭體制成為美國經濟的基本原則，這是我們籌劃做出的貢獻。

也許我在此章節提過，當時我們預測國家收益是極度樂觀的，而事實上被證明是相當保守。在 1946 年，國家收益（以 1939 年的美元幣值計算）約為 1250 億美元而不是 1000 億美元，從此之後數字已增加至 2000 億美元（以 1939 年的美元幣值計算）。

當然，在 V-J Day（第二次世界大戰對日戰爭勝利紀念日）後，我們突然收到高達 17 億 5000 萬美元戰爭訂單終止的合約。戰爭突然結束，不可能有秩序地移轉至和平時期的營運，確定的是我們會持續數個月被大量與申訴合約終止有關的文書工作所淹沒，我們也突然面臨通用汽車全部的工廠必須完成的大量實體重建工作。我被告知需要 8000 個運貨車廂，負責載運軍需庫存，另外 8000 個運貨車廂，處理政府不要的機器和設備，同時我們急速催促工廠裝配生產消費性產品。

總而言之，有點紛亂但不混淆。與美軍合作下完成該計畫，縮短了工廠清空及恢復生產的時間，使我們首批生產的汽車，在 V-J Day 後 45 天出貨。

通用汽車公司在第二次世界大戰後恢復平時的生產狀況，不僅是恢復工廠在戰前的原貌而已，我們謹慎地執行戰後擴張和改進計畫，包括組織及調整現有生產設施、新的機器設備和一些全新的工廠。很多重心放在替員工改善工作環境上，如提供自助餐廳和更好的醫療設施，這結果使得工廠在許多方面更有效率。

韓戰讓我們面臨其他更複雜的規劃問題，而問題之特殊性在於牽涉到部分動員。如同我所說，通用汽車在韓戰時對軍需的努力，決不亞於我們在二次大戰期間的動員。舉例來說，在 1952 年總額牽涉約 14 億美元的防禦性生產，遠低於我們在 1944 年軍備產出的 40%。我們知道在韓戰爆發後，預期將會負責約 10%的國家軍事武器之生產製造，我們受到政府鼓舞，大幅擴張設備成立新的工廠，如果武裝軍需持續增加，就能立刻轉換成防禦性生產。

我們要能容納政府的需求，但確定不要被過剩的產能所「纏住」，另一方面我們不希望將來發生產能不足的問題。如同 1950 年我所記述，一些重要的擴張計畫逐漸變得明確正是呼應此要求。1950 年 11 月 17 日我給當時擔任財務政策委員會（Financial Policy Committee）主席布蘭德利的備忘錄上，在描述我自己的看法中提到：

1. 這個國家未來的長期經濟活動，受到科學知識、技術進步及其相

關發展、人口增加等刺激所影響，會如同以往般持續成長，這將反映在對通用汽車公司產品的擴大需求上。

2. 經濟效益的成果很少以喪失競爭優勢、商譽、利潤縮減等這些完全無關於負擔過剩產能的成本來衡量。只要是合乎情理範圍內的過剩產能，總是以過去曾發生的情況來暫時認定，但我相信是未來。以我的意圖在此定義：「需求」，不只是一般正常的需求，也包括不合常規的需求，如由於提供隨意縮減生產所引起的異常情況，是相當必然且能被預期持續於一段受限的時間。

3. 儘管我們有充滿野心的戰後計畫，因缺乏有效率的生產來達成潛在銷售，因而喪失了我們的優勢。

4. 無法看出我們有效率的產出和提升獲利成正比，即能占產業的百分比重。

然後我持續提議，我們認真努力去評估未來 5 至 10 年的需求，並制訂計畫去達成。在建設新設施方面，我建議我們「如果讓我們想在長期情勢較為獨立自主的話，則提供企業基金給因生產軍事武器所需的新工廠」。加速折舊比提供企業基金更具有可行性，並且能夠減輕政府提供給工廠所需資金的負擔。

我們的市場預估資料顯示，的確需要因應擴張。1951 年 2、3 月，我們決定了一個計畫，包括以下各主要的因素：

在此情況下，我們計畫保留約 80％的產能，生產消費性產品。

我們在美國和加拿大，從每天生產 1 萬 4 千 5 百輛汽車和卡車增加至 1 萬 8 千輛，擴大產能約 24％（假設以 1 年 250 個工作日，包括一些加班天數來計算，我們 1 年可產出 450 萬輛汽車和卡車）。

然而這些產能擴張並不盡相同。雪佛蘭得到 21％、龐帝克 31％、奧斯摩比 25％、別克 15％、凱迪拉克 35％。當然這些數字，在隨後的幾年陸續也有修正。

我們需要 1500 至 2000 萬平方英尺的工廠（增加 25％占地面積，用於生產汽車和卡車），作為生產韓戰軍需品所用，花費約 3 億美元。我

們預估需要機器和設備裝配這些新的工廠，以便在緊急情況之後生產消費性產品將再另外花費 4 億 5000 萬美元。簡言之，我們著手的新計畫（2 億 5000 萬美元）比第二次世界大戰後我們從事的 5 億美元擴張計畫更具野心，我們沒有理由後悔這第二次重大的擴張，憑藉在韓戰期間提供軍需生產設備，然後才是民需生產達成二次擴張的目標。確實在 1955 年我們於新設施上非常緊繃，正當我們在美國及加拿大地區 1 年銷售 463 萬 8000 台汽車和卡車紀錄時，整個產業也都是在創歷史新高的生產量。

在韓戰期間對軍需品的要求比我們在二戰時，變得更加要求坦克、飛機、卡車、槍的優良品質。不僅是現代防禦設備變化快速，尤其重要的是研發遠比生產更重要。這有一個考量是通用汽車公司在防禦上所擔任的角色。我們在能力的範疇內進行研究和開發，但是我們是一個龐大的生產組織，而生產在這段時期並不是主要為建立防禦需求所設置。事實的根據是，防禦生意只占我們總銷售的 3%。

我們在長期性防禦工業的角色，大部分由二個部門負責：艾里森和 AC 火星塞部門 AC Spark Plug）。艾里森是第一個供應軍機渦輪噴射引擎的廠商（1956 年）。這些引擎被選定設計在 T-56，最近用在洛克希德（Lockheed）C-130、諾格 E-A「鷹眼」和 P3A 反潛艇飛機，而且已經開發更具動力的反潛艇飛機引擎。

自 1958 年開始研發輕型的艾里森 250 匹馬力 T-63 渦輪引擎，專門負責生產軍用和商用輕型觀察直升機的動力工廠。在 1962 年艾里森獲得合約替軍隊開發、建設和營運核子反應器。至今，它為各種軍車提供五種軍用型傳輸方式。這些傳輸提供於全動力船艦、柴油動力戰車行進和煞車閘、中型救援貨車、個人攜帶及貨車載運的裝甲兩棲車。其他方面的艾里森防禦生意，是供應鋼鐵和鈦火箭引擎盒給義勇兵洲際彈道計畫（Minuteman missile program）。

AC-Milwaukee，在韓戰期間生產數量龐大的炸彈導引電腦系統，並擴展該系統的射程範圍和能力。美國空軍在 1957 年指定 AC 火星塞部

門完全負責炸彈導引電腦系統，以及改良戰略性空軍炸彈系統的設計權限。該部門在產業的飛彈設計任務中也擔任著領導者的角色。名為「Achiever」的慣性導引系統，1957年成功通過空軍的索爾長程測試。我們持續改良精進此系統，並且成功應用在Mace和泰坦二號導彈上。

1962年AC-Milwaukee獲得二個關於太空導引系統的重要合約，美國太空總署（NASA）選擇AC-Milwaukee協助阿波羅太空船的開發設計，並製造導航和導引系統，而這艘太空船是用來搭載太空人往來月球。空軍也選擇AC-Milwaukee為泰坦三號裝配太空發射的飛行器導引系統。

通用汽車公司其他部門，最近則接到國家新的防禦計畫和太空活動任務。吉姆西卡車與長途客車公司負責生產義勇兵洲際彈道飛彈所使用的傳輸機。底特律柴油引擎（Detroit Diesel Engine），提供政府用於軌道火炮自動推進及自動尋回飛行器上種類繁多的柴油渦輪「V」引擎。

德爾考－瑞密（Delco-Remy）負責生產義勇兵洲際彈道飛彈所使用的鋅電池，德爾考－無線（Delco-Radio）則負責供應各種導彈計畫的電源設備。韓戰期間生產坦克車的凱迪拉克－雪芙蘭位於奧蘭多的工廠（Cadillac-Cleveland Ordnance Plant），在1962年開始生產三款新的鋁合金裝甲車。

企業希望能生產更新的產品，即使還在該部門開發中的產品，而最近成立通用汽車防禦研究實驗室（GM Defense Research Laboratories），通用汽車公司無庸置疑地將會扮演政府防禦計畫的重要角色，當需要我們動員時，我們隨時準備好將竭盡所能為國防效力。

第二十一章 人事和勞工關係

早在1920年代，通用汽車公司就已經提供員工們許多福利，包括許多娛樂休閒和便利的設施，以及優惠儲蓄、保險等項目。

在我寫這本書的時候，通用汽車內因國家問題引發的大規模罷工已經是17年前（編按：1945至1946年）的事情了。當我們這些人回憶起1930年代中期激烈而充滿危機的氣氛，或者1945至1946年戰後大罷工帶來的痛苦經歷，都會覺得過去的17年簡直令人難以置信。

我們已經在沒有犧牲任何基本管理職責的前提下走過了這段歲月。經常引起爭議的是，有人指責我們只是藉由刺激通貨膨脹的勞資協議才保持了勞資關係的和諧。其實這是一個非常複雜的問題，在這裡無法展開討論，但是我認為我並不認可這一觀點。

在開始介紹我們與勞工組織的關係之前，我認為應該先提醒讀者，我們很多的人事政策和勞資談判沒有什麼關係。1963年初，通用汽車在全世界擁有的員工總計63萬5000人，其中約16萬是領月薪的員工，他們之中只有極少數是勞工組織的成員。另外，公司裡大約有近35萬工會會員在合約條款之外還取得了一筆不小的福利，並且其中一部分人甚至是在現代勞工組織出現之前就已經享受這些福利了。

我們工廠裡的娛樂設施、對員工建議的報酬、員工的培訓、雇用身障人士的規定都已經超出了合約的範疇。早在1920年代，通用汽車就開始為員工提供很多福利了。有些福利體現為各種設施，比如我們為員工提供的一流醫療服務、精緻的自助餐廳、衣帽間、淋浴間和停車場。

早在1926年我們就為員工提供了一組壽險項目。1919年，約翰·拉斯科博就設立了儲蓄投資計畫；1929年，參與這一計畫的員工總計18萬5000人，占當時全部員工總數的93%；儲蓄投資計畫的儲備金

總計達到了 9000 萬美元。當銀行於 1933 年歇業的時候，我們預計我們的員工會將他們的存款撤出儲蓄和投資計畫。但是，他們幾乎一致堅持讓我們繼續掌管這筆錢——這充分展現員工對公司穩定發展的信心。1933 年的《社會保障法》和《證券法》開始執行之後，我們最終於 1935 年底中斷了這一計畫。

現在，對美國和加拿大領月薪的職員而言，他們可以參與通用汽車的儲蓄股票購買計畫。根據這一計畫，他們最多可以將他們基本工資的 10%存入一種特殊的基金。他們每存入 2 美元，公司就會相應地在他們的帳戶中存入 1 美元。這筆基金的一半被用於購買政府公債，另外一半則用於通用汽車普通股的投資，所有的利息和分紅都將用於再投資。參與這一計畫的員工超過了有資格的月薪員工總數的 85%。在 1955 年的合約談判中，我們還向領取計時工資的工人開放了這項計畫，但是後來因為補充失業福利計畫（這一計畫將在後文討論）的效果更好，他們選擇了後者。

儲蓄股票購買計畫只是領取月薪職員所享受的額外福利之一。絕大多數人都和領取計時工資的工人一樣享受生活津貼。領取月薪的職員享受的福利包括：多種壽險項目、醫療保險、健康事故險、養老金和遣散費等。領取計時工資的工人在這些領域也享有相應的福利。

當然，我們的人事部門的職責並不僅限於員工福利。人事部門也負責員工的招聘、聘用和培訓。比如，我們的工長（編按：負責生產作業的直接負責人）培訓計畫就是我們引以為豪的項目之一。我們採取了各種辦法來爭取讓工長的士氣維持在最高的水準上。1934 年，我們為這些工長提供了月薪；1941 年，我們開始實施一條新規則，即保證這些工長的工資比他下屬工人的最高工資高出 25%。另外，從二戰早期，這些構成我們一線監督隊伍的工長就開始享受加班津貼，儘管聯邦工資工時法並沒有要求為督工提供加班津貼，但是，或許我們工長

士氣高昂的最重要原因，是我們在紀律和工作標準上給他們的強力支持，他們知道，我們認為他們也是管理層的一分子。

前面的事實顯示，我們的人事部門除了眾所周知的與汽車工人聯合會談判的職責之外，還有許多其他職責。儘管 1931 年首次在公司的層次上正規地確立了人事管理的職責，但是直到 1937 年我們才將所有人事項目都統一到公司的層次上。從那之後，**人事部門主要採取兩種方式為公司提供服務，一種方式是作為專家為公司提供建議和諮詢，另外一種方式是作為一群在公司的授權下與工會談判並管理合約的高級行政人員**。順便說一句，我們的人事部門通常並不介入我們的四階段員工投訴處理流程；只有當該處理流程進入第四階段，也就是進入仲裁流程之後才需要公司人事部門介入。

從 1948 至 1962 年，平均每年根據這一流程進行處理的投訴總計達 7 萬 6000 件，大約有 60％左右的投訴都在第一階段就透過工長和工會委員會處理解決掉；在第二階段，由工會商業委員會和由工廠自己的人事部門組成的管理委員會進行的協商所解決的投訴約占 30％；還有 10％約則進入第三階段，這時的仲裁機構是一個四人委員會，其中兩個人來自工會的地區性辦公室，另外兩個人則是部門管理層的代表。每年平均只有 63 件進入第四階段（不到全年投訴數量的 0.1％），即由一個中立仲裁機構來處理。

顯然，人事部門的責任非常沉重，尤其是在處理和工會相關的問題時更是如此。因為在處理這些事情的過程總是存在著對公司造成巨大傷害的可能性，並進而對公司員工造成嚴重傷害的危險性。一方面我們必須盡可能避免各種規模的罷工；另一方面，我們也絕對不能屈服於不合理的經濟要求或是放棄基本的管理職責。同時避免這兩種情形不是件容易的事，然而在過去的 15 年中，我們在這個問題上已經取得了不錯的成效。

戰後早期，我們和工人的關係似乎有段距離。1945至1946年大罷工結束的時候，汽車工人聯合會已經成為當時國內兩三個最大的工人組織之一，會員數近百萬人。該組織的很多代表都對私有企業抱有敵意。無論是在內部，還是在與其他工會的關係上，汽車工人聯合會都陷入了各種衝突中。對於我們而言，這種衝突的主要結果就是各方面都拉開工人與公司的距離。

更糟的是，似乎在每次大型危機中，汽車工人聯合會都能爭取到政府的支持。政府的態度又倒退到1937年靜坐抗議時的情形。當時工會強占了我們的財產，而我們並不打算談判。靜坐抗議是違法的，後來最高法院的裁決肯定了這一點。但是，富蘭克林・羅斯福總統、勞工部長法蘭西斯・伯金斯（Frances Perkins）和密西根州州長法蘭克・墨菲（Frank Murphy）持續向公司施加壓力，也對我個人施加了壓力，要求我們和那些強占我們財產的罷工者進行談判——這種壓力直到我們被迫答應與那些人談判才消失。後來在1945至1946年長達117天的大罷工中，杜魯門總統再次正式支持工會充滿矛盾的要求，工會認為應該根據我們的支付能力來決定工資成長的幅度。我們成功地抵制了這一個不合理的提議，但是我認為總統的聲明強化了工會的大眾地位，從而延長了罷工時間。

戰後早期還有一個因素對勞工問題產生了影響，即當時存在嚴重的通貨膨脹。1946年取消價格控制後，零售價格上升了17%，1947至1948年的物價增長幅度也超出了10%。工會在通貨膨脹時期的自然傾向就是要求提高工資，並且提高的幅度要能夠彌補預期的通貨膨脹，這種方式進一步推進了物價的上漲。戰後年復一年的工資和物價輪番上漲，正是這種通貨膨脹惡性循環的範例。汽車工人聯合會認為自己是勞工運動的帶頭人——這一點可能是正確的——因此一旦它支持某種要求，這一要求就很有可能成為新一輪通貨膨脹所引發的需求中最

顯著的一種。通用汽車經常面臨著這種境況。

　　1947年，我們並沒有遇上大規模的罷工，但是這並不能消除我們對戰後勞工關係的恐懼。事實上，這一年的談判過程中發生的一些事情使我們所面臨的問題更加尖銳起來。4月中旬，當我們還在進行談判的時候，就已經聽說汽車工人聯合會正在計畫爭取讓底特律地區的工人停工去參加一個工會組織的反塔夫脫·哈特利法（Taft-Hartley Act）的示威，國會當時正在考慮是否通過這一立法[①]。當然，這場計畫於底特律舉行的示威是汽車工人聯合會自己的事，但是工作中斷卻直接影響我們的生產。我們向談判代表提出，在三種情況下停止工作去參加集會將明顯違反合約中罷工和停工部分的條款，凡是走出工廠的工人都將違反合約（經歷了1937年的靜坐抗議之後，我們就堅持在未來的合約條款中必須對停工行為進行懲罰）。工會代表溫和地告訴我們，這次罷工得到了國際執行委員會（International Executive Board）的批准，但是他們也會將我們對此事的觀點反映給該委員會。

　　1947年4月24日下午2點，就在新合約簽訂的當天，罷工開始了。這次罷工只取得了部分成功，因為公司在底特律地區的七個工廠中，總計有1萬9000位領取時薪的工人沒有參加，但是還是有1萬3000位工人參加了這次罷工，並且在此期間，他們做出了無數脅迫性甚，至是違法的舉動。在我們看來，這次事件似乎表明汽車工人聯合會已經改變了他們早期隨意違反合約的態度。我們和以往一樣表示了充分的肯定。出於嚴肅紀律的考慮，我們解雇了15位工人，並長期暫停了與25位工人的合約。這40位工人中有4位是地區工會的負責人，6位是生產委員會的負責人，22位是生產和地區委員會成員。另外，還臨時暫停了與401位員工的工作合約。

　　當然，工會擁有向最高仲裁機構申訴的權利。但是，它選擇了與公司進行談判，並最終承認它違反了規定。在最終於5月8日簽署的正

式諒解備忘錄中，工會明確表明這種停工確屬違規。作為回應，公司將解雇名單中的 15 個人轉到了長期暫停合約的名單中去，並修改了最初的懲罰決定。

隨後的幾年裡，我們的勞工關係明顯好轉起來，而且，工會內部也逐漸開始穩定起來。**改善勞工關係的關鍵之一就是 1948 年的集體合約談判，但是其中的主要條款則是在後續的合約中解決**。由於這些條款在通用汽車後來的事務中發揮了重要的影響，所以我將在本章的剩餘部分詳細討論這些條款以及它們的背景。

在處理鐘點工人的勞工關係上，1948 年的合約為我們帶來了兩個主要的創新。首先，它取消了與工會每年一次的談判條件，取而代之的是長期合約，合約時間為 2 年；1950 年又續簽了一個 5 年合約，然後又續簽了三個 3 年合約。

這種長期合約為公司制訂長期計畫提供了保證，同時也為公司高級執行人員節省了寶貴的時間，因為勞資談判總是要耗費公司最高行政人員的大量時間。簽下長期合約反而減輕了我們的員工對年度合約的顧慮，使其不用再為可能的罷工而憂心忡忡，從而使他們可以以更大的信心去規劃自己未來的事情。

1948 年合約中的另一創新，就是所謂的通用汽車工資公式。這一公式有兩個特點：一個是「自動條款 (escalator clause)」，它根據生活費用的變化為員工提供工資補貼；另一個是「年度改善因素 (annual improvement factor)」，它保證了員工能夠分享由於技術進步所帶來的利益。整個公式反映了公司在工資計畫中引入理智和可預測性的努

---

①美國 1947 年通過的一部聯邦法。它規範了一些工會的行為，且允許政府就規定的行為擁有對工會提起訴訟的權利，同時禁止某些罷工與聯合抵制，也確定了涉及國家安全與緊急狀態時處理罷工的步驟等內容。根據該法，罷工一旦危及國家安全，政府有權通過聯邦法院禁止罷工 80 天，總統也有權利在認定罷工會影響到國民健康或國家安全時下令干預。

力；特別是，其目標在於至少部分結束了我們在過去制訂工資時各方力量的衝突。

我們早在 1930 年代就展開了對這類合理工資計畫的探索，特別是 1935 年，我們開始對將工資與生活費用變化連繫起來的做法產生了興趣。最初，我們曾考慮過使用勞工統計局的地區生活物價指數，而不是採用他們的全國物價指數。1935 年，勞工統計局發布了一份反映 20 個城市生活費用變化的報告。這之中，通用汽車在包括底特律的城市中擁有工廠；但是通用汽車還有很多工廠的所在城市並沒有反映在該報告中，這個現實問題是當時沒有實施這項計畫的原因之一。另一個原因就是 1935 年消費者物價指數相對穩定，而且實際上這種穩定一直維持到了 1940 年。在這幾年中，物價的波動對我們的工資調整並沒有真正的影響。

但是，1941 年間國防計畫的推行導致物價急劇上漲，我和我們的員工開始面臨通貨膨脹的考驗。1941 年 4 月 4 日，我給國家工業會議委員會主席維吉爾·喬丹 (Virgil Jordan) 寫了一封信，以徵求他對建立與生活費用指數連結的工資計算公式的想法：

你認為我們建立一個工資調整的公式是必要的嗎？建立這個公式的基礎是我們假設實際工資在未來肯定會增長，就像過去的 25 年一直增長那樣。而且，我們認知到這種公式的一個事實，即當生活費用增長時，名義工資率就會增長，而且名義工資增長的比率能夠彌補生活費用的上漲；但是，在生活費用下降時，名義工資降低的比率應該低於其增長的比率。這將保證在數年中實際工資的增長，而且我也相信，勞工有權利分享這種由於技術效率的提高所帶來的益處，而且產業界也有義務使之成為事實。

喬丹對這一非正式建議的反應很悲觀。他在回信中說他懷疑我們能否讓工會在這一工資計算公式上與我們保持一致的態度；他認為，工會領袖們通常願意在工資制訂的過程中扮演更為主動的角色。然而，

這些信件往來反而激發我們把工資與生活費用連結的興趣。

1941 年早期，當時通用汽車的總裁查理斯・威爾森讓我們對這一問題有更進一步的思考。他因髖關節骨折而被迫待在醫院，並在那裡對工資公式進行了深入的思考。出院的時候，他在工資調整方面提供了兩點心得：其中一點就是基於生活費用的工資變化必須與全國消費物價指數相關，否則公司將陷入不停為某些人加薪而不考慮其他人的情況——儘管從某種意義上這將完全符合相應的公式，但是卻將帶來實際的心理問題。

威爾森所提出的第二點就是如何讓工人分享由技術進步所帶來的效益提升。他認為，解決這一問題的唯一途徑就是為每一位工人確定一個固定的年度加薪百分比。這項建議就是通用汽車工資公式中「年度改善因素」的起源。

儘管工資公式中的基本因素是由威爾森於 1941 年提出來的，但是直到 1948 年談判開始的時候，我們才有機會在集體合約談判中引入這一公式。二戰期間政府的工資凍結政策使我們很難在工資變動上有所行動，到了 1945 年，很明顯我們的員工只對基本工資的大幅增長感興趣，因為只有如此才能讓他們趕上戰時生活費用的激增。而且工會在 1945 至 1946 年的長期罷工中，一直堅持我們應該按照支付能力的增長狀況來確定工人工資的增長速率，並且堅持我們應該有效提高我們的產品價格。我們認為，在採納任何工資計畫之前，我們必須解決這一問題。到了 1947 年，我們再次感到我們員工的主要需求就是大幅增加基本工資。

1948 年 3 月 12 日，勞資談判開始了。起初似乎它也將遵循往年的模式，只不過工會的要求比往年更加極端。實際上，他們的要求幾乎相當於將前幾年艱難協商後達成的協議完全推翻重來；他們的要求包括：時薪提高 25 美分、養老金計畫、社會保險計畫、每週工作 44 小時，還有很多其他經濟方面的條件。我們認為這些要求不可理喻，並且擔

心如果汽車工人聯合會堅持這些要求，我們就要遭受一場類似 1945 至 1946 年那樣的大罷工。

實際上，從 1948 年春的情形來看，似乎整個國家所面臨的罷工形勢是前所未有的嚴峻，鋼鐵和電力產業的談判大多都陷入了僵局。5月 21 日，汽車工人聯合會在克萊斯勒號召一場罷工，與此同時，他們也在通用汽車其他地區的工廠裡策劃罷工。

但是，對於 1948 年的談判而言，還是存在一些有利因素的，就是我們與汽車工人聯合會達成了一項協定，即我們之間的談判應在相對保密的情況下進行。以往我們的集體合約談判通常都會演變成一個政治論壇，工會藉此機會向新聞媒體發表很多激烈的言論，我們被迫對此公開回應。1948 年的談判過程的適度保密，使工會的要求從一開始就比以往現實得多。

然而，談判進展緩慢，到了 5 月，似乎一場罷工馬上就要開始了。於是我們決定在集體談判中引入我們的工資計算公式；5 月 21 日，我們以書面形式向汽車工人聯合會提交了這個公式。事先沒有任何預兆表明工會會肯定我們的這一合約提案，但是，工會在原則上接受了這一提案，然後我們就開始討論它的細節；為了加快這一進程，我們提議通用汽車和工會組建一個四人小組來仔細商討這一問題。

經過近 3 天不停歇的談判，終於確定了新公式的各種細節，合約為期 2 年——由於它過於新穎，導致工會不願冒險將合約期簽訂得太長。每個簽約工人的年度改善因素確定為時薪每年提高 3 美分。最終確定用於計算生活費用的基準日期為 1940 年，這是美國物價穩定的最後一年，此後物價開始飛漲。

關於通用汽車工資公式有幾點需要說明的地方，首先是關於一些熟悉勞工問題的人也會誤解的年度改善因素。合約條款中的 101（a）主要處理年度改善因素問題，它指出：「員工生活標準的持續改善依賴於技術進步，依賴於更好的工具、方法、技術和設備，依賴以合作的態度

對待這個過程中的各參與方……以同樣的人工製造更多的產品是非常正確的經濟、社會目標……」工會完全接受了這些睿智的判斷，這顯然是勞資關係發展史上的一大里程碑。

但是，與大多數人的認知不同，改善因素並沒有和通用汽車生產力的改善直接連結。在我看來，通用汽車裡面並沒有能夠令人滿意、用於度量生產力的工具，甚至在所有製造不斷變化的產品的公司裡，都沒有這種工具。即使在某種程度上提供了一種工業生產力的量測手段，也仍然難以將時薪的提高與生產力的提高直接連結。因為，一旦在整個經濟領域推廣這種連結計算方式，必然將在技術迅速發展的產業和技術發展有限的產業（比如服務業）之間，引發出工資方面不可調和的矛盾。我相信，改善因素的發展變化確實反映了美國經濟整體上的長期變化。

據估計，多年來美國生產力提高速度一直維持在 2%。這種估計有多準確，我並不清楚，但是通用汽車將年度改善因素規定時薪每年提高 3 美分，折合下來就是每年時薪將提高 2%，也就是說，3 美分是 1.49 美元的 2%（通用汽車的時薪為每小時 1.49 美元）。在後來的談判中，改善因素還提高了幾次。需要指出的是，通用汽車在簽訂合約時只指出在合約期內，公司每年都會按照相應的改善因素提高工時工資，並沒有將美國工業整體生產力的變動與工人的工資改善連結起來。即使美國或通用汽車的生產力下降了，按照合約的要求，我們仍然需要支付因年度改善因素而增長的工資。

我總認為，在表述的時候將年度改善因素同「生產力提高」放在一起是引發混淆的根源；我傾向認為這是一種組合激勵措施，但是我懷疑通用汽車中的大多數員工是否也這樣認為。

最後一點，就是工人效率提高只是生產力提高的原因之一，而且還是次要原因。生產力提高的主要原因在於更為有效的管理和投資可節約人力的投資。一些工會代表總是將生產力的提高完全歸功於勞動力

方面的改善，我不相信這一論調。新機器需要花錢，而新增的投資則必須從投資報酬率的角度對其進行考核。如果將生產力提高所帶來的效益都用於降低產品價格，則從整體上消費者和整個經濟都將從中受益。但是，人類的天性決定了人們更願意在一定的激勵之下工作，而且討價還價本身也是人類的天性之一，因此，有些事情可供討價還價也是一件好事。**我認為，生產力提高所帶來的報酬應該在於消費者（降低產品價格或提供更好的產品）、勞工（更高的工資）和股東（更高的投資報酬率）之間均衡分配。**

通用汽車首次應用改善因素的時候曾出現了一個奇怪的現象。根據1948和1950年協議，所有工人，如掃地工人、高級技工、高級模具製造工等的改善因素都是一樣的。以工人的平均時薪為基準並每年提高2%（即3美分）的決定顯然具有齊頭式平等的傾向；於是，高級技工和高級模具製造工的時薪增長率並沒有達到2%（因為時薪較高），而掃地工人的工時工資增長幅度卻超出了3%。因此從1948至1955年，公司的工資差異呈現逐漸縮小的趨勢。1955年的合約對這一趨勢進行了糾正。這一次的合約規定，所有工人的工時工資年度改善因素都是2.5%，並且實際增長不得低於6美分。

年度改善因素不斷發展的同時，自動條款卻一直沒有什麼變動，儘管它也具有使工資隨著時間的演進而逐漸增加的作用。同樣地，這裡也沒有什麼理論能夠指出，為什麼這一條款沒有指出在生活費用增長1%的時候公司會將工時工資提高。實際上，這一條款規定，一旦生活費用上升，公司的所有工人都將得到一份數額相同的補貼。

生活費用計畫的計算方式如下：首先確定相對於1940年這一基準而言，生活費用如果上升了69%，而與此同時，通用公司工人的工資只提高了60%，那麼為了彌補這9%的差距，我們會將工時工資提高8美分。但是，對於低工時工資的工人而言，他的工時工資增長明顯超過了9%；而對於高工時工資的工人而言，這又低於9%。在設定未來

工資增長方向，這一自動條款也具有類似的平均效果。

我們採用了平均工時工資和當時最新的 1948 年 4 月的消費物價指數來確定它們之間的關係；用平均工時工資 1.49 美元除以消費物價指數 169.3，就可以得到消費物價指數每提高 1.14，工時工資就將會提高 1 美分，這就是我們用以計算所有工人物價補貼的依據。

但再次注意，我們享受最高工時工資的工人，實際上是最需要迅速提高工資以適應當前生活費用的人群；1948 年，一個每小時收入 1.2 美元的守衛，他的工資就足以應付任何物價變動了。在考慮通用汽車工資公式中生活費用這部分時，需要記住的是物價補貼完全是和消費物價指數有關，自動條款的應用傾向於將所有人的工時工資拉向平均水準。這種方式從長期來看究竟是好是壞，我現在還沒有考慮清楚。有趣的是，所有其他工會仿照我們的計畫所使用的工資計算公式中，幾乎都一成不變地保留了這一部分內容。

我們曾特地給資深員工加了幾次薪，這有助於打破這種趨向平均化的局面。從 1950 至 1962 年資深員工的工時工資總計提高了 31 美分。

另外，由於集體合約制訂過程工會過於苛求，最初支撐工資公式的基本概念也在某種程度上被扭曲了，現在經常發生的一個問題就是生活費用條款中的最低保障問題。在我最初給喬丹的信中，我曾說到即使是在嚴重的經濟危機期間，工人們仍然希望工資的降低幅度能夠有個限度。1948 年的合約規定，無論生活費用下降到什麼程度，最多都只能將最初 8 美分的生活費用降低到 3 美分。1953、1958 和 1961 年，生活費用的底限又有所上升。關於伸縮條款的邏輯顯然不能擴展到通貨緊縮時期，因為工人們總是不願降低工資。

1953 年的談判中偶然出現了一個有趣的現象，該現象充分體現了大眾對通用汽車工資公式持之以恆的壓力，並且使我們難以按照威爾森的最初設想來推行這一工資公式。由於 1950 年合約的有效期應該為 5 年，但是到了 1952 年底，汽車工人聯合會開始不滿該合約中的生活費

用條款，但原則上是不應該存在1953年的談判。

和當時的大多數人一樣，工會也對韓戰後爆發的通貨膨脹感到非常不安。如果生活費用開始下降，工會成員將部分甚至是失去他們正在依據自動條款所享受的特殊補貼；更糟的是工資穩定委員會已經決定為包括鋼鐵、電力及其他一些產業的員工的生活費用補貼納入了基本工資。換句話說，一旦出現了通貨緊縮，汽車工人聯合會的會員們的工資將會降低，而其他產業的工人卻不會受到影響。我們保證在通用汽車工作的工會會員所領取的工資不會落後相關產業。因此，我們重新編制了合約，並將生活費用補貼提高到19美分。這個小插曲充分說明了堅持自己的最初信念是多麼困難。

總是有人攻擊我們的工資公式是為通貨膨脹推波助瀾。在這個問題上，我同意威爾森一開始的出發點，就是要保護我們的員工免受通貨膨脹的影響，但是這一公式絕不是我們勞工合約的全部。由於我們還提供了很多額外福利，因此一些批評家認為成本的增加超出了生產力提高的速度，因此這一公式以及這些額外福利合在一起就具有引發通貨膨脹的可能性。

還有一個必須考慮的因素，在我看來，改善因素更應該看作是一種激勵措施。基於這一認識，我認為我們的工人以這種明確的方式從公司的發展中受益，並由此提高了生活水準這一事實，促使我們在引入降低人工的設備以及其他技術進步所產生的設備時，能夠得到更好的合作，從而在提高公司總體營運效率上產生了健全的影響。

無可否認的是，通用汽車工資公式在緩和、穩定、融洽勞資關係上發生了重要作用；自從該公式於1948年付諸實施以來，我們公司裡就沒有發生過較大的罷工。

過去幾年裡，通用汽車勞工合約中知名度最高的條款就是失業福利補償條款——該條款大概可以理解為某種形式的年度工資保證。所有主要汽車公司相繼啟動了1955年勞工合約談判，工會顯然認為如能全

面達成這一條款將是其歷史上的一個重要里程碑，因此準備不計代價地解決這一問題。工會顯然在 1954 至 1955 年就已提出了這一計畫背後的理念——由資方為失業工人提供資助。但是，最終福特汽車公司提出並採納的計畫與工會的目標尚有很大距離——這是一個非常保守的資助計畫。繼福特之後，我們很快就接受了這一條款，儘管我們對其中的幾個方面持有異議。最後，整個汽車產業接受了這一條款。

實際上，通用汽車考慮類似替代方案的時間已經差不多 20 年了。在 1934 年 12 月國家失業保險法正式頒布之前，我們就已經提出了一個針對內部員工的保險計畫。我們非常贊同計畫中的幾點建議，如下：

通用汽車同意為非自願失業的員工提供報酬而建立儲備金的原則；我們還同意由雇主和合格的雇員共同出資建立這一儲備金的原則；我們相信，任何員工都需要經過試用期的檢驗才能知道他是否適合該崗位。

這些條款的意義重大，我相信我的同事們也是這樣認為。但是，1930 年代中期聯邦和各州失業保險計畫的急劇增長，改變了我們在這個問題上的看法。配合失業保險的推行，我們還開發了一項旨在緩和由於我們的輪班工作所帶來的問題。總的來說，它的工作內容如下：任何擁有 5 年以上工齡的工人，當他被臨時停工（如車型轉換時期）或每週工作不足 24 小時的時候，可以向公司借款，額度為他的收入和 24 小時對應工資的差價，該借款不收取任何利息。當他每週工作超過 24 小時時，他必須用超出部分報酬的二分之一用於償還該借款。如果員工的資歷介於 2 到 5 年間，公司可以提前支付 16 小時的工資，但是總提前支付款項不得超過 72 小時的工資。換句話說，工人的工資在時間上得到了平均。這項計畫一直執行到戰時生產，沒有存在的必要為止。

除了這一免息借款項目之外，我們還開始考慮是否應該保證相當一部分的工人的最少工作時間。1935 年的《社會保障法》中有部分條款要求提供一定的獎勵以鼓勵雇主推行類似的計畫。根據這些條款，每

年保證工人工作至少 1200 小時的 3%可以免除的工資稅。1938 年我們認真考慮了為工人提供類似保證的問題。但是，當時的董事會副主席唐納森・布朗提出了非常具有說服力的反對意見。布朗在 1938 年 7 月 18 日給我的備忘錄中，認為這種保證不能用到太多工人身上——如果涵蓋面過廣，就難以保證足夠多的工時。他進一步指出：

為部分工人提供年度最少工時安排的保證，將不可避免地將平均工時固定到一個水準上，人們在這樣的計畫中包含著這樣的企圖——在業務下滑的情況下——儘量拖長工時，從而保證每個人的最低工時。在該問題上，工會必然會施加壓力。

我們所有人都對在通用汽車這樣複雜而龐大的企業裡均分工作的可行性持懷疑態度。我個人認為在經濟和社會考量上，以較低的工時水準長期平均安排工作是非常不合理的；但是在戰後初期，我認為推出類似的計畫非常必要。1946 年 5 月 15 日，我就失業補償金問題提出了我的觀點：

如果能夠確定我們在因應即將到來的壓力時的極限是什麼，並且能夠以我們自己的方式確定它的影響究竟有多大，這就可能幫助我們與工人建立更好的關係，而不必為未完成的工作付錢。

經過平衡之後，這一計畫終於寫入了合約之中。在我看來，最終取得的創新並沒有它的倡議者起初宣揚得那麼大。很多經濟學家指出，這項計畫只是失業保險另一種形式的擴展，只是將失業保險的時限延長了 20 年，並且爭取到了雇主的支持。我懷疑在蕭條時期這項新計畫為工人們帶來的福利，可能只有程度的差異，畢竟符合這一計畫要求的工人實在太多了，很多的工人只能拿到很少的一點錢。但是，這項計畫大大地減少了我們工人在經濟上的後顧之憂；從長期來看，只這一項好處就已經足夠了。

1933 年之前，除了少量製造領域的技術組織之外，通用汽車和勞工工會沒有什麼來往。發生這種情況的主要原因是我們還未為 1933 年開

始的政治氣候變化和工會主義成長做好準備。人們總是容易忘記，當時美國大型產業裡面建立工會還沒有成為慣例，因此當時工會主義的大規模發展並沒有引起我們充分的注意。我們只知道，一些激進分子認為工會是獲取權利的一種工具。

在我們看來，即使正統的「務實工會主義（Business Unionism）」也會妨礙管理。作為一個生意人，我還不習慣這個概念。我們與汽車產業某些工會組織的早期接觸並不愉快，他們認為他們代表著所有的工人，而無視那些不願接受他們作為代表的工人的意願；我們和美國產業工會聯合會的早期接觸更加不愉快，因為他們試圖透過暴力來取得認可，並且最終在1937年的大罷工中透過靜坐抗議攫取了我們的資產。我沒有任何興趣去回顧與這些勞工組織早期接觸的痛苦經歷，之所以提到這些事情，也只是為了解釋為什麼我們起初會對勞工組織持有負面情緒而已。

早年最令我們感到前途暗淡的事情，就是**工會不停試圖進犯基本管理權力，我們的生產計畫、工作標準制訂、約束工人的權力，突然之間就遭受質疑**。與此同時，工會反復地對工資政策的制訂表示出極大的興趣，因此就很容易理解為什麼公司的一些高層會認為工會總有一天會成為公司營運的實際控制者。

最終，我們成功地擊退了這些對管理權的挑戰。現在，工資制訂屬於管理的範圍而不是工會的職能這一理念，已經深入人心。就我們的業務管理而言，我們已經將某些做法編制成企業制度，也已經和工會代表關注的工人的投訴展開討論，並將一些處理起來有爭議的投訴提交仲裁機構。但是，總體上我們還是保留了基本的管理權力。

通用汽車的工會主義問題在很早以前就已經得到了很好的處置，我們已經和所有代表我們工人的工會形成良好的關係。

第二十二章 激勵性報酬

紅利計畫是通用汽車公司不斷前進發展的重要因素，也是給管理者一直為工作盡最大努力的激勵。

自1918年以來，通用汽車紅利計畫就成為了我們管理理念和組織的一個組成部分，並且我相信，這個計畫是公司不斷前進發展過程中的關鍵要素。正如公司於1942年正式發表的年報中所說的那樣，我們的管理政策「已經從這樣一種信仰中演變過來了，即公司業務的有效成就和最大的進步與穩定，是通過管理者把工作當成自己的事情而實現的。這種方式提供了個人主動發揮來實現自我價值的機會，為保證個人經濟狀況與工作業績的同步提高提供了可能性。透過這種方式，公司才能吸引並留住管理人才」。

紅利計畫和分權管理是相關的，因為分權管理給管理層提供了一個自我實現的機會，同時，**紅利計畫使每個管理者有可能獲得與他自身工作業績相當的報酬，這樣也就激勵了管理者，讓他能夠一直在工作中盡最大的努力。**

通用汽車紅利計畫最早於1918年8月27日採用，從此之後，這個計畫的基本原則就從來沒有改變過；這就是，要最好地為公司和股東的利益服務，就需要使關鍵員工成為追逐公司繁榮興盛的夥伴，每一個這樣的員工都應該獲得與他為事業部和整個公司所做出的貢獻相對應的獎勵。當然，有時候我們也進行一些改變，例如1957年，獎勵計畫有了一些擴展，新增了提供給一批高級管理者的員工優先認股權計畫。在目前的情況下，只有在公司盈利超過其淨投入資產6%的情況下才能從淨盈餘中取出獎勵。留給年度紅利的最大總額限制在稅後淨盈餘（扣除6%的利潤）的12%，由紅利薪資委員會（Bonus and Salary

Committee）決定一個低於該上限的總額。

1962 年，總共約有 1 萬 4000 名員工獲得了總額價值 9410 萬 2089 美元的通用汽車公司的股份和現金獎勵。另外，員工優先認股權計畫中，條件帳戶中的金額總計為 733 萬 7239 美元。這些紅利，以及用於四個海外製造子公司的 355 萬 85 美元的單獨紅利計畫，都來自 1962 年預留的 1.05 億萬美元的紅利儲備金——這筆儲備金比當年允許的上限少了 3800 萬美元。

儘管獎勵金額依賴於利潤，但紅利制度並不是一個利潤分享計畫，這個計畫並不是將公司或其事業部的收入平均分配給每個員工，紅利薪資委員會每年確定的紅利總額可能（並且有時確實如此）少於可利用的紅利總額。

更為重要的是，每個人都必須通過自身的努力才能贏得紅利授予機構考慮的資格。由於員工每年工作都要接受評比，因此他所得到的紅利可能隨著年份出現較大波動；當然，這要以他每年都能獲得紅利為前提。每個人對公司的貢獻都將定期得到評量，並且還有明碼標價，這一事實對每個員工任何時候的工作都是一個激勵。

紅利計畫還有另一個重要的作用，該計畫透過建立一個所有者管理層團隊，形成了管理層和股東之間利益的一致：大多數情況下，員工所獲紅利部分或全部體現為通用汽車的股份。這種做法的結果是，通用汽車始終有一部分高層管理者擁有公司大額的股份利益——這裡的大額是站在管理者個人的總資產角度看，而不是與公司發行的總股份相比較。由於其個人資產往往包含通用汽車的股份，通用汽車的管理者們往往更加意識到個人利益與股東利益的一致性，而如果他們僅是職業經理人則很難達到如此的程度。

然而，紅利計畫的作用已經不僅侷限在激勵和獎勵個人的努力工作這一個方面；在啟動之初，這個計畫在鼓勵管理者連結其個人的努力與整個公司的財富方面做出極大的貢獻。事實上，紅利計畫幾乎扮演

了與我們的協作系統（保證分權管理組織的有效工作）同樣重要的角色。

亨特在給我的一封信中這麼說：

分權管理為我們提供了機遇；紅利計畫提供了激勵，兩者結合保證了公司的高層管理者能夠形成一個協作、建設性的團隊，同時不需要犧牲個人的理想和主動性。

在我們將紅利計畫推廣到整個公司之前，**要整合各個分權管理事業部的主要障礙之一，就是核心管理者缺乏以整個公司利益的角度思考的動機。**

與紅利計畫相反，絕大部分管理者得到的鼓勵是要求他們主要考慮自己所在部門的利益。在1918年以前的激勵制度下，一小部分事業部經理透過契約能夠得到他們所在事業部的部分利潤，而與公司整體的經營效益無關。這一制度不可避免地誇大了每個部門自身的利益，而損害了公司整體的利益；部門經理甚至可以為了自己部門利益的最大化，做出與整個公司利益背道而馳的決定。

紅利計畫用公司利潤的概念取代了部門利潤，而後者只是公司淨收入的一部分。這個變動恰當地將紅利獎金分配給那些「用自己的發明、能力、勤奮、忠誠，或是特殊的工作為（通用汽車的）成功做出了特殊貢獻」的員工。

最初，總紅利比例被限制在稅後淨盈餘扣除6％利潤之後剩下的10％。1918年超過2000名員工獲得了公司的紅利，而1919和1920年獲得紅利的員工數超過了6000人。1921年，經濟衰退和財產清算使公司利潤顯著下降，當年沒有發放任何紅利。

紅利計畫的第一次重大修訂在1922年。這一年我們繼續發放紅利獎勵，不過在發放紅利前的最小資本報酬率（return on capital）從6％上升到了7％，這個比率一直維持到了1947年，那年最小資本報酬率低到了5％，而稅後淨盈餘中超過最小報酬部分可用於紅利的比率增加

到了 12%，1962 年，最小資本報酬率又恢復到了 6%。

1922 年的修訂還將員工職責級別與他獲得紅利的資格連結。由於對員工職責級別最簡單的衡量就是他的收入，因此獎勵資格就設立在這個基礎之上：1922 年之後的很多年，符合獲得紅利資格的員工最小年收入必須在 5000 美元以上。這個變動帶來的後果，就是 1922 年我們總共只發放了 550 份紅利獎勵。

● **經理證券公司**

另一個重要的變化發生在 1923 年 11 月，這一年通用成立了經理證券公司（Managers Securities Company）。

成立經理證券公司主要目的，是為公司的高層管理者們提供一個增加他們在通用汽車所有者權益的機會，我們認為這將會帶來進一步的激勵。杜邦公司提供了一部分股份，讓那些被選中參加這個計畫的管理者以當時的市場價格購買。通過參加經理證券計畫，這些管理者最開始用現金的形式部分支付了股票的價格，並且同意在日後的很長時間內藉由追加補償來支付剩餘部分。

這其實意味著，如果公司的業務經營很成功，那麼這些重要管理者就可以成為重要的股份持有者。受益於這個計畫的人們必須感謝皮埃爾‧杜邦和約翰‧拉斯科博，正是他們協商決定將通用汽車的部分股份用於這個計畫；他們還需要感謝唐納森‧布朗，正是他制訂了一個非常高效的計畫才使得這個想法有機會成為現實。以下就是布朗所制訂計畫的核心部分內容。

經理證券公司由 3380 萬美元的法定股本組織而成，其中包括以下幾部分：2880 萬美元是股息為 7%的累積無投票權可轉換優先股；400 萬美元是每股面值 100 美元的 A 級股；100 萬美元是每股面值 25 美元的 B 級股。

經理證券公司組建時購買了通用汽車證券公司一部分的股份，這部分股份相當於 225 萬股通用汽車普通股。通用汽車證券公司是一家控

股公司，它控制著杜邦公司在通用汽車中的股份；經理證券公司完成這筆股份收購意味著它持有了通用汽車證券公司中 30％的股份。

杜邦公司之所以願意在市場上出售它所擁有通用汽車股份的 30％，有雙重目的。首先，杜邦堅信這一舉動將會因此建立起通用汽車經理管理層與杜邦公司之間的合作關係。杜邦相信，這種對通用汽車管理層的激勵機制將會反映到股份紅利的提升上，進而提升杜邦公司所擁有的通用汽車股票的價值，從而最終實現對杜邦公司的補償。其次，杜邦所出售的這部分股份，實際上是最初因杜蘭特財務狀況不善而被迫追加投資的結果。這些情況致使皮埃爾・杜邦要求布朗提出一種能夠實現杜邦目標的方案。

經理證券公司以每股 15 美元的價格向通用汽車證券公司購買了 225 萬股的股份，總金額為 3375 萬美元。這宗股份購買分成兩部分，其中 2880 萬美元由股息為 7％的可轉換優先股支付，剩餘的 495 萬美元用現金支付。

而經理證券公司募集這部分現金的方式，是將其擁有的全部 A 級股和 B 級股出售給通用汽車公司，合計為 500 萬美元。通用汽車承諾每年向經理證券公司支付相當於其扣除不高於 7％的資本收益後的稅後淨盈餘的 5％，該項支付相當於每年總紅利金額的一半。這項協議持續了 8 年，始於 1923 年，終止於 1930 年。

通用汽車進一步同意，如果按照上述協議向經理證券公司每年的支付金額少於 200 萬美元，那麼通用汽車將藉由向經理證券公司提供無擔保貸款的形式補齊差額，貸款利率為 6％（通用汽車根據這一條款於 1923 和 1924 年履行了支付義務）。

通用汽車又將 A 級股和 B 級股轉賣給了約占其高級管理層 80％的管理者，具體的分配方式主要依據我向一個由通用汽車董事會委任的特別委員會提出的建議，員工的支付價格是 A 級股每股 100 美元，B 級股

每股 25 美元，與通用汽車支付給經理證券公司的價格相同。

大致上，管理者分配得到的股份數依賴於他在公司內的職位。我私下拜訪了每個可能符合該計畫要求的管理人員，與他商談他目前的狀況，詢問他是否願意參加這個計畫，以及他能否為他分配到的股份支付足夠的現金。

我試圖概略地將每個管理者的投資限制在低於他的年薪。經理證券公司的股份並不是一下子就全部分配出去，有一部分股份被預留下來用於未來的分配：首先，公司需要為將來可能出現的合格管理者預留一部分；其次，隨著職位的提升，可分配的股份也會增多，公司也需要對此做好準備。

通用汽車保留了一個特權，那就是在任何管理者退休或是他在公司中的職位和業績發生變化時，公司保留可以回購屬於該管理者的全部或部分股份的權力。同時為了在即時的基礎上保持經理證券公司的作用，我們需要一份年度總結來評價經理證券計畫中每一位管理者在 1 年中的表現，並以此為根據，確定是否這位管理人員的表現與其他管理人員相比已經不符合計畫的要求了——這其中還包括了那些目前不在計畫內的人員。

當差異非常顯著時，我可以建議使用那些還未動用的經理證券公司股份進行附加分配，或是從未流入經理證券公司的那一半紅利中拿出錢來進行獎勵。

以下就是這項計畫運作的過程：

通用汽車公司每年向經理證券公司支付的金額，也就是通用汽車扣除不高於 7% 的資本收益後的稅後淨盈餘的 5%，都歸入 A 級股盈餘。經理證券公司（透過通用汽車證券公司）擁有的那部分通用汽車股份所獲得的紅利，與經理證券公司其他總收入一起歸於 B 級股的盈餘。經理證券公司超出股息為 7% 的優先股的分紅則由 B 級股盈餘支付。

經理證券公司每年必須收回一部分股息為 7%的優先股，其金額相當於經理證券除去稅收和費用開支、扣除在優先股上支付的盈餘金額之後的全部收入。在支付了這股息為 7%可轉換優先股的分紅之後，經理證券公司還可以支付其 A 級股和 B 級股股票的紅利——但是不可以超過每年繳費資本（500 萬美元）的 7%，以及在此基礎上獲得的盈餘。

由於在 1923 年之後的一個階段中，通用汽車獲得了極大的成功，經理證券公司計畫所獲得的成功遠遠超過了最樂觀的預期。正如我已經指出的，這是通用汽車取得非凡成就的一個階段。

值得注意的是，整個汽車市場在這一階段並沒有顯示出很大的增長。事實上，1923 至 1928 年，汽車市場一直維持在每年 400 萬輛汽車和卡車的水準上。

然而通用汽車同期的銷售量增長超過了一倍，而我們的市場占比從 1923 年不到 20%增長到了 1928 年超過 40%，這當然導致收入的飛速成長，而與此同時支付給經理證券公司的金額也提高了，這意味著這個計畫的參與者所獲得的追加補償也同時得到了提高。優先股於 1927 年 4 月完全收回，所以實現了對公司總資產的控制，並且 A 級股和 B 級股的盈餘也不再受到限制。

通用汽車公司收入的增長，不僅為收回經理證券的 7%股息為優先股提供了保障，同時還提高了通用汽車股票的市場價格。而這與通用汽車股票的紅利成長一起，造成了經理證券公司股價的飛速上漲，這種情形導致無法再將經理證券公司的股份分配給那些在計畫開始之後才升遷為高層的管理者。

結果，預期的 8 年時間被減少到 7 年，該計畫終止於 1929 年，而非 1930 年。之所以這樣做，主要是為了推動通用汽車管理公司的組建——這個公司就是為了在下一個年中，繼續推行經理證券公司的主要理念，即拓寬參與該專案的管理者範圍，並使之能與公司業務的成長相匹配。

我已經指出，經理證券公司計畫的成功遠遠超出了最樂觀的預期，

最好的佐證就是 1923 年 12 月在經理證券公司中所購買 1000 美元 A 級股和 B 級股股票現在的價值。當時這項投資的實際意義是通過部分支付而取得了 450 股通用汽車無面值普通股，而這筆股票在當時市場上價值為每股 15 美元；同時管理者同意以自己未來的紅利來支付剩餘的應付款項。

隨後的 7 年中，在此項投資上，通用汽車按照合約規定向經理證券公司支付股份總額達到 9800 美元，這個數字代表了該管理者在這一階段中應該獲得的紅利，這筆資金構成了對公司的附加投資，這筆投資從最初的 1000 美元增加到了 1 萬 800 美元。

1923 至 1930 年期間，這 450 股普通股通過交易、股息，以及經理證券公司的額外購買，已經增長到了 902 股。當通用汽車於 1930 年 4 月 15 日完成了向經理證券的最後一次合約支付之後，最終的總投資就表現為 902 股通用汽車公司面值 10 美元的普通股的權益。

換句話說，這段期間由最初 1000 美元的投資和後來 9800 美元的股利補償，所構成的可兌現股組成的 1 萬 800 美元，最終購買了 902 股通用汽車 10 美元面值普通股。由於通用汽車普通股在計畫期間市場價格的增長，這 902 股股票擁有了每股 52.375 美元的價值；也就是，總市場價值達到了 4 萬 7232 美元。同時考慮到 1927 和 1928 年兌現的價值 2050 美元的部分投資，和這一階段內總共 1 萬 1936 美元的股票紅利收入，由這總計 1 萬 800 美元的投資所得到的最終價值是 6 萬 1218 美元。

經理證券公司計畫對通用汽車公司及其股東報酬的慷慨程度，不亞於對參與計畫的管理者的報酬。通用汽車 1923 至 1928 年的成功充分證明了這一點，並且我本人深信，這一成功應該部分歸功於經理證券公司塑造了一個個人利益與公司整體成功息息相關的高階管理團隊。經理證券公司毫無疑問是一項偉大的個人經濟激勵。然而正如杜邦公司的小沃爾特・卡彭特 (Walter Carpenter Jr.) 在寫給我的信中說

的那樣，這項計畫同時還從整體上為公司提供了支援，並且有助於在公司內達成更好的合作。卡彭特說：

經理證券公司的重要性，在於其在很多人的思想中建立起了一種非常重要並且持續的要求，就是要獲得整體的成功，這與他們先前狹隘而分散的利益有所不同……

你知道，或許任何人都知道，這種所謂的金融機制是這樣設計的：公司整體收入帶來的收益將以金字塔的方式進行分配，從而為個人對結果的貢獻產生巨大的槓桿作用。現在來看這非常陳舊，並且我們現在接受這種方式或多或少都是因為覺得它有些理所當然。

我們必須認識在那種形式下、在那個時候，它還是相當新的手段，並且在提高個人動力、堅定個人決心上做出了巨大的貢獻……（從而保證）公司在整體上獲得成功，而這當然有助於促進合作、相互關係和互相依賴的發展，並在公司後來的成功中扮演了非常重要的角色。

每年年終，我都要召開一個經理證券公司的股東大會，參與者是所有此項計畫中的管理者，藉由這次會議來總結回顧過去 1 年該計畫的成效。這給我一個強調管理者股東利益與通用汽車股東利益之間相互關係的機會。對於這些延續全天的會議，唐納森・布朗曾回憶：「會議上提出了很多全面綜合的報告以展示大家對共同利益的貢獻，包括對資本支出、存貨和應收帳款的有效控制，製造、銷售和分配過程中的效率，以及產品對消費者們的吸引力。」

● 通用汽車管理公司

通用管理公司（General Motors Management Corporation）的概念與經理證券公司相似，但是在某些方面所採用的技術有些不同。管理公司的建立，也是為了讓我們的管理者增加他們通用汽車所有者權益的機會，並且提供更多的激勵。在經理證券公司中，這一目標是通過以下手段來完成的：留出一部分通用汽車的普通股股份給計畫的參與者，他們最初僅支付了部分的現金，剩餘部分則是在以後由補充補償

來獲得這些股份。

當然，為了實行新計畫，還需要再提供一部分通用汽車的股份。由於預期到了這個需要，通用汽車公司已經在1930年前3年多的時間，就積累了137.5萬股的通用汽車普通股，這些股份以每股40美元的市場價格出售給了管理公司，其價值約為5500萬美元。管理公司為了這項收購，總共出售了價值500萬美元的公司普通股並且發行了5000萬美元7年期、利率為6%的分期償還債券（Serial Bonds）。這兩項計畫都得到了通用汽車公司的支持。通用汽車反過來也以現金的形式向大約250名管理者出售了管理公司的普通股，這個人數要比先前參加經理證券公司計畫人數高出三倍多。

管理公司早期正好處於經濟大蕭條時期，這樣的經濟形勢對所有的商業計畫都產生了負面影響。但是與此同時，正如我所指出的那樣，通用汽車仍然維持了在整個汽車市場上所占的占比。汽車產業銷售額隨著整體經濟狀況的下降而下降，所以我們的銷量也在相應地下降。

在這樣的形勢下，通用汽車的表現最值得稱道的是，即使在大蕭條最糟糕的年份，公司的營運仍然能夠帶來利潤——儘管在稅後盈利下降到低於所用資金的7%，或是沒有紅利累積的情況下。再加上因低盈餘，管理公司無法回收債款及支付借款利息，更不用說通用汽車公司股價嚴重下跌，一度還曾暴跌至每股8美元（以現今股價換算的話，一又三分之二美元普通股面額，約等同於每股約1美元左右）。在這般低迷的環境中，導致管理公司持有的通用汽車公司普通股的市值，遠低於對通用汽車公司的未償還附擔保債務。

通用汽車公司受到這些發展窘迫而且經營管理者的士氣影響的傷害，作為管理公司的股東，對企業債務負責的範圍，應擴大至對經營管理者每年支付累積紅利及其最初資本投資額。因此，我迫切要求通用汽車公司財務委員會做一些調整，讓經營管理者不會眼見他們全部的紅

利逐年被管理公司的損失所吞沒。

在迫切驅使財務委員會採取行動當中，我同時關注通用股東和經營管理者的福利，這之間關係密切不可分。而令我覺得殘酷的是，通用最有興趣再建經營管理者的士氣，而財務委員會首先不願提供任何援助，因為他們覺得通用的股價會恢復。然而在諸多考量後，於 1934 年採納了原始計畫的修正版。

經深思熟慮後的修正版，在管理公司的資本結構上做了調整，同時也調整了對於附擔保債務的逾期利息。然而最明顯的改變是當計畫終結時，對通用汽車的負債部分，管理公司將現有全數通用汽車的普通股以每股 40 美元，能足夠釋出至特別準備金帳戶，或者依選擇權讓管理公司釋出一半的股份（同樣以每股 40 美元）至特別準備金帳戶，而同時以現金的形式支付另一半的債務。這對債務的處理，提供了更有彈性的準則。

結果證明，財務委員會初始的判斷是正確的。到 1937 年 3 月 15 日計畫終止，通用汽車公司股價恢復到每股 65.375 美元。利用管理公司所持有的部分通用汽車公司每股 40 美元的普通股去支付債務，身為管理公司股東的經營管理者放棄 500 萬美元利潤，讓這利潤流向通用汽車公司。

雖然管理公司沒有證明如同經理證券公司一樣成功，但已達成通用汽車及其經營管理者自營運績效中獲得增加股份所有權的目標。讓我們再次以 1930 年對管理公司股份每 1000 美元的投資所得到的報酬為例來說明問題。

實際上，每 1000 美元代表對 275 股面值 10 美元的通用汽車普通股的部分支付，而當時的市場價格是每股 40 美元，同時管理者同意以其未來的紅利收入來支付剩餘部分股價。在接下來的 7 年，通用汽車在這樣一項投資中向管理公司協定支付的可用股份總額是 4988 美元。而

這些再次代表了管理者在此階段內應該獲得的紅利金額，並且有效組成了管理者對公司的附加投資，使最初投資的每 1000 美元增值到了 5988 美元。

1937 年 3 月 15 日，也就是這個計畫終止的時候，最終的總投資代表了對 179 股票面價值 10 美元（當時，每股市場價格為 40 美元）的通用汽車普通股的權益。由通用汽車普通股所帶來的收益減少的原因，正在於管理公司在市場上拋售的 18 萬 7300 股的股份，以及用來減少其對通用汽車債務的 29 萬 3098 股通用汽車普通股。在整個計畫期間，通用汽車普通股的市場價格從每股 40 美元上漲到了 65.375 美元，因此 179 股通用汽車的股份在 1937 年 3 月 15 日的市場價值是 1 萬 1702 美元。同時考慮到在此期間獲得的 893 美元的股息，5988 美元投資的最終價值是 1 萬 2595 美元。

● **基本紅利計畫**

隨著通用汽車不斷地的成長茁壯，參與通用汽車紅利計畫的人也越來越多。在這 40 多年間，獲得紅利獎勵的員工人數成長了大約二十五倍——從 1922 年的 550 人，到 1962 年增加到約 1 萬 4000 人。1962 年，所有領取月薪的職員中大約有 9% 獲得了紅利獎勵，而 1922 年，這個數字僅僅是 5%。

在 1920 年代中晚期，在沒有對資格認定的規則做出任何基本修改的情況下，紅利計畫的涵蓋範圍仍然得到了相當的拓展，其原因完全是因為公司管理組織的極大膨脹。到 1929 年，大約有 3000 名月薪職員獲得了紅利獎勵——7 年間增長了五倍。

自 1920 年代以來，紅利計畫涵蓋範圍的成長可以分為幾個重要的階段。1936 年，公司為年收入在 2400 到 4200 美元之間的員工留出了一部分紅利，從而使激勵計畫的涵蓋範圍得到了很大擴張。在經濟大蕭條的 1931 年，與減薪相應，有資格獲得紅利的最低收入由每年 5000

美元降到 4200 美元，從而使之與薪水的降低相適應。1936 年，有資格獲得紅利的最低收入降到了 2400 美元，這使 1936 年享受到紅利計畫的人數比 1935 年成長了四倍，從 2312 人增加到 9483 人。

1938 年是一個例外，這一年由於營業收入低以及由此引起的紅利基金相對減少，獲得獎勵的人數波動在 1 萬人左右的水平，這種現象一直持續到 1942 年。在之後的 1 年中，最低收入恢復到了 4200 美元，於是獲得紅利獎勵的人數又降到了每年 4000 人左右。

在戰後最初的幾年，紅利薪資委員會一直將受益人數控制在大概相同的水準，當通貨膨脹引起普遍薪水水準升高時，他們也隨之提高了最低薪資要求。然而在 1950 年，紅利薪資委員會透過將有資格獲得紅利的最低收入從 7800 美元降到 6000 美元，而再一次擴大了紅利計畫的涵蓋範圍——受益人數從 1949 年的 4201 名增加到了 1950 年的 1 萬 352 名。

「委員會將 1950 年的紅利最低薪水標準降到每月 500 美元這一行為」，正如年報所闡述的那樣，「認可了這樣一個事實，即在這種分類方法中有很多員工都為公司的成功經營做出了重要的貢獻。我們希望，如果紅利分配能夠擁有更加廣泛的基礎，那麼勢必對通用汽車整個組織都會有一個很好的刺激和激勵作用。

時間已經完全證明了這個判斷。儘管為了與整體薪水的成長保持步調一致，有資格獲得紅利的最低收入一直在穩定增加，但是獲得紅利獎勵的員工數量也一直在穩定攀升，目前每年大約有 1 萬 4000 名員工能夠得到這一獎勵。

總體來說，該計畫的具體運作方式就是在比較長的一段時間內，每年發放一部分紅利獎勵。舉個例子，自 1947 年以來，數目達到 5000 美元的獎勵是以每年 1000 美元的方式分期支付，與此同時，更高的獎勵也是分成五等份來按年發放的。這一計畫同時包括了以下條款，即

公司員工如果在特定的一些情況下離職，那麼他將失去領取剩餘未支付部分紅利獎勵的權利。這一分配方式的基礎證實紅利計畫的目的之一是要為管理者提供一種激勵，讓他們留在通用汽車公司工作。

我們的**激勵計畫最基本的目的之一，是為了要使我們的管理者成為公司的合夥人**。這一理念的一部分指的就是紅利獎勵應該以通用汽車股份的形式給予。

為了滿足每年紅利計畫的需要，我們月復一月在市場上收購普通股。最初，整個紅利獎勵都是以股份形式支付，然而隨著個人所得稅不斷提高，對於紅利薪資委員會而言，非常明顯的是如果受益者不得不出售股份中的一大部分來支付相關的個人所得稅，那麼將所有的獎勵以股份形式交付是沒有意義的。

因此在 1943 年，公司採取了一個新政策，即將紅利獎勵的一部分變成現金，另一部分則仍然以股份形式存在。1950 年之後，普遍原則是紅利獎勵中現金支付的部分應該恰好能夠讓受益者用來支付全部紅利所需的稅款，從而能夠留下他得到的紅利獎勵中的股份部分。那些並非在受益者獲得獎勵之時就支付給他的股份，由公司以庫存股份的形式予以保留，直到所有的紅利部分都發放完畢。在紅利支付期間，管理者可以得到與股息數量相等的現金，而在所有紅利股份都分期發放完畢之後，他們將根據所持有股份領取股息。

儘管受到了高額個人所得稅的影響，公司的執行管理層所擁有的股份數量還是相當龐大的。1963 年 3 月 21 日，大約 350 名公司的頂層管理者所持有的股份總額，加上他們尚未獲得應付紅利獎勵和條件帳戶中的股份，以及通過儲蓄股份收購計畫持有的股份，總計超過 180 萬股。如果你假設每股的市場價值是 75 美元，這符合最近的交易情況，那麼結果是公司中高層管理者大部分一生都投身於此所進行的資本投資，目前已經超過了 1.35 億美元。

我想我可以這麼說，這是一項非常巨大的財富。

● **員工優先認股權計畫**

高額個人所得稅曾一度降低了公司分紅的比例，從而降低了通用汽車主要管理人員投資公司股票的能力。

由於紅利計畫的主要目的之一，就是建設並維護一個所有管理者的團隊；因此，股東們又於 1957 年通過一項員工優先認股權計畫（the stock-option plan），以作為對主要員工紅利計畫的補充。**該項計畫於 1958 至 1962 年間授予員工們有購買公司股票的優先認股權，通用汽車的股東們認為這種方式將會創造機會，使更多員工能夠擁有公司的股票。此與紅利計畫相結合之後所產生的激勵效果遠大於紅利計畫本身的效果**。1962 年，股東們又同意在不修改計畫條款的情況下將有效期延長到 1967 年。

員工優先認股權計畫的基礎，是 1950 年《收入法》中的受限員工優先認股權計畫條款。紅利薪資委員會繼續履行確定個人紅利的職責，它還負責確定哪些人具備享受員工優先認股權計畫的資格。但總的來說，對於能夠享受員工優先認股權計畫的管理人員而言，如果他願意接受員工優先認股權，則其收到的紅利數額只有他所應得總額的 75%。儘管紅利都是現金發放，但付款方式都是採用常用的分期付款方式。

與此同時，這些人會以通用汽車普通股條件帳戶的形式獲得一些紅利，數額是他所接受的現金紅利的 25%。**現金紅利和條件帳戶的總和正是他所應得到的紅利**。對於這些管理人員，他們還擁有股票期權，他們可認購的期權股票數量是他們條件帳戶中股票數量的三倍；他們的認購價格就是在得到股票期權資格時的合理市價。

員工優先認股權計畫從 1958 年一直持續到 1967 年，涉及總計 400 萬股普通股。但是 10 年間沒有一個高階管理人員可以擁有超過 7 萬 5000 股的股票期權。

對於那些得到員工優先認股權資格的人，只有繼續在公司工作18個月，才可以實際享受到員工優先認股權，否則該資格就會作廢。對於已經售出的股票期權，除非該高級管理人員離開公司，否則他可以在10年內隨時啓用該權力。如果某位管理人員使用了他的股票期權，那麼他就失去了對條件帳戶的權力；但是，當期權過期之後，條件帳戶中的所有股票都將在5年內分給該管理人員。只要該管理人員最終獲得了該條件帳戶的權力，他就會得到現金報酬，其數額為相應帳戶中股票的分紅。

員工優先認股權計畫帶給管理人員的一大好處就是，根據當前的稅收法律，無論他在這10年間使用了優先認股權，還是他根據這一計畫持股超過6個月，當他賣掉這些股票的時候，他只需繳納長期資本收益稅就可以了。

員工優先認股權計畫，並沒有給通用汽車紅利計畫的管理原則甚至管理方法帶來任何的改變，它只是幫助我們更為有效地落實激勵和經營者所有權這兩個概念罷了。

● 紅利計畫的管理

通用汽車激勵計畫的核心就是確定為每個符合條件的員工提供多少獎勵的流程。

紅利薪資委員會擁有掌管分紅的全部權力，該委員會由那些不適於參與分紅的董事組成，這個委員會自己就可以確定給兼任管理職責的董事會成員的分紅。除了這些人的分紅之外，這個委員會還審查、批准或否決由董事會主席和公司總裁聯合提出的分紅方案；與兼帶協調控制的分權管理體制相一致，分紅方案的建議權下放到了事業部和職能部門這一層級。

分紅流程的第一步，就是由獨立會計師每年提出公司可從盈利中分紅的最大限額：現在的數字是年度稅後淨盈餘的12%，並扣除了6%

的資本淨值。委員會首先必須決定是否將這筆款項全部轉入紅利儲備金，如果是部分轉入紅利儲備金，還要決定將其中的多大比例用於紅利儲備金。例如，從 1947 至 1962 年這 16 年間，有 5 年委員會批准轉入紅利儲備金的金額要低於獨立會計師給出的分紅上限，累計起來比分紅上限少 1.31 億美元，其中 1962 年當年轉入的紅利儲備金就要比可分紅上限低 3800 萬美元。

而且，實際分紅金額也可能會少於當年轉入的紅利儲備金。因此，戰後頭 3 年裡，大約有 1900 萬美元的紅利儲備金沒有發放，而是繼續結轉以後之用。但是，1957 年公司紅利薪資委員會決定，截至 1956 年底累積下來約 2000 萬美元的紅利儲備金餘額，都將全部返還給公司，這筆款項並沒有包括在用於分紅的公司淨盈餘之中。

在決定了要將多大的比例轉入紅利儲備金，以及將多大的比例用於實際分紅之後，委員會必須決定個人的分紅情況。這一個過程又可以分為幾個步驟。委員會每年在接收到董事會主席和公司總裁的推薦之後，就要決定可參與分紅人員的最低工資標準；這一計畫也允許以個案的形式讓一些工資低於最低標準的員工參與分紅，從而鼓勵各個層級的優秀員工。

在紅利分配上，出於管理的目的，我們將員工分成了以下幾類：

A. 擔任公司營運管理人員的董事；

B. 各營運事業部的總經理以及各職能部門的負責人；（上述兩類涵蓋了公司的高階管理人員）

C. 工資與委員會設定的參與分紅工資下限相等的其他員工。

在考慮如何對這幾類人分配紅利時，委員會會考慮可以作為紅利發放的資金數量，考慮它與總工資的關係，以及當年的業績。

委員會所考慮的第一步，就是針對那些適於參與分紅、擔任公司營運管理人員的董事做出預分配方案。

委員會的每個成員都會評估董事們的業績，並分別確定每個人的紅

利。委員會還會非正式地向總裁和董事會主席諮詢被評估董事的業績——當然，當對總裁和董事會主席進行評估時，就不這樣做了。該步驟完成之後，作為一個整體，這一類人分得的紅利占公司總分紅的比例就可以確定下來了。

第二個步驟就是確定第二類人的分紅方案，即各營運事業部的總經理以及各職能部門的負責人的分紅方案。

委員會首先考慮第二類人的總分紅預案與可分紅總金額之間的關係。在確定了這一比例之後，公司總裁和董事會主席就開始就每個人推薦他們應得紅利數額，並將他們的意見彙報至委員會，等候批准或修訂。

在完成了前兩類人的分紅預案之後，董事會主席和公司總裁就可以瞭解到其餘員工所能分紅的總額。然後，董事會主席與公司總裁就和他們的主要助手一起就分紅方案的分解細節提出建議。

作為公司盈利的源泉，各營運事業部成為委員會的第一輪考慮對象，在諮詢了董事會主席和總裁之後，委員會確立了紅利分配的總體基礎。在確定分配給營運事業部的紅利數額時，主要的考慮因素有：符合條件員工的總工資、相對的資本報酬率（return on invested capital）、對事業部總體績效的綜合考評，並且還考慮了那些需要特殊處理的特殊因素。

在委員會批准了董事會主席和總裁所建議的事業部紅利分配方案之後，營運事業部的總經理們就可以瞭解到分配給他們事業部的紅利總額。然後，由他們根據自己的判斷，對事業部符合條件員工的分配方案提出建議。對於那些從事非營利活動的職能部門，他們分配方案的制訂依據，就是他們的工資以及他們的表現。

不同的部門和事業部之間，並沒有一個通用的、用以確定個人分紅提案的公式，每個組織都有自己的方式。但是，每個人所得到的紅利都是在仔細分析了他這一年對公司的貢獻之後才謹慎確定的。通常，任

何一個員工的分紅提案都源於他直接上級的建議。上級對他的褒揚將得到層層審查，一直到交到事業部總經理或人力資源部門負責人的手中。該事業部總經理或職能部門負責人審查轄內的所有分紅提案，並將結果交給領導他的團隊執行主管；團隊執行主管再次審核這些提案，然後將之提交董事會主席和公司總裁；董事會主席、公司總裁和執行副總裁再次評估這些提案，然後將他們提交給紅利薪資委員會，等待他們做出最後的決定。

各個部門按部就班地執行這一紅利提案審查流程，盡可能降低其中可能存在的不公正性。當然，紅利薪資委員會不可能詳細瞭解所有領取紅利的這1萬4000人的具體情況，但是委員會擁有這些人的針對性統計資料，這些資料有助於委員會評估紅利分配方案。

而且，委員會需要評估大約750個主要執行人員的個人紅利分配提案，並對處於不同事業部以及集團總部中相近職位的紅利相比較。委員會仔細審查每一個執行人員的業績，以保證他們成就上的差異在紅利上得到體現，並儘量提供最公正的紅利分配方案。從分析公司管理層優劣勢的角度來看，這種方式所帶來的一個副產品就是這種對每個執行人員進步與發展的詳細評估非常有價值。這在預先規劃、準備不可避免的組織變動時特別有用。

● **紅利計畫對通用汽車的價值**

紅利計畫真的值得花費那麼多時間和精力去管理嗎？為它所花費的相關付出到底值不值？對此，我深信不疑。我確信，紅利計畫並沒有花費股東們的一毛錢，相反地，多年來還大幅提高了他們的收益。**我認為，紅利計畫一直是，並且將來也會是，通用汽車有限公司取得非凡成功的主要原因之一。**

當少數幾個人用自己的積蓄投資並經營一家新興的小企業時，對他們而言，很顯然地他們的利益已經與企業的利益密不可分了。但是，隨著企業不斷地成長，參與管理的人數會越來越多，這種利益關係就

變得越來越淡。因此，就需要定期闡述並強調這一關係，紅利計畫滿足了這一要求。

紅利計畫給公司不同層級的人提供不同的激勵。它激勵著那些未能享受到紅利計畫的人不斷進步以爭取早日達到參與分紅的條件。我們的一位高階管理人員曾在一封信中這樣和我說：「我現在還清楚地記得第一次得到紅利時的那種興奮與激動，那是一種鼓勵著我們的團隊，並使我下定決心繼續在公司奮鬥的感覺。」對於通用汽車中的大多數人而言，紅利獎金或許是他們今天巨大財富的主要成分。

由於紅利每年頒發一次，因此只要這個人還在公司任職，紅利就會對他產生激勵作用。事實上，隨著這個人在公司不斷升遷，紅利對他的激勵作用也日益增強，因為紅利通常與工資相關：工資越高，紅利也越高。換句話說，隨著這個人的升遷，他所獲得的紅利也在呈等比級數而不是等差級數增加。因此，他所面臨的巨大激勵不僅驅動他將手中的工作盡可能做好，而且還促使他以傑出的表現完成手中的工作，從而贏得升遷的機會。

但是，我們所提供的激勵和獎勵並不僅僅是金錢方面。我從上面提到的那封信中再引述一段話：

我確信公司從紅利計畫的管理中還得到其他好處，這就是無形的激勵，一種與金錢獎勵不同的激勵形式。紅利計畫對自我滿足感的潛在獎勵在公司內部形成了一股巨大的推動力。

每項物質獎勵，其背後所代表的意義並不僅僅是表面上的現金和普通股所代表的價值。對於得到獎勵的個人而言，這還代表著他對業務的貢獻，其成功得到了公司的認可。這是一種在金錢補償之外的認可。

由受獎人的上級主管向他遞交紅利獎勵通知信，這一舉措本身就強化了這種精神激勵的效果，這種方式提供了評估和討論受獎人業績的機會。

紅利計畫的一個重要作用，就是它讓每個參與者都敏銳地意識到他們

與工作以及上級之間的關係，他們有責任關注自己和整個公司的發展；他們會因為上級正確評價了自身的價值而感到滿足，與此同時，這也激勵他們每年都回顧自己的工作情況。

直線式的工資體系無法創造並維護這種氣氛，在自動分紅或自動利潤分享的工資體系中也無法實現這一點（在兩種工資體系下，員工只有在加薪成功或失敗之後才能意識到有人對他的業績做出了評價）。一般的工資體系更難以體現出懲罰的作用，因為工資通常都是只升不降的。但是，在通用汽車的紅利計畫下，即使紅利總額在成長，具體個人所得的紅利仍然有可能下降，這就形成了一種嚴重的懲罰——對於個人而言，他會對此有所警覺。公司每年分紅的總額會在公司的年報中披露出來。

和一般的工資制度相比，紅利計畫還提供了更好的彈性。一般情況通常很難因一個人的傑出業績而大幅提高他的工資，因為這種做法將擾亂整個工資體系，而且提高員工的工資會為公司帶來束縛，但是紅利計畫就可以根據公司的形勢以及員工的業績來靈活處理。因此，引入紅利計畫之後，就可以在對有傑出貢獻的員工進行重大獎勵的同時，仍然維持原有工資體系的穩定。

還有，紅利計畫有助於公司慰留高階執行人員。前文已經提到，紅利是以分5年期的付款方式支付，自願離職的員工將損失他還未領出的紅利——在某些情況下，其數額可能非常可觀。這種威懾以及紅利計畫的激勵，使通用汽車挽留住了很多希望挽留的高階執行人員，尤其是高層管理人員。

當然，上述分析並不足以「證明」通用汽車紅利計畫的成功，因為我們只能依靠想像去猜測沒有引入這項計畫所引發的後果。我多年的朋友和助手小沃爾特·卡彭特（Walter Carpenter Jr.），曾應我之邀寫下了他自己對這一計畫有效性的評價。

他這樣寫道：

如果您所指的紅利計畫的「有效性」是指需要從數學意義上對它做出證明，那麼一開始我就得告訴您，我恐怕幫不上什麼忙。之所以這樣說，是因為我們多年來曾多次考慮過這個問題。尤其是在當我們企圖修改紅利計畫以確定，甚至是粗略確定，應該拿出多大的比例用於分紅時，我們更是對這一問題進行了詳盡的考慮。因此，每年每當我們準備將一定比例的利潤（當然，這一比例不會超過紅利計畫中確定的上限）用於分紅時，我們都會仔細考慮這個問題。

現在，我不得不得出這樣一條結論：即這個比例只能根據我們多年來對紅利計畫實施效果的觀察經驗去確定。這更堅定了我們對紅利計畫宗旨背後的基本哲理的信心。

我認為，有一、兩個事實可以幫助我們驗證我們的感覺，即儘管無法精確測量，但紅利計畫確實是一種有效的工具。

我想指出的第一個事實就是杜邦公司和通用汽車有限公司這兩家紅利計畫的宣導者多年來一直非常成功。當然，持異議者也可以說影響成功的因素有很多，但是無疑紅利計畫確實是其中之一。無論如何，這兩家公司卓越的成功都令人印象深刻⋯⋯

因此，艾弗雷德，可能我們無法將紅利計畫的作用分離出來，也無法從數學上證明紅利計畫的有效性，但是紅利計畫在這兩家偉大企業長年的成功中所扮演的角色，令我們無法不對它的有效性建立信心。它對於建立並維持這種由傑出人才組成的組織的貢獻是有目共睹的，我們對它所基於的原則充滿信心，充滿信任。

延續上面這段話，我想加上我自己的深刻體會，那就是如果廢棄或大幅度修改這一成功運行了 45 年的紅利計畫，必將徹底摧毀公司的精神和管理組織。

第二十三章 管理，它如何起作用

> 動機和機遇是成功的兩個重要因素；前者透過在某些方面的激勵性報酬得到很好的應用，後者則是透過分權管理體制。

很難清楚說明為什麼一種管理是成功的，而另一種管理失敗。成功或失敗的原因深刻且複雜，其中，「機遇」起了關鍵的作用。經驗告訴我，對於一個企業的管理者來說，**動機和機遇是其走向成功的兩個非常重要的因素。前者透過在某些方面的激勵性報酬得到很好的應用，後者則是透過分權管理體制。**

但實際上並不是這麼簡單，本書指出好的管理在於集中管理和分權管理的協調，或者說是「基於協調控制的分權管理」。

在這個概念下，各個因素之間的相互衝突在企業運作中發揮了獨特的作用。從分權管理中我們獲得了主動性、責任感、個人能力的提升、忠於事實的決策，以及組織的彈性等素質，這些品質都是一個團體適應新的環境所必須具備的。從協調管理中我們獲得了效率和效益。顯而易見地，協調的分權管理並不容易做到，這裡並沒有一種簡單快速的法則用於排列出各個部門的職責，並把這些職責分配下去。由於決策內容的不同、時代環境的不同、參與的高階執行人員經歷、性格和技巧的不同，公司和事業部之間的平衡也會有所不同。

通用汽車協調分權管理的理念，是隨著我們在管理中不斷地解決現實問題而逐漸被大家接受的。我在前文已經指出，在公司的起步期（大概是 40 年前），對每一部門進行嚴格的管理是很明智的，因為這種管理方式能夠保證企業運作的基本進行。但是 1920 至 1921 年的經驗顯示，如果試圖控制每個部門，則所需的措施就要比我們已有的多得多。因為**一偏離中心組織的充分管理控制，各部門就會失控，不能很好地執行公**

司管理層的政策，造成公司很大的損失。然而，如果沒有各個部門適當的時效性資料，公司管理部門也不可能制訂出好政策。這種穩定的營運資料流程（後來據此建立了相應的流程），為最終實現真正的協調分權管理提供了可能。

接下來，讓我們討論怎麼樣既能給各部門自由的權力，又能夠充分管理控制他們的問題。當然，這個問題不是一下子能討論清楚的隨著環境的改變而改變，並且對於管理組織來說責任是連續的。因此，汽車和其他產品外觀的責任曾一度屬於各個部門，後來發現很有必要將責任收歸外觀部門，以便為我們所有主要產品開發出通用的外觀參數。這一想法的主要依據就是藉由協調外觀設計可以實現經濟規模。

而且，以往的經驗告訴我們，高品質的作品是通過充分利用各種資源、多領域的合作以及專家們的天賦獲得的。設計風格的選擇現在成了事業部、外觀部門以及總部的共同責任。

一旦經驗或環境的變動使我們看到了改進或提高經濟性的機遇，通用汽車的分權管理體制就支持各事業部與總部之間相對職責的調整。在我擔任執行長期間，總部高層對各事業部的控制只保持在適度的監督這一層次上。我相信，雖然變化的環境以及複雜新問題的出現使公司中的協調比我所處的那個年代要密切得多，但是在這一點上應該基本沒有什麼改變。

在通用汽車，我們沒有遵循關於管理層和基層的規範定義。我們僅區分了總部（包括職員）和事業部。總的來說，部門負責人（主要由領域專家擔任）也沒有經營管理權，但是他們可以依據一些政策與事業部就這些政策的實施情況，直接與各事業部溝通。

總部管理層的職責是決定哪些決策由總部制訂會獲得更高的效率，哪些決策由事業部負責能夠獲得更高的效率。為了使這些決策的消息可靠、見解深刻，總部管理層非常需要職能部門的支援。事實上，中央機構的許多重要決定，都是先由相關職能部門組成政策小組提出草案，

再經過討論後才被主管委員會採納。因此，職能部門才是這些政策的真正來源，例如參與製造柴油機關車這一基本決策的主要依據，就是研究部門的產品研發結果。

一些總部職能部門的工作，比如法律部門，在各個事業部中就沒有相對應的部分，其餘的總部職能部門在各事業部的工程設計、製造以及分銷的工作中均有相對應的部分。但是在這些職能部門的工作和事業部的工作之間仍然存在一些重要的區別：與相對應的事業部職能部門相比，總部職能部門更加關注長遠問題及具有廣泛應用意義的問題，相應的事業部職能部門則更加致力於應用這些已有的政策規定和已經編制的流程。然而也有例外，就是某個項目已經批准在事業部進行開發的時候，例如考維爾的開發，這部分內容將在下一章中介紹。

從總部工作中節省下來的成本相當可觀，平均起來幾乎達到了公司淨銷售額的1%。透過總部職員的工作，事業部職員可以獲得較之以往或從外面購買便宜得多的服務，並且這些服務的品質也有所提高。在我看來，後一特徵相當重要。職員們在外觀部門、財務部門、研究部門、先進工程設計部門、人力資源管理部門、法律事務部門及製造和分銷等部門做出了傑出的貢獻，他們的價值是其所耗費成本的數倍。

總部職能部門的工作促成了幾種節約措施，其中最重要的一個就是通過事業部間的合作實現。這些合作是通過總部高層和事業部人員的理念共用和協作實現的。事業部不但將這些理念和技術提供給其他事業部，而且還提供給總部；我們很多的管理和工程技術天才，以及我們的一些總部官員都是從事業部走出來的，比如高功率內燃機和自動傳動系統的開發，就是總部和事業部的協作成果。我們在開發航空發動機和柴油發動機的工作中所取得的進步也得益於此。

在事業部的分權運作過程中，不同事業部經理在不同地方遇到的相似問題就彙集到公司總部，由總部執行人員定奪。伴隨著這些過程，我們就可以對技術和理念進行優選，並促成技巧和判斷的發展。作為

一個整體，通用汽車管理層的素質就是從這些有著統一目標的共用經驗中獲得的，也是從各事業部在目標相同的框架之下所展開的競爭中學到的。

當然，我們的分權管理系統還給我們帶來了一些因專業化分工而產生的節約。**經濟學的公理指出，專業化和勞動分工可以促成成本的降低和貿易的產生**。對通用汽車而言，這就意味著我們內部的供應機構不僅要在產品部件的生產上專業化，還要在價格、品質以及服務上具有充足的競爭力；如果它們不具備的話，需求部門就可以自行從外面購買這些零部件。即使我們已經決定製造而不是購買這些部件，並且已經建立了這些部件的生產設施，這一決定也不是不可動搖的，我們將監督產品生產線。不論在哪裡，我們都會比較公司的內部供應部門和外面的競爭者，以正確判斷我們究竟應該自己製造還是外購該部件。

通常人們會誤認為自己製造的部件比外購的成品便宜，因為經常有人認為自己製造要比外購省掉因支付外部供應商利潤而產生的額外費用。但是事實上，這些供應商的利潤非常正常，非常具有競爭力，你必須根據你自己的投資來確定本來的預期，合理確定自己的計畫，否則自己製造不會降低成本。通用汽車從來不像它的某些競爭對手那樣參與原材料的加工，我們通常會採購大部分原材料並用於最後的總裝，因為我們沒有理由相信自己製造，可以獲得更好的產品和服務，或者是更低的價格。我們產品的銷售成本中，外購零部件、材料和服務的比例總計可達 55 至 60%。

事業部經理在各事業部運作中的作用，對於我們致力於獲得高效率和強適應性的持續努力非常重要。這些經理需要在一些約束之下對事業部所有的營運決策負責。他們的決策必須同公司總部的決策保持一致，事業部的營運結果也必須向總部彙報，同時，事業部管理人員還必須將運作政策中的任何細微更改都及時「推銷」給總部，並且隨時準備接受總部管理層的監督和建議。

向總部管理層推銷重大建議的做法，是通用汽車管理體制的重要特徵之一。任何提案必須推銷給總部，如果該提案會影響到其他相關事業部，那麼還必須同時推銷給這些相關部門。健全完善的管理體制的同時，也需要總部在大多數情況採用推銷的方式去爭取事業部對自己提案的認可，這部分內容主要是通過政策的制訂單位和事業集團執行主管來完成的。**這種從總部到事業部及從事業部到總部的訊息傳遞過程，為通用汽車避免重大決策失誤提供了強有力的保障，這種保障體現了公司管理人員對股東的責任**。它確保了任何基本的決定都經過了全體相關部門的詳細考慮。

我們的分權管理組織以及推銷理念——不是僅僅發布命令而已——的傳統，使各層級管理人員都意識到做好他們所提議的事情的必要性。基於這種方法，那些喜歡憑直覺來判斷和決策的經理們常常會覺得很難將自己的想法推銷給其他人。但是總體來說，取消憑直覺決定所帶來的損失可以透過最後獲得的高於平均水準的成果中得到補償，這些結果是可以從那些資訊充足、經集體評判後獲得的政策中預見。簡單地說，通用汽車公司不是一個單純憑直覺實施政策的組織，而是為有管理、推理能力的人提供良好工作環境的公司。有一些組織機構為了發揮天才職員的最大潛力，就圍繞他們建立組織機構，並且使得該機構的運作適應他們的性情；通用汽車公司在整體上來說不是這樣的。當然，凱特林顯然是個例外。

我們的管理政策都是由主管委員會和各政策相關團隊討論得出的。制訂這些決策不是為了獲得短期的激勵，而是為了解決管理的基本問題而從長遠發展的角度來考慮。將制訂這些決策的權力交給那些既能做出決策又能推行決策的人掌控，這種方式在某種程度上就會引起這兩種角色之間的衝突。一方面，最適宜推行決策的人必須具備寬闊的經營視野，能夠保護股東的利益；另一方面，善於制訂具體決策的人與業務營運保持密切的關係。正如我所指出的那樣，為了化解這兩者

的衝突，通用汽車將制訂企業管理決策的權力分配給了財務委員會和執行委員會。

另一個政策建議的來源就是行政委員會，該部門負責向總裁提出關於公司製造和銷售工作的建議，並將總裁和執行委員會可能用到的、影響公司生意和事務的其他方面內容也提交出來。總裁是該委員會的主席。現在，它的成員包括執行委員會的成員、兩個不屬於執行委員會的事業集團執行主管、汽車和卡車事業部的總經理、費雪車身事業部的總經理和海外營運事業部的總經理。

在這種權力分立的環境下，制訂政策和提出建議主要是總部中與企業營運關係密切的執行人員的責任。當然，他們的工作和各事業部配合得非常緊密，這些事業部的職員也有一些是參與制訂政策的人員。執行委員會將公司看作一個整體，同時他們也非常熟悉公司的營運問題，還具有一些仲裁、裁決功能。它以政策制訂小組和行政委員會的工作為基礎，輔以營運委員會成員對運作狀況的熟悉度，制訂出基本性決策。財務委員會以及它的非雇員成員，在更為寬廣的集團政策領域裡使用它的權力和責任。

我在通用汽車的大部分時光都貢獻給了總部管理層的開發、組織以及這些主管團隊的重組。這是非常必要的，因為在通用汽車這樣的大企業中，制訂正確的決策框架非常重要。若非有意識地去維護它，這個框架就存在著自然腐蝕的趨勢。集體決策並不總是那麼容易的。對於領導層而言，不經過長時間的討論就能將自己的想法傳遞給其他人，並且制訂自己的政策是非常難以實現的事情。

群體的策略不一定總是比個人制訂的策略好，也存在平均水準降低的可能性。但是我認為，至少在通用汽車內部，歷史已經證明了平均水準得到了提高。這意味著，通過對組織的塑造，通用汽車公司適應了自 1920 年來的每 10 年一次發生在汽車市場中的巨大變革。

第二十四章　改革與發展

> 經理人如果對其所面對整個產業市場內容模糊不清，那麼就很難適應該產業的變遷，也不容易制訂正確的解決方案與決策。

從我描述的事件和理念中可以清楚地看出，我們這代人在美國工業發展史中有著獨特的機會。當我們開始創辦一個企業的時候，汽車還是一個新產品，同時，大規模的集團公司也是一種新型的企業組織。我們知道汽車產品具有巨大的潛力，但是我很難說我們之中的任何一個人能在初期就意識到這個產業能夠改變美國甚至世界，並重組整個經濟結構，形成新的工業領域，進而改變人們每天生活的步伐和方式。我們最滿意的地方是曾幫助這個產業向前發展，並在本世紀使得個人的交通方式成為可能。

我個人最滿意的地方就是能夠作為一個供應商和競爭者，從商業的角度參與了這一產業的發展，並曾與很多對這個產業有傑出貢獻的能手們共同工作。他們中有部分人的名字在與一些轎車和公司連結起來之後，代表了一個新的美國傳奇。

對於我來說，由於我的年紀和過去的夥伴，所以很容易就想到了福特、別克、雪佛蘭、奧爾茲、克萊斯勒、奈許、威利斯等人。和參與到這個產業中的成千上萬人一樣，他們並沒有意識到他們那種平凡的營運方式背後所代表的革命性變化。

大多數成功的企業都傾向於擴張。通用汽車顯然是一個成功的企業，因為它的效率和不斷的發展，這樣一個大型企業成為當前這種充滿活力的經濟的標誌，這一點非常自然。

當然，它也有它的缺點。我們來討論一下，如何使這些不正確的地方合理化。通用汽車之所以能夠成為現在這個樣子，是因為它的成員和其

成員在一起工作的方式，還因為公司提供了一個機會和舞臺使得他們的活力能夠有效地發揮。各領域向所有人開放，技術知識可以從共用科技倉庫中獲取，產品生產技術是一本公開書，並且任何人都可以使用與產品相關的設備。市場的範圍是全球性的，除了產品得到客戶的喜愛以外，沒有其他的優勢。

我想指出的是，今天這些**成功的大型企業並不是一直都這麼大的。本書指出，在 20 世紀初，當我們開始進行偉大的冒險的時候，整個汽車工業也正在尋找自己的路。**那段日子早期，我們所從事的產業缺乏今天看來理所當然、應該具有的技術。

我們身上或者是**整個產業之中發生的事情充滿了偶然性。銷售商所銷售的數量不清楚，銷售商存貨數量不清楚，客戶需求的趨勢也不清楚；沒有意識到二手車市場的重要性，也沒有不同汽車的市場滲透策略，沒有人做售後跟蹤調查，因此產品計畫是在沒有得到最終真實需求的基礎上訂定的。**

我們推出產品時從未考慮過與其他產品或整個市場的關係，有很長一段時間都沒有認識到用產品線去全面滿足市場的挑戰這一理念。現在已經為人所熟知的年度車型在當時還是一個陌生的概念，產品品質也是時好時壞。我們不得不從頭開始，首要任務就是要找出適合我們公司的組織形式。這就是說，這種組織形式要能適應市場巨大而持續的變化，任何一個死守教條的汽車製造商（無論它的規模有多麼大，或是歷史業績多麼好）都將受到市場嚴厲的懲罰。

我們已經知道的例子，就是 1920 年代的福特。他在他那陳舊的、也曾經成功的經營理念中停留太久了；我們擁有不同的經營理念，並且和福特的理念競爭。歷史證明他曾經是對的，面對這段歷史，我們可以認為是由於那段時期國民經濟的特徵支持了他的理念。

但是，之後的事實證明，我們的觀點更加符合經濟原則，更加符合汽車產業的發展，也更加符合消費者的品味和興趣的變化。但在成功

以後，我們也經歷許多失敗。在汽車工業中存在著很多失敗的可能性，如果企業沒有為需求的變化做好準備，那麼不斷變化的市場和產品將擁有擊敗任何企業的能力――在我看來，實際上這是由於企業不具備預測變革的程序而導致的。

在通用公司，這些流程是由總部制訂，並致力於預測市場的長期主要發展趨勢，這一點在我們產品多年來的變化中得到了詮釋。通用汽車自1920年代開始，關於產品線的漸進改革措施，是對市場被動適應的結果，是我們「針對每一個用戶的汽車」政策的結果。隨著整個汽車產業的成長與發展，我們始終堅定地推行這一政策，並且也證明了通用汽車完全具有迎接競爭、滿足用戶需求變動的能力。我想結合這一點簡單介紹一下我們產品的革命。

1923年，美國賣出400萬輛汽車和卡車，在整個1920年代裡一直或多或少地保持了這個水準。這段時間裡，我們的產品在許多方面得到了改進，其中最重要的改進就是封閉車身的開發。

高價車的銷售量隨著國家的繁榮而逐步提高。在1930年代早期，由於經濟的蕭條，需求發生了逆轉，低價車得到了人們最多的關注。1933和1934年美國銷售的汽車總數中，幾乎有四分之三的汽車都是以低價售出的。我們針對這一需求進行了調整。之後隨著經濟的復甦，消費者又開始對高價車感興趣了，在1993至1941年，也就是在美國宣布參戰之前，低價車總共占整個市場的57%，這一比例和1929年相同，而我們也做出了相應的調整。

隨著二戰結束後生產的復原，由於原料的短缺，特別是鋼材的短缺，整個產業必須在嚴格的物料控制下展開運作。

因此，在當時有限資源的配置上，出現了一些將產品集中在中等價位上的小型汽車公司，例如凱撒弗雷澤（Kaise-Frazer）、奈許（Nash）、哈德森（Hudson）、斯圖貝克（Studebaker）和帕卡德（Packard），這些公司的產品受到青睞，由它們產品的市場占比急速提升反映了這一點。

這個時期的競爭主要侷限在生產領域，也就是說，無論製造商製造什麼，消費者都會排隊購買。

一直到 1948 年，當新車掛牌的數量達到 1929 年和 1941 年的戰前高峰時，中等價位車型的市場占比已經達到了 45.6％，接近低價車 46.6％的市場。在 1948 年以後，競爭開始部分恢復正常，小型製造商的中等價位車型銷售情況不斷下滑。

表面上，客戶的需求正在恢復到戰前的狀態；到了 1954 年，傳統的低價車市場占比又達到了近 60％的水平。然而實際上，提供給低價消費族群的產品正在發生顯著的變化，也就是這一個細分市場的製造商和其他人一起正在提供越來越多的選配設備以吸引 1950 年代不斷成長的購買力。那個時期的市場特徵在 1953 年 9 月《財富》雜誌的「一個全新的汽車市場」文章中得到了很好的表述，內容如下：

在戰後的賣方市場，汽車產業發現，他們已經圍繞著汽車銷售銷售出很多東西——包括汽車配件、奢侈的裝飾件、改進的部分和革新的部分。現在他們必須沿用這種銷售方式⋯⋯單位需求（unit demand）和購買能力的增強將對以單位銷售汽車的形式產生巨大的衝擊。

由於這種新「特點」，1955 年汽車產業的規模已經發展得非常大了，而且許多附件也逐漸成為標準配置的一部分。隨著相對昂貴車型諸如有金屬頂蓋的車、敞篷車以及旅行車等受歡迎程度的提高，整個汽車市場也變得越來越多樣化。整個市場容量也像我們已經熟悉的中等價位車型或福特車那樣不斷擴大。

比如，福特擴大了它的水星車型生產線，並且在 1957 年推出了一種全新車型 —— 埃德塞（Edsel）。但是，與此同時，以往的低價車也在升級它的尺寸和品質；福特、雪佛蘭和普利茅斯（Plymouth）都推出了更為昂貴的新車，這些車除了名義上還屬於低價位細分市場之外，其他方面和中價位車型並沒有什麼分別。實際上，這只是因為汽車業已

經認識到了客戶對於新產品的需求，並針對他們的需求量身定製①。

非常有趣的一點，1950年代中期，當時有所謂的「裸車（Stripped）」，也就是僅具有最簡單裝備的低價車，並沒有能夠吸引很多的客戶。從這一事實可以看出，那些在1957年以後勢頭極猛的緊湊、經濟車型給人的第一印象可能非常令人困惑的。

然而仔細一看，可以發現這恰恰表明消費者對於車型的要求越來越多樣化。貫穿整個汽車產業發展史的大問題就是如何預測客戶偏好變動的問題。即使新品開發需要花費數年的時間，我們仍需在有效市場需求出現的時候做好相應的準備。通用汽車董事會主席和執行長唐納最近這樣說道：

為了迎接市場的挑戰，我們必須提前瞭解客戶需求和喜好的變化，以便在正確的時間、正確的地點提供正確的產品，並且數量也要正確。我們需要在消費者偏好發展趨勢之間做出平衡和妥協，以爭取最終獲得既可靠又美觀的產品，並且以具有競爭力的價格售出必要的數量。我們不僅需要設計我們樂於製造的產品；更重要的是，我們必須設計出客戶樂於購買的產品。

1950年代後期和1960年代早期，市場上出現的一個戲劇性事件很好地說明了客戶需求變化的迅速程度，同樣也很好地演示了汽車業響應這些變化的能力。

1955年，汽車銷售量達到一個新高度，其中國產標準尺寸車型約占總量的98%，剩下的2%，也就是不到15萬輛的轎車則來自於45種國外和一些國內小型車。到了1957年，國外進口和國內小型車的銷量總計達到了5%。

直到1957年，小型轎車的需求量能夠持續提升的前景仍不明朗，但是通用汽車公司早已認識到了這種可能性，並已經開始了對這類轎車的設計。早在1952年，雪佛蘭公司就在總部的許可下組建了一支研發團隊來負責開發這種車型，一旦需求上升至能夠支持量產的程度，他

們就會採取相應的行動。從某種意義上說，這是 1947 年工作的延伸，當時通用汽車公司正在積極地考慮小型車研發計畫。

考維爾（Corvair）的設計最後是在 1957 年末定型的，1959 年秋，這款車型正式進入市場。其他製造商也同時引進了新的小型車。後來我們就開發了其他生產線，包括別克的特別款、奧爾茲 F-85，龐帝克的暴風款，以上所有車型都是在 1960 年引進的；1961 年引入柴夫二型（Chevy II）；1963 年引入柴夫勒（Chevelle）型。

設計小型車的目的是為了滿足經濟型用戶的需求，他們想儘量降低初次購置成本和維護成本，顯然這樣會有一些矛盾和衝突，因為客戶並沒有降低他對舒適度、便利度和常規尺寸車型外觀的要求。

他們希望他們訂購的小型車和常規尺寸的車型一樣擁有很好的設備、例如方便而有用的配件和自動傳動系統、動力轉向系統以及動力煞車系統等。

考維爾‧蒙紮公司（Corvair Monza）的傳動裝置、凹背折椅、特殊的座椅內襯（upholstery）、豪華的裝飾等都是在 1960 年開發的，並且這些產品的銷售額占據了考維爾公司總銷售額的一半以上。

很明顯地，客戶對於小型汽車的需求與對常規尺寸汽車的需求有一致性的地方，也就是說，他們需要有金屬頂蓋的車、敞篷車、旅行車以及私人轎車。這些小型車和標準尺寸車型共同為客戶提供了多樣的選擇。

當然，1950 年代後期和 1960 年代早期經歷了自 1920 年代以來——在此期間，封閉車身成了主流，T 型車消失了，汽車開始升級——的汽車市場最具戲劇性的變化。我相信過去汽車市場裡所發生的事情驗證了我們 1921 年制訂的產品政策的正確性。

---

① 最終這一事實得到了認可。統計單位後來發布的全產業價格區段報告對此進行了修訂，從那時起，這部分車型就開始納入中價位車型細分市場。

通用汽車總裁約翰・戈登（John Gordon）指出，我們「針對每一個用戶的汽車」的口號一直以來都很恰如其分，事實上我們向客戶提供的多樣化選擇從未超出當前水準。

相較於 1955 年總車種的 272 種，1963 車型年中，整個產業提供了 429 種國產車型；該年通用汽車自己擁有的車型就多達 138 種，而 1955 年只有 85 種。針對這一點，戈登指出：「考慮到目前我們所能提供的所有顏色、所有可選設備和附件（動力裝置、空調、傾斜導向輪等等），至少理論上在同一年裡我們不會生產出完全相同的兩輛汽車。我們的目標並不僅僅是為了滿足需求而生產一輛車，而是為每一個用戶量身訂做汽車。」

汽車小型化的發展趨勢在 1957 年以後明顯顯現出來。1959 年，美國的國外進口量已經達產業總銷量的 10%，同時國內小型車的產量也達到了 10%。國外進口量從 1959 年開始下降，到 1963 年只占總銷售量的 5%，而且，國內製造的小型車銷售量仍然在繼續增加，到 1960 年以後幾乎占據了總市場的三分之一。同時，從前的低價車型中的一部分已經進入了中價車行列。

面對這些趨勢，一些國內的製造商降低了他們對傳統上的中價位市場的供應。埃德塞於 1957 年後期開始採用這一方法，但在 1959 年又放棄了；曾在克萊斯勒生產了很長時間的迪索托（De Sulu）也於 1960 年取消了；同時，水星、部分道奇和美國汽車的大使車型（Ambassador）的規模和訂單也縮減了。

在通用汽車，我們選擇在中價位市場以不變的重量、尺寸以及車型數量維持常規尺寸車型的生產，同時也不斷地將小型車加入到這些產品線中。

我們全部業務的 90% 都集中在汽車領域，但是每一部分的運作或可能的運作都被看作是獨立的問題。**我們沒有一成不變的產品策略，沒有限定自己可以製造什麼，不可以製造什麼，但是汽車始終是所有業**

務的中心。在必要的時候，我們的產品決策必須部分以經驗作為基礎；如果某些產品的實際經歷表明它們並不適合我們的管理能力，那麼我們就會撤出這項工作。

比如，在1921年我們發現通用汽車必須退出農業牽引機這個業務領域，因為我們認為已經不可能在這個領域內創造奇跡了。從那之後，我們還相繼從事並放棄了飛機製造、家用無線電、玻璃製品和化學製品等業務。

我們涉足航空發動機和柴油發動機領域，以將我們的訣竅應用到工程設計和大規模製造中去以創造新的效益。我們開發了一種新型二行程柴油發動機，並應用到機關車上去，為美國鐵路帶來了一場革命。我們將大量的資金投入到這一前途未卜的產品上，而當時它的潛在客戶大多處於金融狀況不是很好或者破產的境況，而且他們的大多數人對這項新發明不感興趣；借助於這項新發明，我們幫助鐵路部門恢復了償付能力——這一事實至今仍得到鐵路管理部門的讚揚。

我們從來不透過收購公司來獲得市場的主導地位。總之，我們通常都是在早期參與我們所涉足每一個業務領域，並努力為我們的產品開發市場——無論是汽車產品、家電、火車機關車，或者是航空發動機。我們已經建立了自己的運作方式，並且建立了與之相應的體制。

我希望在我描述通用汽車的時候並沒有留下一種我認為它是一個完美產品的印象。**沒有一間公司是一成不變的，改革有可能帶來好處，也可能帶來壞處。**我也希望我沒有留下組織可以自行運作的印象，**組織並不會做出決策，它的作用是提供一個框架，在這個基礎上建立一些規範和標準，再根據這些標準做出新的決策。**

每個人都需要做出決策，並且要為自己的決策負責。自我從管理層退休之後，那些為通用汽車做出決策的人在處理很多複雜問題上取得了非凡的成功。自動運作的組織並不會為企業找出明確的答案。管理層的任務不是教條地應用公式，而是在基於個案分析的基礎上做出正

確的決策。在商業事務的完美處理與判斷中，沒有固定的僵化原則可以遵循。

在本書中，我描述的最後一點就是**效率，而且是最廣義的效率。我認為通用汽車的效率和發展與我們高競爭力的經濟息息相關。**如果一個公司只因為規模過大而遭到打擊，那麼這種打擊的必然結果就是同時打擊了效率。如果我們對效率進行懲罰，那麼作為一個國家，我們要怎樣做才能應對國際化的競爭呢？

據我所知，我的工作已經結束了。很久之前，當我於 1946 年以 71 歲的高齡從公司執行長的職位上退休的時候，我就減少了很多義務——儘管當時我仍然是董事會的主席。1959 年，我成為名譽主席。從那時起，我所參與的活動通常僅限於為財務委員會、紅利薪資委員會提供服務。

在董事會，時間具有改變一切的力量。巨大的變革不聲不響地影響著董事會的構成。杜邦，他曾擁有約 25% 的公司股份，並為公司提供了優秀的服務，現在已經在董事會任期內去世了。許多老一輩的公司成員都相繼去世。現在仍處於通用汽車公司管理層的老一輩成員，還有許多是公司的個人大股東，其中包括了莫特、普拉蒂、布蘭得利、亨特、麥克勞林、費雪，還有我。

無論如何，我們這些老一輩的成員都不可能再為董事會和各個委員會服務多長時間了。我們為公司承擔了這麼久的責任，現在也應該將這個責任傳遞給其他人了。

每一代新人必須迎接挑戰：汽車業的挑戰、企業管理的挑戰，以及公司參與這個變化世界時所面臨的挑戰。對於現任的管理階層而言，這項工作才剛剛開始。他們所遇到的一些問題和我們那個時代曾遇到的問題類似，但相信也有一些問題是我們以前從未想過的。

創造性的工作仍在繼續！

附　錄

通用汽車組織圖
（1963）

工程技術部門組織圖
（1963 年 6 月）

- 執行副總裁
  - 副總裁
    - 人事部門
    - 工程研發部門
    - 動力開發部門
    - 傳動開發部門
    - 結構與懸吊部門
    - 車輛開發部門
    - 產品成本部門
    - 工程服務部門
    - 數據技術部門
    - 測試部門
    - 機械備品部門
    - 採購部門
    - 建物維護部門
    - 零部件製造部門
    - 公司工程服務部門
    - 通用汽車測試場
    - 專利部門
    - 技術聯絡部門
    - 工程設計標準部門
    - 新設備部門
    - 加拿大聯絡處
    - 常駐審計員

製造技術部門組織圖
（1963 年 5 月）

- 執行副總裁
  - 副總裁
    - 空中運輸部門
    - 通用動力部門
    - 通信部門
    - 攝影部門
    - 房地產部門
      - 通用大樓事業部
      - 阿根諾特地產事務部
      - 技術中心服務部門
      - 底特律服務辦公室
      - 生產控制與供應
      - 非產品材料
      - 製造營運分析
      - 生產調度部門
      - 製造運算分析
      - 撥款請求分析
      - 製造計畫部門
      - 原材料及廢品
      - 通用汽車運輸協會
      - 政策及程序部門
    - 製造與開發部門
      - 行政助理
      - 會計部門
      - 人事部門
      - 執行工程師①
      - 執行工程師②
      - 執行工程師③
      - 執行工程師④
      - 執行工程師⑤
      - 工藝設計
      - 實驗室
      - 工具開發
      - 金屬製造（冷成形）
      - 電子電器部門
      - 機械工程部門
      - 銷售工程
      - 工廠合約與技術交流部門
      - 理論與研究小組
      - 金屬製造（冷成形）
      - 標準制訂部門
      - 行政服務部門

人事部門組織圖
（1963 年 5 月）

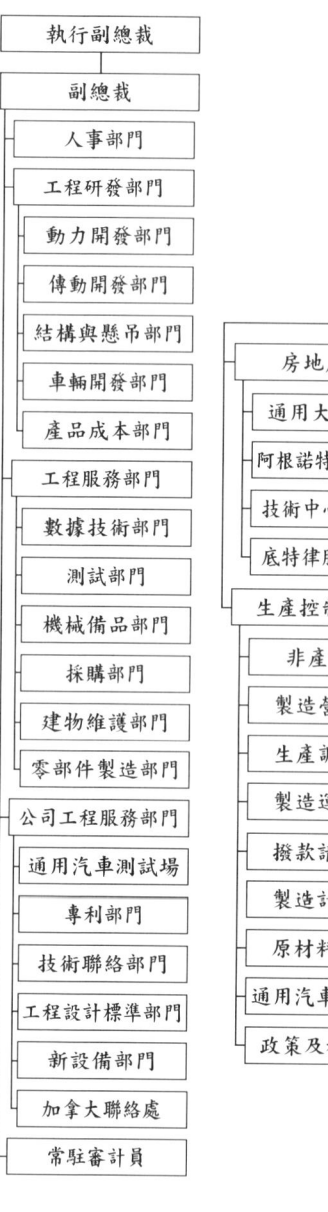

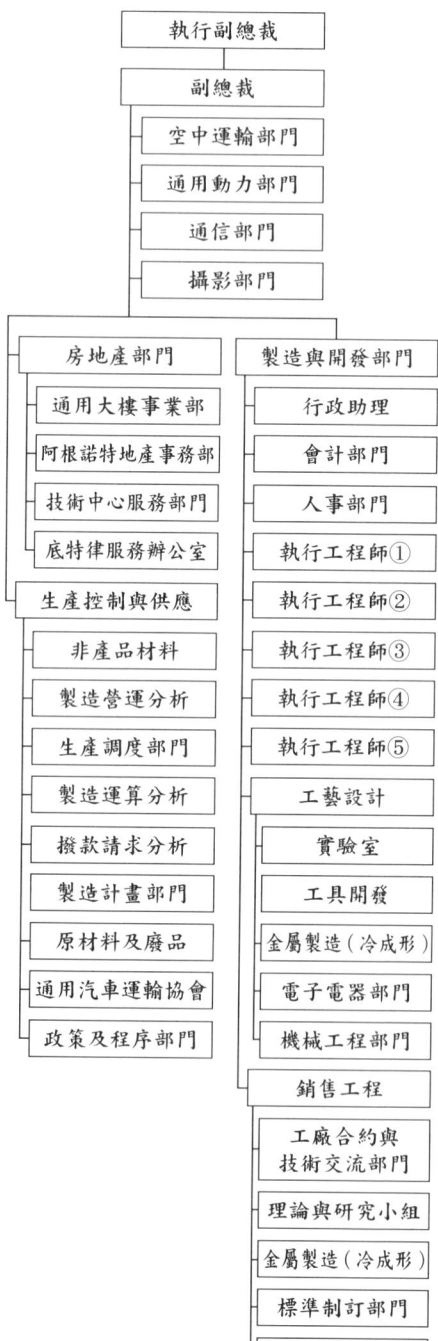

- 執行副總裁
  - 副總裁
    - 通用汽車學院
    - 人事研究部門
    - 員工計畫部門
    - 出版部門
    - 勞工關係部門
    - 合約管理部門
    - 工資管理部門
    - 投訴、聽證及裁決
    - 人事關係部門
    - 正職員工安置部門
    - 通用獎學金計畫
    - 員工醫療總監
    - 員工研究部門
    - 人事服務部門
    - 通用汽車建設計畫
    - 工業衛生部門
    - 正職員工服務部門
    - 底特律人事部門
    - 紐約人事部門

財務部門組織圖
（1963年5月）

- 董事會主席
  - 執行副總裁
    - 副總裁
      - 財務副總裁
      - 商業研究部
      - 總審計長
        - 財務主管
          - 經濟及市場分析
          - 總財務助理主管
          - 銀行財務主管
          - 助理財務主管
            - 股票交易部門
          - 助理財務主管
            - 財務分析、紅利及福利計畫部門
            - 一般財務分析部門
          - 助理財務主管
            - 稅務部門
            - 保險及年金部門
        - 主計長
          - 常務助理主計長
            - 紅利薪資部門
            - 儲蓄與福利部門
            - 特殊項目部門
          - 助理主計長
            - 成本分析部門
            - 一般會計部門
            - 程序制訂部門
            - 國防產業部門
          - 助理主計長
            - 營運分析部門
            - 產品項目部門
            - 資料處理部門
            - 資料分析部門
            - 資料中心部門

研發部門組織圖
（1963年5月）

- 執行副總裁
  - 副總裁
    - 研究實驗室
      - 科學總監
        - 基礎及應用科學
          - 物理部門
          - 化學部門
          - 燃料與潤滑部門
          - 電化學部門
          - 聚合物部門
          - 電子與儀器部門
        - 工程設計研究
          - 機械工程部門
          - 機械開發部門
          - 電機工程部門
          - 工程開發部門
          - 冶金工程部門
        - 行政部門
          - 技術支援
          - 技術設施與服務
          - 加工部門
          - 採購部門
          - 圖書館部門
      - 應用數學部門
        - 數據處理部門
        - 理論物理部門
        - 數學部門
        - 作業研究部門
      - 常駐審計員
      - 人事部門
    - 國防研究實驗室
      - 客戶聯絡部門
      - 長駐審計員
      - 人事部門
      - 研究及工程設計
        - 執行工程師
        - 空軍業務部門
        - 陸軍業務部門
        - 海軍業務部門
        - 物理學部門
        - 車輛載具部門

外觀設計部門組織圖
（1963 年 7 月）

- 執行副總裁
  - 副總裁
    - 技術總監
    - 車型外觀部門經理
      - 工業設計部門
      - 主管助理辦公室
      - 研究設計部門
      - 安裝機構部門
      - 人事、行政、勞資關係與安全
      - 常駐審計員
      - 薪資及訓練部門
      - 採購部門
      - 行政服務部門
      - 汽車內部設計與色彩管理部門
      - 內部工程設計部
      - 各事業部首席設計師
    - 汽車車身項目
      - 車身開發部門
      - 外觀設計部門
      - 汽車外部設計
        - 設計開發部門
        - 車身協調部門
        - 雪佛蘭
        - 龐帝克
        - 奧爾茲
        - 別克
        - 卡車
    - 先進設計、加拿大及海外部門
      - 初步設計部門
      - 先進設計部①
      - 先進設計部②
      - 先進設計部③
      - 先進設計部④

分銷部門組織圖
（1963 年 5 月）

- 執行副總裁
  - 副總裁
    - 經銷商業務管理部門
      - 經銷商開發
      - 銷售部門
      - 統計部門
      - 商業預算部門
      - 政府銷售部門
      - 圖像呈現部門
      - 車展會場部門
      - 新聞部門
      - 經銷商組織部門
      - 營銷商部門
        - 國際專利部門
        - 經銷商開發部門
    - 通用汽車控股有限公司
      - 經銷商關係部門
      - 高速公路安全及交通安全部門
      - 特規產品展示規劃部門
      - 服務部門
      - 零配件部門
      - 銷售、技術與營銷部門
      - 員工培訓中心
      - 客戶關係部門
      - 廣告研究及市場研究部門
      - 客戶研究部門
      - 廣告部門

國家圖書館出版品預行編目資料

我在通用的日子
艾弗雷德‧史隆 著 — 修訂二版．
臺北市：十力文化，2025.09
頁數：448；17.0×23.0 公分
ISBN 978-626-98746-8-2（平裝）

1. 美國通用汽車公司 (General Motors Corporation)
2. 汽車業
3. 企業管理
484.3　　　　　　　　　　　　114012581

商 學 館　　S2504

我在通用的日子／My Years With General Motors

作　　者	艾弗雷德‧史隆（Alfred P. Sloan, JR.）
總 編 輯	劉叔宙
翻　　譯	孫曉君
文字編輯	林子雁
封面設計	劉詠倫
美術編輯	劉詠倫
出 版 者	十力文化出版有限公司
公司地址	11675 台北市文山區萬隆街 45-2 號
聯絡地址	11699 台北郵政 93-357 信箱
劃撥帳號	50073947
電　　話	(02) 2935-2758
電子郵件	omnibooks.co@gmail.com
總 經 銷	知遠文化事業有限公司
地　　址	新北市深坑區北深路三段 155 巷 25 號 5 樓
電　　話	(02) 2664-8800
傳　　真	(02) 2664-8801
香港經銷	豐達出版發行有限公司
地　　址	香港柴灣永泰道 70 號柴灣工業城第 2 期 1805 室
電　　話	(852) 2172-6533
傳　　真	(852) 2172-4355

ISBN	978-626-98746-8-2
出版日期	第三版第一刷　2025 年 9 月
	第一版第一刷　2019 年 2 月

定 價　480元

Copyright © 1963 by Alfred P. Sloan, Jr.　All Right Reserved
本書有著作權，未獲書面同意，任何人不得以印刷、影印、電腦擷取、摘錄、磁碟、照像、錄影、錄音及任何翻製（印）及重製方式，翻製（印）本書之部分或全部內容，否則依法嚴究。

十力
文化

十力
文化

十力
文化

十力
文化